Vereinfachte Fließzonentheorie

Hartwig Hübel

Vereinfachte Fließzonentheorie

Auf Grundlage der Zarka-Methode

2., überarbeitete Auflage

 Springer Vieweg

Hartwig Hübel
Fakultät 6 – Architektur, Bauingenieurwesen
und Stadtplanung, Brandenburgische
Technische Universität Cottbus-Senftenberg
Cottbus, Deutschland

ISBN 978-3-658-41832-8   ISBN 978-3-658-41833-5   (eBook)
https://doi.org/10.1007/978-3-658-41833-5

Die Deutsche Nationalbibliothek verzeichnet diese Publikation in der Deutschen Nationalbibliografie;
detaillierte bibliografische Daten sind im Internet über http://dnb.d-nb.de abrufbar.

© Springer Fachmedien Wiesbaden GmbH, ein Teil von Springer Nature 2015, 2023

Planung/Lektorat: Ellen-Susanne Klabunde
Springer Vieweg ist ein Imprint der eingetragenen Gesellschaft Springer Fachmedien Wiesbaden GmbH und ist
ein Teil von Springer Nature.
Die Anschrift der Gesellschaft ist: Abraham-Lincoln-Str. 46, 65189 Wiesbaden, Germany

Vorwort zur 2. Auflage

Seit der Erstauflage dieses Buches wurde die Vereinfachte Fließzonentheorie erheblich weiter entwickelt. Dies wurde insbesondere möglich durch die Bewilligung von zwei Fördermaßnahmen durch die Deutsche Forschungsgemeinschaft (Vorhaben HU 1734/2-1 und HU 1734/5-1). Die Neuerungen erstrecken sich von Verbesserungen zur Abschätzung der transformierten internen Variablen über die Berücksichtigung von Mehrparameter-Belastung, die Erfassung von Effekten nach Theorie II. Ordnung (Bildung der Gleichgewichtsbedingungen am verformten System), bis zur Implementierung in eine neue Software-Umgebung, wodurch nun auch die Verwendung von Balken- und Schalenelementen möglich ist.

Mein Dank gilt vor allem Dr.-Ing. Bastian Vollrath, der die DFG-Vorhaben entscheidend zum Erfolg geführt hat.

Der Verfasser dankt ferner M.Sc. Georgina Stephan, M.Sc. Pascal Dumont, M.Sc. Maximilian Zobel und PD Dr.-Ing. Jianzhong Zhu für ihre wertvollen Hinweise zur Verbesserung der Vereinfachten Fließzonentheorie bzw. ihrer Darstellung in diesem Buch, wodurch auch einige Fehler, die sich eingeschlichen hatten (und von denen ich hoffe, dass keiner so gravierend war, dass er zu Missverständnissen geführt hat), nun beseitigt werden konnten.

Schließlich möchte ich mich noch bei der Editorin des Lektorats Maschinenbau des Springer-Vieweg-Verlages, Frau Ellen Klabunde, bedanken, die den Anstoß gegeben hat, die inzwischen aufgelaufenen neuen Erkenntnisse zur Vereinfachten Fließzonentheorie in einer 2. Auflage dieses Buches zu berücksichtigen.

Cottbus
im April 2023

Hartwig Hübel

Vorwort

Die vorliegende Dokumentation beschreibt die Vereinfachte Fließzonentheorie (VFZT), die in meiner Zeit als Professor an der Fachhochschule Lausitz (später Hochschule Lausitz (FH)) ab 1996 entwickelt wurde. Sie beruht auf den durch Prof. Zarka et al. an der École Polytechnique in Palaiseau bei Paris gelegten Grundlagen zu vereinfachten elastisch-plastischen Berechnungsmethoden, die häufig einfach als Zarka-Methode bezeichnet werden. Ihr Ziel ist die vereinfachte Ermittlung des plastischen Verhaltens von Tragwerken, deren Berechnung sonst sehr aufwendig wäre.

Inspiriert wurde die Entwicklung der VFZT dadurch, dass ich in meiner beruflichen Praxis bei Interatom/KWU/Siemens mit einem Dilemma konfrontiert wurde: Einerseits bestand die Notwendigkeit, eine ausreichende Lebensdauer von Strukturen unter wechselnder plastischer Beanspruchung nachweisen zu können. Andererseits aber war der für eine herkömmliche Anwendung der Fließzonentheorie erforderliche Berechnungsaufwand so enorm hoch, dass eine flächendeckende Nachweisführung der Lebensdauer aller thermozyklisch belasteter Bauteile eines Kernkraftwerks mit der Fließzonentheorie illusorisch war.

Die aus diesem Grund notwendigen und in den 1980er Jahren zur Verfügung stehenden vereinfachten Berechnungsverfahren zur Abschätzung elastisch-plastischer Verzerrungen hatten jedoch kein oder allenfalls ein sehr schwaches theoretisches Fundament oder waren allenfalls für spezielle Konfigurationen von Bauteilgeometrie und Belastungsart anwendbar. So entstand der Wunsch nach besser fundierten vereinfachten elastisch-plastischen Berechnungsmethoden.

Deren Notwendigkeit hat sich in den letzten Jahrzehnten trotz massiv verbesserter Hard- und Software keineswegs abgeschwächt. Vielmehr bleibt eine Verkürzung der Berechnungszeit in Anbetracht der immer umfangreicher werdenden Finite-Element-Modelle, der Weiterentwicklung der Regelwerke, welche eine immer bessere Erfassung der unvermeidlich nichtlinearen Grenzzustände der Trag- und Gebrauchsfähigkeit eines Tragwerks erfordern, sowie der betriebsbegleitenden Berechnung der Restlebensdauer auf Grundlage von Online-Monitoring-Systemen erstrebenswert.

Dass „vereinfachte Berechnungsmethoden" überhaupt „vereinfacht" genannt werden, kann in gewisser Weise als euphemistisch betrachtet werden. In Wahrheit sind sie nämlich schwieriger zu verstehen als die „exakten" Methoden, da sie erst aus diesen durch zusätzliche Annahmen, die wiederum entsprechender Rechtfertigung bedürfen, abgeleitet werden. Die Vereinfachung bezieht sich also nicht etwa darauf, dass komplizierte theoretische Sachverhalte umgangen werden könnten, sondern darauf, dass der erforderliche Berechnungsumfang reduziert werden kann.

Mit dem vorliegenden Buch wird versucht, die VFZT so darzustellen, dass ein Master-Student etwa im Bauingenieurwesen oder Maschinenbau ein Verständnis für sie entwickeln kann. Es wird dabei auf Erfahrungen zurück gegriffen, die ich bei meinen Vorlesungen über Fließzonentheorie im ehemaligen Diplom-Studiengang Bauingenieurwesen und im Master-Studiengang Computational Mechanics der Hochschule Lausitz (FH) gewinnen konnte. Andere Leser werden Teile des Buches überspringen können, vor allem diejenigen Abschnitte in den Kap. 1 und 2, die sich mit Grundlagen für elastisch-plastische Werkstoffmodelle und dem Phänomen Ratcheting beschäftigen. Andererseits wird der kundige Leser gerade in Kap. 2 bei der Behandlung des Phänomens Ratcheting, hier noch unabhängig von der VFZT, Spielräume zur Verbesserung verschiedener Regelwerke des Anlagen-, Reaktor-, Dampfkesselbaus usw. bis hin zum Eurocode 3 erkennen.

Für den einen oder anderen Leser mag die in diesem Buch gewählte Schreibweise mechanischer Größen mitunter ungewohnt sein. So wird an Stelle der sonst meist verwendeten Tensorschreibweise, bei der beispielsweise die Spannungen als Tensor zweiter Stufe geschrieben werden (also mit Doppelindex), und der Elastizitätstensor als Tensor vierter Stufe (vier Indizes), in diesem Buch die Spannung als Vektor (ein Index) geschrieben, was es gestattet, die Elastizitätsmatrix mit zwei Indizes zu schreiben. Diese Schreibweise wird gerade von Einsteigern in die Thematik dieses Buches als anschaulicher empfunden. Allerdings stehen dann einige elegante Schreibweisen, etwa für die Invarianten eines Tensors, nicht mehr zur Verfügung. Mancher Leser mag bei einigen Zahlenbeispielen außerdem die Angabe von Einheiten vermissen. Die zugehörigen Einheiten sind dann in irgendeinem beliebigen konsistenten Einheitensystem zu verstehen.

Die Grundlagen der VFZT werden zunächst für monotone Belastung in Kap. 3 dargelegt. Hier und nach jedem der darauf folgenden Erweiterungsschritte der VFZT (zyklische Belastung, temperaturabhängige Materialdaten, multilineare Verfestigung, Traglastberechnung) werden Beispiele ausführlich präsentiert.

Manche Entwicklungsschritte der VFZT sind durch Studierende bei ihren Studien- oder Abschlussarbeiten oder ihrer Tätigkeit als wissenschaftliche Hilfskräfte erzielt worden. Ich war mir immer bewusst, dass sie hierzu eine gehörige Portion Mut aufbringen mussten, weil sie zunächst nicht wissen konnten, worauf sie sich da einließen. Am Ende war auch für mich der Erfolg dieser Arbeiten stets eine Freude. Mein Dank geht (in chronologischer Reihenfolge) an die Dipl.-Ing. (FH) Maik Glede, Holger Huhn, Jens Olbrich, Joachim Fella, Thomas Hoffmann, René Laqua, Maren Stange, M.Eng. Andy Kalisch, Marcus Reimann, Andreas Droigk, Dr.-Ing. Matthias Firl, Andreas

Winkler, Olaf Beesdo und M.Sc. Bastian Vollrath. Besonderer Dank gebührt Herrn Dipl.-Ing. (FH) Andreas Kretzschmar, der als wissenschaftlicher Mitarbeiter 16 Monate lang mit starkem Einsatz die VFZT voran gebracht hat.

Nachdem die Arbeiten an der VFZT zwischen 2004 und 2007 ruhen mussten, erfuhr sie ab 2008 durch das Interesse der AREVA NP GmbH neuen Auftrieb. Über den in diesem Buch beschriebenen Entwicklungsstand hinaus erscheinen zahlreiche Erweiterungen möglich, sodass die VFZT noch lange nicht als abgeschlossen betrachtet werden kann.

Schließlich möchte ich mich noch beim Lektorat Maschinenbau des Springer-Verlages und insbesondere bei Herrn Thomas Zipsner für die konstruktive Kritik während der Erstellung dieses Buches bedanken.

Cottbus   Hartwig Hübel
im April 2015

Inhaltsverzeichnis

Über den Autor

Hartwig Hübel Der Autor wurde 1954 in Boppard am Rhein geboren, wuchs in St. Goar auf und studierte 1972 bis 1978 Konstruktiven Ingenieurbau an der damaligen TH (heute TU) Darmstadt. Er arbeitete 16 Jahre lang im Kernkraftwerksbau und an der Entwicklung von Regelwerken zur Berechnung thermisch beanspruchter Bauteile. In dieser Zeit entstand auch seine am Institut für Mechanik der Gesamthochschule (heute Universität) Kassel bei Prof. Dr.-Ing. O.T. Bruhns im Jahre 1985 eingereichte Dissertation „Plastische Dehnungserhöhungsfaktoren in Regelwerken und Vorschlag zur Etablierung angemessenerer Faktoren". 1994 wurde er als Professor für Baustatik, Stahlbau und FEM an die Fachhochschule Lausitz in Cottbus berufen, die 2013 in der neu gegründeten Brandenburgischen Technischen Universität Cottbus-Senftenberg aufging, wo er bis zu seinem Eintritt in den Ruhestand im März 2020 das Fachgebiet Baustatik, Stahlbau, Finite Elemente Methode in der Fakultät Architektur, Bauingenieurwesen und Stadtplanung leitete.

Abkürzungsverzeichnis

ECM	Elastic Compensation Method
EMAP	elastic modulus adjustment procedures
ES	elastisches Einspielen, elastic shakedown
GLOSS	Global Stress Strain (Method)
HCF	high cycle fatigue
IFUP	iterative fiktiv elastische update-Berechnungen
LATIN	Large Time Increment (Method)
LCF	low cycle fatigue
LMM	Linear Matching Method
meA	modifizierte elastische Analyse
PS	plastisches Einspielen, plastic shakedown
RID	Ratcheting-Interaktions-Diagramm
RSDM	Residual Stress Decomposition Method
TIV	transformierte interne Variable
VFZT	Vereinfachte Fließzonentheorie

Einführung in plastisches Werkstoff- und Strukturverhalten

1

Es werden einige Grundlagen plastischen Werkstoffverhaltens und Ansätze zu ihrer mathematischen Beschreibung durch Werkstoffmodelle dargelegt sowie Auswirkungen auf das Verhalten von überelastisch beanspruchten Tragwerken angesprochen.

1.1 Fließzonentheorie

Ein Werkstoff verhält sich „elastisch", wenn seine Verformungen bei einer Entlastung reversibel sind. Sind die Verformungen nicht reversibel, so verhält sich das Material „plastisch". Man sagt auch, dass es „fließt". Die meisten Werkstoffe verhalten sich „elastisch-plastisch", nämlich elastisch bei niedriger Beanspruchung, plastisch bei hoher. Die Auswirkungen plastischen Materialverhaltens auf das Verhalten eines Tragwerks lassen sich durch die Fließzonentheorie berechnen. Diese liefert Informationen darüber, in welchen Bereichen (Zonen) eines Tragwerks plastische Dehnungen auftreten und wie groß diese dort sind. Die erforderlichen Berechnungen sind meist numerisch sehr aufwändig, insbesondere bei zeitlich veränderlicher Belastung. Die Vereinfachte Fließzonentheorie (VFZT) verspricht dagegen, das plastische Strukturverhalten mit relativ geringem Berechnungsaufwand in guter Näherung zu ermitteln.

1.2 Grundbegriffe plastischen Werkstoffverhaltens

In diesem Abschnitt werden einige Begriffe erläutert, die das plastische Werkstoffverhalten betreffen und für das Verständnis der VFZT von Bedeutung sind. Es ist hier nicht beabsichtigt, die thermodynamischen oder mikroskopischen werkstoffkundlichen Grundlagen der Plastizitätstheorie zu erläutern oder ihre umfangreiche Phänomenologie

© Springer Fachmedien Wiesbaden GmbH, ein Teil von Springer Nature 2023
H. Hübel, *Vereinfachte Fließzonentheorie,* https://doi.org/10.1007/978-3-658-41833-5_1

darzustellen. Jedoch sollten die folgenden Beschreibungen genügen, um einem Interessenten zu gestatten, bei Bedarf gezielt eigene Recherchen anstellen zu können. Als Einstieg in eine ausführlichere Behandlung der werkstoffmechanischen Grundlagen der Plastizitätstheorie wird beispielsweise auf Reckling [1], Lemaitre und Chaboche [2] sowie Burth und Brocks [3] verwiesen.

Das mechanische Verhalten von Werkstoffen wird durch Materialmodelle beschrieben und durch Werkstoffgesetze (konstitutive Gleichungen) mathematisch erfasst, die den Zusammenhang beschreiben zwischen den sechs Verzerrungs- und den sechs Spannungskomponenten:

$$\varepsilon_i = \begin{pmatrix} \varepsilon_x \\ \varepsilon_y \\ \varepsilon_z \\ \gamma_{xy}/2 \\ \gamma_{yz}/2 \\ \gamma_{xz}/2 \end{pmatrix} \; ; \quad \sigma_i = \begin{pmatrix} \sigma_x \\ \sigma_y \\ \sigma_z \\ \tau_{xy} \\ \tau_{yz} \\ \tau_{xz} \end{pmatrix} . \tag{1.1}$$

1.2.1 Elastisches Verhalten

Das einfachste Werkstoffgesetz ist das Hooke'sche Gesetz, mit dem linear elastisches Verhalten beschrieben wird. Nichtlinear elastisches sowie viskoelastisches Verhalten, mit dem sich etwa elastische Hysterese-Effekte beschreiben lassen, wird im Folgenden dagegen nicht betrachtet. Das Hooke'sche Gesetz gibt den Zusammenhang zwischen den Spannungs- und Verzerrungskomponenten an. Bei einachsiger Spannung σ ergibt sich im Falle isotropen Materialverhaltens die in dieselbe Richtung wirkende elastische Dehnung $\varepsilon^{\mathrm{el}}$ aus

$$\varepsilon^{\mathrm{el}} = \frac{\sigma}{E} . \tag{1.2}$$

Bei einem isotropen Werkstoff, der einer mehrachsigen Beanspruchung unterworfen wird, tritt zu dem E-Modul noch die Querdehnzahl ν als zweiter elastischer Werkstoffparameter hinzu:

$$\varepsilon_i^{\mathrm{el}} = E_{ij}^{-1}\sigma_j \; ; \quad i,j = 1\ldots 6, \tag{1.3}$$

$$E_{ij} = \frac{E}{(1-2\nu)(1+\nu)} \begin{pmatrix} (1-\nu) & \nu & \nu & 0 & 0 & 0 \\ \nu & (1-\nu) & \nu & 0 & 0 & 0 \\ \nu & \nu & (1-\nu) & 0 & 0 & 0 \\ 0 & 0 & 0 & (1-2\nu) & 0 & 0 \\ 0 & 0 & 0 & 0 & (1-2\nu) & 0 \\ 0 & 0 & 0 & 0 & 0 & (1-2\nu) \end{pmatrix} , \tag{1.4}$$

$$E_{ij}^{-1} = \frac{1}{E} \begin{pmatrix} 1 & -v & -v & 0 & 0 & 0 \\ -v & 1 & -v & 0 & 0 & 0 \\ -v & -v & 1 & 0 & 0 & 0 \\ 0 & 0 & 0 & (1+v) & 0 & 0 \\ 0 & 0 & 0 & 0 & (1+v) & 0 \\ 0 & 0 & 0 & 0 & 0 & (1+v) \end{pmatrix}. \tag{1.5}$$

Bei dieser Schreibweise wird Gebrauch gemacht von der sog. Summationskonvention, nach der über Indizes, die in einem Term doppelt vorkommen, summiert wird, also in Gl. 1.3 über j.

Ist der Werkstoff anisotrop, sind zur Beschreibung seines linear elastischen Verhaltens bis zu 21 unterschiedliche Parameter erforderlich.

1.2.2 Deviatorischer Spannungszustand

Das Plastizieren eines Werkstoffes ist gewöhnlich von allen sechs Spannungs-komponenten abhängig. Der mittlere allseitige Druck, der sich aus arithmetischer Mittelung der drei Normalspannungen ergibt,

$$\sigma_{H} = \frac{1}{3} (\sigma_x + \sigma_y + \sigma_z), \tag{1.6}$$

spielt bei manchen Werkstoffen eine große Rolle, z. B. bei Böden. Beim sog. hydro-statischen Spannungszustand bestehen alle Normalspannungen nur aus dem allseitigen Druck:

$$\sigma_{i,H} = \begin{pmatrix} 1 \\ 1 \\ 1 \\ 0 \\ 0 \\ 0 \end{pmatrix} \sigma_{H}. \tag{1.7}$$

Bei isotropen oder auch anisotropen kristallinen Werkstoffen hingegen wird das plastische Verhalten von Schubprozessen dominiert, für deren Beschreibung der sog. Spannungsdeviator σ_i' heran gezogen wird. Dieser ergibt sich aus dem Spannungszustand σ_i (Gl. 1.1) durch Subtraktion des hydrostatischen Spannungszustandes:

$$\sigma_i' = \sigma_i - \sigma_{i,H} = \begin{pmatrix} \sigma_x' \\ \sigma_y' \\ \sigma_z' \\ \tau_{xy} \\ \tau_{yz} \\ \tau_{xz} \end{pmatrix} = \begin{pmatrix} \frac{2}{3}\sigma_x - \frac{1}{3}\sigma_y - \frac{1}{3}\sigma_z \\ -\frac{1}{3}\sigma_x + \frac{2}{3}\sigma_y - \frac{1}{3}\sigma_z \\ -\frac{1}{3}\sigma_x - \frac{1}{3}\sigma_y + \frac{2}{3}\sigma_z \\ \tau_{xy} \\ \tau_{yz} \\ \tau_{xz} \end{pmatrix} \tag{1.8}$$

bzw.

$$\sigma_i' = L_{ij}\sigma_j \quad \text{mit} \quad L_{ij} = \begin{pmatrix} \frac{2}{3} & -\frac{1}{3} & -\frac{1}{3} & 0 & 0 & 0 \\ -\frac{1}{3} & \frac{2}{3} & -\frac{1}{3} & 0 & 0 & 0 \\ -\frac{1}{3} & -\frac{1}{3} & \frac{2}{3} & 0 & 0 & 0 \\ 0 & 0 & 0 & 1 & 0 & 0 \\ 0 & 0 & 0 & 0 & 1 & 0 \\ 0 & 0 & 0 & 0 & 0 & 1 \end{pmatrix}. \tag{1.9}$$

Es ist festzuhalten, dass

$$\sigma_x' + \sigma_y' + \sigma_z' = 0 \tag{1.10}$$

gilt, sodass nur zwei der drei deviatorischen Normalspannungen unabhängig voneinander sind.

1.2.3 Fließfläche

Beim einachsigen Spannungszustand beginnt der Werkstoff zu fließen, wenn der Betrag der Spannung die Fließgrenze f_y erreicht. Bei mehrachsigen Spannungszuständen tritt an die Stelle des Betrages der Spannung die Vergleichsspannung. Als Fließbedingung gilt daher, dass das Fließen einsetzt, wenn die Vergleichsspannung die Fließgrenze erreicht.

Zur Bildung der Vergleichsspannung gibt es zahlreiche Hypothesen. Für den Werkstoff Stahl, der sich unter einer Zugbeanspruchung sehr ähnlich verhält wie unter einer Druckbeanspruchung, und der in guter Näherung als isotrop betrachtet werden kann, haben sich vor allem zwei Vergleichsspannungshypothesen eingebürgert, die sog. Schubspannungshypothese nach Tresca und die sog. Gestaltänderungsenergiehypothese nach von Mises. Beide machen nur Gebrauch von den deviatorischen Spannungen, hängen also von den fünf voneinander unabhängigen deviatorischen Spannungskomponenten ab, sind also im 5-dimensionalen deviatorischen Spannungsraum definiert. Betrachtet man nur Hauptspannungszustände $(\sigma_1, \sigma_2, \sigma_3)$, reduziert sich der Spannungsraum auf drei Dimensionen, und der deviatorische Spannungsraum wg. Gl. 1.10 auf zwei Dimensionen, die sog. Deviatorebene. Die deviatorischen Hauptspannungen $(\sigma_1', \sigma_2', \sigma_3')$ lassen sich in dieser Deviatorebene zweckmäßigerweise isometrisch mithilfe eines dreibeinigen Koordinatensystems darstellen, siehe Abb. 1.1 für einen einachsigen Zugspannungszustand.

Für die Darstellung im kartesischen Koordinatensystem können die drei deviatorischen Hauptspannungen in eine horizontale Komponente u und eine vertikale Komponente v umgerechnet werden (Abb. 1.2):

$$u = \frac{\sqrt{3}}{2}\left(\sigma_2' - \sigma_3'\right) \tag{1.11}$$

$$v = \sigma_1' - \frac{1}{2}\left(\sigma_2' + \sigma_3'\right) \tag{1.12}$$

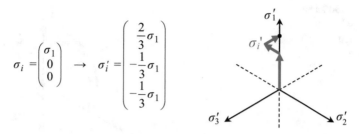

Abb. 1.1 Isometrische Darstellung eines einachsiger Spannungszustandes im deviatorischen Hauptspannungsraum (der Deviatorebene)

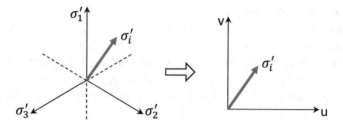

Abb. 1.2 Transformation der isometrischen Darstellung des Deviatorraums in ein kartesisches Koordinatensystem

bzw. mit Gl. 1.10:

$$v = \frac{3}{2}\sigma_1'. \tag{1.13}$$

Die Länge des deviatorischen Spannungsvektors wird durch die Euklidische Norm bzw. L2-Norm bestimmt, die sich mit einigen Umformungen schreiben lässt als

$$\| \sigma_i' \| = \sqrt{u^2 + v^2} = \sqrt{\frac{3}{2}}\sqrt{\sigma_1'^2 + \sigma_2'^2 + \sigma_3'^2}. \tag{1.14}$$

Die Linie gleicher Vergleichsspannungen in dieser Deviatorebene stellt bei Fließbeginn die sog. Fließfläche dar (Abb. 1.3). Aufgrund der Isotropie muss die Fließfläche auf den drei deviatorischen Hauptspannungsachsen dieselbe Entfernung vom Koordinatenursprung haben, nämlich die Fließgrenze f_y, und zwar bei gleichartigem Verhalten unter Zug wie unter Druck sowohl in positiver als auch in negativer Koordinatenrichtung. Damit liegen bereits sechs Punkte für die Fließfläche fest, in denen die Tresca- und die Mises-Fließfläche also identisch sein müssen.

Der hydrostatische Spannungszustand wirkt senkrecht zur Deviatorebene, sodass die Mises-Fließfläche auch als Mantelfläche eines Zylinders mit der Erzeugenden senkrecht zur Zeichenebene in Abb. 1.3 betrachtet werden kann. Hängt die Fließfläche vom hydrostatischen Spannungszustand ab, wie etwa bei Böden, so stellt sie im Raum der nicht-

Abb. 1.3 Fließflächen
im deviatorischen
Hauptspannungsraum (der
Deviatorebene)

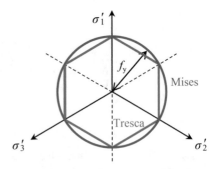

deviatorischen Hauptspannungen im einfachsten Fall die Mantelfläche eines Kegels dar (Drucker-Prager Fließbedingung).

Spannungszustände innerhalb dieser Fließfläche stellen eine rein elastische Beanspruchung dar. Erreichen die Spannungszustände mit wachsender Belastung den Rand, tritt der Fließbeginn ein. Spannungszustände außerhalb der Fließfläche sind meist nicht zulässig. Es gibt jedoch auch Werkstoffmodelle, die auch außerhalb der Fließfläche liegende Spannungszustände gestatten. Dadurch kann zeitabhängiges (viskoses) Werkstoffverhalten, wie Dehnungszunahme bei konstanter Spannung infolge Kriechen, Spannungsabnahme bei konstanter Dehnung infolge Relaxieren oder dehnratenabhängiges Plastizieren beschrieben werden. Der Abstand des Spannungsbildpunktes von der Fließfläche (overstress) gilt dann als Maß für die Dehnungsgeschwindigkeit. Im Weiteren wird nur zeitunabhängiges (inviscides) Verhalten betrachtet.

Aus thermodynamischen Gründen, die durch die Drucker'schen Postulate von stabilem Werkstoffverhalten formuliert sind, muss verlangt werden, dass eine Fließfläche konvex ist. Sonst könnte bei kontinuierlicher Belastungssteigerung der plastische Bereich verlassen werden und sich der Werkstoff bei ausreichend hoher Beanspruchung dann wieder elastisch verhalten, was in Bezug auf reines Materialverhalten schon intuitiv auszuschließen ist (bei Strukturen kann dies allerdings vorkommen, wenn sich etwa infolge großer Verformungen das statische System ändert). Rein geometrisch betrachtet wären natürlich außer der Tresca- und der Mises-Fließfläche noch weitere hexagonal symmetrische Fließflächen denkbar. Aufgrund der Konvexitätsbedingung können sie aber nicht erheblich von den beiden genannten abweichen.

Wie sich aus einfachen geometrischen Zusammenhängen in Abb. 1.3 ergibt, kann die Mises-Vergleichsspannung maximal das $2/\sqrt{3}$-fache der Tresca-Vergleichsspannung betragen, sodass beide Hypothesen maximal um 15,5 % voneinander abweichen. Innerhalb dieses Unterschiedes können beide für den Werkstoff Stahl als experimentell gut belegt betrachtet werden, mit leichten Vorteilen für die Mises-Hypothese. Die Entscheidung zugunsten der einen oder der anderen Hypothese orientiert sich daher nicht unbedingt an der größeren Genauigkeit, als vielmehr an der einfacheren rechnerischen Handhabung. Für manche speziellen Probleme der Festigkeitslehre besitzt die Tresca-Hypothese wegen ihrer stückweisen Linearität rechnerisch Vorteile. Zudem liegt sie im

Vergleich zur Mises-Hypothese auf der sicheren Seite. Ihre in den Ecken vorliegenden Singularitäten verursachen jedoch bei vielen anderen Anwendungen Probleme, auf die im folgenden Abschnitt kurz eingegangen wird. Daher wird die Mises-Bedingung allgemein bevorzugt.

Die Mises-Fließfläche lässt sich allgemein formulieren durch die Funktion

$$g\left(\sigma_i'\right) = f_y, \tag{1.15}$$

wobei $g\left(\sigma_i'\right)$ die Mises-Vergleichsspannung σ_v ist.

Im deviatorischen Hauptspannungsraum stellt die Mises-Fließfläche einen Kreis dar:

$$\sigma_v^2 = \frac{3}{2}\left[\left(\sigma_1'\right)^2 + \left(\sigma_2'\right)^2 + \left(\sigma_3'\right)^2\right] = f_y^2 \tag{1.16}$$

bzw. in nicht-deviatorischen Größen:

$$\sigma_v^2 = \frac{1}{2}\left[(\sigma_1 - \sigma_2)^2 + (\sigma_1 - \sigma_3)^2 + (\sigma_2 - \sigma_3)^2\right] = f_y^2, \tag{1.17}$$

$$\sigma_v^2 = \sigma_x^2 + \sigma_y^2 + \sigma_z^2 - \sigma_x\sigma_y - \sigma_y\sigma_z - \sigma_x\sigma_z + 3\left(\tau_{xy}^2 + \tau_{yz}^2 + \tau_{xz}^2\right) = f_y^2. \tag{1.18}$$

Demnach setzt Fließen dann ein, wenn die Euklidische Norm des deviatorischen Spannungsvektors (Gl. 1.14) die Fließgrenze f_y erreicht.

Alternativ drückt man auch oft die Fließfläche in der Deviatorebene als Kreis mit Radius $\sqrt{2J_2}$ aus, wobei J_2 die zweite Invariante des deviatorischen Spannungsvektors ist:

$$J_2 = \frac{1}{2}\left(\sigma_1'^2 + \sigma_2'^2 + \sigma_3'^2\right). \tag{1.19}$$

Fließen tritt dann ein, wenn dieser Radius den Wert $\sqrt{\frac{2}{3}}f_y$ annimmt:

$$\sqrt{2J_2} = \sqrt{\frac{2}{3}}f_y. \tag{1.20}$$

1.2.4 Fließgesetz

Solange die Verzerrungen hinreichend klein sind, sagen wir, kleiner als 10 %, was bei Tragwerken im Gebrauchszustand im Gegensatz etwa zu Umformprozessen der Fall sein wird, lassen sie sich additiv in elastische und plastische Anteile aufspalten (Additivität):

$$\varepsilon_i = \varepsilon_i^{el} + \varepsilon_i^{pl}. \tag{1.21}$$

Während die elastischen Verzerrungsanteile nach Gl. 1.3 aus dem Spannungszustand gewonnen werden können, wird für die plastischen Verzerrungsanteile ein Fließgesetz benötigt (mitunter auch als Fließregel bezeichnet).

Die Fließfläche beschreibt, bei welchem Spannungszustand es zum Plastizieren kommt. Dagegen gibt das Fließgesetz an, in welche Richtung sich während des Plastizierens die plastischen Dehnungen entwickeln. Je nach Werkstoff kann diese Richtung bei gleichem Spannungszustand recht unterschiedlich sein, beispielsweise aufgrund von Porosität, Bindigkeit und innerer Reibung. Bei Stahl ist empirisch gut gesichert, dass plastische Deformationen das Volumen des Werkstoffes kaum ändern, sodass von der Inkompressibilitätsbedingung

$$\varepsilon_x^{\text{pl}} + \varepsilon_y^{\text{pl}} + \varepsilon_z^{\text{pl}} = 0 \qquad (1.22)$$

ausgegangen werden kann. Damit sind plastische (anders als die elastischen) Verzerrungen von deviatorischer Natur, sodass sich ihre Richtungen allein im deviatorischen Raum angeben lassen. Da sie bei einachsigem Spannungszustand in die Richtung dieser Spannung und damit in die Richtung des deviatorischen Spannungsvektors wirken müssen, steht der plastische Verzerrungsvektor dort senkrecht auf der Mises-Fließfläche. Dies wird verallgemeinert zur sog. Normalenregel. In einem auf dem Rand der Fließfläche befindlichen Spannungsbildpunkt σ_i' wirkt das plastische Verzerrungsinkrement $\mathrm{d}\varepsilon_i^{\text{pl}}$ danach stets normal zur Fließfläche und ist nach außen gerichtet (Abb. 1.4). Das Fließgesetz ist somit mit der Fließbedingung assoziiert:

$$\mathrm{d}\varepsilon_i^{\text{pl}} \propto \sigma_i'. \qquad (1.23)$$

Diese Proportionalität zwischen plastischem Verzerrungsinkrement und deviatorischem Spannungszustand wird durch das Prandtl-Reuss-Fließgesetz präzisiert:

$$\mathrm{d}\varepsilon_i^{\text{pl}} = \frac{3}{2}\frac{\mathrm{d}\varepsilon_{\text{v}}^{\text{pl}}}{\sigma_{\text{v}}}\sigma_i', \qquad (1.24)$$

wonach das plastische Vergleichsdehnungsinkrement $\mathrm{d}\varepsilon_{\text{v}}^{\text{pl}}$ proportional zum Spannungsdeviator, der durch die Vergleichsspannung σ_{v} normiert wird, auf die verschiedenen Richtungen aufgeteilt wird. Das zunächst noch unbekannte plastische Vergleichsdehnungsinkrement $\mathrm{d}\varepsilon_{\text{v}}^{\text{pl}}$ lässt sich durch die sog. Konsistenzbedingung finden, wonach der Spannungsbildpunkt den Rand der Fließfläche nicht verlassen darf.

Abb. 1.4 Assoziiertes
Fließgesetz, Normalenregel

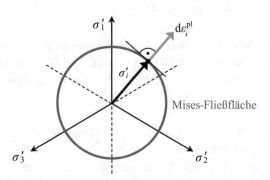

Von großer Bedeutung für den später zu diskutierenden erforderlichen Berechnungsaufwand bei plastischen Analysen ist die Tatsache, dass Gl. 1.24 gewöhnlich nicht
geschlossen und somit exakt integriert werden kann. Denn der Term σ_i'/σ_v ist während
eines plastischen Prozesses selbst bei monotoner Belastung meist nicht konstant, was
als direktionale Spannungsumlagerung bezeichnet wird (siehe Abschn. 1.3.2). Hieraus
resultiert eine Abhängigkeit plastischer Beanspruchungen von der Belastungsgeschichte,
also davon, auf welchem Weg der momentane Beanspruchungszustand erreicht wurde,
während elastische Beanspruchungen nur vom momentanen Belastungszustand
abhängen. Nur in Ausnahmefällen, wie bei einachsigen Spannungszuständen unter
monotoner Belastung, kann Gl. 1.24 exakt zum finiten Fließgesetz

$$\varepsilon_i^{\text{pl}} = \frac{3}{2} \frac{\varepsilon_v^{\text{pl}}}{\sigma_v} \sigma_i' \qquad (1.25)$$

integriert werden. Wird Gl. 1.25 auch in anderen Fällen als Näherung verwendet, erhält
man die Deformationstheorie von Hencky.

Die Normalenregel ist auch der ausschlaggebende Grund dafür, dass, wie im vorigen
Abschnitt bereits erwähnt, die Verwendung der Tresca-Fließfläche problematisch sein
kann. In ihren sechs Ecken ist nämlich die Normale nicht eindeutig definiert.

Es sei noch darauf hingewiesen, dass die Normalenregel bei manchen Werkstoffen
bzw. Fließflächen nicht geeignet ist, etwa bei reibungsbehafteten Materialien wie Böden.

1.2.5   Verfestigungsgesetz

Werkstoffversuche zeigen, dass auch nach Erreichen der Fließgrenze die Spannung meist
noch weiter gesteigert werden kann. Dies trifft insbesondere auf Stähle zu, wozu Boller,
Seeger und Vormwald umfangreiche Daten zusammengestellt haben [4]. Eine Besonderheit ist bei erstmaliger monotoner Belastung von Baustahl zu beobachten. Ein weiterer
Spannungsanstieg ist dann nämlich erst nach einem Plateau-artigen Verhalten möglich,
bei dem zwar die Dehnung zunehmen kann, die Spannung aber ungefähr konstant bleibt.
Bei zyklischer Belastung ist dieses Phänomen jedoch nicht mehr zu beobachten. Stattdessen sinkt die Fließgrenze (Abb. 1.5).

Abb. 1.5 Prinzipskizze für
das Verhalten von Baustahl, in
Anlehnung an [5]

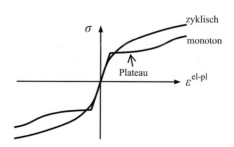

Das Verhalten bei Überschreitung der Fließgrenze wird Verfestigung genannt. Im Spannungs-Dehnungs-Diagramm ist sie stets mit einer Tangentensteigung verbunden, die kleiner ist als unterhalb der Fließgrenze, also im elastischen Bereich. Trotz der nur schematischen Darstellung in Abb. 1.5 kann man bereits ahnen, dass die Berücksichtigung der Verfestigung bei zyklischem elastisch-plastischem Verhalten eine große Bedeutung besitzt.

Wenn einerseits die Spannungen die Fließgrenze überschreiten können, die Fließfläche aber andererseits nicht verlassen können, muss sich die Fließfläche während des Verfestigungsvorganges ändern. Hierfür kommt eine konzentrische Aufweitung, eine Verschiebung, eine Gestaltänderung oder eine Mischung dieser Geometrieänderungen infrage.

Eine Gestaltänderung der Fließfläche ist zwar im Prinzip experimentell bestätigt, aber deutlich geringer ausgeprägt als ihre konzentrische Aufweitung (isotrope Verfestigung), und diese wiederum ist bei monotoner Belastungssteigerung gewöhnlich weitaus weniger ausgeprägt als eine Verschiebung der Fließfläche (kinematische Verfestigung). Jedoch spielt bei zyklischer Belastung häufig auch die isotrope Verfestigung eine erhebliche Rolle, ist aber meist auf die ersten Zyklen beschränkt. Manche Werkstoffe können unter gewissen Umständen auch zyklisch entfestigen, sodass die Fließfläche kleiner wird als bei erstmaliger Belastung [4].

Das Verfestigungsgesetz beschreibt, wie die Verfestigung von der Beanspruchung abhängt, nämlich etwa von der momentanen plastischen Dehnung, von der Beanspruchungsgeschichte, von der Richtungsänderung des Spannungsvektors usw. Diese Abhängigkeit wird oft mittels sog. interner Variabler definiert, die im Gegensatz zu externen Variablen wie Dehnung oder Temperatur einer direkten Messung im Experiment nicht zugänglich sind. Ihre Entwicklung wird in Abhängigkeit von der Beanspruchungsgeschichte durch Evolutionsgleichungen beschrieben.

In den folgenden Abschnitten werden einige gebräuchliche Verfestigungsgesetze zur Beschreibung kinematischer Verfestigung bei einer Mises-Fließfläche unter isothermen Bedingungen angesprochen, und zwar das Prager-Ziegler-, das Besseling- und das Chaboche-Modell. Hierzu wird eine vektorielle interne Variable ξ_i eingeführt, die die Verschiebung des Mittelpunktes der Fließfläche im deviatorischen Spannungsraum aus dem Koordinatenursprung beschreibt und daher auch Translationsvektor oder Rückspannung (backstress) genannt wird, Abb. 1.6. Hierdurch entsteht eine plastische Anisotropie, weil die Fließgrenze nun nicht mehr in alle Richtungen gleich ist.

Die Rückspannung ist selbst ebenfalls deviatorisch:

$$\xi_x + \xi_y + \xi_z = 0. \tag{1.26}$$

Aufgrund der Normalenregel ist das plastische Verzerrungsinkrement nun nicht mehr koaxial mit dem Spannungsdeviator σ_i' (Gl. 1.24), sondern proportional zur reduzierten Spannung $(\sigma_i' - \xi_i)$:

$$d\varepsilon_i^{pl} = \frac{3}{2} \frac{d\varepsilon_v^{pl}}{f_y} \left(\sigma_i' - \xi_i \right), \tag{1.27}$$

Abb. 1.6 Kinematische
Verfestigung bei einer Mises-
Fließfläche

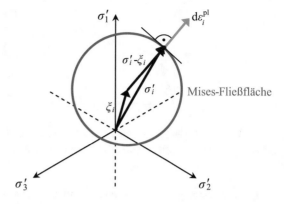

und die Fließfläche wird an Stelle von Gl. 1.15 allgemein beschrieben durch die
Funktion

$$g\left(\sigma_i' - \xi_i\right) = f_y \tag{1.28}$$

bzw. für den deviatorischen Hauptspannungsraum

$$\sqrt{\frac{3}{2}}\sqrt{\left(\sigma_1' - \xi_1\right)^2 + \left(\sigma_2' - \xi_2\right)^2 + \left(\sigma_3' - \xi_3\right)^2} = f_y. \tag{1.29}$$

1.2.6   Prager-Ziegler Verfestigung

Nach Ziegler verschiebt sich die Fließfläche in Richtung der reduzierten Spannung, nach
Prager in Richtung des plastischen Dehnungsinkrementes. Bei einer Mises-Fließfläche
sind beide aufgrund von Gl. 1.27 gleich gerichtet. Nach der Prager-Ziegler Verfestigung
ist das Rückspannungsinkrement also proportional zum plastischen Verzerrungsinkrement, sodass die Evolutionsgleichung für die interne Variable lautet:

$$\mathrm{d}\xi_i = \frac{2}{3}C\mathrm{d}\varepsilon_i^{\mathrm{pl}}. \tag{1.30}$$

Dabei ist der Proportionalitätsfaktor C der plastische Verfestigungsmodul, der mit dem
elastisch-plastischen Verfestigungsmodul E_t über

$$C = \frac{E\,E_t}{E - E_t} \tag{1.31}$$

zusammen hängt (Abb. 1.7). Ist C konstant, kann Gl. 1.30 geschlossen integriert werden
zu

$$\xi_i = \frac{2}{3}C\varepsilon_i^{\mathrm{pl}}, \tag{1.32}$$

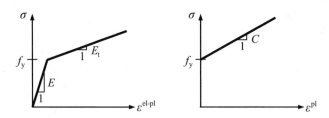

Abb. 1.7 Bilineares Spannungs-Dehnungs-Diagramm bei linearer kinematischer Verfestigung für einachsigen Spannungszustand unter monotoner Belastung

was im einachsigen Spannungszustand bei monotoner Belastungssteigerung zu einem bilinearen Zusammenhang zwischen Spannung und Dehnung führt. Der Zusammenhang zwischen Spannung und plastischem Dehnungsanteil ist dann linear (Abb. 1.7), weshalb man von linearer kinematischer Verfestigung spricht. Für $C = 0$ erhält man linear elastisch – ideal plastisches Verhalten. Dabei fehlt jede Verfestigung, sodass f_y nicht überschritten werden kann.

Das in Gl. 1.27 aufscheinende, aber zunächst noch unbekannte plastische Vergleichsdehnungsinkrement $d\varepsilon_v^{pl}$ lässt sich nun wegen der infolge der Verfestigung eindeutigen Beziehung zwischen Spannungsinkrement und plastischem Dehnungsinkrement durch die sog. Konsistenzbedingung identifizieren. Danach darf der Spannungsbildpunkt bei weiterer Belastungssteigerung von einem plastischen Zustand aus den Rand der sich verändernden Fließfläche nicht verlassen. Demnach muss bei einer Mises-Fließfläche nach Gl. 1.28 gelten

$$dg\left(\sigma_i' - \xi_i\right) = \frac{\partial g\left(\sigma_i' - \xi_i\right)}{\partial \sigma_i'} d\sigma_i' + \frac{\partial g\left(\sigma_i' - \xi_i\right)}{\partial \xi_i} d\xi_i = 0, \tag{1.33}$$

was nach Ausführung der partiellen Ableitungen und Einarbeitung von Gln. 1.27 und 1.30 letztlich auf

$$d\varepsilon_v^{pl} = \frac{3}{2} \frac{1}{C f_y} \left(\sigma_i' - \xi_i\right) d\sigma_i' \tag{1.34}$$

führt.

Bei einer Entlastung verlässt der Spannungsbildpunkt die Fließfläche und bewegt sich in deren Inneres, womit definitionsgemäß nur elastische Beanspruchungsänderungen verbunden sind. Die Fließfläche behält daher ihre Position unverändert bei. Bei einachsigem Spannungszustand kommt es erst dann wieder zu erneutem Plastizieren, und zwar in entgegen gesetzte Richtung wie zuvor, wenn der Spannungsbildpunkt den kompletten Durchmesser der Fließfläche durchwandert hat, also bei einer Spannungsänderung um $2f_y$, Abb. 1.8.

Dass sich der neuerliche Fließbeginn nun aufgrund des vorangegangenen Plastizierens auf einem niedrigeren Spannungsniveau befindet, ist ein experimentell gut bestätigtes Phänomen, das als Bauschinger-Effekt bezeichnet wird.

Abb. 1.8 Lineare
kinematische Verfestigung
(bilineares Spannungs-
Dehnungs-Diagramm) für
einachsigen Spannungszustand
bei zyklischer Belastung

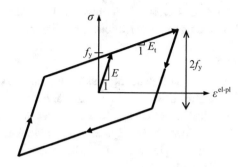

Bei abermaliger Belastungsumkehr wird die Spannungs-Dehnungs-Kurve der ersten Belastung wieder erreicht, Abb. 1.8. Weitere Belastungszyklen durchlaufen dann immer wieder dieselbe Spannungs-Dehnungs-Hysterese, die also nach dem ersten Zyklus bereits stabilisiert ist. Ein solches Verhalten steht jedoch nicht in gutem Einklang mit experimentellen Befunden.

Der Abb. 1.8 liegt spannungsgesteuerte Wechselbelastung zugrunde, d. h. die Spannungen haben bei ihren beiden Extremwerten im Zug- und im Druckbereich dieselben Beträge. Bei der Prager-Ziegler-Verfestigung verschwindet dann nicht nur die mittlere Spannung, sondern auch die mittlere Dehnung.

1.2.7   Besseling-Modell

Das Besseling-Modell ist eng verwandt mit dem Prager-Ziegler Modell, bietet jedoch die Erweiterungsmöglichkeit zur Beschreibung multilinearer kinematischer Verfestigung, indem das Werkstoffvolumen als aus mehreren Schichten (Layern) bestehend betrachtet und daher Overlay-Modell genannt wird. Jeder Schicht wird ein eigenes nichtlineares Werkstoffgesetz zugewiesen, beispielsweise ein linear elastisch – ideal plastisches Werkstoffgesetz mit unterschiedlichen E-Moduli und Querdehnungszahlen in unterschiedlichen Layern. Für ein bilineares Spannungs-Dehnungs-Diagramm werden demnach zwei solcher Layer benötigt. Hierfür ist das Besseling-Modell identisch mit dem Prager-Ziegler Modell.

In Kap. 6 wird das Besseling-Modell ausführlich zur Beschreibung multilinearen Spannungs-Dehnungs-Verhaltens behandelt.

1.2.8   Chaboche-Modell

Wie bereits erwähnt, zeigen Werkstoffversuche unter zyklischer spannungsgesteuerter Belastung, dass nicht unbedingt in jedem Belastungszyklus dieselbe Spannungs-Dehnungs-Kurve durchfahren wird. Dann ist die Spannungs-Dehnungs-Hysterese also nicht geschlossen, und es gibt einen Netto-Zuwachs der mittleren Dehnung von Zyklus zu Zyklus. Dieses Phänomen wird „Ratcheting" genannt oder „progressive Deformation" und kann unterschiedliche Ursachen haben, wie in [6] erläutert. Insbesondere wird dort zwischen zwei Formen unterschieden:

- Material-Ratcheting, das im reinen Werkstoffversuch, also bei homogenen, ein- oder mehrachsigen Spannungszuständen, zu beobachten ist,
- Struktur-Ratcheting, das auch bei Werkstoffen ohne Material-Ratcheting auftritt und auf inhomogene Spannungsverteilungen in Tragwerken und somit auf die Wirkung der Feldgleichungen an Stelle der konstitutiven Gleichungen zurück zu führen ist (siehe Kap. 2).

Um das fehlende Vermögen der Prager-Ziegler Verfestigung (oder verallgemeinert des Besseling-Modells) zur Beschreibung von Material-Ratcheting zu korrigieren, lassen sich im Verfestigungsgesetz sog. Erholungsterme berücksichtigen, die die Verfestigung in Abhängigkeit vom zuvor erreichten Verfestigungsgrad reduzieren. Hierdurch wird die Verfestigung nichtlinear. Als Grundform für ein Verfestigungsgesetz mit einem Erholungsterm gilt an Stelle von Gl. 1.30 das Armstrong-Frederick-Modell für isotherme Bedingungen:

$$d\xi_i = \frac{2}{3}Cd\varepsilon_i^{pl} - \gamma\xi_i dp, \tag{1.35}$$

wobei p aufgrund der Definition

$$p = \int dp \tag{1.36}$$

mit

$$dp = \left|d\varepsilon_i^{pl}\right| = \frac{\sqrt{2}}{3}\sqrt{\left(d\varepsilon_1^{pl} - d\varepsilon_2^{pl}\right)^2 + \left(d\varepsilon_2^{pl} - d\varepsilon_3^{pl}\right)^2 + \left(d\varepsilon_1^{pl} - d\varepsilon_3^{pl}\right)^2} \tag{1.37}$$

häufig als „akkumulierte Vergleichsdehnung" bezeichnet wird und selbst bei alternierendem Plastizieren monoton steigt. Die Bezeichnung „akkumulierte Vergleichsdehnung" mag als etwas missverständlich empfunden werden, da es sich dabei nicht etwa um die Vergleichsdehnung ε_v^{pl} der zyklisch akkumulierten plastischen Dehnungskomponenten

$$\varepsilon_v^{pl} = \frac{\sqrt{2}}{3}\sqrt{\left(\varepsilon_1^{pl} - \varepsilon_2^{pl}\right)^2 + \left(\varepsilon_2^{pl} - \varepsilon_3^{pl}\right)^2 + \left(\varepsilon_1^{pl} - \varepsilon_3^{pl}\right)^2} \tag{1.38}$$

bzw.

$$\varepsilon_v^{pl} = \frac{\sqrt{2}}{3}\sqrt{\left(\varepsilon_x^{pl} - \varepsilon_y^{pl}\right)^2 + \left(\varepsilon_y^{pl} - \varepsilon_z^{pl}\right)^2 + \left(\varepsilon_x^{pl} - \varepsilon_z^{pl}\right)^2 + \frac{3}{2}\left(\gamma_{xy}^{pl^2} + \gamma_{yz}^{pl^2} + \gamma_{xz}^{pl^2}\right)} \tag{1.39}$$

mit

$$\varepsilon_i^{pl} = \int d\varepsilon_i^{pl} \qquad (1.40)$$

handelt. Diese würde sich nämlich nicht unbedingt monoton entwickeln.

Bei einachsigem Spannungszustand und monotoner Zugbeanspruchung reduziert sich Gl. 1.35 zu

$$d\xi = (C - \gamma\xi)d\varepsilon^{pl}, \qquad (1.41)$$

was bei $\gamma = 0$ zur Prager-Ziegler-Verfestigung von Gl. 1.30 wird und sich bei $\gamma \neq 0$ integrieren lässt zum exponentiellen Verfestigungsgesetz

$$\xi = \frac{C}{\gamma} + c_0 \exp\left(-\gamma\varepsilon^{pl}\right). \qquad (1.42)$$

Der Ansatz von Armstrong-Frederick stellte sich jedoch immer noch als unzureichend heraus. Chaboche führte daher eine Erweiterung durch Addition mehrerer Armstrong-Frederick-Terme (meist $k=2$ bis 5) ein (im letzten Term von Gl. 1.43 wird nicht über j addiert):

$$(d\xi_i)_j = \frac{2}{3}C_j d\varepsilon_i^{pl} - \gamma_j(\xi_i)_j dp, \qquad (1.43)$$

$$\xi_i = \sum_{j=1}^{k} (\xi_i)_j \quad \text{mit} \quad k = 2\ldots5. \qquad (1.44)$$

Das zyklische Spannungs-Dehnungs-Verhalten ist in Abb. 1.9 beispielhaft für die ersten fünf Zyklen einer spannungsgesteuerten Wechselbeanspruchung ($\sigma = \pm 270$ N/mm²) für

Abb. 1.9 Nichtlineare kinematische Verfestigung nach dem Chaboche-Modell für einachsigen Spannungszustand bei zyklischer spannungsgesteuerter Belastung

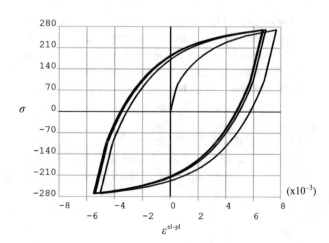

den Materialdatensatz aus [7] bei 200°C mit $k=5$ Armstrong-Frederick-Termen dargestellt.

Man erkennt in Abb. 1.9 einen ausgeprägten Bauschinger-Effekt. Nach dem 1. Zyklus liegt noch keine geschlossene Spannungs-Dehnungs-Kurve vor. Nach fünf Zyklen ist diese jedoch nahezu stabilisiert und mit einer positiven Mitteldehnung $\neq 0$ verbunden.

Auch von der Form des Chaboche-Modells in Gln. 1.43 und 1.44 existiert wieder eine ganze Reihe von Modifikationen (etwa mit Schranken für die kinematische Verfestigung, mit isotroper Verfestigung, mit Zeitabhängigkeit), die hier nicht besprochen werden sollen. Hierzu gibt es umfangreiche Literatur. Erwähnt werden sollen lediglich die Übersichtsarbeiten von Dahlberg und Segle [8] sowie von Abdel-Karim [9] mit mehreren hundert Literaturhinweisen. Dort wird nicht nur das Chaboche-Modell, sondern es werden auch die anderen bisher erwähnten Modelle (Prager, Besseling) und auch weitere wie das Ohno-Wang Modell besprochen, und zwar jeweils unter dem Aspekt zyklischer Belastung. Außerdem wird ein Vergleich mit experimentellen Befunden angestellt. Dabei zeigt sich, dass mit dem Chaboche-Modell Material-Ratcheting generell überschätzt wird, während es, wie oben erwähnt, mit dem Besseling-Modell unterschätzt wird.

1.2.9   Auswahl eines Material-Modells

Ein Material-Modell, mit dem Material-Ratcheting zutreffend beschrieben werden kann, hat sich nach Kenntnis des Autors noch nicht durchgesetzt. Viele Modelle, die vielleicht das Potential dazu haben könnten, sind jedoch, anders als das Besseling- und das Chaboche-Modell, nicht allgemein verfügbar in kommerziellen Finite-Elemente-Programmen wie beispielsweise ANSYS [10] implementiert.

Überhaupt sind bei der Auswahl eines Material-Modells zahlreiche Anforderungen zu erfüllen. So soll der numerische Aufwand (vor allem bei zyklischer Belastung hinsichtlich der Erfassung von Ratcheting) möglichst gering und das Modell nicht zu komplex sein, um eine verlässliche Ergebnisinterpretation noch zu ermöglichen.

Möller et al. [11] haben eine Empfehlung für ein Werkstoffmodell zur Berechnung von Ratcheting druckführender nuklearer Komponenten erarbeitet.

Laborversuche weisen schon bei monotonem elastisch-plastischem Verhalten und erst recht bei Ratcheting-Experimenten eine beträchtliche Streuung auf. So zeigen Zhu et al. in [12], dass die Ratcheting-Dehnungen bei demselben Werkstoff (Z2CND18.12 stainless steel) je nach Hersteller unter formell identischen Testbedingungen im selbem Labor den Faktor 5 überschreiten können.

Ein Materialmodell zur genauen Beschreibung von Ratcheting kann es daher möglicherweise gar nicht geben. Zudem ist ohnehin bei einer ungünstigen Strategie zur Anpassung der Materialparameter jedes Materialmodell diskreditierbar.

1.3   Plastisches Strukturverhalten

Nachdem nun einige Begriffe wie Spannungsdeviator, Fließfläche und Fließgesetz eingeführt worden sind, lassen sich unterschiedliche Auswirkungen plastischen Werkstoffverhaltens auf Tragwerke klassifizieren.

Die offensichtlichsten Auswirkungen plastischen Werkstoffverhaltens bei monotoner Belastungssteigerung sind größere Verzerrungen und geringere Spannungen als bei linear elastischem Verhalten. Bei Tragwerken werden dadurch in Wechselwirkung mit den Feldgleichungen, also den Gleichgewichts- und Kompatibilitätsbedingungen (kinematischen Bedingungen), aber auch Phänomene hervor gerufen, die es bei elastischem Werkstoffverhalten gar nicht gibt, die also auch nur durch Anwendung der Fließzonentheorie überhaupt aufgedeckt werden können. Beispiele hinsichtlich monotoner Belastungssteigerung werden in den Abschn. 1.3.1 bis 1.3.3 aufgeführt.

Bedeutsamer hinsichtlich der Nutzbarkeit der Vereinfachten Fließzonentheorie sind jedoch veränderliche bzw. wiederholte bzw. zyklische Belastungen, da hierbei Phänomene auftreten können (beispielsweise Ratcheting), deren Erfassung durch Anwendung der Fließzonentheorie besonders rechenintensiv ist, wo die Vereinfachte Fließzonentheorie also von besonders großem Nutzen sein kann. Gleichzeitig sind solche Phänomene aber auch nicht leicht zu verstehen, sodass in Kap. 2 intensiver hierauf eingegangen werden soll.

1.3.1   Örtliche Spannungsumlagerung

Mit „örtlichen" Spannungsumlagerungen ist gemeint, dass sich die Verhältnisse der Spannungen an unterschiedlichen Stellen eines Tragwerks zueinander infolge Plastizierens ändern.

1.3.1.1   Vorzeichenwechsel bei örtlicher Umlagerung

Tragwerksteile, die bei einer elastischen Berechnung als gering beansprucht erscheinen, können infolge Plastizierens tatsächlich hoch beansprucht sein, oder Spannungen können ihr Vorzeichen wechseln. Dieses Phänomen dürfte vielen Studierenden aus den Vorlesungen zur Fließgelenktheorie bekannt sein und lässt sich beispielsweise leicht an einem T-förmigen Balkenquerschnitt unter Biegung erkennen, Abb. 1.10. Hierbei entstehen nur einachsige Spannungen. Querschnittsfasern kurz oberhalb der Schwerachse werden bei linear elastischem Werkstoffverhalten gedrückt, bei plastischem Werkstoffverhalten gezogen.

1.3.1.2   Weckung zusätzlicher Freiheitsgrade

Eine örtliche Umlagerung der Spannungen kann den Verformungszustand einer Struktur nicht nur quantitativ verändern, sondern auch qualitativ, indem weitere Freiheitsgrade geweckt werden. Dies lässt sich beispielhaft veranschaulichen bei einem Kragarm mit

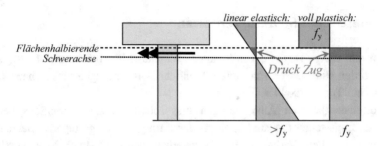

Abb. 1.10 Örtliche Umlagerung der Axialspannungen in einem T-förmigen Balkenquerschnitt unter einachsiger Biegung (qualitative Betrachtung)

1-fach symmetrischem Querschnitt. Dieser wird am freien Ende im Schwerpunkt S durch eine Normalkraft N und ein Biegemoment M_y um die horizontale Querschnitts-Hauptachse belastet (Abb. 1.11). Hierdurch werden eine vertikale Verschiebung uz und eine Längenänderung hervorgerufen. Der Spannungszustand ist einachsig.

Werden die beiden Belastungen bei gleichbleibendem Verhältnis zueinander monoton gesteigert, so bleibt der Querschnitt bis zum Erreichen der elastischen Grenzlast (definiert als Lastfaktor 1) rein elastisch (Abb. 1.12). Dabei nimmt die Vertikalverschiebung proportional zum Belastungsniveau zu. Es gibt keine Horizontalverschiebung uy in y-Richtung.

Wird die elastische Grenze jedoch überschritten, entsteht eine Fließzone, die sich mit steigender Belastung bis zum Erreichen der Traglast im Querschnitt ausbreitet. Dies ist mit einer überproportionalen Zunahme der Vertikalverschiebung verbunden. Anders als bei elastischem Verhalten entsteht nun aber auch außerdem eine Verschiebung in y-Richtung, obwohl es kein Biegemoment M_z gibt! Während bei elastischem Verhalten nur die Verschiebungs-Freiheitsgrade in x- und z-Richtung sowie die Verdrehung um die y-Achse aktiviert werden (was ein ebenes System darstellt), treten bei plastischem Verhalten auch die Verschiebung in y-Richtung und die Verdrehung um die z-Achse hinzu, sodass sich ein räumlich wirkendes System ergibt [13].

Abb. 1.11 Kragarm mit einfach symmetrischem Querschnitt

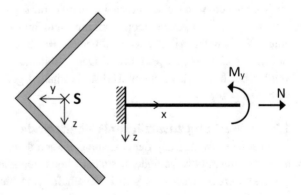

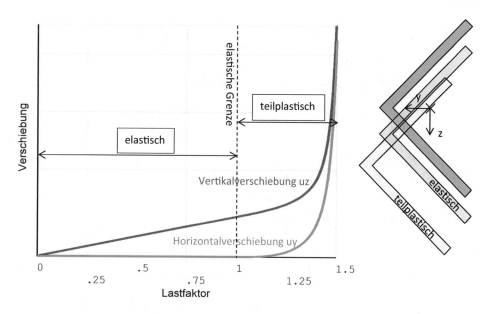

Abb. 1.12 Entwicklung der Verschiebung des Querschnitts-Schwerpunktes (schematische Darstellung) mit steigendem Lastfaktor, bezogen auf die elastische Grenzlast

In [13] wird auch gezeigt, dass ein Doppel-T-Träger unter schiefer Biegung und Normalkraft (aber ohne Torsionsmoment) mit Plastizierungsbeginn als zusätzlichen Freiheitsgrad auch eine Verdrehung um die Stablängsachse entwickelt.

1.3.2 Direktionale Spannungsumlagerung

1.3.2.1 Direktionale Umlagerung bei elastischer Kompressibilität

Bei mehrachsigen Spannungszuständen kann es vorkommen, dass sich neben dem Betrag der Spannungen auch das Verhältnis der Spannungskomponenten zueinander aufgrund des Plastizierens gegenüber linear elastischem Verhalten ändert. Im deviatorischen Spannungsraum äußert sich dies als Winkeländerung des Ortsvektors des Spannungszustandes und wird als direktionale Spannungsumlagerung bezeichnet.

Ein einfaches Beispiel hierzu ist in Abb. 1.13 dargestellt, wo ein differenziell kleines Material-Volumen oder ein Finites Element einem ebenen Spannungszustand in z-Richtung unterworfen wird. In einer Richtung wird eine Stützenverschiebung aufgebracht, während in der anderen Richtung jede Verschiebung verhindert wird, sodass in y-Richtung ein ebener Dehnungszustand vorliegt. Aufgrund des homogenen Spannungszustandes handelt es sich hierbei eigentlich um ein Material-, nicht um ein Struktur-Problem.

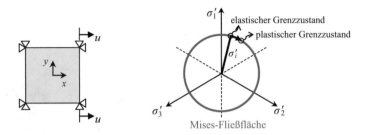

Abb. 1.13 Direktionale Spannungsumlagerung bei ebenem Spannungszustand und monoton wachsender Verschiebung u im Falle unverfestigenden Werkstoffes

Der Spannungszustand ist gegeben durch

$$\sigma_i = \begin{pmatrix} \sigma_1 \\ \nu\sigma_1 \\ 0 \end{pmatrix} \rightarrow \sigma_i' = \frac{1}{3}\begin{pmatrix} 2 - \nu \\ -1 + 2\nu \\ -1 - \nu \end{pmatrix}\sigma_1. \tag{1.45}$$

Die elastische Querdehnzahl beträgt bei Stahl etwa $\nu = 0{,}3$. Für die plastischen Dehnungsanteile gilt aufgrund der Inkompressibilitätsbedingung Gl. 1.22 dagegen $\nu^{pl} = 0{,}5$. Nach Überschreitung der Fließgrenze ändert sich die effektive Querdehnzahl für elastisch-plastisches Verhalten daher mit steigendem Belastungsniveau allmählich von 0,3 im elastischen Grenzzustand bis maximal 0,5 im plastischen Grenzzustand im Falle unverfestigenden Werkstoffes bei unendlich hoher Belastung. Damit ändert sich das Verhältnis der Spannungskomponenten von 1: 0,3: 0 bis zu 1: 0,5: 0 bzw. das Verhältnis der deviatorischen Spannungskomponenten von 1: − 0,235: − 0,765 bis zu 1: 0: − 1.

Welchen Wert die effektive Querdehnzahl bei einem bestimmten Belastungsniveau annimmt, ist nicht so einfach zu bestimmen. Hierfür muss der plastische Verzerrungszustand durch Integration des Fließgesetzes Gl. 1.24 bestimmt werden. Der Term σ_i'/σ_v ist jedoch während der Belastungsgeschichte nicht konstant, sodass vom finiten Fließgesetz Gl. 1.25 kein Gebrauch gemacht werden kann, sondern die Belastung in eine Anzahl kleiner Belastungsinkremente zu unterteilen ist und die zugehörigen Beanspruchungen durch numerische Integration zu bestimmen sind (siehe Abschn. 2.9.2).

1.3.2.2 Direktionale Umlagerung bei elastischer Inkompressibilität

Im vorherigen Abschnitt (Abschn. 1.3.2.1) entstand die direktionale Spannungsumlagerung aufgrund der unterschiedlichen Querdehnzahl bei elastischem und plastischem Verhalten. Es kann jedoch auch bei einer elastischen Querdehnzahl von 0,5 (also bei elastisch inkompressiblem Material) direktionale Spannungsumlagerung auftreten, wenn nämlich die Querdehnung auf andere Weise behindert wird. Dazu ist dann allerdings ein inhomogener mehrachsiger Spannungszustand erforderlich.

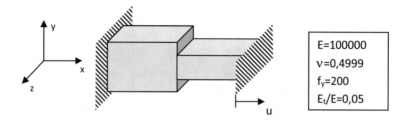

Abb. 1.14   Zwei-Elemente-Modell mit generalisierter ebener Dehnung in z-Richtung

Tab. 1.1 Entwicklung der Beanspruchungen im rechten Element gemäß inkrementeller Berechnung für u = 0,006	Anzahl Lastschritte	Spannungskomponente	
		σ_x	σ_z
	1	259,55	95,51
	2	259,98	99,05
	4	260,34	102,54
	10	260,59	105,45
	50	260,73	107,43
	200	260,76	107,83

Als Beispiel hierfür können zwei hintereinander angeordnete Elemente mit Querschnittssprung dienen (Abb. 1.14). Die dort auftretende Kerbwirkung wird nicht betrachtet. Senkrecht zur Zeichenebene soll ein sog. generalisierter ebener Dehnungszustand vorliegen, der im Unterschied zum ebenen Dehnungszustand ($\varepsilon_z = 0$) dafür sorgt, dass beide Elemente dieselbe, zunächst aber noch unbekannte, Dehnung in z-Richtung aufweisen ($\varepsilon_z \neq 0$). In y-Richtung treten keine Spannungen auf. Beide Elemente sollen gleich lang sein (Einheitslänge). Während sie in z-Richtung dieselbe Dicke aufweisen, stehen ihre Querschnittsdicken in y-Richtung im Verhältnis 2:1.

Auch hier ist es nicht so leicht möglich, den Beanspruchungszustand für ein gegebenes Belastungsniveau u = 0,006 zu ermitteln. Tab. 1.1 weist das Ergebnis inkrementeller Berechnungen bei unterschiedlicher Anzahl von Belastungsschritten aus. Man erkennt deren Einfluss auf das Verhältnis der beiden Spannungskomponenten zueinander und damit die Abhängigkeit der direktionalen Umlagerung von der Anzahl der gewählten Belastungsschritte. Wird die gesamte Belastung in nur einem einzigen Belastungsschritt aufgebracht, so wird praktisch mit dem finiten Fließgesetz von Gl. 1.25 gerechnet.

1.3.2.3 Reihenfolge-Effekt

Werden mehrere Belastungen zwar monoton, aber nicht synchron aufgebracht, so kann einem vorgegebenen Belastungszustand kein eindeutiger Beanspruchungs-Zustand zugeordnet werden. Die Beanspruchungen hängen nämlich vom Belastungsweg ab.

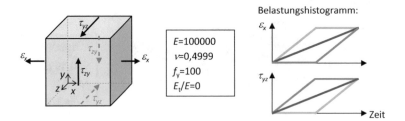

Abb. 1.15 Ein-Element-Modell mit unterschiedlichen Belastungswegen

Tab. 1.2 Abhängigkeit der Beanspruchungen vom Belastungsweg gemäß inkrementeller Berechnung

Belastungsweg	σ_x	γ_{yz} [%]
Grün	24,33	0,3636
Rot	24,33	0,4017
Blau	24,33	0,6214

Als Beispiel wird ein einzelnes würfelförmiges Finites Element betrachtet, das einem homogenen Beanspruchungszustand ausgesetzt wird, nämlich einer dehnungsgesteuerten Belastung in x-Richtung ($\varepsilon_x = 0{,}09$ %) und einer Schubspannung $\tau_{yz} = 56$ (Abb. 1.15). Dieser Zustand wird auf drei unterschiedlichen Wegen erreicht, die als Belastungshistogramm in Abb. 1.15 dargestellt sind. Zwei zugehörige Beanspruchungen (durch eine inkrementelle Analyse mit 200 Lastschritten gewonnen) sind in Tab. 1.2 aufgeführt.

Die Unterschiede in der Gleitung γ_{yz} werden verständlich, wenn man die unterschiedlichen Belastungswege im Spannungsraum betrachtet. Aus Gl. 1.18 folgt, dass die Mises-Fließfläche in der durch die Normalspannung σ_x und $\sqrt{3}\tau_{yz}$ aufgespannten Ebene einen Kreis mit Radius f_y darstellt (Abb. 1.16). Alle drei Belastungswege führen am Ende zum selbem Spannungszustand auf der Fließfläche, wo also auch dieselbe Normale vorliegt (siehe Abschn. 1.2.4). Während aber beim blau dargestellten Belastungsweg (zuerst wird die Schubspannung in voller Größe aufgebracht und erst danach die Dehnung in x-Richtung) diese Normale und somit die Richtung der plastischen Verzerrung während des gesamten Plastizierungsprozesses gleich bleibt, ändert sie sich bei den beiden anderen Belastungswegen (rot für proportionale Laststeigerung, während bei grün zuerst die Dehnung in x-Richtung vollständig aufgebracht wird), was zu unterschiedlichen Integralen über die Belastungsgeschichte führt.

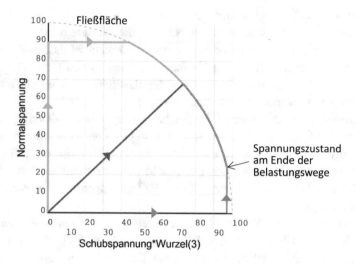

Abb. 1.16 Spannungspfade beim Ein-Element-Modell mit unterschiedlichen Belastungswegen

1.3.3 Kraft- gegenüber weggesteuerter Belastung

Aufgrund seiner hohen Bruchdehnung von meist über 20 % besitzt der Werkstoff Stahl eine große plastische Reserve gegenüber seiner elastischen Grenz*dehnung* von meist weit weniger als 1 %. In Bezug auf die elastische Grenz*spannung* ist die plastische Reserve weitaus geringer. Dadurch führen Spannungsumlagerungen in Tragwerken zu einer plastischen Reserve gegenüber ihrer elastischen Grenzlast, die bei weggesteuerter Belastung wesentlich größer ausfällt als bei kraftgesteuerter Belastung.

Dies ist in Abb. 1.17 beispielhaft veranschaulicht für einen Kragarm mit Rechteck-Querschnitt aus linear verfestigendem Werkstoff (Verfestigungsparameter $C/E = 0,1$).

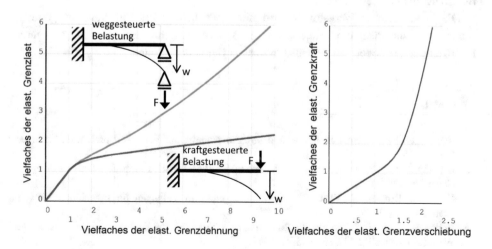

Abb. 1.17 Plastische Reserve eines Kragarms unter weggesteuerter bzw. kraftgesteuerter monotoner Belastung

Er wird an seinem Ende entweder kraftgesteuert durch eine Einzellast F oder weggesteuert durch eine Stützensenkung w belastet, die wiederum eine Einzelkraft mit dem Betrag von F als Lagerreaktion hervor ruft. Dargestellt ist das jeweilige Vielfache der elastischen Grenzlast über dem Vielfachen der elastischen Grenzdehnung. Kraftgesteuerte und weggesteuerte Belastung sind im elastischen Bereich identisch, da sich die Durchbiegung w proportional zur Kraft F verhält.

Im plastischen Bereich jedoch gehört zu einer vorgegebenen Dehnung (z. B. in Höhe der 7,5-fachen elastischen Grenzdehnung) bei weggesteuerter Belastung ein höheres Belastungsniveau (ca. das 4,4-fache der Durchbiegung im elastischen Grenzzustand) als bei kraftgesteuerter Belastung (ca. das 2-fache der Einzelkraft im elastischen Grenzzustand). Dies ist Ausdruck der Tatsache, dass die Durchbiegung w überproportional mit der Kraft F ansteigt.

Insbesondere wenn die Belastung weggesteuert erfolgt, können also aufgrund der Duktilität des Werkstoffes recht hohe Belastungsniveaus weit oberhalb der elastischen Grenzlast aufgebracht werden. Weggesteuerte Belastungen bestehen nicht nur aus der oben betrachteten Einwirkung durch Stützensenkung, sondern etwa auch aus thermischen Dehnungen. Die plastische Reserve wird daher insbesondere in thermischen Kraftwerken ausgenutzt, wo die infolge veränderlicher Betriebsbedingungen entstehenden Temperaturfelder zu beträchtlichen Spannungen führen. Unter der Annahme linear elastischen Werkstoffverhaltens, also fiktiv elastisch berechnet, können diese leicht mehr als das 12-fache der Fließgrenze des eingesetzten Stahls betragen.

Zu den weggesteuerten Belastungen zählen jedoch nicht nur Zwängungen infolge behinderter thermischer Dehnungen, sondern generell alle Zwängungen und somit auch die statisch überzähligen Schnittgrößen statisch unbestimmter Tragwerke. Abgesehen von wenigen speziellen Tragwerken wie Membranschalen sind Flächentragwerke ebenso wie dreidimensionale Kontinua innerlich stets statisch unbestimmt. Dort liegt daher eine plastische Reserve vor, selbst wenn diese Tragwerke primär einer kraftgesteuerten Belastung unterworfen werden.

Die Duktilität des Werkstoffes wird nicht nur beim Werkstoff Stahl ausgenutzt, sondern in zunehmendem Maße auch bei Werkstoffen, die ein deutlich geringeres Plastizierungsvermögen besitzen als Stahl, etwa Beton oder Boden.

Literatur

1. Reckling, K.-A.: Plastizitätstheorie und ihre Anwendung auf Festigkeitsprobleme. Springer, Berlin (1967)
2. Lemaitre, J.M., Chaboche, J.-L.: Mechanics of Solid Materials. Cambridge University Press, Cambridge (1990)
3. Burth, K., Brocks, W.: Plastizität: Grundlagen und Anwendungen für Ingenieure. Vieweg, Braunschweig (1992)
4. Boller, C., Seeger, T., Vormwald, M.: Materials Database for Cyclic Loading. Fachgebiet Werkstoffmechanik, TU Darmstadt (2008)

5. Klee, S.: Das zyklische Spannungs-Dehnungs- und Bruchverhalten verschiedener Stähle. Technische Hochschule Darmstadt, Fachbereich 14 – Konstruktiver Ingenieurbau, Institut für Statik und Stahlbau, Dissertation D17 (1973)

6. Hübel, H.: Basic conditions for material and structural ratcheting. Nucl. Eng. Des. **162**, 55–65 (1996)

7. Gilbert, R.R.: Investigations aiming at the integration of the simplified yield zones theory (ZARKA's method) in staged elasto-plastic fatigue and shakedown concept for nuclear power plant components subjected to thermo-mechanical loadings. Master-Thesis TU Braunschweig, Institut für Wärme- und Brennstofftechnik (2013)

8. Dahlberg, M., Segle, P.: Evaluation of models for cyclic plastic deformation – A literature study. SSM, Report number: 2010:45, ISSN: 2000-0456 (2010). https://www.stralsakerhetsmyndigheten.se/en/publications/reports/safety-at-nuclear-power-plants/2010/201045/

9. Abdel-Karim, M.: Shakedown of complex structures according to various hardening rules. Pressure Vessels Piping **82**, 427–458 (2005)

10. ANSYS Release 2019R1, ANSYS Inc., Canonsburg, USA (2019)

11. Möller, M., Gustafsson, A., Segle, P.: Robust structural verification of pressurized nuclear components subjected to ratcheting. SSM, Report number: 2015: 43, ISSN: 2000-0456 (2015). https://www.stralsakerhetsmyndigheten.se/en/publications/reports/safety-at-nuclear-power-plants/2015/201543/

12. Zhu, J., Chen, X., Xue, F., Yu, W.: Bending ratcheting tests of Z2CND18.12 stainless steel. Int. J. Fatig. **35**, 16–22 (2012)

13. Hübel, H.: Bemerkungen zur Ausnutzung plastischer Querschnitts- und Systemreserven. Stahlbau **72**, 844–852 (2003)

Strukturverhalten bei veränderlicher Belastung

2

Da die im Rahmen dieses Buches zu entwickelnde Vereinfachte Fließzonentheorie vor allem für die Anwendung bei elastisch-plastischem Verhalten infolge veränderlicher Belastung von Nutzen ist, wird in diesem Kapitel auf einige Phänomene des Strukturverhaltens eingegangen, die für die Lebensdauer eines Tragwerks von Bedeutung sind. Besonderes Gewicht wird dabei auf das Phänomen Ratcheting gelegt.

2.1 Ratcheting und Ermüdung

Werden Tragwerke im überelastischen Bereich betrieben, so ist nicht nur sicher zu stellen, dass die Duktilität des Werkstoffes infolge monotoner Belastungssteigerung nicht überschritten wird. Sondern darüber hinaus ist auch noch zu beachten, dass selbst kleine veränderliche Belastungsanteile einen Mechanismus in Gang setzen können, der zu einer einsinnigen Zunahme der Dehnungen bei jeder Belastungsänderung führt und so die Lebensdauer des Tragwerks begrenzt. Ein solcher Vorgang wird oft als Ratcheting (häufig auch „Ratchetting" geschrieben) oder als progressive Deformation bezeichnet. In Abschn. 1.2.8 wurde bereits auf den Unterschied zwischen Material- und Struktur-Ratcheting hingewiesen. Während Material-Ratcheting durch Werkstoffmodelle zu erfassen ist, wird Struktur-Ratcheting im Folgenden ausführlich erläutert. Zu dessen Berechnung wird natürlich ebenfalls ein Werkstoffmodell benötigt, das jedoch nicht unbedingt Material-Ratcheting simulieren können muss.

Zudem kann eine Ermüdungsschädigung auftreten, insbesondere, wenn das Schwingspiel so groß ist, dass es zu alternierendem Plastizieren kommt (low cycle fatigue, LCF). Da veränderliche Belastungsanteile aber immer vorhanden sind, sollte auch immer Ratcheting mit bedacht werden, wenn überhaupt plastische Beanspruchungen auftreten, und nicht nur bei so hohen veränderlichen Belastungsanteilen, dass alternierendes Plastizieren auftritt.

Die in diesem Buch behandelte Problematik ist somit nicht nur relevant für thermische Kraftwerke, sondern auch für viele Anwendungsbereiche im Bauingenieurwesen, etwa für Brückenlager und Straßendecken sowie in der Geotechnik. Zudem können Ratcheting und Ermüdung im LCF-Bereich bereits unter normalen Auslegungsbedingungen im Maschinen- und Fahrzeugbau, in der chemischen Industrie, bei Gasturbinen, bei elektronischen Bauteilen und in vielen anderen Anwendungsbereichen auftreten.

2.2 Struktur-Ratcheting

Eine Akkumulation plastischer Verzerrungen aufgrund zyklischer oder jedenfalls veränderlicher Belastung (Struktur-Ratcheting) lässt sich auf unterschiedliche Ursachen zurück führen (Abb. 2.1). Sie kann bei unveränderlichen Lastpositionen auftreten, wenn also nur die Größe der Lasten variiert. Sie kann aber auch bei konstantem Lastniveau hervorgerufen werden, wenn sich dabei aber die Position der Last bewegt. Ferner können elastische (oder gar starre) Strukturen sich akkumulierende Bewegungen ausführen, wenn aufgrund einer Reibungslagerung veränderliche Schubspannungen auftreten. Diese unterschiedlichen Umstände von Struktur-Ratcheting sind mit unterschiedlichen Merkmalen verbunden, wie wir im Folgenden sehen werden. So müssen die Niveaus der Lasten, die in Größe oder Position variieren, einen bestimmten Schwellenwert überschreiten, damit elastisch-plastisches Ratcheting auftritt, während Reibungs-Ratcheting bei jedem Niveau der variablen Last ohne Schwellenwert auftreten kann.

Wie ein Ratcheting-Mechanismus überhaupt entstehen kann, wird im Folgenden beispielhaft anhand des Zweistab-Modells detailliert erläutert (Abschn. 2.2.1 bis 2.2.3). Sodann werden in Abschn. 2.3, 2.4 und 2.5 einige der in Abb. 2.1 aufgeführten Beispiele betrachtet. Dabei wird Reibungs-Ratcheting nur behandelt, um die Abgrenzung von

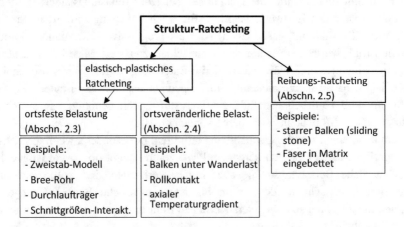

Abb. 2.1 Klassifizierung von Struktur-Ratcheting-Phänomenen

elastisch-plastischem Ratcheting zu verdeutlichen, wird danach aber nicht weiter vertieft, da es einer Behandlung durch die Fließzonentheorie (FZT) naturgemäß nicht zugänglich ist und somit auch nicht durch die VFZT.

Generell kann in allen möglichen Situationen, bei denen eine Struktur sich ändernden Einwirkungen ausgesetzt ist, Ratcheting auftreten. Es seien hier aber nur noch exemplarisch Fahrbahnplatten [1], Schienen [2], Feuchte-Änderungen in Böden [3], anisotherm beanspruchte polykristalline Werkstoffe [4] und Dichteänderungen infolge von Phasenumwandlungen [4] genannt.

2.2.1 Zweistab-Modell

Ist die Belastung veränderlich, kann, wie bereits in Abschn. 1.2.8 erwähnt, Ratcheting bzw. progressive Deformation auftreten. Dieses Phänomen lässt sich gut an einem Zweistab-Modell veranschaulichen, Abb. 2.2, das als Standard-Beispiel für Struktur-Ratcheting schon von zahlreichen Autoren in mehreren Abmessungsvarianten (unterschiedliche Längen und unterschiedliche Querschnittsflächen der beiden Stäbe), mehreren Belastungsvarianten (schwellende oder wechselnde thermische Belastung), ohne und mit kinematischer oder isotroper Verfestigung, analytisch und experimentell untersucht wurde, beispielsweise von Miller [5], Mulcahy [6], Jiang und Leckie [7] sowie Ponter [8]. Gelegentlich wird das Zweistab-Modell auch als Dreistab-Modell bezeichnet, wobei die Stäbe symmetrisch angeordnet sind, symmetrische Eigenschaften besitzen und symmetrisch belastet werden. Die Ergebnisse sind dann dieselben wie im Folgenden beschrieben.

Zwei parallel angeordnete Stäbe gleicher Länge, gleichen Querschnitts und gleichen Materials werden durch eine starre Platte so miteinander verbunden, dass beide Stäbe stets gleich lang sind, Abb. 2.2.

Zunächst wird linear elastisch – ideal plastisches Materialverhalten mit temperatur-*un*abhängigen Materialparametern betrachtet. Es werden kleine Dehnungen und kleine Verformungen angenommen, sodass eine Änderung der Querschnittsfläche infolge der Belastung nicht betrachtet zu werden braucht und die Gleichgewichtsbedingung am unverformten System formuliert werden darf. Zunächst wird eine Kraft F aufgebracht, die im Weiteren unveränderlich ansteht und in beiden Stäben zur selben sog. Primär-

Abb. 2.2 Zweistab-Modell unter zyklischer Belastung

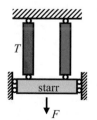

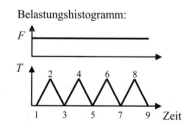

Belastungshistogramm:

spannung σ_p führt. Damit die Traglast nicht überschritten wird, muss diese Spannung kleiner sein als die Fließgrenze. Im linken Stab wird anschließend eine zyklische Temperaturänderung T aufgebracht, während die Temperatur im rechten Stab konstant bleibt.

In der Erwärmungsphase werden die freien thermischen Dehnungen ε^th des linken Stabes elastisch behindert, sodass dort Druckspannungen auftreten, während im rechten Stab aus Gleichgewichtsgründen gleich große Zugspannungen auftreten. Zu jedem Zeitpunkt[1] liegt das arithmetische Mittel der Spannungen in den beiden Stäben bei der Primärspannung, sodass die Spannungen in den beiden Stäben nur um denselben Betrag und unterschiedliche Vorzeichen von dieser abweichen können:

$$\Delta\sigma_\mathrm{links} + \Delta\sigma_\mathrm{rechts} = 0. \tag{2.1}$$

Wegen der fehlenden Verfestigung liegt damit nicht nur die maximal mögliche Spannung in jedem der beiden Stäbe fest,

$$\sigma_\mathrm{max} = f_\mathrm{y}, \tag{2.2}$$

sondern auch die minimal mögliche Spannung

$$\sigma_\mathrm{min} = 2\sigma_\mathrm{P} - f_\mathrm{y}. \tag{2.3}$$

Da die Stäbe stets gleich lang sind, muss zu jedem Zeitpunkt gelten:

$$\left(\varepsilon^\mathrm{th} + \varepsilon^\mathrm{el} + \varepsilon^\mathrm{pl}\right)_\mathrm{links} = \left(\varepsilon^\mathrm{el} + \varepsilon^\mathrm{pl}\right)_\mathrm{rechts}. \tag{2.4}$$

Damit lassen sich für jeden Belastungs-Zeitpunkt die Spannungen und Dehnungen in den beiden Stäben ermitteln, Abb. 2.3

Ausgehend vom Zeitpunkt 1, bei dem beide Stäbe die gleiche Spannung σ_P unterhalb der Fließgrenze f_y aufweisen, wird im linken Stab die freie thermische Dehnung ε^th aufgebracht (Punkt $2'$ im Spannungs-Dehnungs-Diagramm von Abb. 2.3). Damit beide Stäbe gleich lang sind, muss der mechanische Dehnungsanteil im linken Stab kleiner und im rechten größer werden. Dem Werkstoffgesetz folgend kann die Entlastung des linken Stabes nur rein elastisch erfolgen, sodass die Spannung dort abnimmt, während die Spannung des rechten Stabes aus Gleichgewichtsgründen ansteigt, aber höchstens, bis dort die Fließgrenze f_y erreicht ist. Da die Spannung nicht darüber hinaus steigen kann, liegt dann auch die Spannung im rechten Stab fest. Zum Zeitpunkt 2 weisen beide Stäbe dieselbe thermo-elastisch-plastische Dehnung auf. Der linke Stab ist noch elastisch, der rechte bereits plastiziert.

Im nächsten Halbzyklus wird die freie thermische Dehnung ε^th im linken Stab nun wieder abgezogen (Punkt $3'$ im Spannungs-Dehnungs-Diagramm). Damit beide Stäbe

---

[1] Der Begriff „Zeit" wird hier nicht im Sinne einer physikalischen Größe verwendet, sondern nur als ordnende Größe für aufeinander folgende Vorgänge. In der Literatur wird sie gelegentlich als „Pseudo-Zeit" bezeichnet. In diesem Sinne ist auch der Begriff „Histogramm" zu verstehen.

Spannungs-Dehnungs-Diagramm:

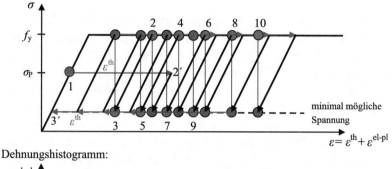

Dehnungshistogramm:

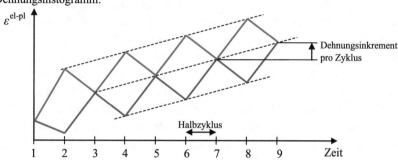

Abb. 2.3 Struktur-Ratcheting beim Zweistab-Modell infolge zyklischer Belastung im Falle unverfestigenden Werkstoffes

wieder gleich lang werden, muss der linke Stab länger und der rechte kürzer werden. Die Entlastung des rechten Stabes erfolgt rein elastisch, während die Spannung im linken Stab elastisch bis zur Fließgrenze steigt und dann auf diesem Niveau verharrt, während seine Dehnung weiter zunimmt. Da zum Zeitpunkt 3 keine freie thermische Dehnung vorliegt, weisen beide Stäbe dieselbe mechanische Dehnung auf, und es herrscht Gleichgewicht. In diesem Halbzyklus ist der linke Stab plastiziert, während der rechte eine elastische Entlastung erfahren hat.

Auf diese Weise lässt sich die Entwicklung der Beanspruchungen auch für alle weiteren Halbzyklen konstruieren. Nach dem ersten Belastungszyklus nehmen die Dehnungen in beiden Stäben mit einem konstanten Dehnungsinkrement in jedem Zyklus zu, wenn eine geometrisch lineare Theorie zugrunde gelegt wird. Würde dagegen die Theorie großer Verschiebungen und großer Dehnungen angewandt, würde die Querschnittsfläche wegen der Querdehnung aufgrund der axialen Verlängerung mit der Zyklenzahl abnehmen, und die Dehnungen überproportional mit der Zyklenzahl zunehmen.

Infolge der zyklischen Belastung sind in den beiden Stäben in jeweils zwei aufeinander folgenden Halbzyklen abwechselnd Normalkraft-Fließgelenke aktiv, die zu einer Netto-Zunahme der plastischen Verzerrungen (einer Dehnungsakkumulation gemäß Gl. 1.39 und 1.40) in jedem vollen Belastungszyklus führen.

2.2.2   Einfluss kinematischer Verfestigung

Wird nun an Stelle des im vorigen Abschnitt betrachteten linear elastisch – ideal plastischen Werkstoffmodells Verfestigung berücksichtigt, so verändert sich das in jedem Belastungszyklus akkumulierte Dehnungsinkrement. Im Falle eines unbegrenzt kinematisch verfestigenden Werkstoffes entwickelt sich dieses Dehnungsinkrement monoton fallend, bis es nach endlich oder unendlich vielen Zyklen gänzlich verschwindet, sodass sich eine periodische Systemantwort einstellt. Dabei sind die in jedem Halbzyklus auftretenden Dehnungsamplituden gleich groß und bei zwei aufeinander folgenden Halbzyklen entgegengesetzt gerichtet. Man sagt, das System hat dann den Einspielzustand (Shakedown) erreicht. Treten im Einspielzustand nur noch rein elastische Dehnungsänderungen auf, spricht man von elastischem Einspielen, im Falle elastisch-plastischer Dehnungsamplituden von plastischem Einspielen.

Bei linear elastisch – ideal plastischem Werkstoffverhalten braucht man nur zu unterscheiden zwischen elastischem und plastischem Einspielen sowie Ratcheting. Tritt Ratcheting auf, werden aufgrund der konstanten Dehnungsinkremente nach unendlich vielen Zyklen theoretisch unendlich große Dehnungen erreicht. Mit Verfestigung dagegen kann es anfänglich zu einer Akkumulation von Dehnungen mit jedem Belastungszyklus kommen, sodass ein Ratcheting-Mechanismus existiert, der aber nach einer Anzahl von Zyklen zum Erliegen kommt. Man spricht dann mitunter von finitem Ratcheting (Mulcahy [6]).

Bereits in [5, 6] wurde das im vorigen Abschnitt behandelte Zweistab-Modell bei linearer kinematischer Verfestigung untersucht. Für ein Verfestigungsverhältnis $E_t/E = 0{,}05$, eine Primärspannung von $\sigma_p/f_y = 0{,}8$ und zwei unterschiedliche Niveaus einer zyklisch aufgebrachten Temperatur im linken Stab, ergeben sich die in Abb. 2.4 und 2.5 gezeigten Histogramme der elastisch-plastischen Dehnungen bzw. des plastischen Dehnungsanteils. Dabei wurde eine schwellende elastisch berechnete thermische Spannung, auch „Sekundärspannung" genannt, bis $\sigma_t/f_y = 0{,}9$ bzw. 2,5 angesetzt, die im linken Stab mit negativem, im rechten mit positivem Vorzeichen versehen ist.

Diese Ergebnisse wurden, wie auch viele andere in diesem Buch, mit dem Finite-Elemente-Programm ANSYS [9] erzielt. Dabei ist zu beachten, dass das der Beschreibung linearer und multilinearer kinematischer Verfestigung dienende KINH-Werkstoffmodell auf der Grundlage von [10] implementiert ist, was bei den Elementtypen `PLANE182` oder `PLANE183` allerdings zu falschen Ergebnissen im Falle eines ebenen Spannungszustandes führt. So entstehen etwa ungleiche Dehnungen in die beiden Quer-Richtungen bei einem einachsigen Spannungszustand[2]. Für alle anderen Elemente erhält man mit KINH die richtigen Ergebnisse, aber für den ebenen Spannungszustand

---

[2]Ansys Inc. sagt dazu: „Regarding defect #92.325, this is not a defect but a limitation with the sublayer/overlay model according to development".

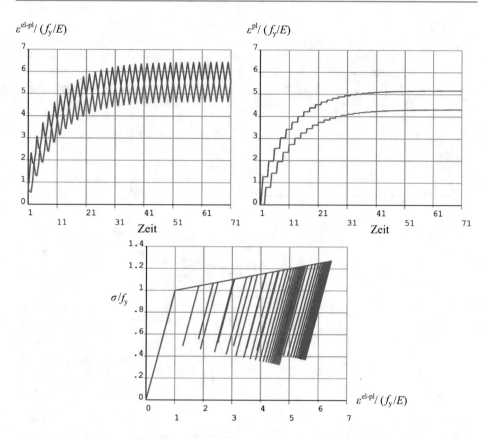

Abb. 2.4 Progressive Deformation beim Zweistab-Modell mit linearer kinematischer Verfestigung; elastisches Einspielen ($\sigma_P/f_y = 0{,}8$; $\sigma_t/f_y = 0{,}9$; $E_t/E = 0{,}05$)

nur mit den älteren Elementtypen `PLANE42` oder `PLANE82` oder bei Verwendung des BKIN-Werkstoffmodells für lineare kinematische Verfestigung. Näheres dazu in Kap. 6.

Die kleinere thermische Spannung (Abb. 2.4) führt theoretisch nach unendlich vielen Zyklen zu elastischem Einspielen, wobei die Dehnungsinkremente pro Zyklus nach ca. 35 Zyklen jedoch so klein sind, dass der Einspielvorgang praktisch als abgeschlossen betrachtet werden kann. Die zweite Parameterkombination (Abb. 2.5) führt nach acht Zyklen zu plastischem Einspielen. Am Spannungs-Dehnungs-Diagramm kann man übrigens erkennen, dass man bei beiden Belastungsniveaus im Falle isotroper Verfestigung dieselben (elastisches Einspielen) oder fast dieselben (plastisches Einspielen) akkumulierten Dehnungen im Einspielzustand wie bei kinematischer Verfestigung erhält, da umgekehrtes Plastizieren keine bzw. nur eine geringe Rolle spielt.

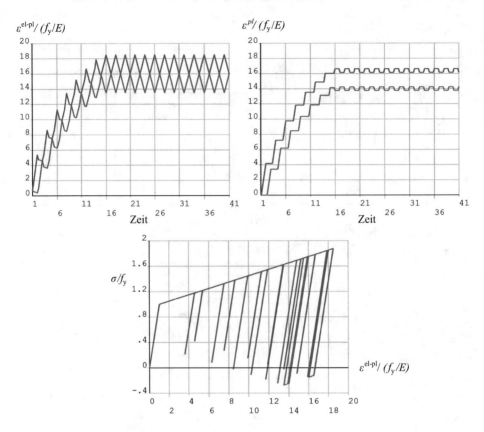

Abb. 2.5 Progressive Deformation beim Zweistab-Modell mit linearer kinematischer Ver-festigung; plastisches Einspielen ($\sigma_P/f_y = 0{,}8$; $\sigma_t/f_y = 2{,}5$; $E_t/E = 0{,}05$)

2.2.3 Ratcheting-Interaktions-Diagramm

Die Belastungsniveaus, die in einem gegebenen System aus Bauteilgeometrie und Belastungsart zu elastischem bzw. plastischem Einspielen bzw. zu Ratcheting führen, lassen sich in einem sog. Ratcheting-Interaktions-Diagramm (RID), mitunter auch shakedown map genannt, darstellen. Für das in Abschn. 2.2.1 und 2.2.2 behandelte Zweistab-Modell mit konstanter Primärspannung und zyklischer thermischer Spannung ist es für linear elastisch – ideal plastischen Werkstoff sowie für lineare kinematische Verfestigung in Abb. 2.6 dargestellt. Die linear elastisch berechnete Sekundärspannung σ_t infolge der thermischen Belastung kennzeichnet hier aufgrund der schwellenden Belastung (Abb. 2.2) nicht nur den Maximalwert, sondern ist auch identisch mit der Schwingbreite.

Eine normierte Primärspannung $\sigma_P/f_y > 1$ ist bei unverfestigendem Werkstoff nicht möglich, da dann die Traglast überschritten wäre. Zwar ist die Traglast nur für

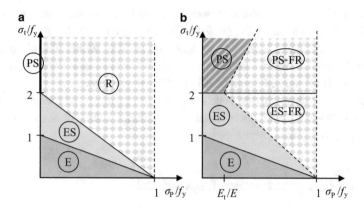

Abb. 2.6 Ratcheting-Interaktions-Diagramm für das Zweistab-Modell. **a** mit linear elastisch – ideal plastischem Werkstoff, **b** mit linear kinematischer Verfestigung

ideal plastisches Material definiert, aber auch bei Verfestigung wird in der Praxis eine Überschreitung der Traglast nicht zugelassen, obwohl das System dann noch nicht kinematisch würde.

Bei hinreichend kleinen Wertepaaren von Primär- und thermischer Spannung bleibt das Tragwerk rein elastisch (Bereich E). Ohne Verfestigung (Abb. 2.6a) ist in diesem Beispiel der Bereich plastischen Einspielens (PS = plastic shakedown) zu einer Linie bei $\sigma_P/f_y = 0$ und $\sigma_t/f_y > 2$ degeneriert. Später werden wir Beispiele kennen lernen, bei denen der Bereich PS trotz fehlender Verfestigung auch eine Fläche einnehmen kann. Ratcheting (Bereich R) ist in diesem Beispiel nur möglich bei Anwesenheit einer Primärspannung ($\sigma_P/f_y > 0$). In Abschn. 2.4 werden aber auch noch Beispiele gezeigt, bei denen Ratcheting auch ohne Primärspannung auftritt. Der Bereich ES (= elastic shakedown) kennzeichnet elastisches Einspielen.

Bei unbeschränkter Verfestigung ist Ratcheting im Sinne unendlich großer Dehnungen nach unendlich vielen Belastungszyklen nicht möglich. Wie bereits erwähnt, kommt es stattdessen garantiert zum Einspielen, also zu endlich großen Dehnungen nach unendlich vielen Belastungszyklen. Das RID liefert nun nur noch die qualitative Aussage über die Natur dieses Einspielzustandes.

Überschreitet die elastisch berechnete Schwingbreite der thermischen Spannungen die doppelte Fließgrenze, kommt es bei kinematischer Verfestigung zu plastischem Einspielen, darunter zu elastischem. Eine quantitative Aussage über das Dehnungsniveau, das mit dem jeweiligen Einspielzustand verbunden ist, lässt sich aus dem RID nicht direkt ableiten. Allerdings können die Bereiche ES und PS noch weiter unterteilt werden, um bestimmte Verhaltensarten der Struktur zu differenzieren. Insbesondere wird man interessiert sein an der Identifikation von Bereichen, in denen es nicht schon nach einem Belastungszyklus zum Einspielen kommt, sondern wo Dehnungen über mehrere oder viele oder sogar unendlich viele Zyklen hinweg akkumuliert werden, sodass dort mit größeren Dehnungen gerechnet werden muss. Für solche Bereiche hat bereits Mulcahy [6] die Bezeichnung FR (= finites Ratcheting) verwendet. So weist Abb. 2.6b die Bereiche PS-FR und ES-FR auf, in denen finites Ratcheting zum plastischen bzw. elastischen Einspielen führt. Im Falle unbeschränkter isotroper Verfestigung können außer dem Bereich E nur die Bereiche ES und ES-FR existieren.

Abb. 2.6 zeigt anschaulich, dass Ratcheting auch bei geringen Belastungsschwingbreiten und somit bei „überwiegend" ruhender Belastung auftreten kann – ohne dass unbedingt ein LCF-Ermüdungsproblem vorliegen müsste.

2.2.4 Auswirkung auf andere Tragwerksteile

Die durch Ratcheting hervorgerufenen Gefahren für ein Tragwerk sind vielfältig. Hierzu zählt nicht nur, dass beispielsweise die Duktilität des Werkstoffs infolge der akkumulierten Dehnungen erschöpft wird, oder dass Ratcheting zu beträchtlichen Mitteldehnungen führt, durch die die Anwendbarkeit von Ermüdungskurven nicht mehr gewährleistet ist. Sondern es können auch indirekte Auswirkungen auftreten, die andere Tragwerksteile beeinflussen, die selbst gar kein Ratcheting erfahren. So berichten beispielsweise Huang et al. [11] über Schäden in elektronischen Bauteilen, wo aufgrund zyklischer Temperatur-wechsel Ratcheting in einem Aluminiumblock auftrat und sich dieser mit zunehmender Zyklenzahl allmählich der Lastabtragung entzog. Infolgedessen musste der das Aluminium umschließende und als Schutzschicht wirkende Film aus sprödem Siliziumnitrit einen immer größer werdenden Anteil der Belastung aufnehmen, was schließlich zum Sprödbruch der Schutzschicht führte (und damit zum Versagen des gesamten Bauteils), obwohl die Bruchfestigkeit des Siliziumnitrits wesentlich größer ist als die von Aluminium. Ähnlich wird in [12] über Schäden in einem elastischen spröden Beschichtungsmaterial als Folge von Ratcheting in der darunter liegenden elastisch-plastischen Struktur berichtet.

Ein solcher Mechanismus lässt sich veranschaulichen, wenn das bisher behandelte Zweistab-Modell so modifiziert wird, dass ein dritter Stab hinzugefügt wird, der allerdings eine wesentlich kleinere Querschnitts-Fläche aufweist als die beiden anderen Stäbe (2 % der gesamten Querschnittsfläche der drei Stäbe, Abb. 2.7). Dieser Zusatzstab

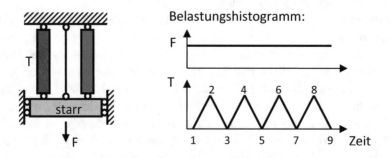

Abb. 2.7 Zweistab-Modell ergänzt durch dünnen, elastisch bleibenden Stab

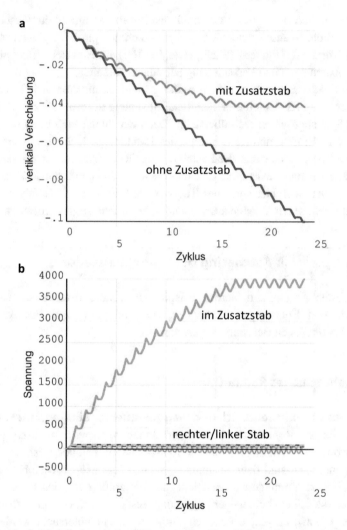

Abb. 2.8 Zweistab-Modell ohne und mit Zusatzstab; **a** Verschiebungshistogramm, **b** Spannungs-histogramm der zwei bzw. drei Stäbe (die Kraft F alleine erzeugt eine Spannung in Höhe der 0,8-fachen Fließgrenze, die Temperaturbelastung im linken Stab bei fiktiv elastischer Berechnung das 2,55-fache der Fließgrenze)

soll denselben Elastizitätsmodul, aber eine wesentlich höhere Fließgrenze aufweisen als die beiden ursprünglichen Stäbe, sodass er nicht plastiziert.

Die fiktiv elastisch berechneten Beanspruchungen ändern sich nur geringfügig infolge des dünnen Zusatzstabes, die vertikale Verschiebung und die elastisch-plastisch berechneten Spannungen jedoch erheblich (Abb. 2.8).

Ohne Zusatzstab verhalten sich die Spannungen sofort ab dem ersten Zyklus periodisch, die Verschiebung wird dagegen nie periodisch, sondern nimmt mit den

Zyklen unbeschränkt linear zu. Mit dem dünnen Zusatzstab nimmt die Verschiebung pro Zyklus ab und die Spannungen ändern sich, bis sich ab dem 17. Zyklus trotz des ideal plastischen Werkstoffverhaltens (Fließgrenze $f_y = 100$) ein Einspielzustand einstellt, von wo ab sich Spannungen und Verschiebung periodisch verhalten.

Die wesentliche Erkenntnis aus Abb. 2.8 besteht darin, dass sich in dem dünnen Zusatzstab mit den Zyklen eine beträchtliche Spannung aufbaut, die die fiktiv elastisch berechnete Spannung wesentlich übersteigt. Denn der dünne Stab muss nun alleine die gesamte äußere Kraft F abtragen. Infolge des Ratcheting-Mechanismus entziehen sich die beiden äußeren Stäbe somit der Lastabtragung. Es ist also so, als würden die beiden äußeren Stäbe gar nicht existieren. Der unscheinbar anmutende dünne Zusatzstab wird nun also zu einem hoch beanspruchten Tragwerksteil, bei dem die Gefahr des Versagens besteht, wenn sein Material keine ausreichend hohe Bruchfestigkeit aufweist.

2.3   Beispiele für Ratcheting bei fester Laststellung

In den nächsten Abschnitten werden beispielhaft weitere Konfigurationen von Bau-teilgeometrie und Belastungsart behandelt, die Einsichten über das Auftreten von Ratcheting bei ortsfesten Belastungen gestatten.

2.3.1   Mehrachsiges Ratcheting

2.3.1.1 Rohr unter Innendruck und weggesteuerter Längenänderung
Ein dünnwandiges Rohr unter konstantem Innendruck wird zyklisch gleichmäßig erwärmt, wobei die Wärmedehnung in Längsrichtung behindert ist. Die Umfangs-Membranspannungen sind dann spannungsgesteuert, die axialen Membran-Dehnungen dehnungsgesteuert. Zumindest in ausreichender Entfernung von den Enden des Rohres liegt ein zweiachsiger homogener Spannungszustand vor, der in einem isolierten Material-Punkt bzw. an einem einzigen Finiten Element untersucht werden kann: In einer Richtung wirkt eine konstante Kraft F, die eine Primärspannung σ_P hervor ruft, und orthogonal hierzu eine zyklische Dehnung, Abb. 2.9. Aufgrund der Homogenität des Beanspruchungszustandes wurde dieser Fall in [13] unter Material-Ratcheting ein-geordnet.

Werden für die Abmessungen in Abb. 2.9 Einheitslängen gewählt, so bewirkt die Kraft F einen zweiachsigen Primärspannungszustand mit der Mises-Vergleichsspannung

$$\sigma_P = \sqrt{1 - \nu + \nu^2}\, F. \tag{2.5}$$

Die elastische Grenzlast ist erreicht bei $\sigma_P = f_y$. Beträgt die (elastische) Querdehnzahl $\nu = 0$, so erzeugt die Belastung F nur eine einachsige Primärspannung σ_P in Koordinaten-richtung (1).

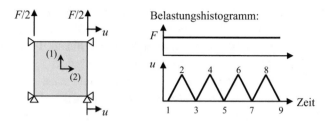

Abb. 2.9 Mehrachsiges Ratcheting: Ersatzmodell für ein dünnwandiges Rohr unter Innendruck und weggesteuerter Längenänderung

Die Verschiebung u erzeugt Spannungen nur in Koordinatenrichtung (2). Bei unverfestigendem Material ist die Fließfläche unveränderlich. Bei hinreichend hoher Belastung entsteht in jedem Extremwert der zyklischen Belastung ein plastisches Dehnungsinkrement, das aufgrund der Normalenregel (siehe Abb. 1.4 und 1.6) senkrecht auf den Mises-Kreis im jeweiligen Spannungsbildpunkt gerichtet ist. Die Komponente der plastischen Dehnungsinkremente, die in Koordinatenrichtung (2) wirkt, ist in den beiden Belastungsextrema genau entgegen gesetzt und hebt sich somit über einen gesamten Belastungszyklus hinweg gegenseitig auf. Die Komponente senkrecht dazu ist jedoch bei beiden Belastungsextrema gleich gerichtet, addiert sich also über einen ganzen Belastungszyklus, sodass in jedem Belastungszyklus ein Netto-Dehnungsinkrement entsteht, Abb. 2.10. Dieses wirkt in Koordinatenrichtung (1) sowie mit gleichem Betrag, aber anderem Vorzeichen in Koordinatenrichtung (3).

Die weggesteuerte Belastung erzeugt die elastisch berechnete Spannung σ_t. Die elastische Grenzlast wird erreicht bei

$$\frac{\sigma_\mathrm{t}}{f_\mathrm{y}} = \frac{\left(\frac{1}{2} - \nu\right)\frac{\sigma_\mathrm{P}}{f_\mathrm{y}} \pm \sqrt{\left(1 - \nu + \nu^2\right) - \frac{3}{4}\left(\frac{\sigma_\mathrm{P}}{f_\mathrm{y}}\right)^2}}{\sqrt{1 - \nu + \nu^2}}. \tag{2.6}$$

Abb. 2.10 Mehrachsiges Ratcheting bei linear elastisch – ideal plastischem Werkstoff: deviatorischer Spannungsraum

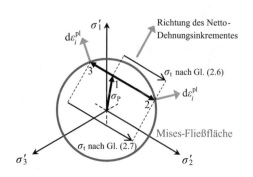

Wird diese überschritten, so kommt es zum Plastizieren und der Spannungsbildpunkt kehrt in Abb. 2.10 vom Punkt 2 aus beim darauf folgenden entlastenden Halbzyklus nicht wieder zum Punkt 1 zurück, sondern schießt darüber hinaus. Ist die weggesteuerte Belastung nicht allzu groß, sodass die Fließgrenze zum Zeitpunkt 3 nicht erneut erreicht wird, so findet bei folgenden Belastungszyklen nur noch rein elastisches Verhalten statt. Nach nur einem Belastungszyklus liegt also elastisches Einspielen (ES) vor.

Bei ausreichend großer weggesteuerter Belastung wird zum Zeitpunkt 3 erneut die Fließfläche erreicht, sodass auch dort Plastizieren stattfindet. Damit ist die Grenze des elastischen Einspielbereiches erreicht. Da bei dem vorliegenden System keine örtliche Spannungsumlagerung stattfinden und bei linear elastisch – ideal plastischem Werkstoff kein plastischer Einspielbereich existieren kann, ist somit die Grenze zum Ratcheting-Verhalten erreicht:

$$\frac{\sigma_{\mathrm{t}}}{f_{\mathrm{y}}} = \sqrt{4 - \frac{3}{(1 - \nu + \nu^2)}\left(\frac{\sigma_{\mathrm{P}}}{f_{\mathrm{y}}}\right)^2}. \tag{2.7}$$

Gleichungen 2.6 und 2.7 sind in Abb. 2.11 und 2.12 für $\nu = 0$ bzw. $\nu = 0{,}5$ dargestellt.

Abb. 2.11 RID bei mehrachsigem Ratcheting bei linear elastisch – ideal plastischem Werkstoff und $\nu = 0$

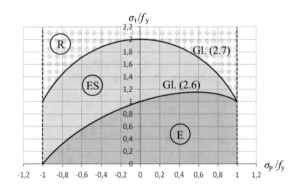

Abb. 2.12 RID bei mehrachsigem Ratcheting bei linear elastisch – ideal plastischem Werkstoff und $\nu = 0{,}5$

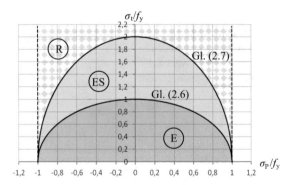

Abb. 2.13 RID bei mehrachsigem Ratcheting bei linear kinematisch verfestigendem Werkstoff und $v = 0$

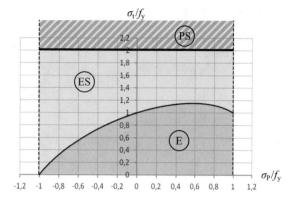

Bei linearer kinematischer Verfestigung ist infinites Ratcheting nicht möglich, sondern es kommt garantiert zum elastischen oder plastischen Einspielen. Jedoch ist es schwierig, die Grenzen zwischen den Bereichen ES und ES-FR (elastisches Einspielen nach mehr als einem Zyklus) bzw. zwischen PS und PS-FR (plastisches Einspielen nach mehr als einem Zyklus) zu identifizieren. Hierfür wären inkrementelle Analysen notwendig, die später noch besprochen werden, da sich die Normalenrichtung während des Belastungsprozesses ständig ändert. Außerdem wäre das Ergebnis dann nicht nur von der Belastungsschwingbreite abhängig, sondern auch davon, ob die weggesteuerte Belastung schwellend aufgebracht wird, wie im Belastungshistogramm Abb. 2.9 dargestellt, oder die minimale Verschiebung von Null verschieden ist. Daher wird im RID (Abb. 2.13), wie überhaupt weitgehend im Rest dieses Buches, auf diese Unterscheidung verzichtet.

Die Grenze zwischen ES und PS ist allein durch die Schwingbreite der weggesteuerten Belastung gegeben:

$$\frac{\sigma_t}{f_y} = 2. \tag{2.8}$$

Übersteigt die elastisch berechnete Spannungsschwingbreite die doppelte Fließgrenze, so tritt PS ein, genauso wie bereits beim Zweistab-Modell festgestellt, Abb. 2.6. Im vorliegenden Fall ist dies dadurch zu erklären, dass sich die Mises-Fließfläche im deviatorischen Spannungsraum mit der Anzahl von Zyklen allmählich so verschiebt, bis der Pfad der zyklischen Spannungsänderungen durch die Mittelpunkte der beiden Mises-Kreise für die extremen Belastungszustände geht (in Abb. 2.14 durch Kreuze markiert). Für darüber hinaus gehende Zyklenzahlen n stellt sich dann ein periodischer Zustand ein. Zu den Belastungszeitpunkten $1+n$ und $2+n$ sind die Normalen auf die Fließflächen und damit die plastischen Dehnungsinkremente genau entgegen gesetzt gerichtet, sodass sie sich über zwei aufeinander folgende Halbzyklen gegenseitig aufheben.

Abb. 2.14 Mehrachsiges
Ratcheting bei linear
kinematisch verfestigendem
Werkstoff: PS im
deviatorischen Spannungsraum

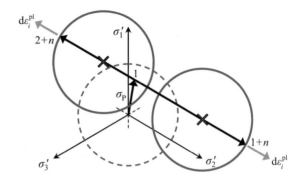

Abb. 2.15 Mehrachsiges
Ratcheting bei linear
kinematisch verfestigendem
Werkstoff: ES im
deviatorischen Spannungsraum

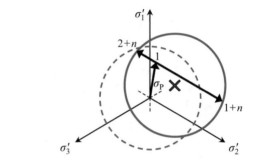

Der Abstand der beiden Mises-Kreise lässt sich im eingespielten Zustand leicht aus der als Belastung aufgebrachten elastisch-plastischen Dehnung und dem Verfestigungsgesetz Gl. 1.32 bestimmen. Dies gilt jedoch nicht ohne Weiteres für die Position der Mises-Kreise und damit die durch finites Ratcheting akkumulierten Dehnungen, da sich die Normalenrichtung während des Belastungsprozesses mit dem Belastungsniveau ständig verändert, sodass eine inkrementelle Analyse notwendig ist.

Bei elastischem Einspielen verschiebt sich die Mises-Fläche wie in Abb. 2.15 dargestellt, bis die Länge der Kreissehne der Schwingbreite der elastisch berechneten Spannung entspricht. Bei weiteren darüber hinaus gehenden Zyklenzahlen n bleibt ihre Position dann unveränderlich. Jedoch sind auch hier diese Position der Fließfläche und damit die durch finites Ratcheting akkumulierte Dehnung nur mit einer inkrementellen Analyse bestimmbar.

In Abb. 2.16 ist beispielhaft die Entwicklung der aus einer inkrementellen Analyse gewonnenen plastischen Dehnungskomponenten über die Anzahl der Halbzyklen für eine Belastungskonfiguration dargestellt, die bei unverfestigendem Werkstoff zu Ratcheting führt, bei linearer kinematischer Verfestigung zu elastischem Einspielen.

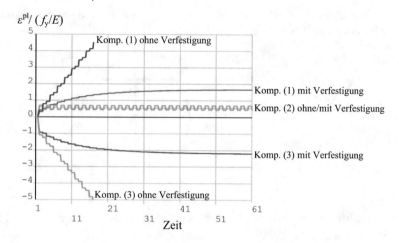

Abb. 2.16 Mehrachsiges Ratcheting: plastisches Dehnungshistogramm ($\sigma_P/f_y=0,8$; $\sigma_t/f_y=1,5$; $E_t/E=0$ bzw. 0,05; $\nu=0,3$)

2.3.1.2 Rohr unter Axialkraft und weggesteuerter Torsion

Eine ähnliche Situation wie beim dünnwandigen Rohr unter konstantem Innendruck und zyklischer weggesteuerter Längenänderung, bzw. dem in Abb. 2.9 dargestellten Ersatzmodell, liegt auch bei einem dünnwandigen Rohr vor, das in Längsrichtung mit konstanter Kraft gezogen und zyklisch weggesteuert tordiert wird (Abb. 2.17) – eine Situation, die schon mehrfach für Ratcheting-Experimente genutzt wurde. Sie lässt sich vereinfachen auf einen einzelnen Materialpunkt unter konstanter einachsiger Normalspannung σ und zyklischer Gleitung γ, durch die Schubspannungen τ hervor gerufen werden.

Eine Darstellung des Spannungsweges im Raum der deviatorischen Hauptspannungen ist nicht möglich, da die Hauptspannungsrichtungen während der Belastungsänderung

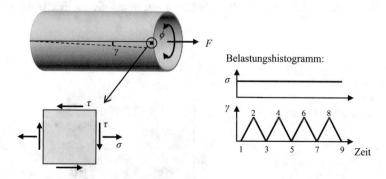

Abb. 2.17 Mehrachsiges Ratcheting: Dünnwandiges Rohr unter Axialkraft und weggesteuerter Torsion

Abb. 2.18 Mehrachsiges
Ratcheting bei linear elastisch
– ideal plastischem Werkstoff
für das System in Abb. 2.17

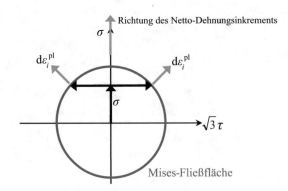

nicht konstant bleiben. Stattdessen lässt er sich (wie bereits in Abschn. 1.3.2.3) in der
σ-$\sqrt{3}\tau$-Ebene darstellen, in der die Mises-Fließbedingung

$$f_{\mathrm{y}} = \sqrt{\sigma^2 + 3\tau^2} \tag{2.9}$$

als Kreis erscheint, Abb. 2.18. Daraus lässt sich leicht ableiten, dass das RID für unverfestigenden Werkstoff identisch ist mit Abb. 2.12, wenn dort σ_{p} durch σ ersetzt und für
σ_{t} die $\sqrt{3}$-fache elastisch berechnete Schubspannung τ gesetzt wird. Demnach sind die
Grenzen zwischen den Bereichen E, ES und R durch Gl. 2.6 und 2.7 gegeben, wenn dort
$\nu = 0,5$ eingesetzt wird.

2.3.2   Bree-Rohr

Das Bree-Rohr ist das wohl bekannteste Beispiel für Ratcheting. Es stellt seit Jahrzehnten die Grundlage dar für die Nachweisführung gegen Ratcheting in vielen Normen,
beispielsweise in deutschen kerntechnischen Regelwerken [14].

Ein dünnwandiges Rohr (Radius r, Wanddicke t) wird einem konstant anstehenden
Innendruck p unterworfen (Abb. 2.19). Hierdurch entstehen die rotationssymmetrischen
Spannungen

Abb. 2.19 Bree-Rohr
ohne geschlossene Enden;
Temperaturverteilung über die
Wanddicke

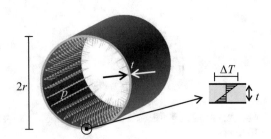

$$\sigma_\text{p} = \begin{cases} \frac{pr}{t} & \text{in Umfangsrichtung,} \\ \frac{pr}{2t} & \text{in Axialrichtung,} \\ \approx 0 & \text{in Radialrichtung.} \end{cases} \tag{2.10}$$

Die Axialspannung ist auf die Kraft zurück zu führen, die auf die Endflächen eines geschlossenen Rohres wirkt. Sie entfällt, wenn das Rohr als offen betrachtet werden soll. Die Spannungen gelten nur in ausreichender Entfernung von möglichen Störstellen an den Enden des Rohres (Prinzip von St. Venant). Aufgrund der Dünnwandigkeit handelt es sich um Membranspannungen, die allein auf Gleichgewichtsbedingungen zurück zu führen, also unabhängig vom Materialverhalten, sind.

Wird das Rohr von einem Medium durchströmt, dessen Temperatur sich ändert, so stellt sich eine Temperaturverteilung über die Wanddicke ein, die aufgrund der Dünnwandigkeit im stationären Zustand nahezu linear verläuft, sofern die Außenoberfläche nicht isoliert ist, sondern dort die Temperatur konstant gehalten wird. Der Membran-Anteil der hierdurch entstehenden freien thermischen Dehnungen kann sich ungehindert einstellen, sofern das Rohr zwängungsfrei gelagert ist. Der Temperatur-Unterschied ΔT zwischen der Außen- und Innenoberfläche ruft jedoch freie thermische Dehnungen hervor, die gleich große, aber entgegen gesetzt gerichtete mechanische Biegedehnungen zur Folge haben, weil das Rohr keine Biegeverformung über die Wanddicke ausführen kann. Diese Biegedehnungen sind in Umfangs- und axiale Richtung gleich groß und rotationssymmetrisch verteilt. Bei linear elastischem Werkstoff bzw. fiktiv elastisch gerechnet, entstehen so an den beiden Oberflächen die Spannungen

$$\sigma_\text{t} = \begin{cases} \pm \frac{E}{2(1-\nu)}\alpha_\text{t}\Delta T & \text{in Umfangsrichtung,} \\ \pm \frac{E}{2(1-\nu)}\alpha_\text{t}\Delta T & \text{in Axialrichtung,} \\ \approx 0 & \text{in Radialrichtung.} \end{cases} \tag{2.11}$$

Miller [5] und später Bree [15] haben den zweiachsigen Spannungszustand infolge Innendruck und radialem Temperaturgradient durch einen einachsigen Spannungszustand wie bei einem ebenen Blechstreifen angenähert, der der Umfangsrichtung des Rohres entsprechen soll. Miller hat bereits darauf hingewiesen, dass schon Hill [16] die stetige Abnahme der Wanddicke eines Bleches unter zyklischer Biegung untersucht hat.

Hierzu wird ein Balken der Höhe t an beiden Enden gegen Verdrehung und Lateralverschiebung gehalten, jedoch nur an einem Ende auch gegen Axialverschiebung gelagert (Abb. 2.20). Am anderen Ende wird eine konstante Axialkraft F aufgebracht. Über die Balkenhöhe wird zyklisch eine lineare Temperaturverteilung mit dem Temperatur-Unterschied ΔT aufgebracht. Da diese in Axialrichtung konstant ansteht, spielt die Länge des Balkens keine Rolle. Daher genügt es auch, die Balkenhöhe t durch unendlich viele parallel angeordnete Stäbe zu ersetzen, die zur Erfüllung der 1. Bernoulli-Hypothese des Balkens, dem Ebenbleiben des Querschnittes, durch eine starre Platte miteinander gekoppelt sind, die an Stelle der Temperatur-Belastung des Balkens zyklisch weggesteuert verdreht wird (Abb. 2.20).

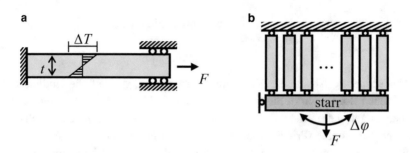

Abb. 2.20 Ersatz-Modelle mit einachsigem Spannungszustand für das Bree-Rohr. **a** Balken mit linearer Temperatur-Verteilung, **b** gekoppelte Stäbe mit weggesteuerter Verdrehung

Bei Beschränkung auf zwei statt unendlich vieler Stäbe kommt man letztlich auf das in Abschn. 2.2.1 bis 2.2.3 behandelte Zweistab-Modell.

Bree hat das RID für die einachsige Betrachtung des Bree-Rohres bei schwellender thermischer Belastung zunächst für linear elastisch – ideal plastisches Werkstoffverhalten auf der Basis der Ergebnisse von Miller vervollständigt und dann hinsichtlich linear kinematisch verfestigenden Werkstoffverhaltens weiter entwickelt. Das entsprechende RID (Abb. 2.21) wird einfach als Bree-Diagramm bezeichnet. Es ist oft, insbesondere in englischsprachiger Literatur, geradezu namensgebend für Ratcheting-Interaktions-Diagramme überhaupt (Bree-like diagrams).

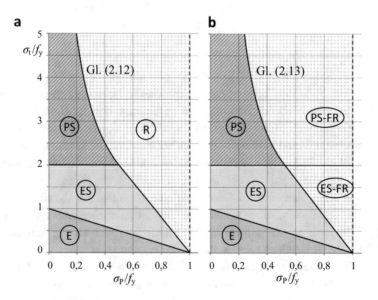

Abb. 2.21 Bree-Diagramm. **a** linear elastisch – ideal plastischer Werkstoff, **b** linear kinematisch verfestigender Werkstoff ($E_t/E = 0{,}05$)

Die Grenze zwischen plastischem Einspielen und Ratcheting ist bei linear elastisch – ideal plastischem Werkstoff gegeben durch die Hyperbel

$$\frac{\sigma_t}{f_y} = \frac{1}{\frac{\sigma_P}{f_y}} \geq 2 \tag{2.12}$$

und bei linearer kinematischer Verfestigung durch

$$\frac{\sigma_t}{f_y} = \frac{1 - \frac{E_t}{E}}{\frac{\sigma_P}{f_y} - \frac{E_t}{E}} \geq 2. \tag{2.13}$$

Das Bree-Diagramm wurde in der Literatur sehr intensiv untersucht, etwa hinsichtlich seiner Angemessenheit zur Repräsentation des eigentlich zweiachsigen Spannungszustands im ursprünglichen Bree-Rohr, hinsichtlich des Unterschiedes zwischen einem offenen und einem geschlossenen Rohr, hinsichtlich thermischer Wechsel- statt Schwellbelastung, hinsichtlich zyklischer Primärspannung in oder außer Phase mit der zyklischen Temperatur, sowie hinsichtlich zusätzlicher Beanspruchungen aus Rohrleitungs-Schnittgrößen. Lösungen für parabolische [5] bzw. bilineare [17] statt linearer Temperaturverteilung über die Wanddicke haben ebenfalls den Weg in Regelwerke gefunden (z. B. [14]).

Abb. 2.22 zeigt für eine im Bereich ES-FR liegende Konfiguration von Belastungsparametern beispielhaft, dass der von Bree untersuchte Ersatz-Balken (Abb. 2.20) hinsichtlich der plastischen Dehnungen eine konservative Vereinfachung des ursprünglichen Rohres (Abb. 2.19) darstellt. Für beide Modelle wurde dieselbe maximale

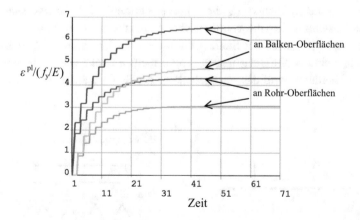

Abb. 2.22 Plastisches Dehnungshistogramm an jeweils beiden Oberflächen bei ES ($\sigma_P/f_y = 0{,}8$; $\sigma_t/f_y = 1{,}9$; $E_t/E = 0{,}05$): Bree-Rohr (mehrachsiger Spannungszustand, $\nu = 0{,}3$, Komponente in Umfangsrichtung) und Ersatz-Balken von Bree mit einachsigem Spannungszustand

Sekundärspannung gewählt $\left(\sigma_{\mathrm{t}} = 1,9 f_{\mathrm{y}}\right)$, wozu beim Rohr ein geringerer Temperaturgradient aufgebracht werden musste als beim Balken:

$$\Delta T_{\mathrm{Rohr}} = 2\sigma_{\mathrm{t}}\frac{1 - \nu}{E\alpha_{\mathrm{t}}}, \tag{2.14}$$

$$\Delta T_{\mathrm{Balken}} = 2\sigma_{\mathrm{t}}\frac{1}{E\alpha_{\mathrm{t}}}. \tag{2.15}$$

2.3.3 Durchlaufträger

Bisher wurde das Ratcheting-Verhalten von Tragwerken besprochen, die einer
thermischen oder einer anderen weggesteuerten Belastung wie Stützenverschiebung ausgesetzt sind. Nun soll ein Tragwerk betrachtet werden, das allein einer kraftgesteuerten
Belastung unterworfen ist und das bereits von Burth und Brocks [18] ausführlich
behandelt wurde: Ein Durchlaufträger aus zwei gleich langen Feldern wird in der Mitte
des einen Feldes durch eine konstant anstehende Kraft $F_1 = F$ belastet, in der Mitte des
anderen Feldes durch eine zyklisch schwellende Kraft $F_2 = 0$ bis F, Abb. 2.23.

Das Tragwerk werde nur auf Biegung beansprucht, also Schub infolge Querkraft
nicht betrachtet. Zum Verständnis des Ratcheting-Vorganges genügt die Fließgelenk-
Theorie, der zufolge Plastizieren nur in diskreten Querschnitten auftritt. Unterhalb des
plastischen Momentes verhält sich der Querschnitt linear elastisch, nach Ausbildung
des Fließgelenkes kann der Querschnitt kein höheres Moment mehr aufnehmen. Dies
entspricht dem linear elastisch – ideal plastischen Werkstoffgesetz, jedoch nicht für
eine Spannungs-Dehnungs-Beziehung, sondern für generalisierte Spannungen und
Dehnungen, also für eine Momenten-Krümmungs-Beziehung.

Zum Zeitpunkt 1 wirkt nur die Kraft F_1. Diese sei so groß, dass das vollplastische
Moment im Lastangriffspunkt (Stelle 1) überschritten wird, sodass sich dort ein
Fließgelenk einstellt, in dem das vollplastische Moment wirkt, Abb. 2.24.

Entsprechend entsteht an der Stelle 1 ein plastischer Knick $\varphi_{1(t1)}$. Zum Zeitpunkt 2
wird zusätzlich eine zweite Belastung F_2 (von derselben Größe wie F_1) im zweiten Feld
aufgebracht. Hierdurch wird das Fließgelenk an der Stelle 1 entlastet, sodass zwar der

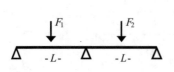

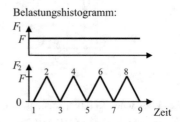

Abb. 2.23 Durchlaufträger

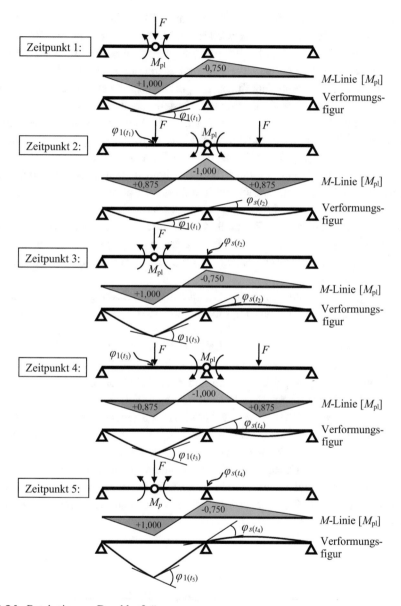

Abb. 2.24 Ratcheting am Durchlaufträger

Knick $\varphi_{1(t1)}$ beibehalten bleibt, also als Zwangsbelastung wirkt, aber das Moment dort reduziert wird. Stattdessen entsteht an der Innenstütze ein Fließgelenk. Dort wirkt nun das plastische Moment M_{pl} mit negativem Vorzeichen und es entsteht ein plastischer Knick $\varphi_{s(t2)}$.

Wird zum Zeitpunkt 3 die Kraft F_2 nun wieder entfernt, so wird das Fließgelenk an der Innenstütze wieder entlastet, wobei aber der plastische Knick $\varphi_{s(t2)}$ dort erhalten bleibt, also nur das Moment betragsmäßig abnimmt. Stattdessen wächst das Moment im Angriffspunkt der Kraft F_1, bis dort wieder das plastische Moment erreicht wird, also erneut das Fließgelenk aktiviert wird mit entsprechendem plastischem Knick $\varphi_{1(t3)}$. Das statische System ist nun dasselbe wie zum Zeitpunkt 1, es ist jedoch eine zusätzliche Zwangsbelastung durch den Knick $\varphi_{s(t2)}$ hinzu gekommen. Da es sich wegen des Fließgelenkes um ein statisch bestimmtes System handelt, bewirkt diese Zwangsbelastung keine Schnittgrößen, sondern lediglich Verformungen. Daher sind die M-Linien zu den Zeitpunkten 1 und 3 identisch, die Verformungsfiguren jedoch nicht!

Bei erneutem Aufbringen der Kraft F_2 zum Zeitpunkt 4 unter Beibehaltung des Knickes $\varphi_{1(t3)}$ an der Stelle 1 nimmt das Stützmoment betragsmäßig wieder zu, bis erneut das plastische Moment erreicht wird und dort der plastische Knick $\varphi_{s(t4)}$ entsteht, während an der Stelle 1 das Moment kleiner wird. Das statische System und die M-Linie sind nun also dieselben wie zum Zeitpunkt 2, aber die Zwangsbelastung durch den Knick an der Stelle 1 hat sich geändert und infolgedessen auch die Verformungsfigur. Entsprechend ist auch der plastische Knick im Fließgelenk nun ein anderer als zum Zeitpunkt 2 ($\varphi_{s(t4)} \neq \varphi_{s(t2)}$).

Damit liegt für die nun folgende Wegnahme der Belastung F_2 (Zeitpunkt 5) ein anderer Ausgangszustand vor als für die Wegnahme der Belastung zum Zeitpunkt 3. Entsprechend stellt sich nun zum Zeitpunkt 5 eine andere Verformungsfigur und im Fließgelenk an der Stelle 1 ein anderer plastischer Knick ein als zum Zeitpunkt 3.

Damit wiederum ist die Verformungsfigur zum Zeitpunkt 6 auch wieder anders als zum Zeitpunkt 4, beim Zeitpunkt 7 wieder anders als beim Zeitpunkt 5 usw. Nach jedem Belastungszyklus treten also andere Beanspruchungen auf, wobei im vorliegenden Fall nur die Verformungen anders sind, die Schnittgrößen jedoch immer gleich. Die Verformungsänderung ist in jedem Zyklus gleich groß, sodass die Durchbiegungen im linken Feld linear mit der Zyklenzahl zunehmen (Abb. 2.25).

In Abb. 2.26 ist das Histogramm der Biegemomente an den beiden Fließgelenk-Stellen für die ersten fünf vollen Zyklen dargestellt. So ist leicht zu erkennen, dass es nicht zu alternierendem Plastizieren kommt und somit kein ausgeprägtes Ermüdungsproblem vorliegt.

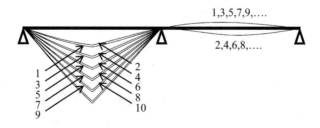

Abb. 2.25 Verformungen des Durchlaufträgers infolge Ratcheting zu unterschiedlichen Zeitpunkten

Abb. 2.26 Histogramm der Biegemomente an den Fließgelenk-Stellen des Durchlaufträgers (*rot* im linken Feld, *blau* an der Stütze)

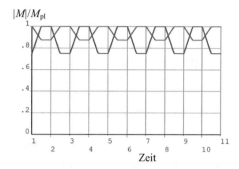

Ratcheting entsteht hier also dadurch, dass zwei Momenten-Fließgelenke abwechselnd aktiv sind. Bemerkenswert dabei ist, dass die Belastung nur kraftgesteuert ist. Allerdings treten wegen der statischen Unbestimmtheit des Systems Zwängungen auf, die weggesteuerten Charakter besitzen.

Abb. 2.27 zeigt das RID für eine beispielhafte Belastungs-Konfiguration konstanter Kraft F_1 und schwellender Kraft F_2. Die Achsen sind normiert auf die Traglast F_{1T} bzw. F_{2T} für alleinige Wirkung von $F_1 = F$ bzw. $F_2 = F$. Es sind drei unterschiedliche Bereiche elastischen Einspielens erkennbar, je nachdem, ob in einem der beiden Lastangriffspunkte oder an der Innenstütze (das kleine Dreieck am oberen Rand des RID) ein Fließgelenk entsteht. Ein plastischer Einspielbereich existiert gar nicht. Die elastische

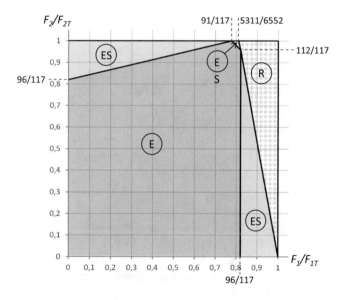

Abb. 2.27 RID des Durchlaufträgers mit konstanter Kraft F_1 und zyklischer Kraft F_2 (beide Achsen normiert auf die jeweilige Traglast für F_1 bzw. $F_2 = F$ alleine)

Grenze bezieht sich hier auf das Entstehen eines Fließgelenkes in einem Querschnitt, nicht auf beginnendes Plastizieren in einer Faser eines Querschnittes. Hiermit sind Möglichkeiten und Grenzen plastischer Systemreserven für diese Konfiguration eines Zweifeldträgers ausgewiesen.

2.3.4 Schnittgrößen-Interaktion

Während im vorigen Abschnitt plastische Systemreserven Gegenstand der Betrachtung waren, soll nun ein Blick auf plastische Querschnittsreserven geworfen werden.

Da bei linear elastisch – ideal plastischem Werkstoffverhalten die Grenze zwischen elastischem oder plastischem Einspielen einerseits und Ratcheting andererseits stets bei Beanspruchungen unterhalb der Traglast erreicht wird, ist bei auch nur geringfügig veränderlicher Belastung, wie sie eigentlich immer vorliegt, die plastische Tragfähigkeit eines Querschnittes herabgesetzt. Die beispielsweise in [19] aufgeführten und für monotone Belastung hergeleiteten Grenztragfähigkeiten von Querschnitten sollten daher nicht ausgenutzt werden, bzw. man sollte sich im Klaren darüber sein, dass vorhandene Sicherheiten hierfür schon in Anspruch genommen werden.

Als Beispiel wird ein voller Rechteck-Querschnitt unter kraftgesteuerter Belastung durch eine konstante Normalkraft und ein wechselndes Biegemoment betrachtet. In [20, 21] wurde hierfür bei linear elastisch – ideal plastischem Werkstoff das RID angegeben, Abb. 2.28.

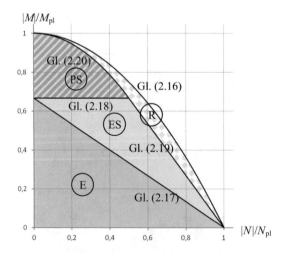

Abb. 2.28 Querschnittstragfähigkeit eines Rechteck-Querschnittes: RID für konstante Normalkraft und wechselndes Biegemoment

Die Tragfähigkeit bei monotoner Belastung ist gegeben durch

$$\frac{|M|}{M_{pl}} + \left(\frac{N}{N_{pl}}\right)^2 = 1 \tag{2.16}$$

und die elastische Tragfähigkeit durch

$$\frac{3}{2}\frac{|M|}{M_{pl}} + \frac{|N|}{N_{pl}} = 1. \tag{2.17}$$

Der elastische Einspielbereich ist begrenzt durch

$$\frac{3}{2}\frac{|M|}{M_{pl}} = 1 \quad \text{fÃ¼r} \quad 0 \le \frac{|N|}{N_{pl}} \le 0,5, \tag{2.18}$$

$$\frac{3}{4}\frac{|M|}{M_{pl}} + \frac{|N|}{N_{pl}} = 1 \quad \text{fÃ¼r} \quad 0,5 \le \frac{|N|}{N_{pl}} \le 1 \tag{2.19}$$

und der plastische Einspielbereich durch

$$\frac{|M|}{M_{pl}} + \frac{4}{3}\left(\frac{N}{N_{pl}}\right)^2 = 1. \tag{2.20}$$

Erklärungsbedürftig ist im RID von Abb. 2.28 allenfalls die Herkunft von Gl. 2.20. Sie kann gewonnen werden aus den Gleichungen für einen teilplastischen Rechteckquerschnitt unter gleichzeitiger Wirkung einer Normalkraft und eines Biegemomentes, wie sie beispielsweise in [22] für einen linear kinematisch verfestigenden Werkstoff hergeleitet wurden. Da es um die obere Abgrenzung des plastischen Einspielbereiches geht, in welchem beide Oberflächen mit entgegen gesetztem Vorzeichen plastizieren, lautet bei Übergang zu linear elastisch – ideal plastischem Werkstoff der Zusammenhang zwischen Normalkraft bzw. Biegemoment und Membrandehnung ε_m sowie Biegedehnung ε_b:

$$\frac{N}{N_{pl}} = \frac{\varepsilon_m}{\varepsilon_b}, \tag{2.21}$$

$$\frac{M}{M_{pl}} = 1 - \frac{1}{3}\left(\frac{f_y/E}{\varepsilon_b}\right)^2 - \left(\frac{\varepsilon_m}{\varepsilon_b}\right)^2. \tag{2.22}$$

Nun wird Gebrauch gemacht von dem Zusammenhang zwischen konstanter Normalkraft und weggesteuerter Biegung, wie er durch das Bree-Diagramm, Abb. 2.21a, dargestellt wird. Die Grenze zwischen plastischem Einspielen und Ratcheting, Gl. 2.12, kann in

Anbetracht der Tatsache, dass σ_t die linear elastisch berechnete Biegespannung ist, auch formuliert werden durch:

$$\frac{\sigma_t}{f_y} = \frac{\varepsilon_b}{f_y/E} = \frac{1}{N/N_{pl}} \geq 2. \tag{2.23}$$

Einsetzen von Gl. 2.21 und 2.23 in Gl. 2.22 liefert dann Gl. 2.20.

Im Bereich zwischen den Einspielzuständen und der Traglast findet Ratcheting statt, was sich in einer Zunahme der Membrandehnung in Richtung der Normalkraft in jedem Belastungszyklus äußert. Bei gegebener Normalkraft kann der Querschnitt nur bis zu 1/9 des vollplastischen Momentes (bei $N/N_{pl} = 2/3$) geringer beansprucht werden als bei monotoner Belastung, bzw. ist die Momententragfähigkeit um bis zu 1/3 gegenüber monotoner Beanspruchung herab gesetzt (bei $N/N_{pl} \to 1$).

2.4   Beispiele für Ratcheting bei ortsveränderlicher Laststellung

In den nächsten Abschnitten werden Beispiele aufgeführt, bei denen Ratcheting nur auftritt, weil die Belastung ortsveränderlich ist. Dabei zeigen sich einige Besonderheiten, die bei einem Ratcheting-Mechanismus mit ortsfester Laststellung nicht auftreten.

2.4.1   Dreistab-Modell

Das in Abschn. 2.2.1 betrachtete Zweistab-Modell wird durch einen dritten Stab ergänzt, Abb. 2.29. Die thermische Belastung wird nicht mehr nur in einem Stab aufgebracht, sondern nacheinander in allen drei Stäben, sodass die Temperaturbelastung von links nach rechts durch die Struktur wandert.

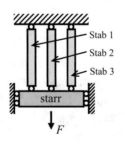
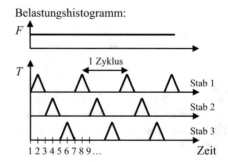

Abb. 2.29 Dreistab-Modell

Abb. 2.30 Ratcheting-Interaktions-Diagramm für Dreistab-Modell

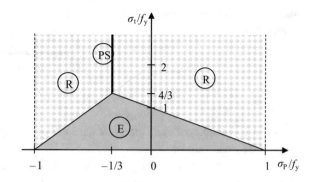

Diese Konfiguration kann als einfaches Modell für eine pulsierende Temperatur-belastung an der Innenoberfläche einer (Rohr-)Wand und demzufolge durch die Wand wandernde Temperaturspitzen angesehen werden. Das in Abschn. 2.2.1 behandelte Zweistab-Modell wäre dagegen allenfalls als einfaches Modell für eine Wand mit zyklisch auftretenden blockweise verteilten Temperaturen zu betrachten. Eine andere Konfiguration eines Dreistab-Modells wurde bereits von Wolters und Majumdar in [23] untersucht.

Zu einem Belastungszeitpunkt, bei dem in einem Stab eine Temperatur ansteht und eine linear elastisch berechnete thermische Spannung σ_t erzeugt, werden die jeweils beiden anderen Stäbe durch $-\sigma_t/2$ beansprucht. Demnach beträgt die linear elastisch berechnete Schwingbreite der thermischen Spannung $\Delta\sigma_t = 1{,}5\,\sigma_t$.

Abb. 2.30 zeigt das zugehörige Ratcheting-Interaktions-Diagramm für das Dreistab-Modell bei linear elastisch – ideal plastischem Werkstoff.

Wie beim Zweistab-Modell degeneriert auch hier der Bereich plastischen Einspielens bei unverfestigendem Werkstoff zu einer Linie. Bemerkenswert sind jedoch einige andere Eigenschaften:

- es existiert kein Bereich elastischen Einspielens,
- das RID ist nicht symmetrisch bezüglich der Primärspannung,
- wird durch die thermische Belastung Plastizieren hervor gerufen, so entsteht selbst bei Abwesenheit einer Primärspannung ($\sigma_p = 0$) gleich ein Ratcheting-Mechanismus,
- selbst wenn die Stäbe durch die konstant anstehende äußere Kraft F unter Druck stehen, kann es zu Ratcheting in Zug-Richtung kommen, nämlich für $\sigma_p/f_y > -1/3$.

2.4.2   Durchlaufträger unter Wanderlast

In Abwandlung des in Abschn. 2.3.3 behandelten Zweifeldträgers wird im rechten Feld nur die Kraft F aufgebracht (Abb. 2.31). Sie soll sich mit gleichbleibendem Niveau wiederholt über das zweite Feld bewegen. Dynamische Effekte werden dabei ver-nachlässigt. Es werden nur Biege-Beanspruchungen betrachtet, und die Interaktion

Abb. 2.31 Zweifeldträger mit ortsveränderlicher Belastung

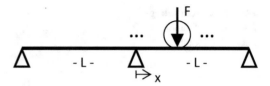

zwischen Biegemoment und Querkraft wird vernachlässigt, sodass nur das vollplastische Moment M_{pl} wirksam ist.

Die Traglast ist erreicht, wenn eine kinematische Kette infolge von zwei Fließgelenken (im Feld und an der Innenstütze) entsteht, die beide gleichzeitig aktiv sind. Dies ist der Fall, wenn

$$F_T = \frac{1}{\left(\sqrt{2}-1\right)^2} \frac{M_{pl}}{L} \approx 5,828 \frac{M_{pl}}{L}. \tag{2.24}$$

Die zugehörige Lastposition ist dann

$$x_T = \left(2-\sqrt{2}\right)L \approx 0,586L. \tag{2.25}$$

Für unsere Untersuchung einer ortsveränderlichen Belastung wählen wir ein Lastniveau knapp unterhalb der Traglast:

$$F = 5,75 \frac{M_{pl}}{L}. \tag{2.26}$$

Die Bewegung der Belastung erfolgt von der Innenstütze aus über das gesamte rechte Feld. Bei einer bestimmten Lastposition bildet sich im ersten Belastungszyklus das erste Fließgelenk im Feld aus. Die zugehörige Momentenlinie ist in Abb. 2.32 dargestellt.

Wird von dieser Lastposition aus die Kraft F immer weiter nach rechts verschoben, so wird das zuvor jeweils entstandene Fließgelenk entlastet, denn die höchstbeanspruchte Stelle befindet sich nun im neuen Lastangriffspunkt, wo ein neues Fließgelenk entsteht und das Moment M_{pl} nicht überschritten werden kann. Nur das zuletzt entstandene Fließgelenk ist auch aktiv, während alle zuvor entstandenen Fließgelenke eine elastische Entlastung erfahren, wobei die dort vorliegenden plastischen Knicke als Zwangsbelastung wirken (Abb. 2.33).

Abb. 2.32 Zweifeldträger: M-Linie bei Entstehung des 1. Fließgelenks

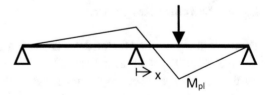

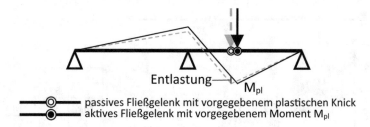

Abb. 2.33 Entlastung im vorigen Fließgelenk (grün gestrichelter Zustand bei dessen Entstehung) bei Aktivierung eines weiteren Fließgelenks im nächsten Lastangriffspunkt

Dieser Vorgang setzt sich mit jedem weiter nach rechts rückenden Lastangriff immer weiter fort. Es entstehen insgesamt unendlich viele Fließgelenke, von denen aber stets nur eines aktiv ist. Wird nun ein zweiter Belastungszyklus angeschlossen, bei dem die Kraft F ebenfalls wieder von $x=0$ aus nach rechts über das zweite Feld wandert, dann entsteht aufgrund zuvor entstandener Restmomente ein Fließgelenk an der Stütze. Bei weiter fortschreitender Lastposition wird das Fließgelenk an der Stütze passiv, schließt sich also teilweise wieder in einem rein elastischen Vorgang. Später werden dann die bereits im ersten Zyklus entstandenen Fließgelenke im Feld erneut aktiviert.

Ab dem zweiten Zyklus verhalten sich die Kraftgrößen und die plastisch werdenden Abschnitte des Trägers streng periodisch. Für die Weggrößen trifft dies jedoch nicht zu! Da zu jedem Belastungszeitpunkt stets nur ein einziges der unendlich vielen Fließgelenke aktiv ist, ist durch die abwechselnde Aktivierung der Fließgelenke ein Ratcheting-Mechanismus entstanden, der dazu führt, dass die Verformungen in jedem Belastungszyklus zunehmen, und zwar mit demselben Inkrement in jedem ab dem zweiten Zyklus. Abb. 2.34 zeigt die Verformungsfiguren der ersten Zyklen, die jeweils zur Laststellung $x=0,5\,L$ gehören, und Abb. 2.35 das Histogramm der Durchbiegungen in der Mitte des rechten Feldes.

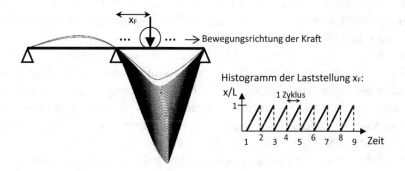

Abb. 2.34 Zweifeldträger: Verformungsfiguren (überhöht) für die Laststellung in der Mitte des rechten Feldes in den ersten 50 Zyklen bei einer nach rechts wandernden Kraft

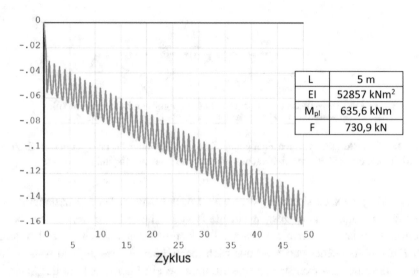

L	5 m
EI	52857 kNm^2
M_{pl}	635,6 kNm
F	730,9 kN

Abb. 2.35 Zweifeldträger: Histogramm der Durchbiegung w [m] in der Mitte des rechten Feldes in den ersten 50 Zyklen bei einem HEB 300 aus S355

In [24] ist dargestellt, dass der Ratcheting-Vorgang von der Bewegungsrichtung der Last abhängt (von links nach rechts, oder von rechts nach links, oder abwechselnd nach rechts und links).

2.4.3 Zylinderschale unter axial wanderndem Hotspot

In zahlreichen Veröffentlichungen (siehe Literaturliste in [24]) wurde das Ratcheting-Verhalten von Zylinderschalen infolge axial wanderndem axialen Temperaturgradienten untersucht. Dabei wurden auch praxisnahe und somit komplizierte Verläufe axialer Temperaturgradienten sowohl theoretisch als auch experimentell behandelt. Im Folgenden soll die vergleichsweise einfache Situation einer wandernden punktförmigen Temperatur (Hotspot) dargestellt werden.

Eine dünnwandige, praktisch unendlich lange Rotationsschale (Abb. 2.36) wird durch eine Temperaturänderung belastet, die in Längsrichtung punktförmig erfolgt. Über die Wanddicke und in Umfangsrichtung ist die Temperatur konstant, sodass es sich um ein rotationssymmetrisches Problem handelt. Der Hotspot und damit die Temperaturdehnung $\alpha_T T_s$ verschiebt sich zyklisch in Längsrichtung entlang einer Strecke Δx, die ein Vielfaches der elastischen Abklinglänge der Schale beträgt.

Es werden folgende Abmessungen, Material- und Belastungsdaten zugrunde gelegt:

$r_i = 49,5$ mm
$r_a = 50,5$ mm

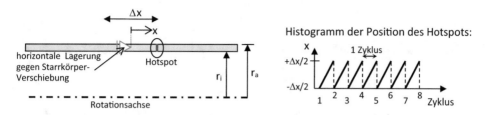

Abb. 2.36 Zylinderschale mit axial wanderndem Hotspot

$\alpha_\mathrm{T} T_\mathrm{s} = -0{,}0025$ (also quasi ein Coldspot)
$\Delta x = 100$ mm (Lastgurt)
$= 10^5$ N/mm²
$\nu = 0{,}3$
$f_\mathrm{y} = 100$ N/mm²
$E_\mathrm{t} = 0$ (keine Verfestigung)

Im Gegensatz zu einer stationären Laststellung tritt im Laufe der fortschreitenden Position des Hotspots in seiner näheren Umgebung eine Biegestörung auf, und zwar sowohl vor als auch hinter dem Hotspot, die mit zunehmender Entfernung vom Hotspot wieder verschwindet (Abb. 2.37).

Auf der Rückseite des Hotspots steigen die Umfangsspannungen allmählich von $-f_\mathrm{y}$ auf Null an. Analog müssen sie vor dem Hotspot von Null auf $+f_\mathrm{y}$ ansteigen, damit die Biegestörung aufgebaut werden kann. Beides sind zwangsläufig rein elastische Vorgänge. Plastizieren ist also beschränkt auf genau den Ort, wo sich der Hotspot gerade befindet. Somit stellt sich im mittleren Bereich des Lastgurts, also in ausreichender Entfernung von den Störungen am Anfang und am Ende des Lastgurts, ein Bereich konstanter Spannungen und Dehnungen und somit eine plateauartige Radialverschiebung ein.

Abb. 2.38 zeigt das Spannungs-Dehnungs-Diagramm. Wir betrachten einen festen Ort innerhalb des Lastgurts und beginnen bei einem Zeitpunkt 1, der dadurch gekennzeichnet ist, dass der Hotspot sich noch weit entfernt befindet ($\sigma_1 = 0$, $\varepsilon^\mathrm{el-pl} = \varepsilon_1$). Rückt der Hotspot näher, nehmen Spannung und Dehnung zu. Zum Zeitpunkt 2 hat der Hotspot

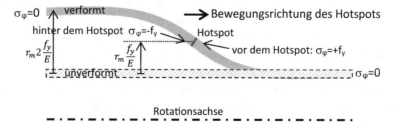

Abb. 2.37 Zylinderschale mit instationärem Hotspot (bei negativem $\alpha_\mathrm{T} T_\mathrm{s}$): Biegestörung in der Umgebung des wandernden Hotspots beim ersten Belastungszyklus

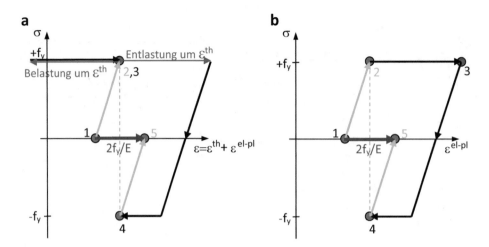

Abb. 2.38 Zylinderschale mit instationärem Hotspot (bei negativem $\alpha_T T_s$): Spannungs-Dehnungs-Diagramm in Umfangsrichtung (Spannung über die **a** thermische plus mechanische Dehnung bzw. **b** über nur die mechanische Dehnung)

die betrachtete Stelle fast erreicht ($\sigma_2 = +f_y$, $\varepsilon^{el-pl} = \varepsilon_1 + f_y/E$). Zum Zeitpunkt 3 ist die thermische Belastung durch den Hotspot wirksam ($\sigma_3 = +f_y$, $\varepsilon^{el-pl} = \varepsilon_1 + f_y/E - \alpha_T T_s$). Dabei nimmt die plastische Dehnung um genau den Betrag zu, der notwendig ist, die thermische Dehnung zu kompensieren, also um $-\alpha_T T_s$. Zum Zeitpunkt 4 hat der Hotspot die betrachtete Stelle wieder verlassen, sodass eine Entlastung um die zuvor aufgebrachte thermische Dehnung erfolgt, was ein elastisch-plastischer Prozess ist ($\sigma_4 = -f_y$, $\varepsilon^{el-pl} = \varepsilon_1 + f_y/E$). Mit zunehmender Entfernung des Hotspots (Zeitpunkt 5) steigt die Spannung wieder auf Null an, was mit einer Dehnungszunahme um f_y/E verbunden ist ($\sigma_5 = 0$, $\varepsilon^{el-pl} = \varepsilon_1 + 2f_y/E$). Nachdem der Hotspot von einer weit entfernten Position herangekommen und danach wieder in der Ferne verschwunden ist, haben die Dehnungen also um $2f_y/E$ zugenommen. Somit hat sich der Ausgangszustand für den nächsten Belastungszyklus entsprechend verschoben.

Es liegt also an der Stelle des Hotspots die Umfangsspannung $+f_y$ vor, und nach Entlastung, also wenn sich der Hotspot ein klein wenig verschoben hat, die Umfangsspannung $-f_y$. Aktives Plastizieren ist beschränkt auf die Zeitpunkte der Be- und Entlastung, findet also nur genau an der Stelle statt, wo sich der Hotspot gerade befindet. Die elastisch-plastischen Dehnungsänderungen betragen dabei $-/+\alpha_T T_s$. Infolge des Abklingens der Biegestörung stellen sich mit der Zeit aber auch Spannungsänderungen an Orten ein, wo sich der Hotspot gar nicht (mehr) befindet. Damit ist zwar zunächst nur ein rein elastischer Vorgang verbunden, wodurch sich aber der Ausgangszustand für den nächsten Belastungszyklus verschiebt und so letztlich ein Ratcheting-Mechanismus in Gang gesetzt wird.

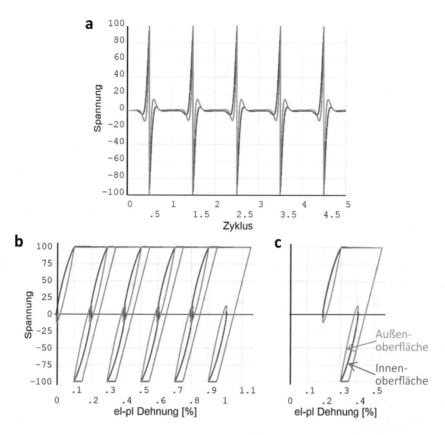

Abb. 2.39 Zylinderschale mit axial wanderndem Hotspot; **a** Histogramm der Umfangsspannungen in der Mitte des Lastgurts; **b** Spannungs-Dehnungs-Diagramm für die Umfangsrichtung in der Mitte des Lastgurts für die ersten fünf Zyklen, bzw. **c** nur für den zweiten Zyklus

Eine inkrementelle Berechnung gestattet die detaillierte Verfolgung der Auswirkung der Biegestörungen. Im Histogramm der Umfangsspannungen wie auch im Spannungs-Dehnungs-Diagramm äußern sie sich in unterschiedlichen Verläufen für die Innen- und die Außenoberfläche (Abb. 2.39).

Jedes mal, wenn sich der Hotspot bewegt, entsteht im Bereich dieser Bewegung ein Verschiebungsinkrement in radialer Richtung von

$$\delta u = r_{\mathrm{m}}\left(2\frac{f_{y}}{E}\right) = 0,1\ \mathrm{mm}, \tag{2.27}$$

und zwar nach außen bei negativer Temperaturänderung. Ist die vom Hotspot zurück gelegte Strecke Δx ausreichend lang, so entsteht in jedem Zyklus eine plateauartige Verformung. Abb. 2.40 zeigt die Verformungen und das Histogramm der Radialverschiebung für die Bewegungsrichtung von links nach rechts. An den Verformungsfiguren

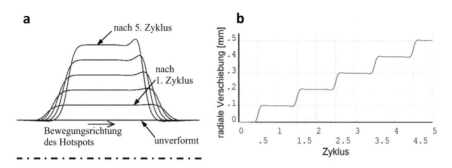

Abb. 2.40 Zylinderschale mit axial wanderndem Hotspot: Verformungen bei den ersten Belastungszyklen; **a** Ausschnitt der Verformungsfiguren im Bereich des Lastgurtes am jeweiligen Zyklusende (im unbelasteten Zustand); **b** Histogramm der Radialverschiebung in der Mitte des Lastgurts (bei $x = 0$)

ist auch gut zu erkennen, dass mit jedem Belastungszyklus auch eine axiale plastische Membrandehnung aufgrund der Inkompressibilitätsbedingung statt findet, die eine progressive Längenänderung zur Folge hat.

2.5   Beispiele für Reibungs-Ratcheting

Bei den in den Abschn. 2.3 und 2.4 betrachteten Tragwerken ändern sich die Randbedingungen nicht mit der Zeit. Der vorliegende Abschnitt befasst sich nun mit Ratcheting als Auswirkung eines Reibkontaktes, wodurch sich die Lagerbedingungen infolge zyklischer Belastung bewegen, selbst wenn die Positionen der aufgebrachten Lasten ortsfest sind [25].

2.5.1   Reibungsgelagerter starrer Balken (sailing stones)

Betrachten wir als Beispiel das von Popov in [26] beschriebene und als „thermocyclic creep" bezeichnete Verhalten. Dieser Begriff bzw. einfach „cyclic creep" wird häufig synonym mit „Ratcheting" verwendet, kann jedoch zu Missverständnissen führen, da unter „Kriechen" auch oft das explizite zeitabhängige Verhalten von Material verstanden wird, wie es in Beton oder Stahl bei erhöhten oder hohen Temperaturen beobachtet wird. Dies ist jedoch in [26] nicht gemeint.

Ein mechanisch starrer, aber thermisch ausdehnungsfähiger Balken der Länge L (Wärmeausdehnungskoeffizient α_T) wird einer zeitlich konstant anstehenden Belastung aus Axialkraft F und transversalem Druck p sowie einer zyklischen Temperatur T unterworfen (Abb. 2.41). Der Balken liegt ganzflächig auf einer Unterlage auf. Das Verhalten der Grenzfläche wird durch Coulomb-Reibung ohne Kohäsion beschrieben, sodass

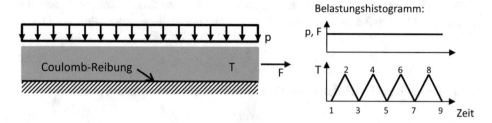

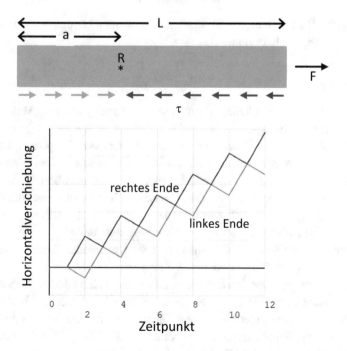

Abb. 2.41 Starrer Balken durch Coulomb-Reibung gelagert

der Scherwiderstand τ des Auflagers proportional zum vertikalen Druck p und zum Reibungskoeffizienten μ ist, die beide als zeitlich konstant angenommen werden (so dass die Coulomb-Gleitreibung im Wesentlichen dasselbe ist wie maximale Schubspannungsreibung):

$$\tau = \pm\mu p \tag{2.28}$$

Ohne Normalkraft ($F=0$) muss der Ruhepunkt (in Abb. 2.42 mit R gekennzeichnet) während der Wärmeausdehnung aufgrund des horizontalen Kräftegleichgewichts in Stabmitte bleiben, also bei $a=L/2$ (die Reaktionskraft $\tau*L/2$ nach rechts ist gleich der Reaktionskraft $\tau*L/2$ nach links). Ratcheting tritt nicht auf.

Abb. 2.42 Starrer Balken auf Coulomb-Reibung: Histogramm der Horizontalverschiebung

Ist die Kraft F jedoch nicht 0, aber kleiner als die Gleitreibungskraft, erfordert das horizontale Kräftegleichgewicht, dass sich der Ruhepunkt links von der Mitte befindet:

$$a = \frac{1}{2}\left(L - \frac{F}{\mu p}\right) \tag{2.29}$$

Infolgedessen bewegt sich das rechte Balkenende bei Erwärmung nach rechts um

$$u_r = \alpha_T T (L - a) \tag{2.30}$$

und das linke Balkenende nach links um

$$u_l = -\alpha_T T a, \tag{2.31}$$

sodass sich die Balkenmitte nach rechts bewegt:

$$u_m = \frac{1}{2}\alpha_T T \frac{F}{\mu p}. \tag{2.32}$$

Bei der Abkühlung im nächsten Halbzyklus kehrt sich die Situation um: der Ruhepunkt befindet sich dann rechts der Mitte, das rechte Balkenende verschiebt sich nach links um

$$u_r = -\alpha_T T a \tag{2.33}$$

und das linke Balkenende nach rechts um

$$u_l = \alpha_T T (L - a), \tag{2.34}$$

sodass sich die Balkenmitte wieder nach rechts verschiebt, und zwar um denselben Betrag wie im vorigen Halbzyklus:

$$u_m = \frac{1}{2}\alpha_T T \frac{F}{\mu p} \tag{2.35}$$

Die zyklische Temperaturänderung T ruft also in jedem Zyklus eine Verschiebung der Balkenmitte hervor (Abb. 2.42), es entsteht also Ratcheting.

Bemerkenswert ist, dass Ratcheting bei jedem Wert der Temperatur $T \neq 0$ auftritt, sodass also keine Schwelle überschritten werden muss, und bei jedem Wert der Kraft F im Bereich $0 < F < \mu p L$. Der zugrunde liegende Mechanismus besteht darin, dass der Reibungskontakt im mittleren Bereich des Balkens zeitunabhängig ist (die Gleitung ist immer nach rechts gerichtet), sich aber im linken und rechten Bereich während zwei aufeinander folgenden Halbzyklen der thermischen Belastung umkehrt.

Der Leser mag sich dabei an das Phänomen der wandernden Felsen (sailing stones) im Death Valley erinnert fühlen, wo sich Steine scheinbar von selbst langsam auf einer ebenen Fläche bewegen. Das Internet bietet zahlreiche Videos dieses Phänomens sowie mögliche Erklärungen hierfür. Die offensichtliche Ähnlichkeit mit dem hier behandelten Beispiel eines reibungsgelagerten Balkens (der Druck p steht für das Eigengewicht, die Kraft F für die Windkraft und die thermische Belastung T für Änderungen der Umgebungstemperatur) mag zur Erklärung dieses Phänomens beitragen [27].

2.5.2 Faser in Matrix eingebettet

Während im vorangegangenen Beispiel (Abschn. 2.5.1) der Absolutwert des Scherwiderstandes zeitlich konstant und ortsunabhängig war, wird nun eine Struktur betrachtet, bei der Ratcheting durch eine zyklische Änderung des Scherwiderstandes ausgelöst wird.

Das vorliegende Beispiel geht auf Cox [28] zurück, der einen Faser-Matrix-Verbund betrachtete und das Gleiten einer Faser an einer freien Oberfläche als Folge einer zyklischen Temperaturänderung T untersuchte. Abb. 2.43 zeigt eine zwischen Matrixmaterialien eingebettete Faser. Faser und Matrix haben die gleichen Materialeigenschaften, nur dass der Wärmeausdehnungskoeffizient in der Faser höher ist als in der Matrix. Die Struktur ist an drei Flächen fixiert, während das rechte Ende frei ist. Faser und Matrix verhalten sich beide linear elastisch. Die beiden Grenzflächen zwischen Faser und Matrix gehorchen dem Coulomb-Gleitreibungsmodell, sodass ihr Schubwiderstand τ proportional zum vertikalen Druck p und zum Reibungskoeffizienten μ ist, Gl. (2.28). Während der Reibungskoeffizient zeitlich konstant (und ortsunabhängig) ist, ändert sich der Vertikaldruck und damit der Schubwiderstand durch die Verhinderung der Wärmeausdehnung in vertikaler Richtung mit der Temperatur. Die konstant verteilte Temperatur T stellt die einzige Belastung des Systems dar.

Vernachlässigen wir der Einfachheit halber Querdehnungseffekte und beschränken unsere Betrachtung auf die horizontalen Spannungen, Dehnungen und Verschiebungen, so können sich die drei vertikalen Linien am rechten Ende nur parallel zueinander bewegen. Aufgrund der unterschiedlichen Wärmeausdehnung sind die Längenänderungen von Faser und Matrix bei thermischer Belastung unterschiedlich, Abb. 2.44.

Nahe am linken Ende ist der Unterschied der freien thermischen Verschiebung zwischen Faser und Matrix gering, sodass der Kontakt von Faser und Matrix haften

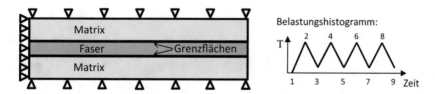

Abb. 2.43 Einbettung der Faser in der Matrix (Coulomb-Reibung an den Grenzflächen)

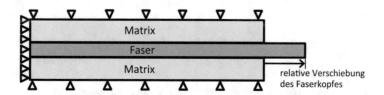

Abb. 2.44 Verschiebungszustand nach Temperatur-Erhöhung

bleibt und die an den Grenzflächen entstehenden Schubspannungen eine elastische Dehnung in beiden Materialien verursachen. Mit zunehmendem Abstand vom linken Ende wird jedoch die Differenz der freien thermischen Verschiebung zwischen Faser und Matrix größer und die Schubspannungen an der Grenzflächen nehmen zu, bis der Schubwiderstand nach dem Coulombschen Gesetz erreicht ist, sodass von hier ab an jeder Stelle eine Gleitung nach rechts erfolgt.

Der Übergangspunkt zwischen Haften und Gleiten ist bei anfänglicher thermischer Belastung (Zeitpunkt 1 → 2) temperaturunabhängig. Er bleibt also mit zunehmender thermischer Belastung ortsfest, denn es heben sich zwei Effekte gegenseitig auf: sowohl die Schubfestigkeit als auch die thermischen Dehnungen steigen proportional zur Temperatur. Dadurch steigt die Relativverschiebung des Faserkopfes zur Matrix linear mit der Temperatur (Abb. 2.45).

Bei Lastumkehr (Zeitpunkt 2 → 3) ist die Situation jedoch ganz anders. Nun haben wir drei verschiedene Reaktionen der Grenzflächen: (1) umgekehrtes Gleiten, also Gleiten nach links, (2) Gleiten nach rechts und (3) Haften. Umgekehrtes Gleiten tritt nur an Stellen auf, an denen die Änderung der Schubspannung das Doppelte des Coulomb-Schubwiderstandes beträgt, während Stellen, die bei der vorherigen Belastung haften geblieben sind, nun gleiten können. Zum gleichen Zeitpunkt haben wir also sowohl Orte, die nach rechts gleiten, als auch andere Orte, die nach links gleiten. Die Grenze zwischen diesen Bereichen bewegt sich mit dem Belastungsniveau, sodass sich die Relativverschiebung des Faserkopfes mit der Temperatur nichtlinear ändert. Nach jedem Lastwechsel ergibt sich eine andere Situation mit dem Effekt, dass sich die Verschiebungen mit jedem Zyklus aufsummieren (solange die Temperatur nicht auf ihren Anfangswert von Null zurück kehrt).

Neben der Tatsache, dass hier Ratcheting auch wieder allein aufgrund einer zyklischen thermischen Belastung entsteht (also ohne gleichzeitig wirkende kraftgesteuerte Belastung),

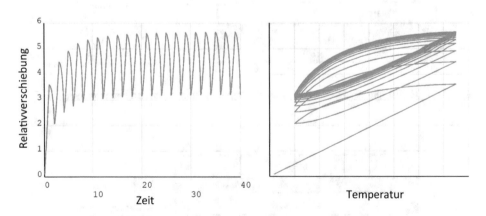

Abb. 2.45 Entwicklung der Relativverschiebung des Faserkopfes (qualitativ): **a** mit der Zeit, **b** mit der Temperatur

ist erwähnenswert, dass die Verschiebungszunahme begrenzt ist (d. h. es tritt Shakedown auf, so dass wir finites Ratcheting haben), obwohl keine Verfestigung mit dem nichtlinearen Materialverhalten der Grenzflächen verbunden ist. Denn die Schubspannungen durch Gleiten müssen durch das Material von Faser und Matrix kompensiert werden, die beide rein elastisch bleiben (ähnlich wie in Abschn. 2.2.4 das Ratcheting-Verhalten des Zweistab-Modells durch den elastisch bleibenden Zusatzstab aufgenommen werden musste).

Einige weitere Beispiele im Zusammenhang mit Ratcheting oder Shakedown von Schlupf (oder Mikroschlupf) im Zusammenhang mit Reibkontakt finden sich beispielsweise in [29] und [30]. Foletti und Desimone beschreiben in [31] den Ratcheting-Effekt aufgrund eines zyklischen Wechsels zwischen Trocken- und Nassreibung.

2.6   Mythen zu Ratcheting

Sowohl unter in der Praxis tätigen Ingenieuren, als auch in wissenschaftlichen Veröffentlichungen und sogar auch in Regelwerken zur Auslegung von Tragwerken taucht eine Reihe von Mythen auf, die aufgrund der in den vorigen Abschnitten gewonnenen Erkenntnisse korrigiert werden können:

Mythos 1: Ratcheting tritt nur auf bei sehr hohen zyklischen Belastungen
Dahinter steckt die durch Regelwerke genährte Vorstellung, Ratcheting sei eine Begleiterscheinung von LCF (low cycle fatigue: Ermüdungsschädigung bei kleinen Lastwechselzahlen, also hohen Beanspruchungsschwingbreiten), könne also nur in Verbindung mit Wechselplastizieren auftreten, also in der Sprache beispielsweise des KTA-Regelwerks [14] nur bei $S_n > 3\,S_m$.

Diese Sichtweise ist nicht zutreffend, wie uns ein Blick in die Ratcheting-Interaktions-Diagramme der letzten Abschnitte zeigt. Bereits am Zweistab-Modell (Abb. 2.6) ist zu erkennen, dass Ratcheting weit unterhalb der Schwelle zyklischen Plastizierens (also bei $\sigma_t/f_y < 2$) auftreten kann, wenn nur die konstante Primärspannung ausreichend groß ist.

Mythos 2: Damit ein Ratcheting-Mechanismus in Gang kommt, ist als treibende Kraft eine kraftgesteuerte Belastung bzw. Primärspannung erforderlich, die zudem konstant anstehen muss
Diese Vorstellung von Ratcheting ist allein schon durch das in Abschn. 2.4.1 behandelte Dreistab-Modell entkräftet. Das Ratcheting-Interaktions-Diagramm (Abb. 2.30) weist aus, dass auch ohne Primärspannung (also bei $\sigma_p/f_y = 0$) Ratcheting auftreten kann. Und etwa für das einachsige Ersatz-Modell des Bree-Rohrs (Abb. 2.20) lässt sich zeigen, dass Ratcheting auch auftreten kann, wenn die Kraft F nicht konstant ansteht, sondern sich in Phase mit der Temperatur zyklisch ändert.

Mythos 3: Um Struktur-Ratcheting ausschließen zu können, brauchen alle Einwirkungen auf das Tragwerk nur paarweise analysiert zu werden

In der Tat genügt in vielen Fällen die Betrachtung der Belastungsextrema eines Lastpaares, um Struktur-Ratcheting zu erkennen bzw. ausschließen zu können. Hierzu gehören das Zweistab-Modell (F alleine, $F+T$ im linken Stab), das Bree-Rohr (p alleine, $p+\Delta T$) und der Durchlaufträger (F_1 alleine, F_1+F_2). Bei dem Dreistab-Modell in Abschn. 2.4.1 gibt es vier Einwirkungen: eine äußere Kraft F sowie einen Temperatur-Peak in jedem der drei Stäbe. Diese verursachen vier unterschiedliche Belastungsextrema (F alleine, $F+T_1$, $F+T_2$, $F+T_3$). Keines der sechs möglichen Paare dieser vier Zustände kann jedoch einen Ratcheting-Mechanismus begründen, sondern nur die gemeinsame Wirkung aller vier Zustände. Bei einer auf paarweiser Betrachtung der Belastungszustände beschränkten Ratcheting-Analyse könnte Ratcheting also nicht korrekt identifiziert werden.

2.7   Restspannungen

Bei veränderlichen Belastungen spielen die Begriffe „Restspannungen" und „Restdehnungen" eine große Rolle. Damit sind die Beanspruchungen gemeint, die im Tragwerk vorliegen, wenn nach vorhergehendem Plastizieren eine vollständige Entlastung unter Annahme eines rein elastischen Verhaltens erfolgt. Es handelt sich also nicht um die Betrachtung eines Belastungszeitpunktes, bei dem die veränderlichen Belastungsanteile verschwinden, sondern das Tragwerk ist vollständig unbelastet, also auch ohne eventuelle konstante Belastungsanteile. Da keinerlei Belastungen wirken, müssen die Restspannungen mit sich selbst im Gleichgewicht stehen. Sie werden daher mitunter auch Eigenspannungen genannt.

Mit einer vollständigen Entlastung sämtlicher vorher aufgebrachter Belastungen wäre häufig eigentlich ein Rückplastizieren verbunden, also wegen der Rücknahme auch konstant anstehender Lasten selbst im Falle elastischen Einspielens. Dies wird aber nicht berücksichtigt, sondern es wird vom elastisch-plastisch berechneten Beanspruchungszustand aus die fiktiv elastisch berechnete Beanspruchung abgezogen, sodass es sich bei den Restspannungen ρ und den Restdehnungen ε^* oft um reine Rechengrößen handelt, die im Tragwerk nach vollständiger Entlastung nicht wirklich vorliegen, Abb. 2.46, und daher gelegentlich auch als „fiktive Restspannungen" bezeichnet werden [32]:

$$\rho_i = \sigma_i - \sigma_i^{\text{fel}} \tag{2.36}$$

$$\varepsilon_i^* = \varepsilon_i - \varepsilon_i^{\text{fel}}. \tag{2.37}$$

In Abb. 2.47 ist die Entwicklung der Restspannungen über die Zyklenzahl für den linken Stab des Zweistab-Modells mit linearer kinematischer Verfestigung (siehe Abschn. 2.2.2, Abb. 2.4 und 2.5) dargestellt. Man erkennt, dass nach Erreichen des elastischen Einspielzustandes die Restspannungen konstant bleiben.

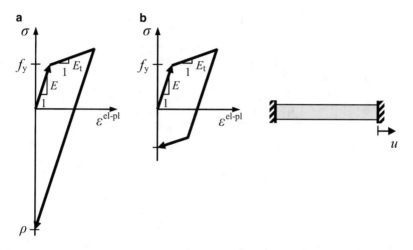

Abb. 2.46 a Fiktive Restspannung für einen Zugstab unter dehnungsgesteuerter Belastung bei linearer kinematischer Verfestigung, **b** nach Entlastung tatsächlich verbleibende Spannung

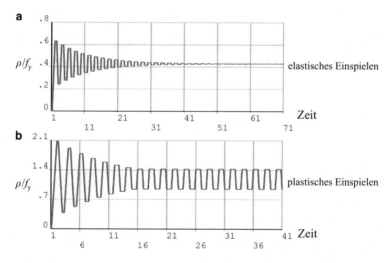

Abb. 2.47 Histogramm der Restspannungen für den linken Stab des Zweistab-Modells mit linearer kinematischer Verfestigung ($\sigma_p/f_y = 0{,}8$; $E_t/E = 0{,}05$). **a** $\sigma_t/f_y = 0{,}9$, **b** $\sigma_t/f_y = 2{,}5$

In Abb. 2.48 wird die Spannungs-Dehnungs-Hysterese für beide Stäbe von Abb. 2.5 wiederholt und durch Markierung der Restbeanspruchungszustände in beiden Stäben nach Erreichen des plastischen Einspielzustandes für die beiden Lastumkehrpunkte ergänzt (Quadrate für die Zeitpunkte 19, 21, 23 usw. im Belastungshistogramm von Abb. 2.2, Dreiecke für die Zeitpunkte 18, 20, 22 usw.). Die Restbeanspruchungszustände liegen offenbar nicht unbedingt auf der elastisch-plastischen Werkstoffkurve.

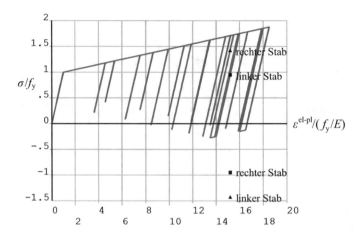

Abb. 2.48 Spannungs-Dehnungs-Diagramm für das Zweistab-Modell wie in Abb. 2.5, hier mit Restspannungen und Restdehnungen in den Lastumkehrpunkten nach dem plastischen Einspielen

Die Restdehnungen sind in diesem Beispiel nach dem plastischen Einspielen zu allen Zeitpunkten gleich, da die thermische Belastung dann dehnungsgesteuert erfolgt, also der plastische Dehnungserhöhungsfaktor K_e, der als Vielfaches der elastisch-plastischen gegenüber der fiktiv elastisch berechneten Dehnung definiert ist (siehe auch Abschn. 2.9.1), $K_e = 1$ beträgt.

2.8   Lebensdauer

2.8.1   Ermüdung

Bei veränderlicher Belastung ist stets eine ausreichende Ermüdungsfestigkeit nachzuweisen. Hierzu existiert eine Reihe unterschiedlicher Nachweiskonzepte, die sich sowohl in der Art der Beanspruchungsermittlung wie auch der Beanspruchungsbewertung voneinander unterscheiden. Manche basieren auf der klassischen Kontinuumsmechanik (Nennspannungskonzept, Strukturspannungskonzept, örtliches Konzept), andere auf der Bruchmechanik zur Berechnung des Rissfortschritts. Manche nutzen zur Ermittlung der Beanspruchungen nur elementare Festigkeitslehre, ohne dass geometrische oder metallurgische Störstellen oder Störungen an Lasteinleitungsstellen berücksichtigt werden. Andere setzen die Ermittlung der lokalen Beanspruchungen mit linear elastischem oder elastisch-plastischem Werkstoffgesetz, meist mithilfe der Finite-Elemente-Methode, voraus.

Da dieses Buch auf die Ermittlung elastisch-plastischer Beanspruchungen abzielt, sind hier vor allem solche Nachweiskonzepte von Interesse, die davon auch Gebrauch machen können. Dies gilt etwa für das örtliche Konzept, bei dem die elastisch-plastische

Dehnungsschwingbreite bestimmt und die Ermüdungsausnutzung mithilfe von Dehnungswöhlerlinien ermittelt wird, die anhand einachsiger dehnungsgesteuerter Versuche ermittelt worden sind (siehe z. B. [33]). Hier unterscheidet man im Wesentlichen den Kurzzeitfestigkeitsbereich (LCF = low cycle fatigue, große Dehnschwingbreiten, die mit plastischen Formänderungen verbunden sind, nur bis ca. 20.000 Schwingspiele), den Zeitfestigkeitsbereich (HCF = high cycle fatigue, bis ca. 2.000.000 Schwingspiele) und den Dauerfestigkeitsbereich.

Für eine Ermüdungsanalyse sind die elastisch-plastischen Dehnschwingbreiten für ein Lastpaar zu ermitteln (unter Umständen auch die Mitteldehnungen oder Mittelspannungen), und zwar jeweils für alle sechs unterschiedlichen Verzerrungskomponenten und getrennt für die elastischen und plastischen Anteile:

$$\Delta\varepsilon_i^{el} = E_{ij}^{-1}\Delta\sigma_j \qquad (2.38)$$

$$\Delta\varepsilon_i^{pl} = \Delta\varepsilon_i - \Delta\varepsilon_i^{el} \qquad (2.39)$$

Daraus lassen sich dann die elastische und plastische Vergleichsdehnungsschwingbreite bilden (getrennt erforderlich aufgrund unterschiedlicher Querdehnungszahlen),

$$\Delta\varepsilon_v^{el} = \frac{\Delta\sigma_v}{E} \qquad (2.40)$$

$$\Delta\varepsilon_v^{pl} = \frac{\sqrt{2}}{3}\sqrt{\left(\Delta\varepsilon_1^{pl} - \Delta\varepsilon_2^{pl}\right)^2 + \left(\Delta\varepsilon_2^{pl} - \Delta\varepsilon_3^{pl}\right)^2 + \left(\Delta\varepsilon_1^{pl} - \Delta\varepsilon_3^{pl}\right)^2} \qquad (2.41)$$

und unter Nutzung der Additivität (Gl. 1.21) die Gesamtvergleichsdehnschwingbreite $\Delta\varepsilon_v$:

$$\Delta\varepsilon_v = \Delta\varepsilon_v^{el} + \Delta\varepsilon_v^{pl} \qquad (2.42)$$

Für diese kann dann die Anzahl zulässiger Lastwechsel N aus der Ermüdungskurve abgelesen werden kann, Abb. 2.49.

Die vorhandene Ermüdungsausnutzung u ergibt sich aus der Anzahl der spezifizierten oder z. B. aus Belastungs-Monitoring bekannten Lastwechseln n und darf den Wert 1 nicht überschreiten:

Abb. 2.49 Ermüdungskurve (Prinzipskizze)

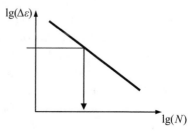

$$u = \frac{n}{N} \leq 1. \tag{2.43}$$

Ist ein Tragwerk unterschiedlichen Einwirkungen oder Belastungsniveaus unterworfen (man spricht dann auch von mehrstufiger oder Mehrparameter-Belastung), so werden mithilfe eines Zählverfahrens mehrere solcher Lastpaare gebildet. Hierbei findet meist die Rainflow- oder die Reservoir-Methode Verwendung. Die Beanspruchungsextrema eines jeden Lastpaares führen zu einer elastisch-plastischen Dehnschwingbreite, für deren Auftrittshäufigkeit sich aus der Dehnungswöhlerlinie ein Teilausnutzungsgrad ergibt. Dieser wiederum wird nach der linearen Schadensakkumulationshypothese von Palmgren-Miner über alle Lastpaare i addiert:

$$u = \sum_i \left(\frac{n}{N} \right)_i \leq 1. \tag{2.44}$$

2.8.2 Dehnungsakkumulation

Die Lebensdauer eines zyklisch elastisch-plastisch beanspruchten Bauteils hängt jedoch nicht nur vom Phänomen Ermüdung ab, sondern auch vom Phänomen Ratcheting. Darüber hinaus kann die Lebensdauer eines Tragwerks auch noch durch weitere Phänomene mit bestimmt werden wie Korrosion, Materialabtrag infolge Kontakt-Reibung usw., was hier jedoch nicht betrachtet wird. Bei Ratcheting besteht infolge der einsinnigen Zunahme der Verzerrungen und der Verformungen primär die Gefahr von inkrementellem Kollaps nach unendlich vielen Zyklen. Dabei handelt es sich, ähnlich wie beim instantanen Kollaps durch Überschreitung der Traglast, um eine Idealvorstellung, die auf Annahmen beruht, die im Zustand des Kollapses gar nicht (mehr) erfüllt sind, wie ideal plastischer Werkstoff, kleine Verzerrungen und kleine Verformungen. Zudem werden bei einem aktiven Ratcheting-Mechanismus die Verzerrungen schon bei endlicher Anzahl von Belastungszyklen so groß sein, dass Versagen durch Überschreitung der Duktilität des Werkstoffes eintritt. Auch mag die Gebrauchstauglichkeit des Tragwerks durch übermäßige Verformungen bereits vorher verloren gegangen sein.

Als indirekte Folgen von Ratcheting können Querschnitte nach einer bestimmten Anzahl von Zyklen so geschwächt sein, dass nun die Traglast überschritten wird oder kein stabiler Gleichgewichtszustand mehr vorliegt. Obwohl Ratcheting und Ermüdung unterschiedliche Phänomene sind, und Ratcheting auch ohne nennenswerte Ermüdung auftreten kann, ist auch eine Interaktion zwischen beiden möglich. So kann nämlich die Dehnung um eine durch Ratcheting vergrößerte Mitteldehnung bzw. Mittelspannung schwingen und die Ermüdungsausnutzung erhöhen, oder es kann der Gültigkeitsbereich der Wöhlerlinien infolge übergroßer Dehnungen überschritten werden.

Aus diesem Grund wird in manchen Regelwerken, wie dem kerntechnischen Teil des ASME-Codes, auf dem weltweit viele Normen beruhen (auch [14]), als Nachweis gegen Ratcheting die Einhaltung von Dehngrenzen zum Ende der Lebensdauer gefordert. Diese unterscheiden sich je nach Nachweisformat, also ob die Dehnungen durch vereinfachte oder detaillierte elastisch-plastische Berechnungen ermittelt werden. Außerdem hängen sie von der Verteilung der Dehnungen über den Querschnitt ab. So gelten unterschiedliche Dehngrenzen für die Membrandehnung, die linearisierte Dehnung und die Spitzendehnung. Ferner spielt auch die Lage der betrachteten Stelle im Tragwerk eine Rolle, je nachdem, ob sie sich im Grundwerkstoff befindet oder in einer Schweißverbindung. Demnach liegen die Dehngrenzen zwischen 0,5 % für die Membrandehnung in Schweißverbindungen und 5,0 % für die Spitzendehnungen im Grundwerkstoff.

Beispielsweise wird im KTA-Regelwerk [14] für Komponenten des Primärkreises von Leichtwasserreaktoren in Abschn. 7.13.2 „Vereinfachter Nachweis mit Näherungsformeln" unter Abschn. 7.13.2.3 „Nachweis durch Begrenzung der Dehnungen" gefordert:

(5) Die Summe aller Dehnungsinkremente darf zu Ende der Lebensdauer den Wert 2 % nicht überschreiten.

bzw. in Abschn. 7.13.3 „Allgemeiner Nachweis durch elastisch-plastische Analyse":

(3) Die lokal akkumulierte plastische Zughauptdehnung darf zu Ende der Lebensdauer an keiner Stelle eines Querschnittes folgende Maximalwerte überschreiten: 5,0 % im Grundwerkstoff, 2,5 % in Schweißnähten.

An dieser Stelle ist festzuhalten, dass bei einer veränderlichen Belastung immer ein Ratcheting- und ein Ermüdungs-Nachweis erforderlich sind. In den jeweils maßgebenden Regelwerken ist die Vorgehensweise für den Ermüdungsnachweis meist beschrieben, für den Nachweis gegen Ratcheting jedoch meist nicht. Mitunter wird in Regelwerken auch die Notwendigkeit eines Ratcheting-Nachweises an das Überschreiten gewisser Spannungsschwingbreiten ($S_n > 3\,S_m$) und damit an die Notwendigkeit plastischer Ermüdungsanalysen gekoppelt, was theoretisch jedoch nicht gerechtfertigt ist (siehe Abschn. 2.6, Mythos 1).

Wird der Nachweis gegen Ratcheting durch Dehnungsbegrenzung geführt, so sind die bis zum Lebensende der Struktur zyklisch akkumulierten Verzerrungskomponenten zu berechnen, siehe Prinzipskizze Abb. 2.50 bei einem einachsigen Spannungszustand unter einstufiger Belastung. Im elastisch eingespielten Zustand (Abb. 2.50a) wird die akkumulierte Dehnung ε_{max} häufig auslegungsbestimmend sein, da die Dehnschwingbreite $\Delta\varepsilon$ relativ klein ist. Im plastisch eingespielten Zustand (Abb. 2.50b) kann entweder die akkumulierte Dehnung oder die Dehnschwingbreite lebensdauerbestimmend sein.

Es genügt nicht, als Ersatz für eine Dehnungsbegrenzung nachzuweisen, dass die Struktur bei einer gegebenen Beanspruchungskonfiguration einspielt, und noch nicht einmal, dass sie elastisch einspielt (Bereiche ES bzw. ES-FR im Ratcheting-Interaktions-Diagramm), da dieser Einspielzustand mit übermäßig großen Dehnungen verbunden sein kann. Aus demselben Grund ist es auch unerheblich, ob finites oder infinites Ratcheting vorliegt, weshalb im Folgenden auch auf eine strenge Unterscheidung zwischen beidem verzichtet wird.

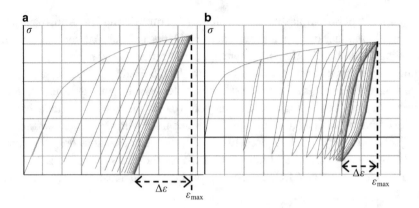

Abb. 2.50 Elastisch-plastische Dehnungen, die für einen Lebensdauernachweis benötigt werden (Prinzipskizze). **a** elastisch eingespielt, **b** plastisch eingespielt; der Zyklus im jeweiligen Einspielzustand ist hervor gehoben

Diese Feststellung hat Auswirkungen auf die Wahl eines Werkstoffmodells zur Berechnung der elastisch-plastischen Dehnungen. So kommen hierfür auch Modelle infrage, die prinzipiell kein infinites Ratcheting vorhersagen können und entsprechend auch finites Ratcheting tendenziell unterschätzen, beispielsweise bei reiner kinematischer Verfestigung ohne Erholungsterme. Dies müsste allerdings entweder auf der Bewertungsseite z. B. durch Abschläge bei der Festsetzung höchstzulässiger Dehnungen berücksichtigt werden oder durch entsprechend angepasste Modellparameter durch gegenüber einem „curve fit" künstlich herab gesetzte Tangentensteigung E_t kompensiert werden.

2.9   Berechnungsmethoden

Um die elastisch-plastischen Dehnungen zu gewinnen, die für einen Ermüdungs- und einen Ratcheting-Nachweis notwendig sind, kommen unterschiedliche Methoden infrage. Einige liefern nur Angaben zur Schwingbreite der Dehnungen für den Ermüdungsnachweis, und sind nicht anwendbar zur Ermittlung der akkumulierten Dehnungen für den Ratcheting-Nachweis.

2.9.1   Fiktiv elastische Berechnung und Korrekturfaktoren

Bei dieser Methode wird für jedes Lastpaar die Beanspruchungsschwingbreite durch Annahme linen elastischen Materialverhaltens berechnet und die daraus resultierende fiktiv elastische Vergleichsdehnungsschwingbreite mit einem plastischen Dehnungserhöhungsfaktor multipliziert, der einem Regelwerk entnommen werden kann. Vielfach wird dabei auf den plastischen Dehnungserhöhungsfaktor K_e („K_e-Faktor") des ASME-Regelwerkes zurück gegriffen [14]. Eine kritische Würdigung dieses Faktors kann [22] entnommen werden. Andere Vorschläge gehen auf Neuber [34] zurück, der sich mit elastisch-plastischer Dehnungskonzentration an scharfen Kerben beschäftigt hat. Eine Reihe anderer Vorschläge wurde u. a. von Hübel [22], Roche [35] und Seshadri [36] entwickelt, die teilweise in französische und deutsche Regelwerke eingegangen sind.

Generell ist es jedoch schwierig, das komplexe elastisch-plastische Verhalten in Abhängigkeit vom Materialverhalten, der Bauteilgeometrie, der Belastungskonfiguration, dem Belastungsniveau usw. durch einen Faktor angemessen abbilden zu wollen. Dieses Konzept ist historisch bedingt und reicht in Zeiträume zurück, in denen die Finite-Elemente-Methode in der Ingenieurpraxis noch nicht einmal für lineare Berechnungen zur Verfügung stand. Aus heutiger Sicht ist dieses faktorielle Konzept für allgemeine Anwendung, also abgesehen von speziellen Konfigurationen von Bauteilgeometrie und Belastungsart, als kontinuumsmechanisch nicht sonderlich gut fundiert zu betrachten. Es bezieht seine Rechtfertigung überwiegend aus der Tatsache, dass ein reichhaltiger Erfahrungsschatz bei der Anwendung dieses Konzeptes in eng umgrenzten Auslegungssituationen vorliegt.

Abb. 2.51 zeigt einige Lösungen für den plastischen Dehnungserhöhungsfaktor K_e bei linearer Verfestigung ($C/E = 0,1$). Gestrichelt eingezeichnet sind die Werkstoffkurven für unterschiedliche Fließgrenzen bzw. aufgrund der Normierung letztlich für unterschiedliche Belastungsniveaus, ausgedrückt mithilfe der fiktiv elastisch berechneten Spannung σ^{fel}. Die fünf farbigen Linien geben die Abhängigkeit des plastischen Dehnungserhöhungsfaktors K_e vom Beanspruchungsniveau aufgrund der Spannungsumlagerungen an: Die Kurven für das Grenzverhalten einer spannungsgesteuerten

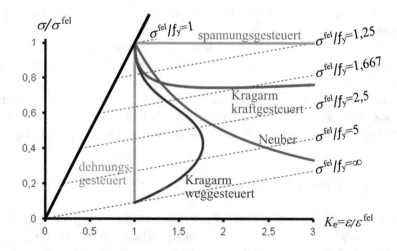

Abb. 2.51 Beispiele plastischer Dehnungserhöhung bei linear kinematisch verfestigendem Werkstoff ($C/E = 0,1$) unter monotoner Belastung

Belastung (die Spannung ist unabhängig vom Werkstoffverhalten) und für das Grenzverhalten einer dehnungsgesteuerten Belastung (die Dehnung ist unabhängig vom Werkstoffverhalten) verlaufen horizontal bzw. vertikal.

Ferner ist die Neuber-Hyperbel dargestellt. Sie ergibt sich aus der Forderung, dass das
Produkt aus Spannung und Dehnung unabhängig ist vom Werkstoffverhalten:

$$\sigma \cdot \varepsilon(\sigma, f_y, C/E) = \text{const.} \neq f(C/E) \tag{2.45}$$

was somit auch für $C/E \rightarrow \infty$ und damit für elastisches Verhalten gilt:

$$\sigma \cdot \varepsilon(\sigma, f_y, C/E) = \sigma^{\text{fel}} \cdot \varepsilon^{\text{fel}}. \tag{2.46}$$

Darüber hinaus ist in Abb. 2.51 auch der bereits in Abschn. 1.3.3 behandelte Kragarm
unter kraft- bzw. weggesteuerter Einzellast entsprechend aufbereitet dargestellt.

Die fiktiv elastischen Beanspruchungen sind mit vergleichsweise geringem Aufwand
zu gewinnen. Dies gilt selbst dann, wenn es sich um instationäre thermische Belastungs-
prozesse handelt, bei denen die momentanen Beanspruchungen für zahlreiche Zeitpunkte ermittelt werden müssen, um durch anschließendes Postprocessing die beiden
Zeitpunkte identifizieren zu können, die zur größten Beanspruchungsschwingbreite
führen. Jedoch kann die Ermittlung des maßgebenden plastischen Dehnungserhöhungsfaktors im Rahmen des Postprocessing von Finite-Elemente-Analysen durchaus aufwendig sein, etwa wenn der Faktor auf der Linearisierung nichtlinearer elastischer
Spannungsverteilungen über die Wanddicke beruht ([14]). Denn diese Linearisierungen
müssen bei einem transienten Belastungsvorgang, wie etwa einem thermischen
Prozess, zu sehr vielen Zeitpunkten an sehr vielen Querschnitten eines Tragwerks vorgenommen werden. Schließlich muss der Ort maximaler fiktiv elastisch berechneter
Beanspruchungsschwingbreite nicht unbedingt identisch sein mit dem Ort des
maximalen plastischen Dehnungserhöhungsfaktors und auch nicht mit dem Ort des
maximalen Produktes aus Beanspruchungsschwingbreite und plastischem Dehnungserhöhungsfaktor.

Soweit Mitteldehnungs- oder Mittelspannungseinflüsse für die Ermüdung von
Bedeutung sind, können sie mit solchen, rein auf die Dehnungsschwingbreite bezogenen
Faktoren nicht erfasst werden.

Zur Abschätzung zyklisch akkumulierter Dehnungen sind solche, auf elastisch
berechnete Beanspruchungen anzuwendende Korrekturfaktoren unbekannt, sodass eine
Erweiterung dieses faktoriellen Konzeptes auf Ratcheting-Nachweise nicht möglich ist.

2.9.2 Inkrementelle elastisch-plastische Analyse

Bei der inkrementellen elastisch-plastischen Analyse wird ein vorgegebenes Belastungshistogramm schrittweise („step-by-step") durchgerechnet. Hierzu wird ein elastisch-
plastisches Werkstoffmodell benötigt, welches zur Beschreibung von Be- und
Entlastungsvorgängen bei mehrachsigen Spannungszuständen mit veränderlichem

Spannungsverhältnis geeignet ist, und auf den in Abschn. 1.2 behandelten Merkmalen beruht, etwa das Besseling- oder das Chaboche-Modell usw. Abgesehen von akademischen Beispielen oder zur Identifikation der Materialparameter aufgrund einachsiger Zug-Druck-Proben wird dies nur mithilfe einer Implementierung dieser Modelle in Finite-Elemente Programme möglich sein.

Da sich hiermit identifizieren lässt, welche Volumenbereiche (Zonen) eines Tragwerks plastisch werden und welche nicht, spricht man auch von der Fließzonentheorie – zur Abgrenzung von der Fließgelenk- oder Fließlinientheorie, bei denen das Plastizieren nur in diskreten Querschnitten zugelassen und somit lokales Plastizieren in teilplastischen Querschnitten, beispielsweise in Kerben, nicht betrachtet wird. Außerdem wird bei Anwendung der Fließgelenk- und der Fließlinientheorie meist nur linear elastisch – ideal plastisches oder starr plastisches Verhalten angenommen. Auf die Berücksichtigung der Verfestigung wird dann also verzichtet, was etwa für die Berechnung von Traglastzuständen infolge monotoner Belastung für manche Werkstoffe sinnvoll ist, bei Berechnung zyklischer Vorgänge jedoch nicht (vgl. Abschn. 1.2.5).

Der Begriff „inkrementell" bezieht sich nicht nur darauf, dass ein Belastungshistogramm in eine Abfolge jeweils monotoner Belastungsänderungen, also in eine Anzahl von Halbzyklen unterteilt werden muss, sondern auch darauf, dass das Fließgesetz Gl. 1.24 differenziell formuliert ist. Dieses kann daher, wie bereits in Abschn. 1.2.4 erwähnt, im Allgemeinen nicht geschlossen integriert werden, sodass die Belastungsänderung auch innerhalb eines Halbzyklus' in kleine Abschnitte (Inkremente) aufgeteilt und wegen der daraus resultierenden Wegabhängigkeit des Belastungsprozesses für jeden dieser Zwischenzustände eine Lösung herbei geführt werden muss. Dabei wird für das Belastungsinkrement eines jeden dieser Zwischenbelastungsschritte das finite Fließgesetz von Gl. 1.25 zugrunde gelegt. Die Lösung kann aufgrund der Nichtlinearität der Problemstellung nur iterativ erfolgen, da die Finite-Element-Methode letztlich auf die Erstellung und Lösung eines linearen Gleichungssystems hinaus läuft und das lineare Gleichungssystem, welches das nichtlineare Problem angemessen simuliert, ohne Gleichgewichtsbedingungen zu verletzen, erst iterativ, meist mithilfe von Newton-Raphson-Iterationen, gefunden werden muss. Bei jeder Belastungsänderung wird zunächst angenommen, dass diese mit linear elastischem Verhalten verbunden ist. Die so außerhalb der Fließfläche liegenden Spannungsbildpunkte (trial stress) werden dann auf die Fließfläche projiziert (radial return mapping [37]). Näheres zur hierfür erforderlichen Numerik der Gleichgewichtsiterationen findet man z. B. bei Rust [38].

Um diese volle Wegabhängigkeit plastischen Strukturverhaltens erfassen zu können, ist also ein hoher Berechnungsaufwand erforderlich: Jeder von l Halbzyklen ist in eine Anzahl von s Teilschritten zu unterteilen, in denen jeweils i Gleichgewichtsiterationen anfallen. Wie viele Halbzyklen bis zum Einspielen berechnet werden müssen, wie viele Teilschritte in jedem Halbzyklus und wie viele Gleichgewichtsiterationen jeweils erforderlich sind, hängt von der konkreten Aufgabenstellung (Bauteil-Geometrie, FE-Netz, Belastungsart, Belastungsniveau, Werkstoffmodell, gewünschte Konvergenz-Schranken usw.) ab und variiert sehr stark. Um beispielsweise die Zeitverläufe von

Abb. 2.50 zu erhalten, war ca. $l \cdot s \cdot i = 36 \cdot 10 \cdot 2 = 720$ mal ein Gleichungssystem aufzustellen und zu lösen, was vom numerischen Aufwand her der Durchführung von 720 linear elastischen Analysen entspricht.

Falls die Abfolge unterschiedlicher Belastungen nicht aufgrund lebensdauerbegleitender Messungen bekannt ist, muss darüber hinaus für die spezifizierten Einwirkungen auch erst einmal ein auf der sicheren Seite liegendes Belastungshistogramm entwickelt werden, was ebenfalls mit hohem rechnerischen Aufwand verbunden sein kann.

Dafür ist die inkrementelle Analyse die einzige Methode, mit der ermittelt werden kann, nach wie vielen Zyklen der Einspielzustand näherungsweise erreicht bzw. nach wie vielen Zyklen noch vor Erreichen des Einspielzustandes welches Dehnungsniveau erreicht ist.

2.9.3 Twice-Yield Methode

Die Abschätzung elastisch-plastischer Beanspruchungen mittels faktorieller Korrektur fiktiv elastisch berechneter Beanspruchungen (Abschn. 2.9.1) und die Durchführung inkrementeller zyklischer Berechnungen mit einem elastisch-plastischen Werkstoffmodell (Abschn. 2.9.2) stellen die extremen Vorgehensweisen zur Ermittlung elastisch-plastischer Beanspruchungen dar. Während die eine nur einen geringen Berechnungsaufwand erfordert und ihre Ergebnisqualität i. Allg. nicht zufrieden stellt, ist mit der anderen, abhängig von der Wahl eines entsprechenden Werkstoffmodells, theoretisch die beste Ergebnisqualität erreichbar, jedoch nur mit sehr hohem Berechnungsaufwand.

Es besteht daher Bedarf an geeigneten Vereinfachungen, die zu einem Kompromiss zwischen Aussagekraft einer Berechnung und dem erforderlichen Berechnungsaufwand führen. Hierbei lässt sich unterscheiden zwischen Methoden, die nur eine Abschätzung der Dehnschwingbreite für den Ermüdungsnachweis liefern, und solchen, die darüber hinaus auch Näherungen für die akkumulierten Dehnungen erlauben (Direkte Methoden, Abschn. 2.9.4).

Eine Möglichkeit zur Ermittlung allein der Dehnschwingbreite bietet die sog. Twice-Yield Methode von Kalnins [39]. Danach wird die Dehnschwingbreite zwischen zwei extremalen Lastzuständen im eingespielten Zustand näherungsweise durch eine monotone inkrementelle Analyse ermittelt, indem die Belastungsschwingbreite als monotone Belastung aufgebracht wird und die Struktur-Antwort mit einem elastisch-plastischen Werkstoffmodell inkrementell berechnet wird. Die Materialparameter müssen dann an die zyklisch stabilisierte Spannungs-Dehnungs-Hysterese angepasst sein. Beispielsweise läuft dies bei einem zyklisch unverfestigenden Material mit bilinearem Spannungs-Dehnungs-Diagramm darauf hinaus, dass die Fließgrenze verdoppelt wird (daher der Name), aber der E-Modul und die Tangentensteigung E_t beibehalten werden.

Diese Vorgehensweise kann zu einer guten Näherung für die Dehnschwingbreite führen, wenn die direktionale Spannungsumlagerung bei zyklischer Belastung nicht sonderlich stark ausgeprägt ist. Auch wenn die Twice-Yield Methode kein finites Fließgesetz (Gl. 1.25) verlangt, ist sie nur bei dessen Gültigkeit exakt.

Als Beispiel für eine nicht so gute Näherung durch die Twice Yield Methode werden die zwei Elemente mit Querschnittssprung (ohne Kerbwirkung) und generalisiertem ebenen Dehnungszustand aus Abschn. 1.3.2.2 betrachtet (Abb. 2.52). Diese sind gleich lang und in z-Richtung gleich dick, aber ihre Querschnittsflächen stehen im Verhältnis 2: 1.

Das Ergebnis einer zyklischen inkrementellen Berechnung bis zum Einspiel-zustand für eine Belastung u zwischen 0 und 0,0085 wird verglichen mit einer ebenfalls inkrementell berechneten monotonen Belastungssteigerung von 0 auf 0,0085 bei ver-doppelter Fließgrenze. Bei der zyklischen Analyse werden etwa 20 Belastungszyklen bis zum Einspielen benötigt. Aufgrund der bereits in Abschn. 1.3.2.2 festgestellten Weg-abhängigkeit der Ergebnisse werden bei der monotonen Analyse wie auch in jedem Halbzyklus der zyklischen Analyse jeweils 200 Zwischenbelastungszustände berechnet. Die Beanspruchungsschwingbreiten im Einspielzustand sind für das rechte Element in Tab. 2.1 aufgeführt. Demnach weicht die Twice Yield Methode teilweise deutlich von einer zyklischen Analyse ab. Solange die Belastungsschwingbreite beibehalten wird, führt die zyklische Analyse auch bei anderem mittleren Belastungszustand (etwa

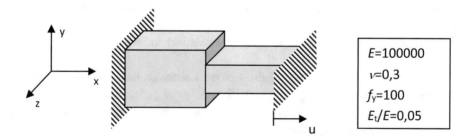

Abb. 2.52 Zwei-Elemente-Modell mit generalisierter ebener Dehnung

Tab. 2.1 Entwicklung der Beanspruchungsschwingbreiten im rechten Element gemäß inkrementeller Berechnung

	Spannungskomponente		Dehnungskomponente		
	$\Delta\sigma_x$	$\Delta\sigma_z$	$\Delta\varepsilon_x[\%]$	$\Delta\varepsilon_y[\%]$	$\Delta\varepsilon_z[\%]$
Zyklische Berechnung	259,53	110,75	0,7036	–0,4612	–0,0943
Monotone Berechnung (Twice Yield)	259,01	101,52	0,7053	–0,4714	–0,0896

wenn u zwischen 0,0050 und 0,0135 schwingt) zu identischen Ergebnissen für die Beanspruchungsschwingbreiten.

Die Anwendbarkeit der Twice-Yield Methode ist beschränkt auf ortsfeste Belastungen. Ferner darf die Temperaturabhängigkeit der Materialparameter keine große Rolle spielen, da diese von der vorhandenen Temperatur abhängt, während die monoton aufzubringende Belastung nur aus der Temperatur-Schwingbreite besteht [40]. Außerdem darf die Struktur-Steifigkeit nicht vom absoluten Belastungsniveau abhängen, weshalb etwa Kontaktprobleme oder Spannungsversteifung (aufgrund von Gleichgewichtsbedingungen am verformten System, der sog. Theorie II.Ordnung) nicht erfasst bzw. berücksichtigt werden können [41].

Für die Ermittlung der akkumulierten Dehnung im Rahmen eines Ratcheting-Nachweises ist die Twice-Yield Methode ohnehin nicht anwendbar, weshalb bei einer Ermüdungsanalyse auf Basis der Twice-Yield Methode auch keine Mittelspannungs- bzw. Mitteldehnungseinflüsse berücksichtigt werden können.

2.9.4   Direkte Methoden

Sogenannte „Direkte Methoden" zielen darauf ab, den Einspielzustand zu ermitteln, ohne ein Belastungshistogramm Zyklus für Zyklus inkrementell berechnen zu müssen. Es wird also auch kein Belastungshistogramm benötigt, sondern nur ein i. Allg. mehrdimensionaler Lastraum, in dem sich alle möglichen Zustände und Abfolgen von Lasten befinden.

Direkte Methoden beschäftigen sich mit unterschiedlichen Fragestellungen:

- Welche Erhöhung der Belastungen, also welcher Lastfaktor, ist in einem spezifizierten Lastraum noch möglich, um gerade noch Shakedown zu garantieren?
- Welche Beanspruchungen (Spannungen, Dehnungen, Verformungen usw.) und welche Beanspruchungs-Schwingbreiten erfährt ein Tragwerk im Shakedown-Zustand?

Zur Beantwortung dieser Fragen sind unterschiedliche Berechnungsmethoden erforderlich. Manche dieser Methoden erlauben lediglich die Feststellung, ob es bei einem gegebenen Belastungsniveau bzw. für welches Belastungsniveau es zum Einspielen kommt, und welcher Natur dieser Einspielzustand ist (elastisches oder plastisches Einspielen), ohne allerdings die damit verbundenen akkumulierten Dehnungen oder die Dehnschwingbreite im Einspielzustand ermitteln zu können. Sind nur zwei Lastzustände an der zyklischen Belastung beteiligt, entspricht das zu erhaltende Ergebnis also dem Aussagegehalt eines Ratcheting-Interaktions-Diagrammes. Ihr Vorteil ist jedoch, solche Aussagen auch für mehrere Lastzustände, also in einem mehrdimensionalen Lastraum machen zu können.

Dazu bedient man sich in der Shakedown Theorie sogenannter Einspielsätze:

- entweder des als „lower bound theorem" bekannten statischen Einspielsatzes von Melan, mit dem sich eine untere und damit auf der sicheren Seite liegende Schranke für den Lastfaktor ermitteln lässt,
- oder des kinematischen Einspielsatzes nach dem „upper bound theorem" von Koiter, mit dem sich eine obere, also auf der unsicheren Seite liegende, Schranke für den Lastfaktor ermitteln lässt.

Der Schrankencharakter rührt daher, dass analog zu den statischen und kinematischen Traglastsätzen Lösungen gesucht werden, die nicht unbedingt die Feldgleichungen und das Werkstoffgesetz simultan erfüllen müssen. Zu beiden Varianten gibt es sehr zahlreiche Literatur. Grundlagen und zahlreiche Literaturangaben sind etwa [8, 21, 42, 43] zu entnehmen. Letztendlich werden dabei optimale Felder von Restspannungen oder von kinematischen Größen gesucht, wozu das Tragwerksverhalten als mathematisches Optimierungsproblem formuliert wird [44, 45]. Meist wird linear elastisch – ideal plastisches Werkstoffverhalten zugrunde gelegt, es gibt jedoch auch Erweiterungen zur Erfassung unbegrenzter linearer oder begrenzter linearer oder nichtlinearer kinematischer Verfestigung. Weitere Erweiterungen betreffen etwa die Berücksichtigung temperaturabhängiger Materialdaten, die Erfassung dynamischer Lasten und die Formulierung der Gleichgewichtsbedingungen am verformten System. Der erforderliche Berechnungsaufwand zur Lösung des Optimierungsproblems (mathematical programming) kann in Abhängigkeit vom Finite-Element-Modell wegen der Anzahl der Restriktionen sehr hoch sein.

Es existieren auch Vorschläge für direkte Methoden, bei denen im Gegensatz zu den oben erwähnten Optimierungsproblemen das Randwertproblem der Strukturmechanik vollständig gelöst wird, also alle Feldgleichungen (Gleichgewicht und Kompatibilität) und die Fließbedingung simultan erfüllt werden. Solche Methoden haben den Vorteil, dass auch Informationen über die im Einspielzustand vorliegenden Verzerrungen, Verformungen usw. gewonnen werden können, also für alle Größen, die auch bei einer inkrementellen Analyse eines Belastungshistogramms ermittelt werden. Da diese Größen im Sinne von Abschn. 2.8 für eine Lebensdaueranalyse erforderlich sind, sind solche Methoden prinzipiell auch sowohl für einen Ermüdungs- als auch für einen Ratcheting-Nachweis anwendbar. „Direkt" sind solche Methoden insofern, als sie unter Verzicht auf die schrittweise Analyse eines Belastungshistogramms direkt den Einspielzustand ansteuern und somit potenziell mit einem geringeren numerischen Aufwand auskommen können.

Als erste Einschränkung ist damit bereits offensichtlich, dass die Wegabhängigkeit plastischen Verhaltens verloren geht. Ebenso lässt sich nicht ermitteln, wie viele Belastungszyklen erforderlich sind, bis der Einspielzustand erreicht ist. Auch die Form der Spannungs-Dehnungs-Hysterese im plastischen Einspielzustand ist nicht unbedingt ohne weiteres zu ermitteln, was jedoch bei dehnungsbasierten Ermüdungsanalysen keinen wesentlichen Informationsverlust bedeutet, da die dissipierte Energie hierfür nicht benötigt wird. Dafür, dass das Randwertproblem vollständig gelöst wird, werden andere Vereinfachungen eingeführt, die letztendlich zu einer Unschärfe der Ergebnisse führen. Eine weit verbreitete Vereinfachung besteht etwa darin, auf die Berücksichtigung der Werkstoffverfestigung zu verzichten. Die Ergebnisse stellen also Abschätzungen dar, die sich von denen inkrementeller Analysen mit realitätsnahem Werkstoffmodell unterscheiden. Dies ist der Preis, der für diese Art vereinfachter Berechnungsmethoden gezahlt werden muss.

Zu nennen sind hier beispielsweise die Methoden, die auf einer iterativen Abfolge linear elastischer Analysen mit räumlich veränderlichem Elastizitätsmodul beruhen, gelegentlich als EMAP bezeichnet (elastic modulus adjustment procedures). Hierzu zählen die Generalized Local Stress–Strain (GLOSS-) Methode von Seshadri [36, 46] , die Elastic Compensation Method (ECM) von Mackenzie [47], sowie die Linear Matching Method (LMM) von Ponter und Chen [48, 49] (die bei der erstgenannten Veröffentlichung noch gar nicht so genannt wurde). Mit der GLOSS-Methode kann eine Näherung für die Dehnschwingbreite unter Berücksichtigung der Werkstoffverfestigung im Einspielzustand gewonnen werden, nicht jedoch für die dann akkumulierten Dehnungen. Die ECM liefert Lastfaktoren für den Einspielzustand bei unverfestigendem Werkstoff, aber keine Dehnschwingbreiten und keine akkumulierten Dehnungen. Die LMM nutzt das Ramberg-Osgood-Werkstoffgesetz zur Ermittlung der Dehnschwingbreite, sowie elastisch – ideal plastisches Werkstoffverhalten zur Ermittlung des Inkrements der Verzerrungen pro Zyklus, sodass die akkumulierten Verzerrungen infolge des Verzichts auf die Werkstoffverfestigung linear mit der Zyklenzahl ansteigen.

Als nicht zu den EMAP zählenden Methoden seien hier die Large Time Increment Method (LATIN) von Ladevèze [50, 51] und die Residual Stress Decomposition Method (RSDM) von Spiliopoulos und Panagiotou [52, 53] genannt.

Eine nähere Diskussion der aufgeführten Methoden, etwa in Bezug auf die erzielbare Genauigkeit der Ergebnisse, den erforderlichen Berechnungsaufwand, die Möglichkeit zur Modellierung temperaturabhängigen Werkstoffverhaltens, die Berücksichtigung mehrstufiger oder einer Mehrparameter- Belastung usw., würde den Rahmen dieses Buches bei weitem sprengen.

Stattdessen soll auf eine weitere direkte Methode, die als Zarka-Methode in die Literatur eingegangen ist, und die die Grundlage für die Vereinfachte Fließzonentheorie bildet, in den folgenden Kapiteln ausführlich eingegangen werden. Wie dort zu sehen sein wird, wird auch dabei iterativ eine Lösung durch eine Reihe aufeinander folgender elastischer Analysen gesucht. Die theoretische Grundlage und die Vorgehensweise hierfür unterscheiden sich jedoch gravierend von den oben genannten Methoden. Ihr Ziel ist die Abschätzung von Dehnschwingbreite und akkumulierten Dehnungen unter Berücksichtigung der Werkstoffverfestigung.

Literatur

1. Lekarp, F., Dawson, A.: Modelling permanent deformation behaviour of unbound granular materials. Constr. Build. Mater. **12**(1), 9–18 (1998)
2. Kapoor, A.: Wear by plastic ratchetting. Wear **212**, 119–130 (1997)
3. Li, K.; Nowamooz, H., Chazallon, C., Migault, B.: Modeling of dense expansive soils subjected to wetting and drying cycles based on shakedown theory. In: 11th World Congress on Computational Mechanics (WCCM XI) (2014)
4. Ponter, A.R.S., Cocks, A.C.F.: The Anderson-Bishop problem – Thermal ratchetting of a polycrystalline metals. In: Spiliopoulos, K., Weichert, D. (Hrsg.) Direct Methods for Limit States in Structures and Materials, S. 243–255. Springer Science+Business Media, Dordrecht (2014)
5. Miller, D.R.: Thermal-stress ratchet mechanism in pressure vessels. ASME J. Basic Eng. **81**, 190–196 (1959)
6. Mulcahy, T.M.: An assessment of kinematic hardening thermal ratcheting. Transactions of the ASME. J. Eng. Mater. Technol. **96**(3), 214–221 (1974)
7. Jiang, W., Leckie, F.A.: A direct method for the shakedown analysis of structures under sustained and cyclic loads. J. Appl. Mech. **59**, 251–260 (1992)
8. Ponter, A.R.S.: Shakedown and Ratchetting Below the Creep Range, CEC Report EUR8702 EN. European Commission, Brussels (1983)
9. ANSYS Release 2019R1, ANSYS Inc. Canonsburg, USA (2019)
10. Owen, R.J., Prakash, A., Zienkiewicz, O.C.: Finite element analysis of non-linear composite materials by use of overlay systems. Comput. Struct. **4**, 1251–1267 (1974)
11. Huang, M., Suo, Z., Ma, Q., Fujimoto, H.: Thin film cracking and ratcheting caused by temperature cycling. J. Mater. Res. **15**(6), 1239–1242 (2000)
12. Okazaki, M., Yamagishi, S., Sakaguchi, M., Rajivgandhi, S.: Specific Failures of Superalloys with Thermal Barrier Coatings Subjected to Thermo-Mechanical Fatigue Loadings with a Thermal Gradient in a Simulated Combustion Environment. In: Eric S. Huron et al. (Hrsg.) Superalloys 2012, S. 445–454, Wiley Online Library (2012). https://doi.org/10.1002/9781118516430.ch49
13. Hübel, H.: Basic conditions for material and structural ratcheting. Nucl. Eng. Des. **162**, 55–65 (1996)
14. Sicherheitstechnische Regel des KTA, KTA 3201.2. Komponenten des Primärkreises von Leichtwasserreaktoren, Teil 2: Auslegung, Konstruktion und Berechnung. Fassung 6/96 (enthält Berichtigung aus BAnz. Nr. 129 vom 13.07.00). KTA Geschäftsstelle c/o Bundesamt für Strahlenschutz, Salzgitter (2000)
15. Bree, J.: Elastic-plastic behaviour of thin tubes subjected to internal pressure and intermittent high-heat fluxes with application to fast-nuclear-reactor fuel elements. J. Strain Anal. **2**(3), 226–238 (1967)
16. Hill, R.: The Mathematical Theory of Plasticity, S. 292–294. Oxford University Press, London (1950)
17. Sartory, W.K.: Structural design for elevated temperature environments – Creep, ratchet, fatigue, and fracture effect of peak thermal strain on simplified ratchetting analysis procedures, ASME proceedings. PVP **163**, 31–38 (1989)
18. Burth, K., Brocks, W.: Plastizität: Grundlagen und Anwendungen für Ingenieure. Vieweg, Braunschweig (1992)
19. Kindmann, R., Frickel, J.: Elastische und plastische Querschnittstragfähigkeit. Ernst & Sohn, Berlin (2002)

20. Hübel, H.: Bemerkungen zur Ausnutzung plastischer Querschnitts- und Systemreserven. Stahlbau **72**(12), 844–852 (2003)

21. Sawczuk, A.: Shakedown analysis of elastic-plastic structures. Nucl. Eng. Des. **28**, 121–136 (1974)

22. Hübel, H.: Plastische Dehnungserhöhungsfaktoren in Regelwerken und Vorschlag zur Etablierung angemessenerer Faktoren. Gesamthochschule Kassel, Institut für Mechanik, Mitteilung Nr. 4 (Dissertation) (1985)

23. Wolters, J., Majumdar, S.: A Three-Bar Model for Ratcheting of Fusion Reactor First Wall. Argonne National Laboratory, Argonne, Illinois (1994)

24. Hübel, H., Vollrath, B.: Ratcheting caused by moving loads. J. Strain Anal. **19**, 221–230 (2017)

25. Klarbring, A., Ciavarella, M., Barber, J.R.: Shakedown in elastic contact problems with Coulomb friction. Int. J. Solids Struct. **44**, 8355–8365 (2007). https://doi.org/10.1016/j.ijsolstr.2007.06.013

26. Popov, V.L.: Problem 7: Thermocyclic creep, In: Contact Mechanics and Friction, Springer-Verlag GmbH, S. 169–170 (2017). https://doi.org/10.1007/978-3-662-53081-8

27. Mugadu, A., Sackfield, A., Hills, D.A.: Analysis of a rocking and walking punch-Part I: Initial transient and steady state. J. Appl. Mech. **71**, 225–233 (2004). https://doi.org/10.1115/1.1641061

28. Cox, B.N.: Interfacial sliding near a free surface in a fibrous or layered composite during thermal cycling. Acta metall. Mater. **38**(12), 2411–2424 (1990). https://doi.org/10.1016/0956-7151(90)90253-D

29. Wetter, R., Popov, V.L.: Shakedown limits for an oscillating, elastic rolling contact with Coulomb friction. Int. J. Solids Struct. **51**, 930–935 (2014). https://doi.org/10.1016/j.ijsolstr.2013.11.026

30. Antoni, N., Nguyen, Q.-S., Ligier, J.-L., Saffré, P., Pastor, J.: On the cumulative micro-slip phenomenon. Eur. J. Mech. Solids **26**, 626–646 (2007). https://doi.org/10.1016/j.euromechsol.2006.09.004

31. Foletti, S., Desimone, H.J.: Application of shakedown maps under variable loads. Eng. Fract. Mech. **74**, 527–538 (2007). https://doi.org/10.1016/j.engfracmech.2006.03.008

32. Johnson, K.L.: A Graphical Approach to Shakedown in Rolling Contact. In: Hyde, T.H., Ollerton, E. (Hrsg.) Applied Stress Analysis. Springer, Dordrecht (1990)

33. Haibach, E.: Betriebsfestigkeit, Verfahren und Daten zur Bauteilberechnung. Springer, Berlin (2006)

34. Neuber, H.: Theory of stress concentration for shear strained prismatical bodies with arbitrary, nonlinear stress-strain law. Transactions of the ASME. J. Appl. Mech. **28**(4), 544–550 (1961)

35. Roche, R.L.: Practical procedure for stress classification. Int. J. Pres. Ves. Piping **37**, 27–44 (1989)

36. Seshadri, R.: The generalized local stress strain (GLOSS) analysis – Theory and applications. Transactions of the ASME. J. Pressure Vessel Technol. **113**, 219–227 (1991)

37. Simo, J.C., Taylor, R.L.: A return mapping algorithm for plane stress plasticity. Int. J. Numer. Methods Eng. **22**, 649–670 (1986)

38. Rust, W.: Nichtlineare Finite-Elemente-Berechnungen. Vieweg + Teubner, Wiesbaden (2009)

39. Kalnins, A.: Fatigue analysis of pressure vessels with Twice-Yield plastic FEA. ASME PVP **419**, 43–52 (2001)

40. Hübel, H., et al.: Performance study of the simplified theory of plastic zones and the Twice-Yield method for the fatigue check. Int. J. Press. Vessels Pip. **116**, 10–19 (2014). https://doi.org/10.1016/j.ijpvp.2014.01.003

41. Hübel, H., Vollrath, B.: Effect of stress stiffness on elastic-plastic strain range. Int. J. Press. Vessels Pip. **192**, 104421 (2021). https://doi.org/10.1016/j.ijpvp.2021.104421

42. Ponter, A.R.S., Karadeniz, S., Carter, K.F.: The computation of shakedown limits for structural components subjected to variable thermal loading – Brussels diagrams, CEC Report EUR 12686 EN. European Commission, Brüssel (1990)

43. König, J.A., Maier, G.: Shakedown analysis of elastoplastic structures: A review of recent developments. Nucl. Eng. Des. **66**, 81–95 (1981)

44. Heitzer, M., Staat, M.: FEM-computation of load carrying capacity of highly loaded passive components by direct methods. Nucl. Eng. Des. **193**, 349–358 (1999)

45. Staat, M., Heitzer, M.: LISA – A European project for FEM-based limit and shakedown analysis. Nucl. Eng. Des. **206**, 151–166 (2001). https://doi.org/10.1016/S0029-5493(00)00415-5

46. Seshadri, R.: Residual stress estimation and shakedown evaluation using GLOSS analysis. J. Press. Vessel Technol. **116**(3), 290–294 (1994). https://doi.org/10.1115/1.2929590

47. Mackenzie, D., Boyle, J.T., Hamilton, R.: The elastic compensation method for limit and shakedown analysis: A review. Trans IMechE. J. Strain Anal. Eng. Des. **35**(3), 171–188 (2000)

48. Ponter, A.R.S., Carter, K.F.: Shakedown state simulation techniques based on linear elastic solutions. Comput. Methods Appl. Mech. Eng. **140**, 259–279 (1997)

49. Chen, H.: Linear matching method for design limits in plasticity, Computers, Materials and Continua. Tech Science Press **20**(2), 159–183 (2010)

50. Ladevèze, P.: Nonlinear Computational Structural Mechanics – New Approaches and Non-Incremental Methods of Calculation. Springer-Verlag, New York (1999)

51. Maier, G., Comi, C., Corigliani, A., Perego, U., Hübel, H.: Bounds and Estimates on Inelastic Deformations, Commission of the European Communities, Contract RA1-0162-I and RA1-0168-D, Report EUR 16555 EN. European Commission, Brussels (1992)

52. Spiliopoulos, K.V., Panagiotou, K.D.: A direct method to predict cyclic steady states of elastoplastic structures. Comput. Methods Appl. Mech. Eng. **223–224**, 186–198 (2012)

53. Spiliopoulos, K.V., Panagiotou, K.D.: The residual stress decomposition method (RSDM): A novel direct method to predict cyclic elastoplastic states. In: Spiliopoulos, K., Weichert, D. (Hrsg.) Direct Methods for Limit States in Structures and Materials, S. 139–155. Springer Science+Business Media, Dordrecht (2014)

VFZT bei monotoner Belastung

3

Die VFZT ist, wie bereits erwähnt, vor allem zur Abschätzung der Beanspruchungen bei veränderlicher Belastung gedacht. Der auf der Zarka-Methode beruhende Grundgedanke der VFZT lässt sich jedoch einfacher zunächst für monotone Belastung darstellen. Dabei wird auch erst einmal von einem bilinearen Spannungs-Dehnungs-Diagramm, also linearer kinematischer Verfestigung, ausgegangen sowie von konstanten Materialdaten, die sich also bei einer Temperaturbelastung im Verlaufe des Belastungsprozesses nicht ändern. In Kap. 4 erfolgt dann eine Erweiterung auf zyklische Belastung, in Kap. 5 sowie in Abschn. 9.2 auf temperaturabhängige Materialdaten, und in Kap. 7 auf multilineares Spannungs-Dehnungs-Verhalten.

3.1 Transformierte interne Variable

3.1.1 Grundlegende Annahmen für das Werkstoffgesetz

Grundlegend für die VFZT ist die in den vorigen Kapiteln bereits ausführlich behandelte lineare kinematische Verfestigung. Nach Ansicht des Verfassers stellt sie einen vernünftigen Kompromiss dar zwischen Einfachheit und Robustheit einerseits sowie Aussagefähigkeit bezüglich der Beanspruchungs-Schwingbreite und Struktur-Ratcheting andererseits. Segle et al. sagen dazu in [9]:

> „Simulation of cyclic plastic deformation should be done with an as simple constitutive model as possible still capturing the essential response. Important reasons are that simple models are easier to understand and work with and that fewer tests are needed for characterisation of the material."
> „Up to a strain level of 5%, structural ratcheting often dominates over material ratcheting for pressure equipment subjected to cyclic plastic deformation. The reason for this is that the dominating direction of reversed plastic cycling often does not coincide with the

© Springer Fachmedien Wiesbaden GmbH, ein Teil von Springer Nature 2023
H. Hübel, *Vereinfachte Fließzonentheorie*, https://doi.org/10.1007/978-3-658-41833-5_3

direction of incremental plastic deformation ... Furthermore, even if these directions coincide, it takes a number of cycles before plastic deformation occurs in compression. This fact facilitates the use of linear models in the analysis of pressure equipment subjected to ratcheting."

Im Folgenden sollen die in Kap. 1 aufgeführten Annahmen für zeitunabhängiges (inviscides) Werkstoffverhalten gelten:

- Additivität elastischer und plastischer Verzerrungen (Gl. 1.21),
- Isotropie und Linearität des elastischen Verhaltens (Gl. 1.3),
- Inkompressibilität der plastischen Verzerrungsanteile (Gl. 1.22),
- Mises-Fließfläche (Gl. 1.16),
- Normalenregel für die Richtung der plastischen Verzerrungsinkremente (Gl. 1.23),
- lineare kinematische Verfestigung (Gl. 1.26 bis 1.31),
- Konstanz der Materialdaten (Fließgrenze f_y, elastische Parameter E und v, Verfestigungsmodule E_t und C), sodass sie sich beispielsweise bei einer thermischen Belastung während des Belastungsprozesses nicht ändern.

3.1.2 Umformulierung des Werkstoffgesetzes

Auf dieser Grundlage hat Zarka, teilweise mit Mitarbeitern, zunächst eine Umformulierung des Werkstoffgesetzes vorgeschlagen (siehe z. B. [1–6]), indem von der in Abschn. 1.2.5 eingeführten internen Variable, der Rückspannung ξ_i, der deviatorische Anteil der Restspannungen ρ_i (Abschn. 2.7) abgezogen wird. Das Ergebnis wird als „transformierte interne Variable" (TIV) Y_i bezeichnet, in der Literatur gelegentlich auch als „modifizierte Rückspannung", mit der Definitionsgleichung:

$$Y_i = \xi_i - \rho_i'. \tag{3.1}$$

Da die Rückspannung ξ_i deviatorisch ist, hat auch Y_i deviatorischen Charakter, sodass

$$Y_x + Y_y + Y_z = 0. \tag{3.2}$$

An Stellen des Tragwerks, die selbst nicht plastizieren, reduziert sich Gl. 3.1 wegen fehlender Verfestigung ξ_i auf

$$Y_i = -\rho_i'. \tag{3.3}$$

Liegen an keiner Stelle des Tragwerks plastische Verzerrungen vor, so existieren nirgendwo Restspannungen, sodass die TIV im gesamten Tragwerk verschwindet, also an jeder Stelle den Nullvektor 0_i annimmt:

$$Y_i = 0_i. \tag{3.4}$$

Mithilfe der Definitionsgleichung für die Restspannungen, Gl. 2.36, kann die Mises-Fließbedingung aus Gl. 1.28 zu

$$g\left(\sigma_i^{\prime \mathrm{fel}} - Y_i\right) = f_\mathrm{y} \tag{3.5}$$

umformuliert werden. Bei Beschränkung auf die Hauptspannungen wird aus der Fließbedingung Gl. 1.29 dann

$$\sqrt{\frac{3}{2}}\sqrt{\left(\sigma_1^{\prime \mathrm{fel}} - Y_1\right)^2 + \left(\sigma_2^{\prime \mathrm{fel}} - Y_2\right)^2 + \left(\sigma_3^{\prime \mathrm{fel}} - Y_3\right)^2} = f_\mathrm{y}. \tag{3.6}$$

Diese Fließbedingung kann im Raum der TIV als ein Kreis mit Radius f_y und dem Mittelpunkt in der fiktiv elastisch berechneten deviatorischen Spannung $\sigma_i^{\prime \mathrm{fel}}$ dargestellt werden. Aus Abb. 3.1 ist ersichtlich, dass damit eigentlich nur eine Translation um $\rho_i^{\prime}$ gegenüber dem deviatorischen Spannungsraum stattgefunden hat. Gleichung 3.6 könnte auch aufgefasst werden als ein Kreis mit Mittelpunkt Y_i im Raum der fiktiv elastisch berechneten deviatorischen Spannungen, aber diese Betrachtungsweise würde uns nicht weiter helfen.

Durch die Einführung der TIV Y_i und die entsprechende Umformulierung der Fließbedingung enthält Gl. 3.6 nun nur noch einen unbekannten Vektor, nämlich Y_i, da die fiktiv elastisch berechneten Spannungen als bekannt angesehen werden dürfen, weil ihre Ermittlung keine besonderen Schwierigkeiten mit sich bringt und sie daher immer mit vergleichsweise geringem Berechnungsaufwand zu beschaffen sind. Der entscheidende Unterschied in der Betrachtung des TIV-Raumes gegenüber dem deviatorischen Spannungsraum ist, dass im Raum der deviatorischen Spannungen die Lage des Mises-Kreises (Mittelpunkt ξ_i) und die des Spannungsbildvektors auf seinem Rand ($\sigma_i^{\prime}$) zunächst gänzlich unbekannt sind, während im Raum der TIV die Lage des

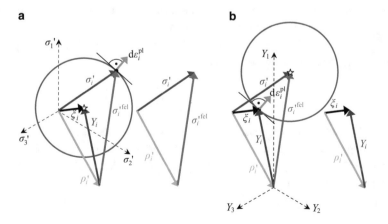

Abb. 3.1 Mises-Fließfläche mit geometrischer Interpretation von Gl. 2.36 und 3.1. **a** im Raum der deviatorischen Spannungen, **b** im Raum der TIV

Mises-Kreises (Mittelpunkt $\sigma_i'^{\text{fel}}$) von vornherein bekannt ist. Wie sich später zeigen wird, kann darüber hinaus auch die Position von Y_i auf seinem Rand zumindest sinnvoll abgeschätzt werden.

Außerdem ist bemerkenswert, dass sich die Fließfläche bei einem rein elastischen Prozess im Raum der TIV bewegt ($\mathrm{d}\sigma_i'^{\text{fel}} \neq 0$), im Raum der deviatorischen Spannungen aber nicht ($\mathrm{d}\xi_i = 0$).

Die Richtung des plastischen Verzerrungsinkrementes ist aufgrund Gl. 1.27 gegeben durch

$$\mathrm{d}\varepsilon_i^{\text{pl}} = -\frac{3}{2}\frac{\mathrm{d}\varepsilon_v^{\text{pl}}}{f_y}\left(Y_i - \sigma_i'^{\text{fel}}\right). \tag{3.7}$$

Während sie im deviatorischen Spannungsraum vom Rand der Fließfläche aus nach außen gerichtet ist, ist sie also eine nach innen gerichtete Normale an die Fließfläche im Raum der TIV (Abb. 3.1).

Während sich das plastische Verzerrungsinkrement und wegen des Verfestigungsgesetzes Gl. 1.30 auch der Mittelpunkt der Fließfläche im deviatorischen Spannungsraum normal zur Fließfläche entwickeln, trifft dies für die TIV nicht zu. Wie sich aus einmaliger Ableitung der Definition Gl. 3.1 ergibt, hängt die Richtung von $\mathrm{d}Y_i$ stattdessen auch von der Richtung des deviatorischen Restspannungsinkrementes $\mathrm{d}\rho_i'$ ab.

Wird weiter das Additivitätstheorem Gl. 1.21 in die Formulierung für die Restdehnungen ε^* in Gl. 2.37 eingesetzt und werden die tatsächlichen elastischen Dehnungen ε^{el} sowie die fiktiv elastischen Dehnungen ε^{fel} durch das elastische Werkstoffgesetz Gl. 1.3 ersetzt, so erhalten wir mithilfe von Gl. 2.36

$$\varepsilon_i^* = E_{ij}^{-1}\rho_j + \varepsilon_i^{\text{pl}}. \tag{3.8}$$

Wenn, wie voraus gesetzt, der Verfestigungsparameter C der linearen kinematischen Verfestigung während des Belastungsprozesses konstant ist, kann die Definitionsgleichung für die TIV, Gl. 3.1, auch in Gl. 1.32 eingeführt werden. Umgestellt nach den plastischen Dehnungen und in Gl. 3.8 eingesetzt erhalten wir

$$\varepsilon_i^* = E_{ij}^{-1}\rho_j + \frac{3}{2C}\left(\rho_i' + Y_i\right). \tag{3.9}$$

Es sei noch einmal betont, dass hierfür ein finiter Zusammenhang zwischen der Rückspannung und der plastischen Dehnung verlangt wurde (Gl. 1.32), also eine differenzielle Formulierung, etwa wie beim Chaboche-Modell in der Form von Gl. 1.35, nicht genutzt werden kann.

An einer Stelle des Tragwerks, wo keine plastischen Dehnungen auftreten, ist aufgrund von Gl. 3.3 sofort ersichtlich:

$$\varepsilon_i^* = E_{ij}^{-1}\rho_j. \tag{3.10}$$

Für andere Stellen, also solche mit plastischen Dehnungen, können wir mithilfe des in Gl. 1.9 eingeführten Operators L_{ij} zur Umwandlung eines Vektors in seinen deviatorischen Anteil die Gl. 3.9 auch schreiben als

$$\varepsilon_i^* = \left(E_{ij}^{-1} + \frac{3}{2C}L_{ij}\right)\rho_j + \frac{3}{2C}Y_i. \tag{3.11}$$

In dieser Form kann das Werkstoffgesetz für den Restzustand aufgefasst werden als linear elastisches Werkstoffgesetz mit modifizierter Elastizitätsmatrix E_{ij}^* und Anfangsdehnungen $\varepsilon_{i,0}$:

$$\varepsilon_i^* = \left(E_{ij}^*\right)^{-1}\rho_j + \varepsilon_{i,0}, \tag{3.12}$$

wobei

$$\left(E_{ij}^*\right)^{-1} = \left(E_{ij}^{-1} + \frac{3}{2C}L_{ij}\right) \tag{3.13}$$

$$\varepsilon_{i,0} = \frac{3}{2C}Y_i. \tag{3.14}$$

Der Unterschied zwischen den formal ähnlich aussehenden Gl. 3.8 und 3.12 lässt sich im Spannungs-Dehnungs-Diagramm für einen einachsigen Spannungszustand veranschaulichen (Abb. 3.2).

Es ist festzuhalten, dass diese Anfangsdehnungen $\varepsilon_{i,0}$ deviatorischen Charakter besitzen. Vergleicht man die Matrizen auf der linken und der rechten Seite von Gl. 3.13 miteinander:

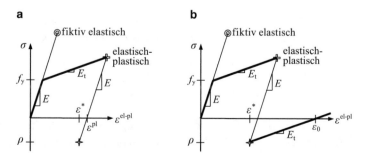

Abb. 3.2 Restzustand bei einachsigem Spannungszustand. **a** nach Gl. 3.8, **b** nach Gl. 3.12

$$\frac{1}{E^*}\begin{pmatrix} 1 & -v^* & -v^* & 0 & 0 & 0 \\ -v^* & 1 & -v^* & 0 & 0 & 0 \\ -v^* & -v^* & 1 & 0 & 0 & 0 \\ 0 & 0 & 0 & 1+v^* & 0 & 0 \\ 0 & 0 & 0 & 0 & 1+v^* & 0 \\ 0 & 0 & 0 & 0 & 0 & 1+v^* \end{pmatrix}$$

$$= \frac{1}{E}\begin{pmatrix} 1 & -v & -v & 0 & 0 & 0 \\ -v & 1 & -v & 0 & 0 & 0 \\ -v & -v & 1 & 0 & 0 & 0 \\ 0 & 0 & 0 & 1+v & 0 & 0 \\ 0 & 0 & 0 & 0 & 1+v & 0 \\ 0 & 0 & 0 & 0 & 0 & 1+v \end{pmatrix} + \frac{3}{2C}\begin{pmatrix} \frac{2}{3} & -\frac{1}{3} & -\frac{1}{3} & 0 & 0 & 0 \\ -\frac{1}{3} & \frac{2}{3} & -\frac{1}{3} & 0 & 0 & 0 \\ -\frac{1}{3} & -\frac{1}{3} & \frac{2}{3} & 0 & 0 & 0 \\ 0 & 0 & 0 & 1 & 0 & 0 \\ 0 & 0 & 0 & 0 & 1 & 0 \\ 0 & 0 & 0 & 0 & 0 & 1 \end{pmatrix}$$

und drückt C durch E und E_{t} nach Gl. 1.31 aus, so zeigt sich:

$$E^* = E_{\mathrm{t}} \tag{3.15}$$

$$v^* = \frac{1}{2} - \frac{E_{\mathrm{t}}}{E}\left(\frac{1}{2} - v\right). \tag{3.16}$$

Die modifizierten elastischen Materialparameter im Werkstoffgesetz für den Rest-zustand (Gl. 3.12) hängen also nur von den tatsächlichen elastischen und den plastischen Materialparametern E, v und E_{t} ab, nicht etwa vom Belastungsniveau.

Es soll allerdings darauf hingewiesen werden, dass hierbei ein Übergang zu unver-festigendem Werkstoff ($E_{\mathrm{t}} = C = 0$) problematisch ist, weil die modifizierte Belastung nach Gl. 3.14 dann nicht definiert ist, der E-Modul des modifiziert elastischen Werkstoff-gesetzes dann zu 0 und die Querdehnzahl zu 0,5 (also elastisch inkompressibel) wird.

Wird ein Tragwerk, dessen Geometrie den Bereich V einnimmt, gedanklich in zwei Teile unterteilt, in den Bereich V_{p} (die plastische Zone), in dem plastische Verzerrungen auf-treten, und in den komplementären Teil V_{e} (die elastische Zone), der elastisch bleibt, also

$$V = V_{\mathrm{e}} \bigcup V_{\mathrm{p}} \; ; \; V_{\mathrm{e}} \bigcap V_{\mathrm{p}} = \emptyset, \tag{3.17}$$

dann gilt für eine Stelle des Tragwerks, die durch den Vektor $\underline{x}$ bezeichnet wird, welcher die drei Ortskoordinaten enthält, zusammengefasst das modifizierte elastische Werkstoff-gesetz:

$$\varepsilon_i^* = \left(E_{ij}^*\right)^{-1}\rho_j + \varepsilon_{i,0} \quad \forall \underline{x} \in V \tag{3.18}$$

mit $\varepsilon_{i,0}$ aus Y_i nach Gl. 3.14. Während in den folgenden Abschnitten wegen der unbekannten Rückspannung ξ_i in der Definitionsgleichung für Y_i erst noch geeignete

Vorgehensweisen zur Bestimmung oder Abschätzung von Y_i und damit von $\varepsilon_{i,0}$ in der plastischen Zone V_p gefunden werden müssen, ist Y_i in V_e direkt aus Gl. 3.3 bekannt:

$$\varepsilon_{i,0} = \frac{3}{2C} Y_i \text{ mit } Y_i = -\rho_i' \; \forall \underline{x} \in V_\mathrm{e}. \tag{3.19}$$

Alternativ zu Gl. 3.18 mit 3.19 lässt sich auch formulieren:

$$\varepsilon_i^* = \begin{cases} \left(E_{ij}^*\right)^{-1} \rho_j + \varepsilon_{i,0} & \forall \underline{x} \in V_\mathrm{p} \\ E_{ij}^{-1} \rho_j & \forall \underline{x} \in V_\mathrm{e} \end{cases}. \tag{3.20}$$

In der elastischen Zone V_e lässt sich das modifizierte elastische Werkstoffgesetz also wahlweise entweder mit den tatsächlichen elastischen Materialparametern E und ν ohne Anfangsdehnungen definieren, oder mit den modifiziert elastischen Materialparametern E^* und ν^* mit Anfangsdehnungen nach Gl. 3.19. Bei zahlreichen Anwendungen hat sich die Formulierung von Gl. 3.20 als vorteilhafter heraus gestellt als Gl. 3.18.

Mitunter ist es aber auch nützlich, von der invertierten Form von Gl. 3.20 auszugehen:

$$\rho_i = \begin{cases} E_{ij}^* \, \varepsilon_j^* + \sigma_{i,0} & \forall \underline{x} \in V_\mathrm{p} \\ E_{ij} \, \varepsilon_j^* & \forall \underline{x} \in V_\mathrm{e} \end{cases}, \tag{3.21}$$

oder auch von der Invertierung der Gl. 3.18 mit 3.19, wobei die deviatorischen Anfangsspannungen $\sigma_{i,0}$ gegeben sind durch

$$\sigma_{i,0} = -\frac{3}{2C} E_{ij}^* \, Y_j. \tag{3.22}$$

Da die TIV Y von deviatorischer Natur ist, lässt sich der Term $E_{ij}^* \, Y_j$ auch noch kürzer schreiben, und Gl. 3.22 wird zu

$$\sigma_{i,0} = -\frac{3}{2} \frac{1 - \frac{E_t}{E}}{1 + \nu^*} Y_i \tag{3.23}$$

Die Umformulierung des modifizierten elastischen Werkstoffgesetzes mit Anfangsspannungen statt Anfangsdehnungen bietet Vorteile etwa dann, wenn in einer Berechnungs-Software keine Anfangsdehnungen, sondern nur Anfangsspannungen aufgebracht werden können. Sie gestattet mitunter auch die Behandlung linear elastisch – ideal plastischen Werkstoffverhaltens, da der in E_{ij}^*/C enthaltene Term E_t/C für den Grenzübergang $E_t \to 0$ nicht unbestimmt ist, sondern gegen 1 geht. So wurde beispielsweise in [7, S. 104–108] ein Kragarm mit vollem Rechteckquerschnitt unter weggesteuerter Belastung mit einer Modifikation der Zarka-Methode für unverfestigenden Werkstoff untersucht.

3.1.3   Modifizierte elastische Analyse

Da der Restzustand definitionsgemäß dadurch gekennzeichnet ist, dass alle zuvor aufgebrachten Belastungen wieder zurück genommen sind, also keine äußeren Kräfte mehr
einwirken und alle weggesteuerten Belastungen wie Temperaturbelastungen, Stützensenkung usw. Null gesetzt sind (siehe Abschn. 2.7), können die Anfangsdehnungen von
Gl. 3.14 als einzige Belastung zur Bestimmung des Restzustandes aufgefasst werden.
Sie werden daher auch als modifizierte Belastung bezeichnet und hängen außer vom
E-Modul und dem Verfestigungsmodul E_t auch von der TIV Y_i und damit vom Niveau
der tatsächlichen Belastung ab.

Wenn die Geometrie der plastischen Zone des Tragwerks (V_p) und dort an jeder
Stelle die TIV Y_i bekannt sind, kann man nun eine sog. modifizierte elastische Analyse (meA) durchführen. Es handelt sich dabei also um eine linear elastische Analyse
mit den modifizierten elastischen Materialparametern E^* und ν^* in V_p sowie E und ν in
V_e zur Berechnung der Restspannungen und Restdehnungen infolge der modifizierten
Belastung des Tragwerks, die nur aus den Anfangsdehnungen $\varepsilon_{i,0}$ besteht. Als Ergebnis liegt ein statisch zulässiges Spannungsfeld vor, das mit sich selbst im Gleichgewicht
steht, sowie ein kinematisch zulässiges Verzerrungsfeld mit auf Null gesetzten geometrischen Randbedingungen.

Aus Superposition dieses Restzustandes mit dem fiktiv elastisch berechneten Zustand,
welcher mit den tatsächlichen elastischen Materialparametern E und ν sowie der tatsächlichen Belastung des Tragwerks ermittelt wurde, ergibt sich dann definitionsgemäß der
elastisch-plastische Zustand. Somit gilt für alle Spannungskomponenten, Dehnungskomponenten, Verformungen u, Schnittgrößen F, Auflagerkräfte A usw.:

$$\sigma_i = \sigma_i^{\text{fel}} + \sigma_i^{\text{meA}} \; \forall \underline{x} \in V \; ; \; \sigma_i^{\text{meA}} = \rho_i \tag{3.24}$$

$$\varepsilon_i^{\text{el-pl}} = \varepsilon_i^{\text{fel}} + \varepsilon_i^{\text{meA}} \; \forall \underline{x} \in V \; ; \; \varepsilon_i^{\text{meA}} = \varepsilon_i^* \tag{3.25}$$

$$u_i = u_i^{\text{fel}} + u_i^{\text{meA}} \; \forall \underline{x} \in V \tag{3.26}$$

$$F_i = F_i^{\text{fel}} + F_i^{\text{meA}} \tag{3.27}$$

$$A_i = A_i^{\text{fel}} + A_i^{\text{meA}} \tag{3.28}$$

Die elastischen Dehnungsanteile in V_p ergeben sich dann aus den Spannungen mithilfe
des elastischen Werkstoffgesetzes und die plastischen Dehnungsanteile beispielsweise
aus Gl. 1.15:

$$\varepsilon_i^{\text{el}} = E_{ij}^{-1} \sigma_j \; ; \; \varepsilon_i^{\text{pl}} = \varepsilon_i^{\text{el-pl}} - \varepsilon_i^{\text{el}}. \tag{3.29}$$

Alternativ können die plastischen Dehnungsanteile auch durch Umstellung von Gl. 3.8 allein aus einer meA gewonnen werden:

$$\varepsilon_i^{\mathrm{pl}} = \varepsilon_i^* - E_{ij}^{-1} \rho_j \tag{3.30}$$

Das so gewonnene Ergebnis ist im Rahmen der in Abschn. 3.1.1 getroffenen Annahmen für das Werkstoffgesetz exakt, also identisch mit dem durch eine herkömmliche elastisch-plastische Analyse gemäß der Fließzonentheorie (FZT) gewonnenen Ergebnis, weil bisher keinerlei Näherungen eingeführt, sondern stattdessen lediglich eine äquivalente Umformulierung des Werkstoffgesetzes vorgenommen wurde.

Die Superposition in Gl. 3.24 bis 3.28 gilt allerdings nur dann ohne Weiteres, wenn bei der meA, und damit auch bei dem zu berechnenden elastisch-plastischen Verhalten, dieselben Randbedingungen definiert sind wie bei der fiktiv elastischen Berechnung. Gegebenenfalls als tatsächliche Belastung des Tragwerks wirkende Lagerbewegungen sind bei der meA allerdings Null zu setzen. Dies macht die Berechnung von Tragwerken problematisch, bei denen die Lagerbedingungen nicht von vornherein bekannt sind, weil sie vom plastischen Verhalten des Tragwerks abhängen. Solche Situationen können etwa bei Kontaktproblemen auftreten (siehe Abschn. 9.3.8). Ähnlich verhält es sich mit der Berücksichtigung von Änderungen der Struktursteifigkeit infolge Spannungsversteifung, die eine Berechnung nach Theorie II.Ordnung zur Formulierung der Gleichgewichtsbedingungen am verformten System erfordert. Hierauf wird in Abschn. 9.3.7 näher eingegangen.

Durch die vorgenommene Umformulierung des Werkstoffgesetzes ist die Berechnung des elastisch-plastischen Verhaltens letztlich auf das Problem zurück geführt, die Geometrie der plastischen Zone V_{p} und die TIV Y_i an jeder Stelle in V_{p} zu finden. Hierin liegt das Kernproblem der Zarka-Methode und der VFZT, und hier unterscheiden sich beide.

In den folgenden Abschnitten werden Vorgehensweisen vorgeschlagen, mit denen, gegebenenfalls iterativ, Näherungen für V_{p} und Y_i gewonnen werden können. Diese erlauben dann, Näherungslösungen für das elastisch-plastische Verhalten einer Struktur zu erhalten. Der dafür erforderliche Berechnungsaufwand besteht dann über die eigentlich ohnehin immer vorliegende fiktiv elastische Berechnung hinaus aus lokalen Berechnungen, wie der Auswertung der Spannungen zur Abschätzung der Fließzone und der Anfangsdehnungen, der Superposition der Ergebnisse usw., sowie der Durchführung von linear elastischen Analysen (den meA's).

Die Näherungslösungen der Zarka-Methode und der VFZT erfüllen stets die statischen und kinematischen Bedingungen (Gleichgewicht und Kompatibilität) exakt, sofern nicht auch noch von anderweitigen Näherungen Gebrauch gemacht wird, wie beispielsweise der Diskretisierung einer kontinuierlichen Struktur bei der Finite-Elemente-Methode. Denn sowohl mit der fiktiv elastischen als auch mit der modifiziert elastischen Analyse werden die jeweiligen Randwertprobleme exakt gelöst. Somit stehen klassische Methoden zur Fehlerabschätzung, die auf Energiebetrachtungen beruhen, hier nicht ohne weiteres zur Verfügung.

3.1.4 Einachsiger Spannungszustand

Die nach Gl. 3.14 bzw. 3.22 ermittelten Anfangsdehnungen bzw. Anfangsspannungen müssen bei der meA als Belastung aufgebracht werden. Auch bei einachsigen oder zweiachsigen Spannungszuständen ist gewöhnlich keine der drei Normalkomponenten der Anfangsdehnungen bzw. Anfangsspannungen Null, da diese deviatorischen Charakter haben. In einer Finite-Elemente-Umgebung, in der einachsige und ebene Spannungszustände mit hierfür speziell umformulierten Stoffgesetzen berechnet werden, können die Anfangsdehnungen bzw. Anfangsspannungen aber nicht in alle Richtungen vorgegeben werden. Stattdessen sind die in Abschn. 3.1.2 aufgeführten Gleichungen folgendermaßen für den einachsigen Spannungszustand zu modifizieren (für den ebenen Spannungszustand siehe Abschn. 3.1.5):

Bei Euler-Bernoulli-Balken oder bei Fachwerkstäben, die nur einen einachsigen Spannungszustand aufweisen, reduziert sich der Spannungsvektor Gl. 1.1 auf

$$\sigma_i = \begin{pmatrix} \sigma_x \\ 0 \\ 0 \\ 0 \\ 0 \\ 0 \end{pmatrix}. \tag{3.31}$$

Das linear elastische Werkstoffgesetz Gl. 1.2 verknüpft die Spannungskomponente σ_x mit der elastischen Dehnung in x-Richtung und lautet dann:

$$\varepsilon_x^{\mathrm{el}} = \frac{\sigma_x}{E}. \tag{3.32}$$

In y- und z-Richtung treten außerdem natürlich noch Querdehnungen auf. Die x-Komponente der deviatorischen fiktiv elastisch berechneten Spannungen beträgt

$$\sigma_x^{\prime\mathrm{fel}} = \frac{2}{3}\sigma_x^{\mathrm{fel}}. \tag{3.33}$$

Gleichung 3.6 wird wegen

$$Y_y = Y_z = -\frac{1}{2}Y_x \tag{3.34}$$

so zu

$$\mathrm{abs}\left(\sigma_x^{\mathrm{fel}} - \frac{3}{2}Y_x\right) = f_y. \tag{3.35}$$

Weil auch die Restspannungen in y- und z-Richtung verschwinden müssen, wird Gl. 3.11 zu

$$\varepsilon_x^* = \frac{1}{E^*}\rho_x + \frac{3}{2C}Y_x \tag{3.36}$$

und Gl. 3.14 zu

$$\varepsilon_{x,0} = \frac{3}{2C}Y_x. \tag{3.37}$$

Wird die Komponente Y_x durch den Gesamtwert Y der TIV ersetzt (vgl. Abb. 1.2)

$$Y = \frac{3}{2}Y_x \tag{3.38}$$

und verzichtet man bei der einachsigen Spannung auf den Index x, so erhält man die Schreibweise für die Fließbedingung

$$\text{abs}\left(\sigma^{\text{fel}} - Y\right) = f_y \tag{3.39}$$

und für das modifizierte elastische Werkstoffgesetz

$$\varepsilon^* = \frac{1}{E^*}\rho + \varepsilon_0 \tag{3.40}$$

und für die Anfangsdehnungen

$$\varepsilon_0 = \frac{1}{C}Y \tag{3.41}$$

bzw. die Anfangsspannungen

$$\sigma_0 = -\frac{1}{C}E^*Y. \tag{3.42}$$

Dabei ist E^* unverändert gegeben durch Gl. 3.15.

3.1.5 Ebener Spannungszustand

Bei einem ebenen Spannungszustand verschwinden die Normalspannung in z-Richtung sowie zwei Schubspannungen, sodass Gl. 1.1 auf drei Komponenten reduziert werden kann:

$$\sigma_i = \begin{pmatrix} \sigma_x \\ \sigma_y \\ \tau_{xy} \end{pmatrix}. \tag{3.43}$$

Das linear elastische Werkstoffgesetz Gl. 1.3 verknüpft diese Spannungskomponenten mit den drei Verzerrungskomponenten:

$$\varepsilon_i = \begin{pmatrix} \varepsilon_x \\ \varepsilon_y \\ \gamma_{xy}/2 \end{pmatrix}, \tag{3.44}$$

sodass

$$\varepsilon_i^{\text{el}} = E_{ij}^{-1}\sigma_j \ ; \ \ i,j = 1\ldots 3, \tag{3.45}$$

$$E_{ij} = \frac{E}{1-\nu^2} \begin{pmatrix} 1 & \nu & 0 \\ \nu & 1 & 0 \\ 0 & 0 & 1-\nu \end{pmatrix} \tag{3.46}$$

$$E_{ij}^{-1} = \frac{1}{E} \begin{pmatrix} 1 & -\nu & 0 \\ -\nu & 1 & 0 \\ 0 & 0 & 1+\nu \end{pmatrix}. \tag{3.47}$$

Außerdem gilt für die dritte Richtung wegen der Querdehnung:

$$\varepsilon_z^{\text{el}} = -\frac{\nu}{E}\left(\sigma_x + \sigma_y\right). \tag{3.48}$$

Das modifizierte elastische Werkstoffgesetz lautet für den ebenen Spannungszustand formal genauso wie Gl. 3.12, jedoch unter Beachtung, dass E_{ij}^* nun eine 3 * 3-Matrix ist mit E^* und ν^* unverändert gegenüber Gl. 3.15 und 3.16:

$$\varepsilon_i^* = \left(E_{ij}^*\right)^{-1}\rho_j + \varepsilon_{i,0} \ ; \ \ i,j = 1\ldots 3. \tag{3.49}$$

Für die drei in einer Ebene liegenden Anfangsdehnungen $\varepsilon_{i,0}$ in Gl. 3.49 können nun einfach die entsprechenden Komponenten der sechs räumlichen Anfangsdehnungen nach Gl. 3.14 eingesetzt werden, sodass $\varepsilon_{z,0}$ zunächst unberücksichtigt bleibt:

$$\varepsilon_{x,0}^{\text{2D}} = \varepsilon_{x,0}^{\text{3D}} \ ; \ \ \varepsilon_{y,0}^{\text{2D}} = \varepsilon_{y,0}^{\text{3D}} \ ; \ \ \gamma_{xy,0}^{\text{2D}} = \gamma_{xy,0}^{\text{3D}}. \tag{3.50}$$

Soll jedoch das modifizierte elastische Werkstoffgesetz aus Gl. 3.21, also mit Vorgabe von Anfangsspannungen statt Anfangsdehnungen, verwendet werden, so werden hierfür nun zweidimensionale Anfangsspannungen in x- und y-Richtung benötigt, die dieselben Auswirkungen haben wie die dreidimensionalen in x-, y- und z-Richtung aus Gl. 3.22 bzw. 3.23:

$$\sigma_{x,0}^{\text{2D}} = \frac{\sigma_{x,0}^{\text{3D}} + \nu^*\sigma_{y,0}^{\text{3D}}}{1-\nu^*} \tag{3.51}$$

$$\sigma_{y,0}^{2D} = \frac{v^* \sigma_{x,0}^{3D} + \sigma_{y,0}^{3D}}{1 - v^*} \tag{3.52}$$

$$\tau_{z,0}^{2D} = \tau_{z,0}^{3D}. \tag{3.53}$$

Dabei gilt natürlich

$$\sigma_{z,0}^{2D} = 0. \tag{3.54}$$

Durch eine hiermit vorgenommene meA werden in beiden Fällen, also bei Vorgabe sowohl von Anfangsdehnungen wie auch von Anfangsspannungen, alle drei Restspannungskomponenten und alle drei über das modifizierte elastische Werkstoffgesetz Gl. 3.49 mit ihnen verknüpfte Restdehnungskomponenten zutreffend ermittelt, jedoch nicht die Dehnung in z-Richtung. Aufgrund der Querdehnung ergibt sich zunächst

$$\varepsilon_z^* = -\frac{v^*}{E^*} \left(\rho_x + \rho_y - \sigma_{x,0}^{2D} - \sigma_{y,0}^{2D} \right). \tag{3.55}$$

Hierdurch wird jedoch der Anteil der in z-Richtung eigentlich aufzubringenden Anfangsdehnungen noch nicht korrekt erfasst. Gleichung 3.55 ist daher noch um einen freien, keine Spannungen hervor rufenden Anteil zu ergänzen und wird zu

$$\varepsilon_z^* = -\frac{v^*}{E^*} \left(\rho_x + \rho_y - \sigma_{x,0}^{2D} - \sigma_{y,0}^{2D} \right) + \varepsilon_{z,0} \frac{1 - 2v^*}{1 - v^*}, \tag{3.56}$$

wobei

$$\varepsilon_{z,0} = -\varepsilon_{x,0} - \varepsilon_{y,0}. \tag{3.57}$$

In einer FE-Umgebung, in der bei einem ebenen Spannungszustand in z-Richtung zwar keine Anfangsdehnungen vorgegeben werden können, die über Querdehneffekte zu Spannungen in der x–y-Ebene führen, kann der letzte Term in Gl. 3.56 aber gewöhnlich durch eine freie thermische Dehnung simuliert werden. Wenn der modifizierte Wärmeausdehnungskoeffizient in x- und y-Richtung $= 0$ und in z-Richtung $= 1$ gesetzt wird, ist als modifizierte Temperatur demnach

$$T^* = \varepsilon_{z,0} \frac{1 - 2v^*}{1 - v^*} \tag{3.58}$$

aufzubringen, um auch in Dickenrichtung die richtigen Dehnungen zu erhalten.

3.1.6 Schnittgrößen-Plastizität

Das plastische Verhalten von Tragwerken lässt sich nicht nur durch Spannungen und Verzerrungen formulieren, sondern bei Linien- und Flächentragwerken auch durch generalisierte Spannungen (Schnittgrößen, Spannungsresultanten) und generalisierte

Verzerrungen (z. B. Krümmungen, Längenänderungen). Damit sind allerdings gewisse Probleme bei der Formulierung eines Materialmodells verbunden. So benötigt man eine Fließfläche, die die Interaktion der (unter Berücksichtigung des Wölb-Bimomentes bei Stabtragwerken bis zu sieben) Schnittgrößen in Abhängigkeit von der Qurschnitts-Geometrie beschreibt. Eine solche Fließfläche wird kaum eine so regelmäßige Form wie die Mises-Fließfläche aufweisen. Entsprechend schwierig ist dann auch die Handhabung der Normalenregel. Überhaupt dürfte ein assoziiertes Fließgesetz kaum noch geeignet sein. So wird die Anwendbarkeit der Schnittgrößen-Plastizität auf spezielle Situationen hinsichtlich der Querschnitts-Geometrie und der Anzahl der zu berücksichtigenden Schnittgrößen, die auch die Anwendung eines assoziierten Fließgesetzes gestatten, beschränkt bleiben.

Die Formulierung der VFZT auf Basis von Schnittgrößen macht darüber hinaus keine besonderen Probleme. Wird beispielsweise ein auf Biegung beanspruchtes Stab-tragwerk betrachtet, so muss allerdings die (selbst im Falle eines bilinearen Spannungs-Dehnungs-Diagramms eigentlich gekrümmte) Momenten-Krümmungs-(M-κ-)Beziehung bilinearisiert werden. Wie bei einachsigen Spannungszuständen kommt die VFZT dann auch ohne deviatorische Zustände aus. Bei reiner Biegebeanspruchung wird die TIV (hier mit Y_M bezeichnet) dann, statt durch Gl. 3.1, definiert durch

$$Y_M = \xi_M - \rho_M. \tag{3.59}$$

Das modifizierte elastische Materialgesetz Gl. 3.20 wird zu.

$$\kappa^* = \kappa^{\text{el-pl}} - \kappa^{\text{fel}} = \begin{cases} \frac{1}{E_M^*}\rho_M + \kappa_0 \text{ in } V_p \\ \frac{1}{E_M}\rho_M \text{ in } V_e \end{cases}, \tag{3.60}$$

wobei der Elastizitätsmodul durch

$$E_M = EI \tag{3.61}$$

und der modifizierte Elastizitätsmodul in Gl. 3.15 durch

$$E_M^* = E_{Mt} \tag{3.62}$$

aus den beiden Steigungen im bilinearen M-κ-Diagramm ersetzt wurde (Abb. 3.3).

Abb. 3.3 Idealisierter bilinearer Verlauf des M-κ-Diagramms

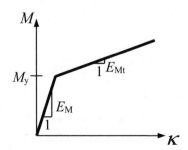

Die bei den meA's als modifizierte Belastung statt Gl. 3.41 nun aufzubringende Anfangskrümmung ist

$$\kappa_0 = \frac{1}{C_M} Y_M \tag{3.63}$$

mit dem Verfestigungsmodul analog zu Gl. 1.31

$$C_M = \frac{E_M E_{Mt}}{E_M - E_{Mt}}. \tag{3.64}$$

Die Anfangskrümmung κ_0 kann bei einem Stabwerksprogramm simuliert werden durch einen fiktiven Temperaturunterschied zwischen Unter- und Oberseite des Balkens:

$$\Delta T = \kappa_0 \frac{h}{\alpha_t}, \tag{3.65}$$

wobei h die Querschnittshöhe ist und α_t der Wärmeausdehnungskoeffizient, der fiktiv sein darf und deshalb auch $= 1$ gesetzt werden kann.

Die Superposition der fiktiv elastisch und der modifiziert elastisch berechneten zu den elastisch-plastischen Momenten erfolgt analog zu Gl. 3.24 nun durch

$$M = M^{fel} + \rho_M. \tag{3.66}$$

3.2 Fließzone

Nach Durchführung der fiktiv elastischen Analyse liegen noch keine Informationen über die Restspannungen vor. Somit hat man für eine Abschätzung der plastischen Zone V_p zunächst keine besseren Informationen, als anzunehmen, diejenigen Bereiche im Tragwerk, in denen die fiktiv elastisch berechnete Vergleichsspannung die Fließgrenze übersteigen, seien identisch mit der Fließzone:

$$\sigma_v^{fel} = \sqrt{\frac{3}{2}} \sqrt{\left(\sigma_1^{\prime fel}\right)^2 + \left(\sigma_2^{\prime fel}\right)^2 + \left(\sigma_3^{\prime fel}\right)^2}, \tag{3.67}$$

$$V_p = \left\{ \underline{x} \middle| \sigma_v^{fel} \geq f_y \right\}. \tag{3.68}$$

Entsprechend ist der verbliebene Teil des Tragwerks dann V_e zuzurechnen:

$$V_e = \left\{ \underline{x} \middle| \sigma_v^{fel} < f_y \right\}. \tag{3.69}$$

Wird aufgrund dieser Zuweisung eine meA durchgeführt, wozu man noch die TIV Y_i in V_p kennen muss (siehe dazu die nächsten Abschnitte), dann erhält man Restspannungen, die nach Superposition mit den fiktiv elastischen Spannungen gemäß Gl. 3.24 zu einer ersten Abschätzung der Spannungen im elastisch-plastischen Zustand führt. Diese wollen wir $\sigma_i^{(1)}$ nennen. Aus ihnen lässt sich die Vergleichsspannung bilden:

$$\sigma_v^{(1)} = \sqrt{\frac{3}{2}} \sqrt{\left(\sigma_1'^{(1)}\right)^2 + \left(\sigma_2'^{(1)}\right)^2 + \left(\sigma_3'^{(1)}\right)^2}. \tag{3.70}$$

Auf dieser Grundlage lässt sich eine verbesserte Abschätzung der Fließzone vornehmen:

$$V_p = \left\{\underline{x}\middle|\sigma_v^{(1)} \geq f_y\right\}, \tag{3.71}$$

$$V_e = \left\{\underline{x}\middle|\sigma_v^{(1)} < f_y\right\}. \tag{3.72}$$

Eine erneute meA wird womöglich etwas andere Restspannungen liefern, die zu einer etwas anderen Abschätzung der Spannungen im elastisch-plastischen Zustand führen, $\sigma_i^{(2)}$, und zur Vergleichsspannung

$$\sigma_v^{(2)} = \sqrt{\frac{3}{2}} \sqrt{\left(\sigma_1'^{(2)}\right)^2 + \left(\sigma_2'^{(2)}\right)^2 + \left(\sigma_3'^{(2)}\right)^2} \tag{3.73}$$

sowie daraufhin zu einer neuen Abschätzung von V_p usw., sodass ein iterativer Vorgang zur Abschätzung der Fließzone entsteht. Für den n-ten Iterationsschritt gilt:

$$V_p^{(n)} = \left\{\underline{x}\middle|\sigma_v^{(n-1)} \geq f_y\right\}, \tag{3.74}$$

$$V_e^{(n)} = \left\{\underline{x}\middle|\sigma_v^{(n-1)} < f_y\right\}. \tag{3.75}$$

So kann die Abschätzung der Geometrie der Fließzone immer weiter verbessert werden. Ob diese Folge konvergiert und wenn ja, mit welcher Geschwindigkeit, also welcher Anzahl von meA's, hängt auch von einer geeigneten Abschätzung der TIV ab, die in den nächsten Abschnitten vorgenommen wird. Später zu behandelnde Beispiele werden dies illustrieren.

Bemerkenswert ist an dieser Stelle noch, dass, im Gegensatz zur Zarka-Methode in [1], bei der oben beschriebenen Vorgehensweise der VFZT solche Bauteilbereiche, die in einem Iterationsschritt V_p zugewiesen waren, im nächsten Iterationsschritt u. U. wieder zu V_e gezählt werden können.

3.3   Transformierte interne Variable bei radialer Belastung

In bestimmten Fällen kann die TIV Y_i von vornherein bekannt sein, nämlich bei sog. radialer Belastung, die dadurch gekennzeichnet ist, dass sich der Spannungsbildpunkt im deviatorischen Spannungsraum während einer Belastungsänderung radial zur Fließfläche entwickelt. Dies ist dann der Fall, wenn keine direktionale Spannungsumlagerung auftritt, also das Verhältnis aller Spannungskomponenten zueinander während des Belastungsprozesses konstant bleibt (Abschn. 1.3.2). Dies war auch die Voraussetzung dafür, das differenzielle Fließgesetz Gl. 1.24 elementar zu Gl. 1.25 integrieren zu können.

Abb. 3.4 Mises-
Fließfläche im Raum der
TIV unter Annahme radialer
Belastungsänderung

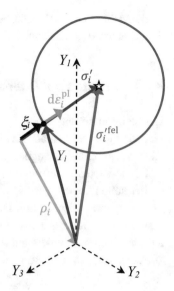

Bei einer radialen Änderung der Belastung sind zumindest drei der in Abb. 3.1 dargestellten Vektoren kollinear (Abb. 3.4), sodass sie sich nur durch einen skalaren Faktor voneinander unterscheiden. Im Falle aktiven Plastizierens einer Stelle $\underline{x} \in V_p$ bedeutet dies, dass

$$Y_i = \sigma_i'^{\text{fel}} - \sigma_i' \frac{f_y}{||\sigma_i'||}. \tag{3.76}$$

Dabei ist $||\sigma_i'||$ die Länge des elastisch-plastischen Spannungsvektors und damit dessen Mises-Vergleichsspannung, wie in Gl. 3.70 bzw. 3.73 usw. angegeben.

Erfolgt die gesamte Belastungsgeschichte radial, so sind alle sechs in Abb. 3.4 dargestellten Vektoren kollinear. Als einfachstes Beispiel hierfür ist der einachsige Spannungszustand zu betrachten (Abschn. 3.1.4). Für diesen ergibt sich

$$Y = \sigma^{\text{fel}} - f_y \, \text{sgn}(\sigma). \tag{3.77}$$

In Bereichen des Tragwerks, in denen die elastisch-plastische Spannung dasselbe Vorzeichen besitzt wie die fiktiv elastische Spannung, ist die TIV Y dann von vornherein exakt bekannt. Wir haben jedoch in Abschn. 1.3.1.1 beispielhaft gesehen, dass das nicht immer der Fall ist.

3.4   Beispiele für radiale Belastung

Bevor nichtradiale Belastungen betrachtet werden, werden zunächst einmal Beispiele radialer Belastung behandelt. Da hierbei nur die Geometrie der Fließzone und das Vorzeichen der elastisch-plastischen Spannung iterativ zu ermitteln sind, während die

Wirkungslinie der TIV exakt bekannt ist, ist zu erwarten, dass sich das Ergebnis iterativ dem exakten Ergebnis annähert.

3.4.1   Zugstab mit Querschnittssprung

Ein Stab mit sprunghaftem Übergang von der Querschnittsfläche A_1 (Länge l_1) auf eine kleinere Querschnittsfläche A_2 (Länge l_2), aber gleichem Material in beiden Teilen, wird einer weggesteuerten Zugbelastung u unterworfen, Abb. 3.5.

Die am Querschnittssprung auftretenden Kerbspannungen werden nicht betrachtet, und es sollen keine Querdehnungs-Behinderungen auftreten, sodass nur die elementaren Spannungen σ_1 bzw. σ_2 und Dehnungen ε_1 bzw. ε_2 in Längsrichtung betrachtet werden brauchen. Die Indizes 1 und 2 der Spannungen und Dehnungen beziehen sich hier nicht auf die Richtung, sondern auf den linken bzw. rechten Teil des Tragwerks.

Aus Gleichgewichtsgründen gilt

$$N_1 = N_2 \ ; \ \ N_1 = A_1\sigma_1 \ ; \ \ N_2 = A_2\sigma_2, \tag{3.78}$$

und die kinematischen Beziehungen lauten

$$u = \Delta l_1 + \Delta l_2 \ ; \ \ \Delta l_1 = l_1\varepsilon_1 \ ; \ \ \Delta l_2 = l_2\varepsilon_2. \tag{3.79}$$

Die fiktiv elastische Lösung erhält man durch Einsetzen des Werkstoffgesetzes

$$\sigma_1^{\text{fel}} = E\varepsilon_1^{\text{fel}} \ ; \ \ \sigma_2^{\text{fel}} = E\varepsilon_2^{\text{fel}} \tag{3.80}$$

in Gl. 3.78 und 3.79, sodass

$$\sigma_1^{\text{fel}} = \frac{uE}{l_2\frac{A_1}{A_2} + l_1} \ ; \ \ \sigma_2^{\text{fel}} = \frac{uE}{l_2 + l_1\frac{A_2}{A_1}}. \tag{3.81}$$

Wenn die Geometrieparameter, der E-Modul, das Belastungsniveau u und die Fließgrenze f_y so gewählt werden, dass $\sigma_1^{\text{fel}} < f_y$ und $\sigma_2^{\text{fel}} > f_y$, dann wird Teil 1 nach Gl. 3.69 dem Teilvolumen V_e zugeordnet, Teil 2 nach Gl. 3.68 der Fließzone V_p:

$$\sigma_1^{\text{fel}} \le f_y \Rightarrow \text{Teil 1} \to V_e, \tag{3.82}$$

$$\sigma_2^{\text{fel}} > f_y \Rightarrow \text{Teil 2} \to V_p. \tag{3.83}$$

Nach Gl. 3.77 beträgt die TIV in Teil 2

$$Y_2 = \sigma_2^{\text{fel}} - f_y \tag{3.84}$$

Abb. 3.5 Zugstab mit Querschnittssprung unter weggesteuerter Belastung

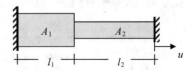

Abb. 3.6 System für die 1.
meA

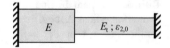

und die Anfangsdehnungen nach Gl. 3.14, wobei wegen der Beschränkung auf einachsige an Stelle der deviatorischen Betrachtungsweise der Faktor 3/2 fallen gelassen
werden kann (Abschn. 3.1.4):

$$\varepsilon_{2,0} = \frac{1}{C}\left(\sigma_2^{\text{fel}} - f_{\text{y}}\right). \tag{3.85}$$

Hierfür sind durch eine meA der in Abb. 3.6 dargestellten Konfiguration ($u = 0$, $E^* = E$ in
Teil 1, $E^* = E_{\text{t}}$ in Teil 2) die Restspannungen zu berechnen.

Aus der Gleichgewichtsbedingung Gl. 3.78 wird

$$A_1\rho_1 = A_2\rho_2, \tag{3.86}$$

Gleichung 3.79 wird zu

$$l_1\varepsilon_1^* + l_2\varepsilon_2^* = 0 \tag{3.87}$$

und das Werkstoffgesetz aus Gl. 3.20 zu

$$\varepsilon_1^* = \frac{\rho_1}{E} \quad ; \quad \varepsilon_2^* = \frac{\rho_2}{E_{\text{t}}} + \frac{1}{C}\left(\sigma_2^{\text{fel}} - f_{\text{y}}\right), \tag{3.88}$$

woraus sich die Lösung

$$\rho_1 = \rho_2\frac{A_2}{A_1} \quad ; \quad \rho_2 = -\frac{\left(1 - \frac{E_{\text{t}}}{E}\right)\left(\sigma_2^{\text{fel}} - f_{\text{y}}\right)}{1 + \frac{E_{\text{t}}}{E}\frac{l_1}{l_2}\frac{A_2}{A_1}} \tag{3.89}$$

ergibt. Superposition mit der fiktiv elastischen Lösung gemäß Gl. 3.24 liefert für den
elastisch-plastischen Zustand nach der 1. meA:

$$\sigma_1^{(1)} = \sigma_1^{\text{fel}} - \frac{\left(1 - \frac{E_{\text{t}}}{E}\right)\left(\sigma_1^{\text{fel}} - f_{\text{y}}\frac{A_2}{A_1}\right)}{1 + \frac{E_{\text{t}}}{E}\frac{l_1}{l_2}\frac{A_2}{A_1}} \quad ; \quad \sigma_2^{(1)} = \sigma_2^{\text{fel}} - \frac{\left(1 - \frac{E_{\text{t}}}{E}\right)\left(\sigma_2^{\text{fel}} - f_{\text{y}}\right)}{1 + \frac{E_{\text{t}}}{E}\frac{l_1}{l_2}\frac{A_2}{A_1}}. \tag{3.90}$$

Ein Vergleich mit der Fließgrenze zeigt nun, ob die in Gl. 3.82 vorgenommene
Zuweisung von Teil 1 als elastisch bleibend zutreffend war. Falls ja, dann stellt Gl. 3.90
bereits die korrekte Lösung für die Spannungen dar:

$$\sigma_1^{(1)} \leq f_{\text{y}} \quad \Rightarrow \quad \text{Teil 1} \to V_{\text{e}} \quad \Rightarrow \quad \sigma_1 = \sigma_1^{(1)} \; ; \; \sigma_2 = \sigma_2^{(1)}. \tag{3.91}$$

Die zugehörigen elastisch-plastischen Dehnungen lassen sich dann gemäß Gl. 3.25
bestimmen, nachdem die Restspannungen von Gl. 3.89 in das Werkstoffgesetz Gl. 3.88
eingesetzt wurden.

Abb. 3.7 System für eine evtl. erforderliche 2. meA bzw. für die 1. meA, wenn $\sigma_1^{\text{fel}} > f_y$

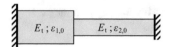

Falls sich jedoch die Zuweisung von Teil 1 als elastisch bleibend als unzutreffend heraus stellt, dann ist eine weitere meA durchzuführen, bei der außer Teil 2 auch Teil 1 als plastisch betrachtet wird:

$$\sigma_1^{(1)} > f_y \Rightarrow \text{Teil } 1 \rightarrow V_p. \tag{3.92}$$

Während Y_2 und $\varepsilon_{2,0}$ unverändert wie in Gl. 3.84 und 3.85 bleiben, werden nun auch in Teil 1 Anfangsdehnungen angesetzt:

$$Y_1 = \sigma_1^{\text{fel}} - f_y \tag{3.93}$$

$$\varepsilon_{1,0} = \frac{1}{C}\left(\sigma_1^{\text{fel}} - f_y\right). \tag{3.94}$$

Ferner ist dann auch der modifizierte E-Modul in Teil 1 nicht mehr E, sondern E_t, Abb. 3.7.

Das Ergebnis der 2. meA lautet:

$$\rho_1 = \rho_2 \frac{A_2}{A_1} \ ; \ \ \rho_2 = -\left(1 - \frac{E_t}{E}\right)\left(\sigma_2^{\text{fel}} - f_y \frac{1 + \frac{l_1}{l_2}}{1 + \frac{l_1}{l_2}\frac{A_2}{A_1}}\right). \tag{3.95}$$

Dasselbe Ergebnis wäre bereits mit der 1. meA erreicht worden für jedes Belastungs-niveau u, das an Stelle von Gl. 3.82 zu $\sigma_1^{\text{fel}} > f_y$ führt.

Jedenfalls ist spätestens nach der 2. meA das korrekte Endergebnis erreicht, da die plastische Zone dann korrekt identifiziert ist. Denn wenn das Tragwerk überhaupt plastiziert, dann gibt es aufgrund seiner diskreten Struktur nur zwei Möglichkeiten: entweder ist Teil 2 alleine plastisch, oder es sind beide Teile plastisch.

3.4.2   Biegeträger mit Sandwich-Querschnitt

Ein einseitig eingespannter und am anderen Ende einfach gelagerter Biegeträger wird einer weggesteuerten Belastung durch eine Stützensenkung w_0 unterworfen, sodass quasi ein Kragarm mit weggesteuerter Belastung entsteht, Abb. 3.8. Der Querschnitt besteht

Abb. 3.8 Biegeträger mit Sandwich-Querschnitt unter weggesteuerter Belastung

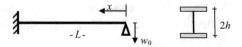

aus einem Sandwich-Querschnitt, den man sich als I-Profil mit unendlich dünnem Steg vorstellen kann, bei dem die beiden Flansche so dünn bzw. so weit voneinander entfernt sind (2h), dass in ihnen nur Membranspannungen auftreten. Spannungsumlagerungen über die Querschnittsdicke sind so ausgeschlossen.

Da die Membranspannungen in den beiden Flanschen den gleichen Betrag aufweisen, genügt es, die folgenden Berechnungen für den oberen Flansch, in dem nur positive Spannungen auftreten, darzustellen. Bei Beschränkung auf reine Biegeverformungen verlaufen die Axialspannungen nach fiktiv elastischer Berechnung entlang der Stabachse gemäß

$$\sigma_{(x)}^{\text{fel}} = 3E\frac{w_0}{L}\frac{h}{L}\frac{x}{L}. \tag{3.96}$$

Gleichungen 3.68 und 3.69 zufolge ergibt sich die Einteilung in V_p und V_e:

$$V_p = \left\{x|x \geq x_{\text{pl}}\right\}, \tag{3.97}$$

$$V_e = \left\{x|x < x_{\text{pl}}\right\}, \tag{3.98}$$

wobei die Grenze zwischen dem elastischen und dem plastischen Bereich zunächst gegeben ist durch

$$\frac{x_{\text{pl}}}{L} = \frac{f_y}{\sigma_{(x=L)}^{\text{fel}}}. \tag{3.99}$$

Wegen der Einachsigkeit des Spannungszustandes können die TIV und die Anfangsdehnung in V_p wieder nach Gl. 3.77 bzw. Abschn. 3.1.4 geschrieben werden als

$$Y_{(x)} = \sigma_{(x)}^{\text{fel}} - f_y, \tag{3.100}$$

$$\varepsilon_{0(x)} = \frac{1}{C}\left(\sigma_{(x)}^{\text{fel}} - f_y\right) \tag{3.101}$$

und das Werkstoffgesetz für die meA lautet

$$\varepsilon_{(x \leq x_{\text{pl}})}^* = \frac{\rho_{(x)}}{E} \; ; \; \varepsilon_{(x \geq x_{\text{pl}})}^* = \frac{\rho_{(x)}}{E_t} + \frac{1}{C}\left(\sigma_{(x)}^{\text{fel}} - f_y\right). \tag{3.102}$$

Wegen der Ortsabhängigkeit des Werkstoffgesetzes muss die Biege-Differenzialgleichung ($w_{(x)}$ ist die Biegelinie, $()' = d()/dx$ die Ableitung in Längsrichtung)

$$w_{(x)}'' = \frac{\varepsilon_{(x)}^*}{h} \tag{3.103}$$

für V_e und V_p getrennt integriert werden. Da die Momentenlinie des Restzustandes aus Gleichgewichtsgründen linear verlaufen muss und die Restspannungen aufgrund des Sandwich-Querschnittes von den Querschnittskoordinaten unabhängig sind, müssen auch die Restspannungen in x-Richtung linear verlaufen. Bei der jeweils zweifachen Integration von

$$w''_{(x \leq x_{pl})} = \frac{\rho_{(x=L)}}{hE} \frac{x}{L} \text{ in } V_e,$$

(3.104)

$$w''_{(x \geq x_{pl})} = \left(\frac{\rho_{(x=L)}}{hE_t} + \frac{\sigma_{(x=L)}^{fel}}{hC} \right) \frac{x}{L} - \frac{f_y}{hC} \text{ in } V_p$$

(3.105)

entstehen vier Integrationskonstante. Da an der Einspannstelle im Gegensatz zur Fließgelenktheorie aufgrund der Verfestigung kein Knick auftreten darf, sondern die Verdrehung verschwinden muss, stehen fünf Rand- und Übergangsbedingungen

$$w_{(x=0)} = w_0 \; ; \; w_{(x=L)} = w'_{(x=L)} = 0,$$

(3.106)

$$w_{(x=x_{pl,V_e})} = w_{(x=x_{pl,V_p})} \; ; \; w'_{(x=x_{pl,V_e})} = w'_{(x=x_{pl,V_p})}$$

(3.107)

zur Verfügung. Diese genügen zur Bestimmung der Integrationskonstanten, und um die Restspannungen an der Einspannstelle in Abhängigkeit von der fiktiv elastisch berechneten Spannung an dieser Stelle sowie der Position des Überganges zwischen V_e und V_p auszudrücken:

$$\frac{\rho_{(x=L)}}{f_y} = \left(1 - \frac{E_t}{E} \right) \frac{\frac{3}{2} \left[1 - \left(\frac{x_{pl}}{L} \right)^2 \right] - \frac{\sigma_{(x=L)}^{fel}}{f_y} \left[1 - \left(\frac{x_{pl}}{L} \right)^3 \right]}{\frac{E_t}{E} \left(\frac{x_{pl}}{L} \right)^3 + \left[1 - \left(\frac{x_{pl}}{L} \right)^3 \right]}.$$

(3.108)

Da hierbei von Gl. 3.99 noch kein Gebrauch gemacht wurde, gilt Gl. 3.108 auch für kommende weitere Iterationsschritte. Die Spannungen des elastisch-plastischen Zustandes erhält man aus Gl. 3.24. Für den ersten Iterationsschritt ist Gl. 3.108 dort einzusetzen und wir erhalten

$$\frac{\sigma_{(x=L)}^{(1)}}{f_y} = \frac{\frac{3}{2} - \frac{3}{2} \left(\frac{f_y}{\sigma_{(x=L)}^{fel}} \right)^2 + \left(\frac{C}{E_t} - 1 \right) \left(\frac{\sigma_{(x=L)}^{fel}}{f_y} \right)}{\frac{C}{E_t} - \left(\frac{f_y}{\sigma_{(x=L)}^{fel}} \right)^3}.$$

(3.109)

Die zugehörigen elastisch-plastischen Dehnungen an der Einspannstelle betragen nach der 1. meA

$$\frac{\varepsilon_{(x=L)}^{el\text{-}pl(1)}}{f_y/E} = 1 + \frac{E}{E_t} \left(\frac{\sigma_{(x=L)}^{(1)}}{f_y} - 1 \right)$$

(3.110)

bzw. in Form des plastischen Dehnungserhöhungsfaktors K_e (siehe Abschn. 2.9.1):

$$K_e^{(1)} = \frac{\varepsilon_{(x=L)}^{el\text{-}pl(1)}}{\sigma_{(x=L)}^{fel}/E} = \frac{1 + \frac{E}{E_t}\left(\frac{\sigma_{(x=L)}^{(1)}}{f_y} - 1\right)}{\frac{\sigma_{(x=L)}^{fel}}{f_y}}. \qquad (3.111)$$

Nach Gl. 3.71 und 3.72 lässt sich nun überprüfen, ob die durch Gl. 3.99 vorgenommene erste Abschätzung der plastischen Zone zutreffend war. Mithilfe der aufgrund der 1. meA berechneten Spannungen des elastisch-plastischen Zustandes kann nun eine verbesserte Abschätzung vorgenommen werden durch

$$\frac{x_{pl}}{L} = \frac{f_y}{\sigma_{(x=L)}^{(1)}}. \qquad (3.112)$$

Einsetzen in Gl. 3.108 liefert neue Restspannungen für die 2. meA und nach Superposition mit der fiktiv elastischen Spannung eine neue Näherung für die Spannung, $\sigma_{(x=L)}^{(2)}$ sowie entsprechend $\varepsilon_{(x=L)}^{el\text{-}pl(2)}$ und $K_e^{(2)}$.

In Abb. 3.9 und 3.10 sind die Spannungen und der Faktor K_e für die ersten beiden Iterationsschritte und zum Vergleich auch die exakte Lösung beispielhaft für $E_t/E = 0{,}05$ in Abhängigkeit vom Belastungsniveau, ausgedrückt durch die fiktiv elastisch berechnete Spannung an der Einspannstelle, dargestellt.

Die exakte Lösung kann analytisch gewonnen werden durch zweifache Integration der Biege-Differenzialgleichung

$$w_{(x)}'' = \frac{\varepsilon_{(x)}^{el\text{-}pl}}{h}, \qquad (3.113)$$

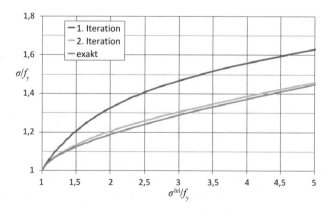

Abb. 3.9 Spannungen an der Einspannstelle des Biegeträgers mit Sandwich-Querschnitt unter weggesteuerter Belastung für $E_t/E = 0{,}05$

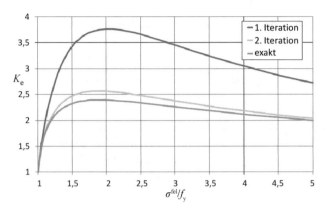

Abb. 3.10 Plastischer Dehnungserhöhungsfaktor K_e an der Einspannstelle des Biegeträgers mit Sandwich-Querschnitt unter weggesteuerter Belastung für $E_t/E = 0{,}05$

wo im Zähler das tatsächliche elastisch-plastische Werkstoffgesetz einzusetzen ist. Das Ergebnis wird am zweckmäßigsten invers angegeben und lautet

$$\frac{\sigma^{fel}_{(x=L)}}{f_y} = \frac{-\frac{3}{2} + \frac{1}{2}\left(\frac{f_y}{\sigma^{exakt}_{(x=L)}}\right)^2 + \left(1 + \frac{C}{E}\right)\left(\frac{\sigma^{exakt}_{(x=L)}}{f_y}\right)}{\frac{C}{E}} \tag{3.114}$$

$$\frac{\varepsilon^{el\text{-}pl(exakt)}_{(x=L)}}{f_y/E} = 1 + \frac{E}{E_t}\left(\frac{\sigma^{exakt}_{(x=L)}}{f_y} - 1\right) \tag{3.115}$$

$$K_e^{exakt} = \frac{\varepsilon^{el\text{-}pl(exakt)}_{(x=L)}}{\sigma^{fel}_{(x=L)}/E} = \frac{1 + \frac{E}{E_t}\left(\frac{\sigma^{exakt}_{(x=L)}}{f_y} - 1\right)}{\frac{\sigma^{fel}_{(x=L)}}{f_y}}. \tag{3.116}$$

In Abb. 3.9 und 3.10 ist zu erkennen, dass auch nach der 2. meA noch nicht das exakte Ergebnis erreicht ist, wenn auch bereits eine recht gute Näherung. Wenn notwendig, wären weitere Verbesserungen durch mehr Iterationsschritte möglich.

Die Qualität der Näherung durch die VFZT hängt vom Verfestigungsmodul und dem Belastungsniveau ab. Je stärker die Verfestigung ausgeprägt ist, desto weniger meA's werden für eine gute Näherung benötigt. Als Fehlermaß könnte in diesem Beispiel der Anteil am Gesamtvolumen heran gezogen werden, der im betrachteten Iterationsschritt als V_p behandelt wurde, sich aber am Ende desselben Iterationsschrittes als V_e heraus stellt, bzw. umgekehrt. Ein solches Fehlermaß hat zwar den Vorteil, keinerlei Informationen zu benötigen, die nicht ohnehin in einem Iterationsschritt vorliegen, taugt jedoch nicht zu einer Verallgemeinerung. Denn allgemein ist der Volumenanteil, in dem die Fließbedingung verletzt ist, kein geeignetes Maß für eine Fehlerabschätzung, da dieser Fehler naturgemäß in Bereichen auftritt, die nicht zu den höchstbeanspruchten Stellen eines Tragwerks gehören.

Im vorigen Beispiel, dem Zugstab mit Querschnittssprung in Abschn. 3.4.1, wurde die Fließzone V_p nach wenigen meA's noch exakt gefunden, wenn auch in gewissen Bereichen des Belastungsniveaus mit zwischenzeitlicher Unterschätzung ihres Ausmaßes. In diesem Beispiel eines Biegeträgers mit Sandwich-Querschnitt wird V_p jedoch systematisch überschätzt, denn x_{pl} wird nicht exakt gefunden, sondern nähert sich lediglich von unten der exakten Lösung.

Es ist daher festzuhalten, dass bei der VFZT die Bestimmung der Fließzone V_p iterativ erfolgt und diese, zumindest bei kontinuierlichen Strukturen, nur Näherungscharakter besitzt.

3.5 Transformierte interne Variable bei nichtradialer Belastung

Liegt keine radiale Belastung vor, so kann die TIV dennoch wie bei radialer Belastung nach Gl. 3.76 abgeschätzt werden durch

$$Y_i = \sigma_i'^{\text{fel}} - \sigma_i' \left(\frac{f_y}{\sigma_v} \right) \forall \underline{x} \in V_p. \tag{3.117}$$

Dass es sich dabei aber bloß um eine Näherung handelt, ist Abb. 3.1 bzw. Abb. 3.4 entnehmbar. Gleichung 3.116 kann aufgefasst werden als Projektion der negativen deviatorischen Restspannungen auf die Fließfläche im Raum der TIV (Abb. 3.4), ähnlich dem radial return zur Projektion des trial stress auf die Fließfläche bei einer inkrementellen Analyse. Durch diese Näherung werden weder die Gleichgewichts- noch die Kompatibilitätsbedingungen noch die Fließbedingung verletzt, wohl aber eventuell das differenzielle Fließgesetz Gl. 1.24. Ist die Fließfläche kein Mises-Kreis, lässt sich die Projektion der negativen deviatorischen Restspannung auf die Fließfläche nicht so einfach formulieren wie in Gl. 3.117. Stattdessen ist der minimale Abstand zur Fließfläche zu finden, was wegen deren Konvexität auf ein Optimierungsproblem hinaus läuft, das mit den Methoden der konvexen Analysis zu lösen ist.

Die Qualität der Näherung Gl. 3.117 ist mitentscheidend für die Qualität der Zarka-Methode und der VFZT. Da sich Gl. 3.117 nicht aus Grundsätzen der Mechanik herleiten lässt, ist sie als heuristisch anzusehen und die Qualität ihrer Näherung im jeweiligen Anwendungsumfeld als plausibel und brauchbar festzustellen. Entsprechend bestehen an dieser Stelle auch Eingriffsmöglichkeiten, um durch eine Modifikation von Gl. 3.117 gegebenenfalls auch bessere Abschätzungen einführen zu können. Generell hat sich Gl. 3.117 bisher als gute Näherung erwiesen, sofern direktionale Umlagerungen nicht allzu stark ausgeprägt sind.

Werden für σ_i' und σ_v die aufgrund einer voran gegangenen meA ermittelten Spannungen im elastisch-plastischen Zustand eingesetzt, dann wird nicht nur die

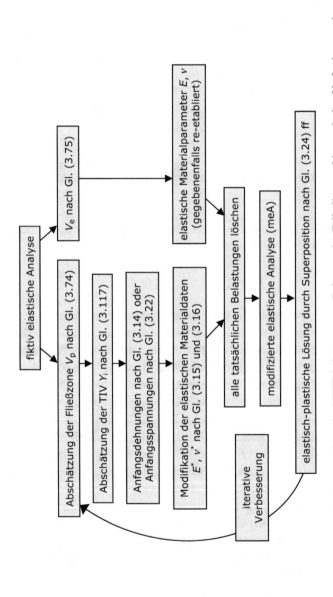

Abb. 3.11 Workflow zur iterativen Anwendung der VFZT bei monotoner Belastung im Falle linearer kinematischer Verfestigung mit temperatur*un*-abhängigen Materialdaten

plastische Zone V_p iterativ verbessert, sondern auch die Abschätzung der TIV in V_p. Für den n-ten Iterationsschritt wird aus Gl. 3.117 dann

$$Y_i^{(n)} = \sigma_i'^{\text{fel}} - \sigma_i'^{(n-1)} \left(\frac{f_y}{\sigma_v^{(n-1)}} \right) \forall \underline{x} \in V_p^{(n)}. \tag{3.118}$$

Vor der ersten Iteration ($n = 1$) wurden noch keine Restspannungen ermittelt, sodass

$$\rho_i'^{(0)} = 0_i \rightarrow \sigma_i'^{(0)} = \sigma_i'^{\text{fel}} \tag{3.119}$$

und Gl. 3.118 auf eine Projektion des Koordinatenursprungs auf die Fließfläche im Raum der TIV zurück geführt wird.

Für den Abbruch des Iterationsvorganges wird ein Konvergenzkriterium benötigt. Hierfür kann etwa die L2-Norm (=SRSS) des Verschiebungsvektors U aller Knoten verwendet werden. Genauer: es wird der Quotient gebildet aus der Norm des Verschiebungsinkrementes zwischen den letzten beiden meA's ($\text{d}U$) und der fiktiv elastischen Lösung (U^{fel}), getrennt für alle drei Komponenten x, y, z:

$$\frac{\| \text{d}U_k \|}{\| U_k^{\text{fel}} \|} \leq \text{toler} \ \text{fÃ¼r} \ k = x, y, z \tag{3.120}$$

Als Konvergenztoleranz wird $\text{toler} = 1\text{e-}3$ vorgeschlagen. Während die Abschätzung der TIV und überhaupt die VFZT bei radialer Belastung zum exakten Ergebnis konvergiert, ist dies bei nichtradialer Belastung jedoch nicht zu erwarten.

Insgesamt entsteht mit der Iteration der plastischen Zone und der Iteration der TIV der in Abb. 3.11 dargestellte Workflow.

3.6   Beispiele für nichtradiale Belastung

Während in Abschn. 3.4 nur Konfigurationen betrachtet wurden, bei denen nur die Fließzone V_p, nicht jedoch die TIV Y_i iterativ bestimmt werden musste, wird nun in Abschn. 3.6.1 eine Konfiguration betrachtet, bei der nur die Abschätzung der TIV Y_i, nicht jedoch die von V_p einer iterativen Verbesserung zu unterziehen ist. Danach werden Beispiele behandelt, bei denen sowohl die TIV als auch V_p iterativ bestimmt werden. Im Falle nichtradialer Belastung sind Handrechnungen jedoch i. Allg. kaum noch möglich. Diese Beispiele wurden daher mit dem Finite-Elemente-Programm ANSYS [8] gerechnet, in das die VFZT mithilfe einer User-Subroutine implementiert wurde. Auch die zu Vergleichszwecken angegebenen, durch herkömmliche inkrementelle Berechnungen nach der FZT (siehe Abschn. 2.9.2) erzielten und als mehr oder weniger exakt angesehene Lösungen, wurden mit ANSYS gewonnen.

Gewissermaßen als Härtetest für die VFZT wird gleich in Abschn. 3.6.1 und 3.6.2 anhand einfacher Beispiele ausgelotet, welche Auswirkungen die Projektion der Restspannungen auf die Fließfläche im Raum der TIV auf die Näherungsqualität der VFZT bei direktionaler Spannungsumlagerung besitzt.

Abb. 3.12 Volumenelement
mit ebenem Spannungs- und
ebenem Verzerrungszustand,
einer weggesteuerten
Belastung u unterworfen

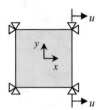

Bei allen Berechnungen wird davon ausgegangen, dass die Verformungen so klein bleiben, dass die Verschiebungs-Verzerrungs-Beziehungen linearisiert werden und die Gleichgewichtsbedingungen am unverformten System formuliert werden können.

3.6.1   Direktionale Spannungsumlagerung aufgrund elastischer Kompressibilität

In Abschn. 1.3.2.1 wurde als Beispiel für direktionale Umlagerung ein homogen beanspruchtes Materialvolumen betrachtet, das in einer Richtung einem ebenen Spannungszustand ($\sigma_z = 0$), einer anderen Richtung einem ebenen Verzerrungszustand ($\varepsilon_y = 0$) und in der dritten Richtung einer weggesteuerten Belastung (Verschiebung u) unterworfen wurde. Letztere entspricht bei einer Einheitskantenlänge des Volumens unmittelbar der Dehnung ε_x, Abb. 3.12.

3.6.1.1 Fiktiv elastische Berechnung
Aufgrund der Randbedingungen ($\sigma_z = 0$, $\varepsilon_y = 0$) ergibt sich die fiktiv elastische Lösung unmittelbar aus dem linear elastischen Materialgesetz, Gl. 1.3 für eine Belastung ε_x:

$$\sigma_i^{\text{fel}} = \begin{pmatrix} 1 \\ \nu \\ 0 \end{pmatrix} \frac{E\,\varepsilon_x}{1-\nu^2} \rightarrow \sigma_i'^{\text{fel}} = \frac{1}{3} \begin{pmatrix} 2-\nu \\ -1+2\nu \\ -1-\nu \end{pmatrix} \frac{E\,\varepsilon_x}{1-\nu^2}, \tag{3.121}$$

$$\varepsilon_i^{\text{fel}} = \begin{pmatrix} 1 \\ 0 \\ -\frac{\nu}{1-\nu} \end{pmatrix} \varepsilon_x \tag{3.122}$$

und die Vergleichsspannung nach Gl. 1.17 zu

$$\sigma_v^{\text{fel}} = \frac{\sqrt{1-\nu+\nu^2}}{1-\nu^2} E\,\varepsilon_x. \tag{3.123}$$

3.6.1.2 Inkrementelle elastisch-plastische Berechnung
Für die inkrementelle Berechnung mit ANSYS wird eine Querdehnzahl $\nu=0$ und ein Verfestigungsmodul $E_t/E=0{,}05$ gewählt. Abb. 3.13 zeigt die Entwicklung des Spannungszustandes sowie die Entwicklung der TIV bis zu einem Belastungsniveau in

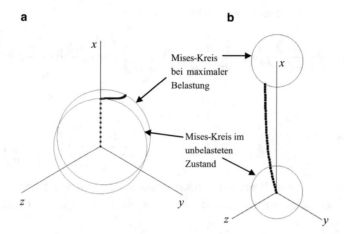

Abb. 3.13 Volumenelement mit ebenem Spannungs- und ebenem Verzerrungszustand. **a** Trajektorien des Spannungszustandes im deviatorischen Spannungsraum, **b** Trajektorien der TIV im Y-Raum gemäß einer inkrementellen elastisch-plastischen Analyse

Höhe der 5-fachen elastischen Grenzlast als Trajektorien im deviatorischen Spannungsraum bzw. im Y-Raum. Die TIV verlässt in diesem Beispiel aufgrund des homogenen Beanspruchungszustandes überall erst mit beginnender Plastizierung den Koordinatenursprung.

3.6.1.3 VFZT

Ähnlich wie der Beanspruchungszustand bei der fiktiv elastischen Berechnung ergibt sich der Restzustand für jede n-te meA mit den Randbedingungen $\rho_z = 0$, $\varepsilon_x^* = \varepsilon_y^* = 0$ aus dem modifizierten elastischen Materialgesetz, Gl. 3.20, sofern das Belastungsniveau ε_x zum Plastizieren führt, wenn also das gesamte Element als Fließzone V_p zu betrachten ist:

$$\rho_i^{(n)} = -\frac{3}{2}\frac{1-\frac{E_\mathrm{t}}{E}}{1-(v^*)^2}\begin{pmatrix} Y_x^{(n)} + v^* Y_y^{(n)} \\ v^* Y_x^{(n)} + Y_y^{(n)} \\ 0 \end{pmatrix} \tag{3.124}$$

$$\varepsilon_i^{*(n)} = \frac{3}{2}\frac{1-\frac{E_\mathrm{t}}{E}}{E_\mathrm{t}}\frac{1-2v^*}{1-v^*}\begin{pmatrix} 0 \\ 0 \\ Y_z^{(n)} \end{pmatrix}. \tag{3.125}$$

Dabei ist für $Y_i^{(n)}$ die nach Gl. 3.118 abgeschätzte TIV einzusetzen. Für die erste Iteration ($n = 1$) gilt noch $\sigma_i'^{(0)} = \sigma_i'^{\mathrm{fel}}$ und daher

$$Y_i^{(1)} = \frac{1}{3}\left(\frac{E\,\varepsilon_x}{1-v^2} - \frac{f_\mathrm{y}}{\sqrt{1-v+v^2}}\right)\begin{pmatrix} 2-v \\ -1+2v \\ -1-v \end{pmatrix}, \tag{3.126}$$

womit sich aus Gl. 3.124 und 3.125 ergibt:

$$\rho_i^{(1)} = -\frac{1}{2}\frac{1-\frac{E_t}{E}}{1-(\nu^*)^2}\left(\frac{E\,\varepsilon_x}{1-\nu^2} - \frac{f_y}{\sqrt{1-\nu+\nu^2}}\right)\begin{pmatrix} (2-\nu)+\nu^*(-1+2\nu) \\ \nu^*(2-\nu)+(-1+2\nu) \\ 0 \end{pmatrix}$$

(3.127)

$$\varepsilon_i^{*(1)} = \frac{1}{2}\frac{1-\frac{E_t}{E}}{E_t}\frac{(1-2\nu^*)}{(1-\nu^*)}\left(\frac{E\varepsilon_x}{1-\nu^2} - \frac{f_y}{\sqrt{1-\nu+\nu^2}}\right)\begin{pmatrix} 0 \\ 0 \\ -1-\nu \end{pmatrix}.$$

(3.128)

Die elastisch-plastischen Beanspruchungen ergeben sich durch Superposition mit den fiktiv elastischen Beanspruchungen, beispielsweise die Spannungen aus Gl. 3.24:

$$\sigma_i^{(1)} = \sigma_i^{\mathrm{fel}} + \rho_i^{(1)}.$$

(3.129)

Da die Fließzone in diesem Beispiel unabhängig ist vom Belastungsniveau, hängen bei der ersten Iteration die Restspannungen und Restdehnungen und somit auch die elastisch-plastischen Beanspruchungen nur linear vom Belastungsniveau ab.

Falls der Werkstoff elastisch inkompressibel ist ($\nu = 0{,}5$), ist mit dieser ersten Iteration bereits das exakte Ergebnis erreicht, also eine iterative Verbesserung weder möglich noch nötig. In diesem Fall liegt nämlich ein radialer Belastungsweg vor. Bei $\nu \neq 0{,}5$ dagegen ist das exakte Ergebnis nach der ersten Iteration noch nicht erreicht. Eine iterative Verbesserung wird erzielt, indem aus Gl. 3.129 die Vergleichsspannung und der Spannungsdeviator gebildet und durch Einsetzen in Gl. 3.118 $Y_i^{(2)}$ gewonnen wird. Aus Gl. 3.124 ergibt sich dann $\rho_i^{(2)}$ und aus Gl. 3.24 $\sigma_i^{(2)}$. Weitere Iterationen werden auf dieselbe Weise vorgenommen. Das Ergebnis wird sich dem „exakten" Ergebnis immer weiter annähern, es jedoch nie ganz erreichen, worin sich der Näherungscharakter der VFZT bei nichtradialer Belastung zeigt. Die größten Abweichungen zur inkrementell berechneten „exakten" Lösung ergeben sich bei unverfestigendem Werkstoff ($E_t = 0$), wo sich das Ergebnis nach der ersten Iteration infolge der Beschränkung auf einen Belastungsschritt vorerst nicht weiter iterativ verbessern lässt.

Für die Querdehnzahl $\nu = 0$ ist die direktionale Umlagerung am stärksten ausgeprägt. Hierfür gibt Abb. 3.14 einen Eindruck vom Näherungscharakter und der Ergebnisverbesserung durch die Iteration der TIV.

Bei der für Stahl charakteristischen Querdehnzahl $\nu = 0{,}3$ erfolgt die Annäherung der VFZT an die exakte Lösung deutlich schneller, wie der Tab. 3.1 für die 5-fache elastische Grenzlast bei $E_t/E = 0{,}05$ zu entnehmen ist. Nach 5 meA's liegt der Fehler der VFZT unter 1 %. Wie die direktionale Spannungsumlagerung mit der VFZT durch Einführung von Zwischenbelastungen besser (und letztlich genauso wie bei einer inkrementellen Analyse) erfasst werden kann, wird in Abschn. 9.3 beschrieben.

Um die direktionale Umlagerung mit einer inkrementellen Analyse zu verfolgen, ist die Belastung in mehreren Belastungsschritten aufzubringen. Bei jedem dieser Belastungsinkremente sind mehrere Gleichgewichtsiterationen erforderlich.

Abb. 3.14 Volumenelement
mit ebenem Spannungs- und
ebenem Verzerrungszustand;
Spannungen σ_x und σ_y (**a**) bzw.
Dehnung ε_z (**b**) für mehrere
meA's infolge Belastung durch
ε_x ($\nu = 0$, $E_t/E = 0{,}05$)

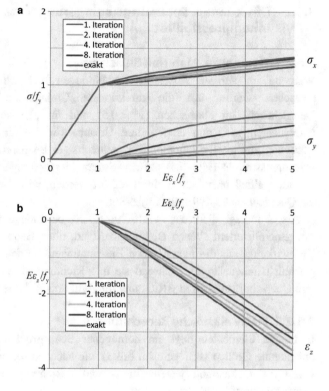

Tab. 3.1 Entwicklung der
Dehnung in z-Richtung über
die meA's der VFZT im
Vergleich mit der inkrementell
ermittelten Lösung ($\nu = 0{,}3$,
$E_t/E = 0{,}05$, 5-fache elastische
Grenzlast)

meA	$E/f_y * \varepsilon_z$
1	$-4{,}374$
2	$-4{,}353$
3	$-4{,}338$
4	$-4{,}327$
5	$-4{,}319$
6	$-4{,}313$
7	$-4{,}308$
8	$-4{,}305$
Inkrementell (12 Lastschritte)	$-4{,}279$

3.6.2 Direktionale Spannungsumlagerung trotz elastischer Inkompressibilität

3.6.2.1 Geometrie, Material, Belastung

Während im vorigen Abschnitt ein homogen mehrachsig beanspruchtes Element betrachtet wurde, um die direktionale Umlagerung infolge unterschiedlicher Querdehnzahl im elastischen ($\nu^{el} < 0{,}5$) und im plastischen Bereich ($\nu^{pl} = 0{,}5$) zu untersuchen, wird nun eine andere Ursache für direktionale Spannungsumlagerung betrachtet, die infolge inhomogener mehrachsiger Beanspruchung selbst bei elastischer Inkompressibilität ($\nu^{el} = 0{,}5$) auftritt. Sofern hierfür numerische Lösungen, etwa nach „exakter" Fließzonentheorie, durchgeführt werden, wird aus numerischen Gründen für die Querdehnzahl 0,499 statt 0,5 gesetzt.

Als Grundlage dient das in Abschn. 1.3.2.2 behandelte System aus zwei Elementen mit generalisiertem ebenen Dehnungszustand, ohne Betrachtung der dort auftretenden Kerbwirkung. Für die numerischen Berechnungen werden beide Elemente gleich lang gewählt (Einheitslänge). Während sie in z-Richtung dieselbe Dicke aufweisen, stehen ihre Querschnittsdicken in y-Richtung im Verhältnis 2: 1, siehe Abb. 3.15.

3.6.2.2 Fiktiv elastische Berechnung

In beiden Elementen liegt ein homogener Beanspruchungszustand vor, sodass acht unbekannte Größen vorliegen: im linken wie auch im rechten Element die Spannungen sowie die Dehnungen jeweils in x- und z-Richtung. In y-Richtung treten keine Spannungen auf, wohl aber Dehnungen.

Die zu ihrer Bestimmung erforderlichen acht Gleichungen lauten:

$$\text{Gleichgewicht in } x\text{-Richtung: } \sigma_x^{re} = 2\sigma_x^{li}, \tag{3.130}$$

$$\text{Gleichgewicht in } z\text{-Richtung: } \sigma_z^{re} = -2\sigma_z^{li}, \tag{3.131}$$

$$\text{generalisierte ebene Dehnung: } \varepsilon_z^{re} = \varepsilon_z^{li}, \tag{3.132}$$

$$\text{Kinematik: } \varepsilon_x^{re} + \varepsilon_x^{li} = u \text{ wegen EinheitslÃ¤ngen,} \tag{3.133}$$

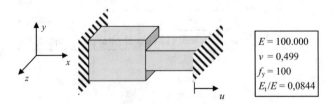

Abb. 3.15 Zwei-Elemente-Modell mit generalisierter ebener Dehnung in z-Richtung

linear elastisches Materialgesetz: $E\varepsilon_x^{re} = \sigma_x^{re} - \nu\sigma_z^{re}$; $E\varepsilon_z^{re} = \sigma_z^{re} - \nu\sigma_x^{re}$,

$$\tag{3.134}$$

$$E\varepsilon_x^{li} = \sigma_x^{li} - \nu\sigma_z^{li} \;\; ; \;\; E\varepsilon_z^{li} = \sigma_z^{li} - \nu\sigma_x^{li}. \tag{3.135}$$

Damit erhält man die fiktiv elastischen Spannungen, beispielsweise für das höher beanspruchte rechte Element:

$$\sigma_x^{re} = \frac{6Eu}{9-\nu^2} \;\; ; \;\; \sigma_z^{re} = \frac{2\nu Eu}{9-\nu^2} \;\; ; \;\; \sigma_v^{re} = \frac{2Eu}{9-\nu^2}\sqrt{9-3\nu+\nu^2}. \tag{3.136}$$

3.6.2.3 Inkrementelle elastisch-plastische Berechnung

Die inkrementelle elastisch-plastische Berechnung weist den in Abb. 3.16 dargestellten Beanspruchungspfad und die Entwicklung der TIV als Trajektorien im deviatorischen Spannungsraum bzw. im TIV-Raum bis zum Belastungsniveau $u = 0{,}01$ auf, was der 6,363-fachen elastischen Grenzlast entspricht.

Der zweite Knick des Beanspruchungspfades im deviatorischen Spannungsraum weist darauf hin, dass dort auch das linke Element (und damit die gesamte Struktur) plastisch wird. In diesem Zustand ist die direktionale Umlagerung offenbar am stärksten ausgeprägt.

Das zugehörige Histogramm der Spannungskomponenten ist in Abb. 3.17 dargestellt.

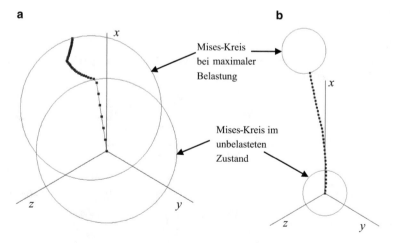

Abb. 3.16 Rechtes Element des Zwei-Elemente-Modells. **a** Trajektorien des Spannungszustandes im deviatorischen Spannungsraum, **b** Trajektorien der TIV im Y-Raum gemäß einer inkrementellen Analyse

Abb. 3.17 Rechtes Element des Zwei-Elemente-Modells: Spannungshistogramm gemäß einer inkrementellen Analyse

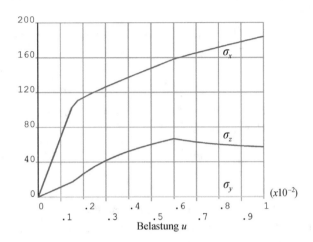

3.6.2.4 VFZT

Die Anwendung der VFZT folgt dem in Abb. 3.11 dargestellten Workflow. Bereits nach der 1. Iteration ist die Fließzone, die nur aus dem rechten Element besteht, korrekt identifiziert, sodass die weiteren Iterationen nur noch der Verbesserung der TIV-Abschätzung dienen.

Die Entwicklung der Beanspruchungen mit den meA's ist für das rechte Element beim Belastungsniveau $u = 0{,}006$ in Tab. 3.2 aufgelistet. Die inkrementelle Analyse wurde zu Vergleichszwecken sowohl ohne als auch mit Zwischenbelastungsschritten zur Verfolgung des Belastungsweges und somit zur Erfassung der direktionalen Umlagerung durchgeführt.

Tab. 3.2 Entwicklung der Beanspruchungen im rechten Element mit den meA's der VFZT im Vergleich zur inkrementellen ("exakten") Lösung für $u = 0{,}006$

meA	σ_x	σ_z	ε_x [%]	ε_z [%]
1	161,60	42,21	0,5930	−0,0671
2	155,77	48,21	0,5101	−0,0630
3	156,75	53,15	0,5084	−0,0657
4	157,24	56,20	0,5074	−0,0673
5	157,49	58,09	0,5068	−0,0683
6	157,62	59,27	0,5064	−0,0690
7	157,70	60,01	0,5062	−0,0693
8	157,75	60,47	0,5060	−0,0696
20	157,82	61,26	0,5058	−0,0700
Exakt (1 Belastungschritt)	157,82	61,26	0,5058	−0,0700
Exakt (40 Belastungsschritte)	158,12	66,72	0,5043	−0,0728

Nach einigen meA's ist für die Spannungen und Dehnungen eine gute Näherung erreicht. Nach 20 meA's ist das Ergebnis der VFZT identisch mit der inkrementellen Analyse ohne Zwischenbelastungsschritt. Wie die VFZT genutzt werden kann, um durch Einführung von Zwischenbelastungsschritten direktionale Umlagerung noch besser zu erfassen und so auch das Ergebnis einer inkrementellen Analyse mit ebenso vielen Belastungsschritten zu duplizieren, ist in Abschn. 9.3 beschrieben.

3.6.3 Lochscheibe

3.6.3.1 Geometrie, Material, Belastung

Eine rechteckige Scheibe (Abmessungen 180 * 360) mit zentrischem Loch (Durchmesser 70) wird an seinen beiden schmalen Seiten einer spannungsgesteuerten Belastung $p = 76$ unterworfen (Abb. 3.18). Die Scheibe befindet sich im ebenen Spannungszustand, da alle Spannungen senkrecht zur Scheibenebene verschwinden. Aus Symmetriegründen braucht nur der erste Quadrant betrachtet zu werden. Die elastischen und die plastischen Materialparameter für lineare kinematische Verfestigung sind in Abb. 3.18 angegeben.

3.6.3.2 Fiktiv elastische Berechnung

Der fiktiv elastischen Berechnung zufolge beträgt die maximale Vergleichsspannung in Punkt A 279,1 und das Belastungsniveau somit das 2,633-fache der elastischen Grenzlast.

3.6.3.3 Inkrementelle elastisch-plastische Berechnung

Die mit einer inkrementellen elastisch-plastischen Analyse ermittelte Vergleichsspannung ist in Abb. 3.19 dargestellt. Die Fließzone umfasst die Farbbereiche hellgrün, gelb und rot. Man erkennt zwei disjunkte plastische Zonen.

Bei dieser Berechnung zeigt sich auch, dass der Begriff „exakt" für die Lösung nach der FZT und damit der Maßstab für die Qualität der Näherung durch die VFZT

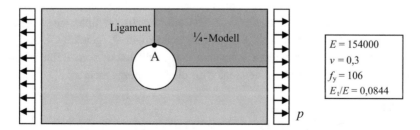

Abb. 3.18 Doppeltsymmetrische Lochscheibe (ebener Spannungszustand) unter monotoner Belastung

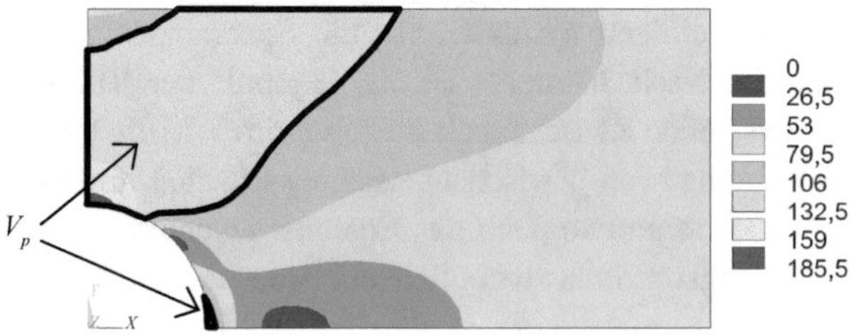

Abb. 3.19 Lochscheibe:
Vergleichsspannung bei
„exakter" inkrementeller
elastisch-plastischer
Berechnung (FZT)

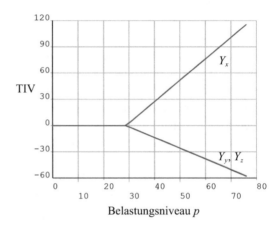

Abb. 3.20 Lochscheibe:
Entwicklung der drei TIV-
Komponenten an der Stelle A
mit steigender Belastung

fragwürdig ist. Die Ergebnisse hängen beispielsweise ab vom gewählten Element-typ, von der gewählten Vernetzung, von der gewählten Konvergenztoleranz und der gewählten Anzahl von Lastinkrementen zur Erfassung der Abhängigkeit vom Belastungsweg. Als Folge stellt sich etwa heraus, dass der Bereich, in dem die Fließgrenze überschritten wird, nicht genau identisch ist mit dem Bereich, in dem plastische Dehnungen auftreten. Und trotz des einachsigen Spannungszustandes im Punkt A sind dort die plastischen Dehnungskomponenten in die beiden anderen Richtungen nicht genau gleich groß.

Abb. 3.20 zeigt die Entwicklung der TIV an der höchstbeanspruchten Stelle im Kerbgrund des Ligaments (Punkt A). Dort liegt ein einachsiger Spannungszustand mit $\sigma/\sigma_v = \sigma^{fel}/\sigma_v^{fel} = +1$ vor, sodass die TIV-Komponenten Y_i gemäß Gl. 3.77 linear von der fiktiv elastisch berechneten Spannung und somit linear vom Belastungsniveau abhängen. Für andere Stellen der Fließzone trifft dies allerdings nicht zu.

3.6.3.4 VFZT

Die Anwendung der VFZT folgt dem in Abb. 3.11 dargestellten Workflow.

Abb. 3.21 stellt die Verteilung der Vergleichsspannung nach 1, 2 und 4 meA's dar. Die Unterschiede zwischen den meA's werden immer kleiner, sodass nach 4 meA's nur noch

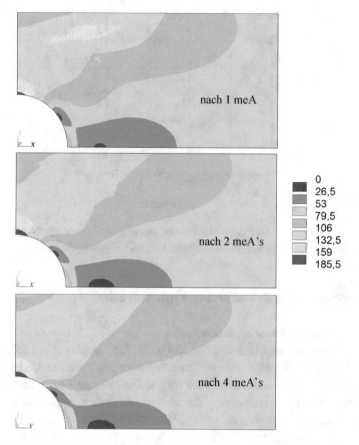

Abb. 3.21 Lochscheibe: Vergleichsspannungen bei Anwendung der VFZT nach 1, 2 und 4 meA's

geringe Änderungen auftreten. Ein Vergleich mit Abb. 3.20 zeigt, dass die Geometrie der Fließzone und die Verteilung der Vergleichsspannung nach 4 meA's von der „exakten" Analyse kaum noch abweicht.

Abb. 3.22 stellt die Entwicklung der elastisch-plastischen Axialdehnungsverteilung entlang des Ligaments dar.

Bereits nach der zweiten meA, also zusammen mit der fiktiv elastischen Analyse nach insgesamt drei linear elastischen Berechnungen, liegt eine sehr gute Näherung für die Dehnung an der höchstbeanspruchten Stelle vor. Und nach vier meA's ist die Verteilung der Spannungen und der Dehnungen über die gesamte Struktur in sehr guter Näherung ermittelt.

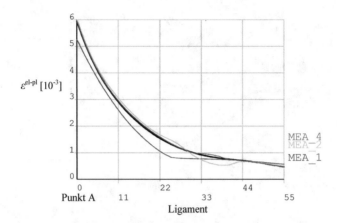

Abb. 3.22 Lochscheibe: Verlauf der Axialdehnung entlang des Ligaments: Vergleich zwischen „exakter" inkrementeller Analyse *(schwarze Kurve)* und unterschiedlichen meA's der VFZT

3.6.4   Dickwandiger Zylinder unter Innendruck

3.6.4.1 Geometrie, Material, Belastung
Ein dickwandiger Zylinder (Innenradius $r_i = 1000$, Außenradius $r_a = 2000$) wird einer Innendruckbelastung ($p = 450$) unterworfen. Die Enden des Zylinders sind durch Deckel verschlossen, sodass durch den Innendruck Axialkräfte $N = \pi p r_i^2$ entstehen.

Betrachtet wird ein Rohrabschnitt, der ausreichend weit von den durch die Deckel hervor gerufenen Biegestörungen entfernt ist, sodass diese nicht berücksichtigt zu werden brauchen. Infolgedessen verlaufen die Spannungen in axialer Richtung konstant. Es braucht deshalb nur eine Querschnittsscheibe mit einer Finite-Element-Schicht in axialer Richtung modelliert zu werden, deren Unterseite in axialer Richtung gehalten ist, und deren Knoten an der Oberseite so miteinander gekoppelt sind, dass sie alle dieselbe axiale Verschiebung aufweisen, siehe Abb. 3.23.

3.6.4.2 Fiktiv elastische Berechnung
An der Außenoberfläche liegt im gesamten Bauteil ein dreidimensionaler Spannungs-zustand vor. Die höchstbeanspruchte Stelle befindet sich an der Innenoberfläche. Bei 2,077-facher elastischer Grenzlast stellen sich die in Abb. 3.24 dargestellten Spannungs-verläufe über die Wanddicke ein.

3.6.4.3 Inkrementelle elastisch-plastische Berechnung
Nach Überschreitung der elastischen Grenzlast verschiebt sich die Grenze zwischen der Fließzone und dem elastisch bleibenden Bereich mit steigender Belastung immer weiter nach außen. Beim 2,077-fachen der elastischen Grenzlast ist die Wanddicke zu 95,0 % plastisch.

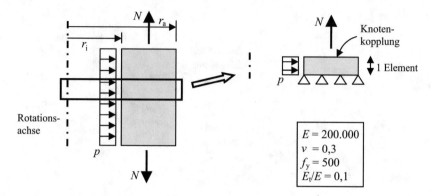

Abb. 3.23 Dickwandiger Zylinder unter Innendruck

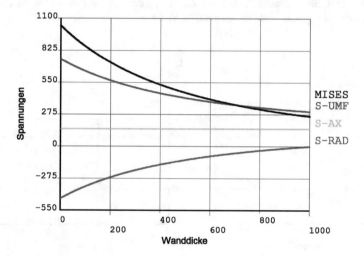

Abb. 3.24 Dickwandiger Zylinder: Verlauf der fiktiv elastischen Spannungen über die Wanddicke für 2,077-fache elastische Grenzlast

Abb. 3.25 zeigt, wie sich der Spannungszustand und die TIV an der Innenoberfläche mit wachsender Belastung einer inkrementellen Analyse mit ANSYS zufolge entwickeln. An der Innenoberfläche verlässt die TIV erst mit beginnender Plastizierung den Koordinatenursprung. An anderen Stellen ist dies jedoch nicht unbedingt der Fall, denn dort können aufgrund örtlicher Umlagerung Restspannungen auftreten, obwohl an diesen Stellen selbst noch kein Plastizieren stattfindet.

In Abb. 3.26 ist der Verlauf der Spannungen und Dehnungen über die Wanddicke dargestellt.

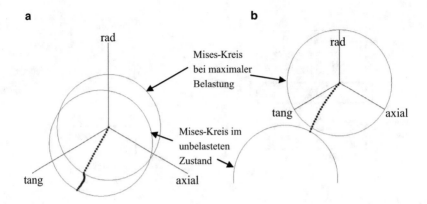

Abb. 3.25   Dickwandiger Zylinder. **a** Entwicklung des Spannungszustandes an der Innenober-fläche im deviatorischen Spannungsraum, **b** Entwicklung der TIV im Y-Raum bis zur 2,077-fachen elastischen Grenzlast gemäß einer inkrementellen Analyse

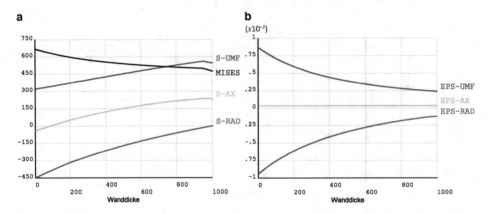

Abb. 3.26   Dickwandiger Zylinder: Verlauf der Spannungs- (**a**) bzw. der Dehnungskomponenten (**b**) über die Wanddicke nach inkrementeller Analyse für 2,077-fache elastische Grenzlast

3.6.4.4 VFZT

Abb. 3.27 stellt den Verlauf der Spannungs- und Dehnungskomponenten für unter-schiedliche meA's der VFZT dar. Man erkennt, wie in den ersten meA's die Fließzone V_p gesucht wird. Nach 3 bis 4 meA's ist mit dem Auge kaum noch ein Unterschied zur inkrementellen Lösung (Abb. 3.26) auszumachen.

Die in den Abschn. 3.6.1 bis 3.6.4 behandelten Beispiele für monotone Belastung sollen einen ersten Einblick in die Funktionsweise der VFZT und die erreichbare Ergebnisqualität bei nichtradialer Belastung, und insbesondere für den „Härtefall" direktionaler Umlagerung gestatten. Der für die Anwendung der VFZT erforderliche

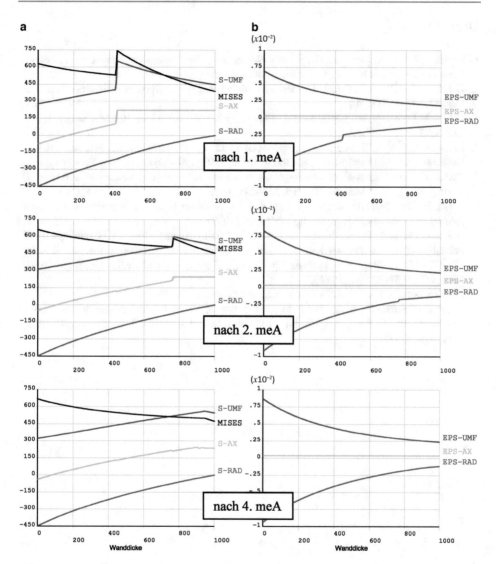

Abb. 3.27 Dickwandiger Zylinder: Verlauf der Spannungs- (**a**) bzw. der Dehnungskomponenten (**b**) über die Wanddicke für unterschiedliche meA's der VFZT

Berechnungsaufwand ist noch nicht unbedingt erheblich kleiner als für herkömmliche inkrementelle Berechnungen mit der „exakten" FZT mithilfe der dort üblicherweise eingesetzten Newton-Raphson-Iterationen. Dieser Vorteil wird sich erst bei zyklischer Belastung einstellen.

Literatur

1. Zarka, J., Frelat, J., Inglebert, G., Kasmai Navidi, P.: A New Approach to Inelastic Analyses of Structures. Martinus Nijhoff, Dordrecht (1988) (stark erweitert 1990)
2. Zarka, J., Inglebert, G., Engel, J.J.: On a simplified inelastic analysis of structures. Nucl. Eng. Des. **57**, 333–368 (1980)
3. Zarka, J.: On simplified mathematical modelling of cyclic behaviour. Res Mechanica **4**, 203–223 (1982)
4. Zarka, J., Casier, J.: Elastic-plastic response of a structure to cyclic loading: Practical rules. In: Nemet-Nasser, S. (Hrsg.) Mechanics Today, Bd. 6, S. 93–198. Pergamon, New York (1981)
5. Zarka, J.: Direct analysis of elastic-plastic structures with ,overlay' materials during cyclic loading. Int. J. Num. Methods Eng. **15**, 225–235 (1980)
6. Zarka, J.: Sur l'étude du comportement global des matériaux soumis à un chargement cyclique. Journal de Mécanique Appliquée **3**(3), 291–326 (1979)
7. Hübel, H.: Ermittlung realistischer Ke-Faktoren (Plastifizierungsfaktoren) als Grundlage für die Präzisierung des kerntechnischen Regelwerkes hinsichtlich der Ermüdungsanalyse. Vorhaben SR 2221 für das Bundesministerium für Umwelt, Naturschutz und Reaktorsicherheit (BMU-1997-481). ISSN 0724-3316 (1997)
8. ANSYS Release 2019R1, ANSYS Inc., Canonsburg, USA (2019)
9. Segle, P., Eglund, G., Skog, M.: A two-rod testing approach for understanding ratcheting in structures. Int. J. Press. Vessels Pip. **139–140**, 184–193 (2016). https://doi.org/10.1016/j.ijpvp.2016.02.008

VFZT bei zyklischer Belastung

4

Bei Strukturen, die einer zyklischen überelastischen Belastung unterworfen werden, sind die in Kap. 2 angesprochenen Phänomene für die Lebensdauer des Tragwerks von Bedeutung, insbesondere die infolge eines eventuellen Ratcheting-Mechanismus akkumulierten Verzerrungen sowie eventuelle elastisch-plastische Dehnschwingbreiten.

Bei unbeschränkter kinematischer Verfestigung kommt es infolge zyklischer Belastung garantiert irgendwann einmal zum Einspielen, entweder zu elastischem oder zu plastischem Einspielen. Mit der VFZT kann die Natur dieses Einspielzustandes festgestellt und alle gewünschten Größen in diesem Zustand wie maximale Dehnung, Mitteldehnung, Dehnungsschwingbreite, Verformung usw. mit relativ geringem Aufwand näherungsweise ermittelt werden. In diesem Kapitel wird beschrieben, wie die elastisch-plastische Dehnschwingbreite im plastischen Einspielzustand sowie die akkumulierten Verzerrungen im elastischen und im plastischen Einspielzustand mit der VFZT auf der Grundlage der Zarka-Methode ([1]) ermittelt werden können. Zunächst wird davon ausgegangen, dass die Werkstoffparameter im Verlauf eines zyklischen Belastungsprozesses konstant bleiben. In Kap. 5 sowie in Abschn. 9.2 wird dann beschrieben, wie eine eventuelle Temperatur-Abhängigkeit berücksichtigt werden kann. Vorerst wird Linearität des Verfestigungsgesetzes angenommen. In Kap. 7 wird dann eine Erweiterung auf multilineare kinematische Verfestigung vorgenommen.

4.1 Natur des Einspielzustandes

Im Folgenden wird hauptsächlich einstufige Belastung betrachtet, sodass das zyklische Verhalten einer Struktur durch zwei extremale Belastungszustände bestimmt wird, die im Folgenden als den „minimalen" und den „maximalen" Belastungszustand (L_{min} und

H. Hübel, *Vereinfachte Fließzonentheorie,* https://doi.org/10.1007/978-3-658-41833-5_4

$L_{\max}$) bezeichnet werden, zwischen denen alle Belastungen proportional zueinander variieren:

$$L(t) = L_{\min} + \lambda(t)(L_{\max} - L_{\min}), \tag{4.1}$$

wobei $\lambda(t)$ eine beliebige skalare Funktion ist, die jeweils monoton von 0 bis 1 ansteigt und monoton von 1 bis 0 abnimmt. Wenn die Belastung durch lediglich einen zeitabhängigen Parameter beschrieben werden kann, spricht man auch von einer Ein-Parameter-Belastung. Die Zuweisung, welcher Belastungszustand der „minimale" und welcher der „maximale" sein soll, erfolgt willkürlich, sodass damit keine Aussage über die Beträge und Vorzeichen der Belastungen oder Beanspruchungen verbunden ist.

Die Schwingbreite der fiktiv elastisch berechneten Spannungen beträgt dann

$$\Delta\sigma_i^{\text{fel}} = \sigma_{i,\max}^{\text{fel}} - \sigma_{i,\min}^{\text{fel}}. \tag{4.2}$$

In Abschn. 4.8 wird dann auch angesprochen, wie akkumulierte Verzerrungen ermittelt werden können, wenn mehr als zwei Belastungszustände berücksichtigt werden müssen.

Liegt unbeschränkte kinematische Verfestigung vor, so ist die Natur des Einspielzustandes, der sich nach einer unbestimmten Anzahl von Belastungszyklen einstellt, leicht aufgrund rein elastischer Berechnungen festzustellen. Ist die fiktiv elastische Vergleichsspannungs-Schwingbreite zwischen zwei Belastungszuständen an keiner Stelle des Tragwerks größer als die doppelte Fließgrenze, so wird es zu elastischem Einspielen (ES) kommen, sonst zu plastischem (PS). Bei einstufiger Belastung gilt also (Abweichungen hiervon gibt es etwa aufgrund temperaturabhängiger Materialparameter oder infolge von Strukturänderungen wie bei Kontaktproblemen, und werden in Abschn. 9.3 angesprochen):

$$\Delta\sigma_{\text{v}(\underline{x})}^{\text{fel}} \le 2f_y \ \forall\underline{x} \in V \rightarrow \text{ES}, \tag{4.3}$$

$$\Delta\sigma_{\text{v}(\underline{x})}^{\text{fel}} > 2f_y \ \exists\underline{x} \in V \rightarrow \text{PS}. \tag{4.4}$$

Die $2f_y$-Grenze zwischen ES und PS ist schon von den Ratcheting-Interaktions-Diagrammen in Kap. 2 bekannt. Übertragen auf den Raum der TIV bedeutet dies: wenn an jeder Stelle des Tragwerks die Mises-Kreise um die fiktiv elastisch berechneten Spannungen beim maximalen und beim minimalen Belastungszustand eine Schnittmenge Ω bilden, die nicht leer ist, dann kommt es zu ES, sonst zu PS, Abb. 4.1.

Bei PS wird zunächst die Schwingbreite berechnet (Abschn. 4.2) und darauf aufbauend dann die akkumulierte Verzerrung (Abschn. 4.6). Bei ES ist die Schwingbreite von vornherein bekannt, sodass nur noch der akkumulierte Zustand zu berechnen ist (Abschn. 4.4).

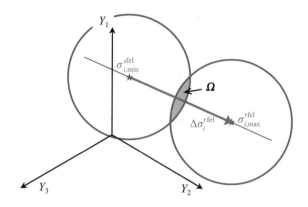

Abb. 4.1 Mises-Kreise bei zyklischer Beanspruchung im Raum der TIV

4.2 Dehnschwingbreite bei plastischem Einspielen

Die Dehnschwingbreite wird als Input für eine Ermüdungsanalyse benötigt, wird darüber hinaus aber auch bei der Ermittlung der akkumulierten Verzerrungen verwendet.

Zur Berechnung der Beanspruchungs-Schwingbreiten mit der VFZT werden analog zu der in Kap. 3 beschriebenen Vorgehensweise an Stelle der Restspannungen und Restdehnungen die Schwingbreiten der Restspannungen $\Delta\rho_i$ und der Restdehnungen $\Delta\varepsilon_i^*$ mithilfe von meA's berechnet. Dazu werden im plastischen Teilvolumen V_p die Anfangsdehnungs-Schwingbreiten $\Delta\varepsilon_{i,0}$ bzw. die Anfangsspannungs-Schwingbreiten $\Delta\sigma_{i,0}$ benötigt. Aus den Gln. 3.20 und 3.21 wird dann das modifizierte elastische Werkstoffgesetz

$$\Delta\varepsilon_i^* = \begin{cases} \left(E_{ij}^*\right)^{-1}\Delta\rho_j + \Delta\varepsilon_{i,0} & \forall \underline{x} \in V_\text{p}, \\ E_{ij}^{-1}\Delta\rho_j & \forall \underline{x} \in V_\text{e}, \end{cases} \tag{4.5}$$

bzw.

$$\Delta\rho_i = \begin{cases} E_{ij}^*\Delta\varepsilon_j^* + \Delta\sigma_{i,0} & \forall \underline{x} \in V_\text{p}, \\ E_{ij}\Delta\varepsilon_j^* & \forall \underline{x} \in V_\text{e} \end{cases} \tag{4.6}$$

und aus Gl. 3.14 bzw. 3.22 die modifizierte Belastung in Form von Anfangssdehnungen bzw. Anfangsspannungen

$$\Delta\varepsilon_{i,0} = \frac{3}{2C}\Delta Y_i, \tag{4.7}$$

bzw.

$$\Delta\sigma_{i,0} = -\frac{3}{2C}E_{ij}^*\Delta Y_j = -\frac{3}{2C}\frac{E^*}{1+v^*}\Delta Y_i. \tag{4.8}$$

Für den Bereich V_e kommt stattdessen auch wieder die alternative Formulierung analog Gln. 3.18 und 3.19 infrage:

$$\Delta\varepsilon_i^* = \left(E_{ij}^*\right)^{-1}\Delta\rho_j + \Delta\varepsilon_{i,0} \quad \text{mit} \quad \Delta\varepsilon_{i,0} = \frac{3}{2C}\Delta Y_i \quad \text{mit} \quad \Delta Y_i = -\Delta\rho_i' \; \forall \underline{x} \in V_e. \tag{4.9}$$

Die modifizierten elastischen Materialparameter E^* und ν^* bleiben wie in Gln. 3.15 und 3.16

$$E^* = E_t, \tag{4.10}$$

$$\nu^* = \frac{1}{2} - \frac{E_t}{E}\left(\frac{1}{2} - \nu\right). \tag{4.11}$$

Die Fließzone V_p bzw. ihr Komplement V_e sind für die n-te meA analog zu Gln. 3.74 bzw. 3.75 definiert durch

$$V_p^{(n)} = \left\{\underline{x}\middle|\, \Delta\sigma_v^{(n-1)} \geq 2f_y\right\}, \tag{4.12}$$

$$V_e^{(n)} = \left\{\underline{x}\middle|\Delta\sigma_v^{(n-1)} < 2f_y\right\}, \tag{4.13}$$

wobei $\Delta\sigma_v$ die Vergleichsspannung der Komponenten der Spannungsschwingbreite ist, die nach dem Superpositionsgesetz analog zu Gl. 3.24 gewonnen werden:

$$\Delta\sigma_i = \Delta\sigma_i^{\text{fel}} + \Delta\rho_i \; \forall \underline{x} \in V. \tag{4.14}$$

Bei $n = 1$ liegt noch keine Berechnung der Restspannungsschwingbreite vor, sodass

$$\Delta\rho_i = 0_i \; \forall \underline{x} \in V, \tag{4.15}$$

$$\Delta\sigma_v^{(0)} = \Delta\sigma_v^{\text{fel}} \; \forall \underline{x} \in V. \tag{4.16}$$

Der in Abb. 3.11 dargestellte Workflow ist sinngemäß auch zur Abschätzung der Dehnschwingbreite anwendbar.

Zur Abschätzung der TIV-Schwingbreite ΔY_i haben Zarka, seine Kollegin Inglebert und Mitarbeiter beispielsweise in [Kap. 7 von Ref. 2; Appendix 3 von Ref. 3; Ref. 4; Ref. 5] Vorschläge für eine untere und eine obere Schranke entwickelt. Der Autor hat mit diesen Vorschlägen auch teilweise sehr gute Erfahrungen gemacht, bei manchen Anwendungen jedoch auch weniger gute, etwa bei einem Kraftwerksstutzen, der einer thermischen Transiente unterworfen wurde.

Aus diesem Grunde wird hier eine andere Vorgehensweise vorgeschlagen. Diese macht sich das bei vielen Werkstoffen näherungsweise zu beobachtende Masing-Verhalten zu Nutze, welches besagt, dass das zyklische Werkstoffverhalten dem monotonen Verhalten sehr ähnlich ist, indem das zyklische Spannungs-Dehnungs-Diagramm aus dem monotonen einfach durch Verdoppelung der Spannungen und Dehnungen

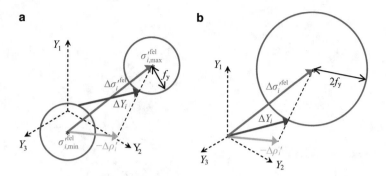

Abb. 4.2 Abschätzung der TIV-Schwingbreite bei zyklischer Beanspruchung im Raum der TIV

gewonnen werden kann. Bei linearer kinematischer Verfestigung bedeutet dies, dass die Tangentensteigungen bei zyklischem und bei monotonem Plastizieren gleich sind und die Schwingbreite der Fließgrenze doppelt so groß ist wie die monotone Fließgrenze, siehe Abb. 1.8.

Dies bedeutet, dass die Schwingbreite der TIV bei zyklischer Belastung auf ähnliche Weise abgeschätzt werden kann wie in Abschn. 3.5 für die TIV bei monotoner Belastung, nämlich durch Projektion der negativen deviatorischen Restspannungsschwingbreite auf den Mises-Kreis mit dem Radius der doppelten Fließgrenze, der seinen Mittelpunkt in der fiktiv elastischen deviatorischen Spannungsschwingbreite hat, siehe Abb. 4.2. Es sei darauf hingewiesen, dass die beiden Mises-Kreise in Abb. 4.2a nicht unbedingt disjunkt sein müssen. Sie müssen es nur an zumindest einer Stelle irgendwo in der Struktur sein, damit überhaupt plastisches Einspielen stattfindet.

Diese Vorgehensweise ähnelt der in Abschn. 2.9.3 erwähnten Twice-Yield Methode. Aus Gl. 3.118 wird somit

$$\Delta Y_i^{(n)} = \Delta\sigma_i^{\prime\mathrm{fel}} - \Delta\sigma_i^{\prime(n-1)}\left(\frac{2f_\mathrm{y}}{\Delta\sigma_\mathrm{v}^{(n-1)}}\right)\forall\underline{x}\in V_\mathrm{p}^{(n)}. \tag{4.17}$$

Dabei muss Y_i während des Zyklus im TIV-Raum nicht linear verlaufen. So ergibt sich etwa für das in Abschn. 2.9.3 behandelte Beispiel für zyklische direktionale Umlagerung (Zwei-Elemente-Modell mit generalisierter ebener Dehnung, Abb. 2.52 und Tab. 2.1) die in Abb. 4.3 gezeigte Hysterese.

Im Sonderfall eines einachsigen Spannungszustandes wird Gl. 4.17 zu

$$\Delta Y^{(n)} = \Delta\sigma^\mathrm{fel} - 2f_\mathrm{y}\,\mathrm{sgn}\!\left(\Delta\sigma^{(n-1)}\right)\forall\underline{x}\in V_\mathrm{p}^{(n)}. \tag{4.18}$$

Die Qualität der mit Gln. 4.17 bzw. 4.18 verbundenen Näherung ist für dehnungsbasierte Ermüdungsanalysen mehrerer praxisnaher Beispiele bereits in [6] ausgewiesen. Hierfür genügt die Kenntnis der Dehnschwingbreite, ohne dass die Spannungs-Dehnungs-

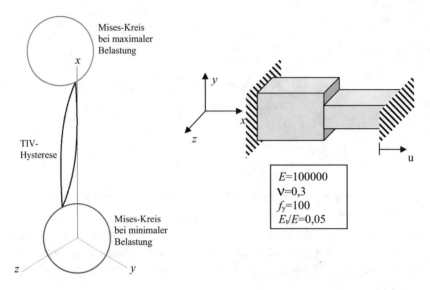

Abb. 4.3 Hysterese von Y_i für das Zwei-Elemente-Modell mit generalisierter ebener Dehnung bei zyklischer Beanspruchung im Raum der TIV

Hysterese aufgelöst werden müsste, was erst bei einem energiebasierten Konzept der Ermüdungsschädigung erforderlich wäre (zur detaillierten Verfolgung der Hysterese mit der VFZT siehe Abschn. 9.3.5). Die Vergleichsdehnungsschwingbreite kann nach Gl. 2.42 ermittelt werden. Die dazu erforderlichen plastischen Komponenten der Dehnschwingbreite lassen sich sinngemäß nach Gl. 3.30 bestimmen.

Vollrath hat in [7] auf eine interessante Alternative zu Gl. 4.17 hingewiesen, die ohne die Einschränkungen der Twice-Yield Methode auskommt. So kann, etwa zur späteren Verwendung bei der Berechnung des akkumulierten Zustandes in Abschn. 4.6, die Dehnschwingbreite auch mit relativ geringem Berechnungsaufwand auf inkrementellem Wege statt mit der VFZT ermittelt werden, wenn alle konstant anstehenden Bestandteile der Belastung unberücksichtigt bleiben. So kann zumindest bei ortsfester Belastung (siehe Klassifizierung in Abb. 2.1) die Entstehung eines Ratcheting-Mechanismus vermieden werden, sodass nur wenige Zyklen berechnet werden müssen.

4.3   Beispiele für Dehnschwingbreite bei plastischem Einspielen

Da die Vorgehensweise zur Abschätzung der Dehnungsschwingbreite bei zyklischer Belastung derjenigen zur Abschätzung der Dehnungen bei monotoner Belastung ähnelt, können die Ergebnisse für die Beispiele in den Abschn. 3.4 und 3.6 übernommen werden, sofern die Beanspruchungen durch die Beanspruchungs-Schwingbreiten und die Fließgrenze durch die doppelte Fließgrenze ersetzt werden. In den folgenden Abschnitten werden weitere Beispiele betrachtet. Auf einige dieser Beispiele wird später bei der Berechnung akkumulierter Verzerrungen auch wieder zurück gegriffen werden. Auch nach Erweiterungen der VFZT zur Berücksichtigung temperaturabhängiger Fließgrenzen sowie von multilinearer Verfestigung in den nächsten Kapiteln werden einige dieser Beispiele wieder aufgegriffen.

4.3.1   Zweistab-Modell

In Abschn. 2.2.1 bis 2.2.3 wurde bereits das Zweistab-Modell als Einführungs-Beispiel für das Phänomen Ratcheting vorgestellt (Abb. 4.4). Hierfür soll nun die Schwingbreite der Beanspruchungen im plastischen Einspielzustand mit der VFZT ermittelt werden. Beide Stäbe erfahren nur einen einachsigen Spannungszustand. Die Schwingbreite der TIV in Stablängsrichtung ist demnach durch Gl. 4.18 gegeben und von vornherein exakt bekannt, da die elastisch-plastische Spannungsschwingbreite dasselbe Vorzeichen besitzt wie die fiktiv elastische. Da beide Stäbe gleiche Material-Eigenschaften und die gleiche Geometrie haben, sind die Beanspruchungs-Schwingbreiten in beiden Stäben gleich groß, sodass sie im plastischen Einspielzustand beide zyklisch plastizieren. Somit ist auch die Fließzone V_p von vornherein exakt bekannt.

Die fiktiv elastische Spannungsschwingbreite beträgt im linken Stab

$$\Delta\sigma_\text{li}^\text{fel} = -\sigma_\text{t} = -\frac{1}{2}E\alpha_\text{T}T \tag{4.19}$$

und im rechten Stab

$$\Delta\sigma_\text{re}^\text{fel} = +\sigma_\text{t} = +\frac{1}{2}E\alpha_\text{T}T. \tag{4.20}$$

Die Schwingbreite der TIV ergibt sich aus Gl. 4.18 zu

$$\Delta Y_\text{li} = \Delta\sigma_\text{li}^\text{fel} + 2f_\text{y}, \tag{4.21}$$

$$\Delta Y_\text{re} = \Delta\sigma_\text{re}^\text{fel} - 2f_\text{y}, \tag{4.22}$$

Abb. 4.4 Zweistab-Modell unter zyklischer Belastung

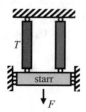
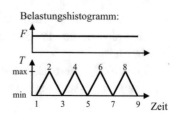

woraus sich mit Gl. 4.7 nach Anpassung an die einachsige Betrachtungsweise (wodurch der Faktor 3/2 entfällt, wie in Abschn. 3.1.4 beschrieben) die Anfangsdehnungen

$$\Delta\varepsilon_{\text{li},0} = \frac{1}{C}\Delta Y_{\text{li}} \;\; ; \;\; \Delta\varepsilon_{\text{re},0} = \frac{1}{C}\Delta Y_{\text{re}} \tag{4.23}$$

ergeben. Mit dem modifiziert elastischen Werkstoffgesetz Gl. 4.5, angepasst für den einachsigen Spannungszustand, wird daraus

$$\Delta\varepsilon_{\text{li}}^* = \frac{1}{E_{\text{t}}}\Delta\rho_{\text{li}} + \frac{1}{C}\left(\Delta\sigma_{\text{li}}^{\text{fel}} + 2f_{\text{y}}\right), \tag{4.24}$$

$$\Delta\varepsilon_{\text{re}}^* = \frac{1}{E_{\text{t}}}\Delta\rho_{\text{re}} + \frac{1}{C}\left(\Delta\sigma_{\text{re}}^{\text{fel}} - 2f_{\text{y}}\right). \tag{4.25}$$

Mit der Gleichgewichtsbedingung

$$\Delta\rho_{\text{re}} = -\Delta\rho_{\text{li}} \tag{4.26}$$

und der kinematischen Bedingung

$$\Delta\varepsilon_{\text{li}}^* = \Delta\varepsilon_{\text{re}}^* \tag{4.27}$$

erhalten wir als Ergebnis der ersten meA:

$$\Delta\rho_{\text{li}} = -\left(1 - \frac{E_{\text{t}}}{E}\right)\left(\Delta\sigma_{\text{li}}^{\text{fel}} + 2f_{\text{y}}\right), \tag{4.28}$$

$$\Delta\varepsilon_{\text{li}}^* = 0. \tag{4.29}$$

Die elastisch-plastische Dehnungsschwingbreite ergibt sich analog zu Gl. 3.25 durch Superposition der Restdehnungsschwingbreite von Gl. 4.29 mit der fiktiv elastisch berechneten Dehnungsschwingbreite. Demnach gilt für beide Stäbe:

$$\Delta\varepsilon^{\text{el-pl}} = \Delta\varepsilon^{\text{fel}}. \tag{4.30}$$

Somit liegt hinsichtlich der Beanspruchungsschwingbreite eine dehnungsgesteuerte Belastung vor, in der Terminologie eines plastischen Dehnungserhöhungsfaktors also

$$K_{\text{e}} = 1, \tag{4.31}$$

unabhängig von Materialdaten und vom Belastungsniveau. Eine iterative Verbesserung ist nicht möglich, da sowohl die TIV als auch die Fließzone V_{p} von vornherein exakt bekannt waren. Sie ist auch nicht notwendig, da Gl. 4.30 das exakte Ergebnis darstellt, was beispielhaft für die dort untersuchte Parameter-Konstellation auch aus Abb. 2.5 ersichtlich ist.

Die VFZT liefert also mit einer einzigen meA das exakte Ergebnis für die Beanspruchungs-Schwingbreite.

4.3.2 Mehrachsiges Ratcheting

In Abschn. 2.3.1 wurde mehrachsiges Ratcheting behandelt. System und Belastungshistogramm sind noch einmal in Abb. 4.5 wieder gegeben. Werden für die Kanten Einheitslängen gewählt, entspricht die Kraft F direkt der Spannung σ_1 und die Verschiebung u direkt der Dehnung ε_2.

Auch hier führt der zyklische Belastungsanteil zu einem einachsigen Spannungszustand. Allerdings sollen nun auch die Dehnungskomponenten in die beiden anderen Richtungen mit ermittelt werden, weshalb auf die mehrachsigen Formulierungen zurück gegriffen wird.

Die Schwingbreiten der fiktiv elastischen Spannungskomponenten betragen

$$\Delta\sigma_i^{\text{fel}} = \begin{pmatrix} 0 \\ \sigma_{\text{t}} \\ 0 \end{pmatrix} \quad ; \quad \sigma_{\text{t}} = E\varepsilon_2 \tag{4.32}$$

und ihre deviatorischen Komponenten

$$\Delta\sigma_i'^{\text{fel}} = \frac{1}{3}E\varepsilon_2 \begin{pmatrix} -1 \\ +2 \\ -1 \end{pmatrix}. \tag{4.33}$$

Die zugehörige Vergleichsspannung ist

$$\Delta\sigma_v^{\text{fel}} = E\varepsilon_2. \tag{4.34}$$

Die Schwingbreite der fiktiv elastischen Dehnungen beträgt

$$\Delta\varepsilon_i^{\text{fel}} = \varepsilon_2 \begin{pmatrix} -\nu \\ 1 \\ -\nu \end{pmatrix}. \tag{4.35}$$

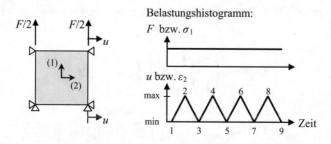

Abb. 4.5 Mehrachsiges Ratcheting: Ein Element mit ebenem Spannungszustand

Da das Element einen homogenen Beanspruchungszustand erfährt, stellt das ganze Element die Fließzone V_p dar, sofern $\Delta\sigma_v^{fel} > 2f_y$. Aus Gl. 4.17 ergibt sich die Schwingbreite der TIV für die erste meA ($n = 1 \rightarrow \Delta\sigma_i'^{(0)} = \Delta\sigma_i'^{fel}$) zu

$$\Delta Y_i^{(1)} = \frac{1}{3} \begin{pmatrix} -1 \\ +2 \\ -1 \end{pmatrix} (E\varepsilon_2 - 2f_y). \tag{4.36}$$

Mit den statischen und kinematischen Bedingungen

$$\Delta\rho_i = \begin{pmatrix} 0 \\ \Delta\rho_2 \\ 0 \end{pmatrix}, \tag{4.37}$$

$$\Delta\varepsilon_i^* = \begin{pmatrix} \Delta\varepsilon_1^* \\ 0 \\ \Delta\varepsilon_3^* \end{pmatrix} \tag{4.38}$$

führt das modifizierte elastische Werkstoffgesetz von Gl. 4.5 zu dem Gleichungssystem

$$\begin{pmatrix} \Delta\varepsilon_1^{*(1)} \\ 0 \\ \Delta\varepsilon_3^{*(1)} \end{pmatrix} = \frac{1}{E_t} \begin{pmatrix} 1 & -\nu^* & -\nu^* \\ -\nu^* & 1 & -\nu^* \\ -\nu^* & -\nu^* & 1 \end{pmatrix} \begin{pmatrix} 0 \\ \Delta\rho_2^{(1)} \\ 0 \end{pmatrix} + \frac{E\varepsilon_2 - 2f_y}{2C} \begin{pmatrix} -1 \\ +2 \\ -1 \end{pmatrix} \tag{4.39}$$

mit der Lösung für die 1. meA

$$\Delta\rho_2^{(1)} = -\left(1 - \frac{E_t}{E}\right)(E\varepsilon_2 - 2f_y), \tag{4.40}$$

$$\Delta\varepsilon_1^{*(1)} = \Delta\varepsilon_3^{*(1)} = -\left(1 - \frac{E_t}{E}\right)\left(\varepsilon_2 - \frac{2f_y}{E}\right)\left(\frac{1}{2} - \nu\right). \tag{4.41}$$

Die elastisch-plastischen Beanspruchungsschwingbreiten werden analog zu Gl. 4.14 durch Superposition der fiktiv elastischen und der modifiziert elastischen Schwingbreiten gewonnen:

$$\Delta\sigma_i^{(1)} = \begin{pmatrix} 0 \\ 1 \\ 0 \end{pmatrix} \left[E_t\varepsilon_2 + \left(1 - \frac{E_t}{E}\right)2f_y\right], \tag{4.42}$$

$$\Delta\varepsilon_i^{(1)} = \begin{pmatrix} \varepsilon_2\left[-\frac{1}{2} + \left(\frac{1}{2} - \nu\right)\frac{E_t}{E}\right] + \left(\frac{1}{2} - \nu\right)\left(1 - \frac{E_t}{E}\right)\frac{2f_y}{E} \\ \varepsilon_2 \\ \varepsilon_2\left[-\frac{1}{2} + \left(\frac{1}{2} - \nu\right)\frac{E_t}{E}\right] + \left(\frac{1}{2} - \nu\right)\left(1 - \frac{E_t}{E}\right)\frac{2f_y}{E} \end{pmatrix}. \tag{4.43}$$

Eine iterative Verbesserung ist nicht möglich und nicht notwendig, da Gln. 4.42 und 4.43 das exakte Ergebnis darstellen. Aufgrund der Einachsigkeit des Spannungszustandes und weil die Fließzone von vornherein bekannt ist, erhält man auch hier, wie schon im Beispiel von Abschn. 4.3.1, mit der VFZT durch eine einzige meA das exakte Ergebnis für die Beanspruchungsschwingbreiten in alle Koordinatenrichtungen.

4.3.3 Bree-Rohr

Das Bree-Rohr wurde bereits in Abschn. 2.3.2 beschrieben. Es handelt sich um ein dünnwandiges Rohr unter konstantem Innendruck, das einem zyklischen radialen Temperaturgradienten mit linearer Temperaturverteilung über die Wanddicke unterworfen wird. Die Differenz der Temperatur an Innen- und Außenoberfläche ist ΔT. Hier wird das in Abb. 2.20 dargestellte Ersatzmodell mit einachsigem Spannungszustand betrachtet, Abb. 4.6.

In jedem Querschnitt des Stabes liegt dasselbe Verhalten vor. Die Beanspruchungen sind also unabhängig von der Koordinate in Stablängsrichtung.

Es liegt ein einachsiger Spannungszustand vor. Wenn an der Staboberseite ($y = t/2$) beim maximalen Belastungszustand eine Abkühlung erfolgt, werden die freien thermischen Dehnungen durch Zugbeanspruchungen wieder vollständig rückgängig gemacht. Da die thermische Belastung hier also dehnungsgesteuert wirkt, betragen die fiktiv elastisch berechneten Schwingbreiten der Axialspannungen

$$\Delta\sigma_{(y)}^{\text{fel}} = \frac{y}{t/2}\sigma_{\text{t}} \; ; \quad \sigma_{\text{t}} = E\alpha_{\text{T}}\frac{\Delta T}{2}. \tag{4.44}$$

Damit der Grenzzustand plastisches Einspielen erreicht wird, muss gelten

$$\Delta\sigma_{(y=t/2)}^{\text{fel}} = \sigma_{\text{t}} > 2f_{\text{y}}. \tag{4.45}$$

Wegen des einachsigen Spannungszustandes und der dehnungsgesteuerten Belastung ist die Unterteilung des Querschnittes in V_{e} und V_{p} von vornherein bekannt:

$$V_{\text{p}} = \left\{ y \,\middle|\, \Delta\sigma_{(y)}^{\text{fel}} \geq 2f_{\text{y}} \vee \Delta\sigma_{(y)}^{\text{fel}} \leq -2f_{\text{y}} \right\}. \tag{4.46}$$

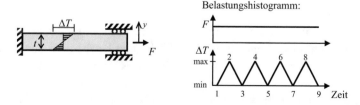

Abb. 4.6 Bree-Rohr: Ersatzmodell mit einachsigem SpannungszustandTemperaturgradienten

Die Grenzen werden markiert durch

$$\frac{y_{\mathrm{pl,oben}}}{t/2} = +\frac{2f_{\mathrm{y}}}{\sigma_{\mathrm{t}}} \ ; \ \frac{y_{\mathrm{pl,unten}}}{t/2} = -\frac{2f_{\mathrm{y}}}{\sigma_{\mathrm{t}}}. \tag{4.47}$$

Nach Gl. 4.18 beträgt die Schwingbreite der TIV aufgrund $\mathrm{sgn}(\Delta\sigma) = \mathrm{sgn}\big(\Delta\sigma^{\mathrm{fel}}\big)$

$$\Delta Y_{(y>y_{\mathrm{pl,oben}})} = \Delta\sigma^{\mathrm{fel}}_{(y)} - 2f_{\mathrm{y}}, \tag{4.48}$$

$$\Delta Y_{(y<y_{\mathrm{pl,unten}})} = \Delta\sigma^{\mathrm{fel}}_{(y)} + 2f_{\mathrm{y}}. \tag{4.49}$$

Die Anfangsdehnungen in Längsrichtung ergeben sich aus Gl. 4.7 (ohne den Vorfaktor 3/2 aufgrund der einachsigen Betrachtungsweise, siehe Abschn. 3.1.4) in V_{p} zu

$$\Delta\varepsilon_{0(y>y_{\mathrm{pl,oben}})} = \frac{1}{C}\big(\Delta\sigma^{\mathrm{fel}}_{(y)} - 2f_{\mathrm{y}}\big), \tag{4.50}$$

$$\Delta\varepsilon_{0(y<y_{\mathrm{pl,unten}})} = \frac{1}{C}\big(\Delta\sigma^{\mathrm{fel}}_{(y)} + 2f_{\mathrm{y}}\big) \tag{4.51}$$

und damit das Werkstoffgesetz für die meA in den drei unterschiedlichen Querschnittsbereichen zu

$$\Delta\varepsilon^{*}_{(y>y_{\mathrm{pl,oben}})} = \frac{\Delta\rho_{(y)}}{E_{\mathrm{t}}} + \frac{1}{C}\big(\Delta\sigma^{\mathrm{fel}}_{(y)} - 2f_{\mathrm{y}}\big), \tag{4.52}$$

$$\Delta\varepsilon^{*}_{(y_{\mathrm{pl,unten}} \leq y \leq y_{\mathrm{pl,oben}})} = \frac{\Delta\rho_{(y)}}{E}, \tag{4.53}$$

$$\Delta\varepsilon^{*}_{(y<y_{\mathrm{pl,unten}})} = \frac{\Delta\rho_{(y)}}{E_{\mathrm{t}}} + \frac{1}{C}\big(\Delta\sigma^{\mathrm{fel}}_{(y)} + 2f_{\mathrm{y}}\big). \tag{4.54}$$

Da aber einerseits die Restdehnungsschwingbreite $\Delta\varepsilon^{*}$ die Bernoulli-Hypothese vom Ebenbleiben des Querschnittes erfüllen muss, also allenfalls eine lineare Funktion von y sein kann, andererseits aber auch weder eine Krümmung noch eine zyklische Längenänderung des Stabes hervor rufen darf, muss gelten

$$\Delta\varepsilon^{*}_{(y)} = 0. \tag{4.55}$$

Gl. 4.55 war eigentlich schon von vornherein absehbar, da es sich bei dem zyklischen Belastungsanteil um eine dehnungsgesteuerte Belastung handelt, bei der die elastisch-plastische Dehnungsschwingbreite mit der fiktiv elastischen Dehnungsschwingbreite identisch ist.

Durch Einsetzen in Gln. 4.52–4.54 erhält man dann in allen drei Querschnittsbereichen die Restspannungsschwingbreiten, wodurch zwar keine Restnormalkraft-

Schwingbreite, wohl aber eine Restmomenten-Schwingbreite hervor gerufen wird. Dies ist dann auch bereits die exakte Lösung.

4.3.4 Dickwandiger Zylinder unter Temperaturtransiente

Während im vorigen Beispiel die Temperaturverteilung über die Wanddicke eines dünnwandigen Rohres direkt vorgegeben wurde, wird nun ein dickeres Rohr betrachtet ($r_{\text{außen}}/r_{\text{innen}} = 1{,}5$), welches von einem Fluid durchflossen wird, dessen Temperatur sich zyklisch ändert, Abb. 4.7 und Tab. 4.1. Infolge des konvektiven Wärmeübergangs an der Innenoberfläche (Wärmeübergangszahl h_{f}) und Wärmeleitung durch die Wand werden instationäre nichtlineare Temperaturprofile über die Wanddicke hervor gerufen. Die Außenoberfläche des Rohres ist perfekt isoliert. Es wird eine Stelle in ausreichender Entfernung von eventuellen Biegestörungen betrachtet. Es tritt auch kein axialer Temperaturgradient auf. Geometrie und Belastung sind rotationssymmetrisch.

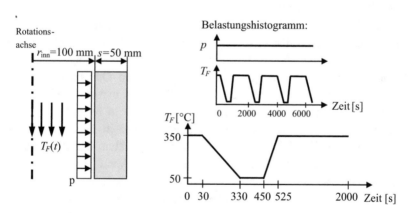

Abb. 4.7 Dickwandiges Rohr unter thermischer Transiente

Tab. 4.1 Materialdaten

Dichte ρ	$7{,}93 * 10^{-9}$ N s^2/mm^4
Wärmeleitfähigkeit k	15 N/(s K)
spezifische Wärmekapazität c	$0{,}5 * 10^9$ mm^2/(K s^2)
Wärmeübergangskoeffizient h_{f}	30 N/(K s mm)
E	200.000 N/mm^2
	0,3
α_{T}	$1{,}6 * 10^{-5}$/K
f_{y}	100 N/mm^2
E_t/E	0,05

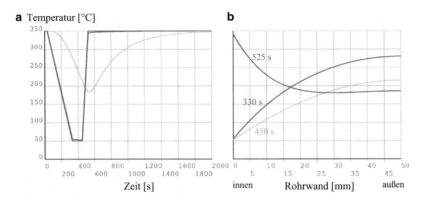

Abb. 4.8 Thermische Analyse. **a** Temperatur-Histogramme der aufgebrachten Fluid-Transiente, der Innen- und der Außenoberfläche; *grün*: Außenoberfläche, *rot*: Fluid-Transiente, *blau*: Innenoberfläche, **b** Temperatur-Profile über die Wanddicke zu unterschiedlichen Zeitpunkten

Sowohl die thermische Analyse als auch die fiktiv elastische und die modifiziert elastischen Analysen werden mit ANSYS durchgeführt.

An jedem Zyklusende, also alle 2000 s, wird ein vollständiger Temperaturausgleich erzwungen, sodass überall 350°C vorliegen. Da kein axialer Temperatur-Gradient entsteht und mögliche End-Effekte, wie etwa eine Biegebehinderung, nicht betrachtet werden, genügt die Analyse einer rotationssymmetrischen Querschnitts-Scheibe und somit einer Elementschicht in axialer, aber vielen Elementen in radialer Richtung.

Abb. 4.8 zeigt die Ergebnisse der thermischen Analyse in Form von Zeitverläufen der Temperatur an der Innen- und Außenoberfläche sowie in Form von Temperatur-Verteilungen über die Wanddicke zu ausgewählten Zeitpunkten. Die Temperatur an der Innenoberfläche folgt der Fluid-Transiente mit nur geringer Verzögerung.

Die größten Beanspruchungen treten jeweils kurz nach Ende der Down- und der Up-Transiente auf. Als „minimaler" Belastungszustand wird der Zeitpunkt 330 s und als „maximaler" Belastungszustand 525 s gewählt. Hierfür sind in Abb. 4.9 die Spannungskomponenten infolge einer fiktiv elastischen Berechnung dargestellt. Die Umfangs- und die Axialspannungen unterscheiden sich jeweils nur wenig und die Radialspannungen sind klein. Es treten keine Schubspannungen auf.

Aus den sich daraus ergebenden Komponenten der Spannungsschwingbreiten werden die Vergleichsspannungsschwingbreiten gebildet und damit nach Gl. 4.12 die Fließzone V_p für die 1. meA und mit Gln. 4.7 und 4.17 die dazugehörigen Anfangsdehnungsschwingbreiten abgeschätzt, Abb. 4.10.

Nach Durchführung der ersten meA wird eine iterative Verbesserung der Abschätzung sowohl der Fließzone V_p als auch der TIV in V_p vorgenommen. Als Ergebnis sind in Abb. 4.11 die elastisch-plastischen Dehnungskomponenten für die ersten beiden meA's dargestellt. Bei weiteren meA's sind nur noch geringfügige Änderungen festzustellen. Schon nach 2 meA's stellen die Ergebnisse bereits eine gute Näherung dar, wie im Ver-

Abb. 4.9 Fiktiv elastische
Analyse: Verteilung der
Spannungskomponenten
über die Wanddicke infolge
alleiniger thermischer
Belastung beim minimalen
(330 s) und beim maximalen
(525 s) Belastungszustand

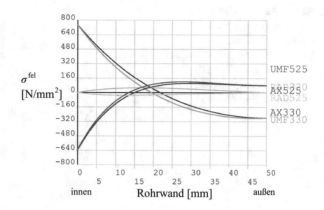

Abb. 4.10 Verteilung der
Schwingbreite der Anfangs-
dehnungskomponenten über
die Wanddicke für die 1. meA
der VFZT

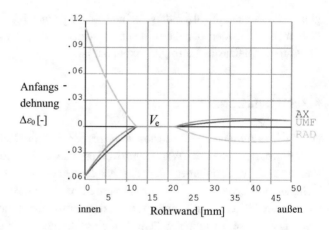

Abb. 4.11 Verteilung
der Schwingbreiten der
elastisch-plastischen
Dehnungskomponenten
über die Wanddicke für
unterschiedliche meA's der
VFZT

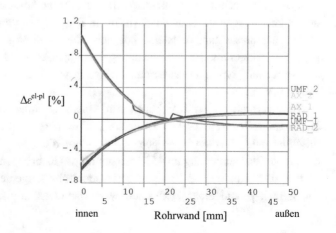

Abb. 4.12 Verteilung
der Schwingbreiten der
elastisch-plastischen
Dehnungskomponenten
über die Wanddicke im
plastischen Einspielzustand
(inkrementelle Analyse)

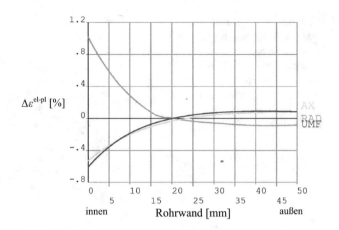

gleich mit der in Abb. 4.12 dargestellten Lösung einer inkrementellen Berechnung, die über mehrere Zyklen der thermischen Transiente mit jeweils zahlreichen Lastschritten bis zum Einspielzustand erfolgte, erkennbar ist.

4.3.5   Rohrbogen

Als Beispiel für eine dreidimensionale Fließzone wird ein Rohrbogen betrachtet.

Bei Rohrleitungen in Wärmekraftwerken haben die Rohrbögen die Aufgabe, die thermischen Verformungen der anschließenden Geradrohre aufzunehmen, um die Behälteranschlüsse an den Rohrleitungsenden zu entlasten. Diese Aufgabe erfüllen sie um so besser, je dünnwandiger und schärfer gekrümmt und somit flexibler sie sind. Die starke Krümmung lässt bei einer Biegebeanspruchung Abtriebskräfte entstehen, die zu einer Querschnittsverformung führen (Abb. 4.13). Dadurch weisen Rohrbögen eine ausgeprägte Schalentragwirkung auf, wodurch beispielsweise infolge eines auf- oder zubiegenden Momentes (in-plane Biegung) ein zweiachsiger Membran- plus Biegespannungszustand entsteht, bei dem die Umfangsspannungskomponente sogar größer sein kann als die Axialspannungskomponente. Zudem befindet sich die höchste Beanspruchung typischerweise nahe der Krone, wo man sie nach der Balkentheorie nicht erwarten würde.

Weit verbreitet sind Rohrbögen mit einem Öffnungswinkel von 90° und einem Bogenradius R, welcher das 1,5-fache des mittleren Durchmessers D_m beträgt. Die anschließenden Geradrohr-Tangenten behindern die Querschnitts-Ovalisierung, sodass die größte Beanspruchung im 45°-Querschnitt des Rohrbogens zu erwarten ist.

Ein dünnwandiger Rohrbogen mit Geradrohr-Tangenten wird einem konstanten Innendruck p und einer zyklischen weggesteuerten in-plane Biegung $\varphi_{\text{in-plane}}$ durch

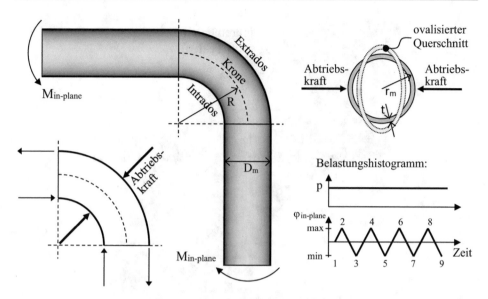

Abb. 4.13 Rohrbogen unter schließender in-plane Biegung

Rotation der End-Querschnitte unterworfen. Hierfür werden folgende Geometrie- und Material-Parameter gewählt:

r_m=100 mm (mittlerer Rohr-Radius)
t=5 mm (Wanddicke)
R=300 mm (Bogen-Radius)
L_T=600 mm (Länge der angeschlossenen Geradrohre)
E=1,7·10^5 N/mm^2
ν=0,3
f_y=160 N/mm^2
$E_t = E*0{,}06$

Aufgrund der Doppelsymmetrie von Geometrie und Belastung kann die Berechnung an einem ¼-Modell erfolgen. Hierfür werden 5000 8-knotige Schalenelemente (shell281) mit 15 section integration points verwendet.

Der Innendruck p=3,58 N/mm^2 steht konstant an und bewirkt an der höchstbeanspruchten Stelle (Innenoberfläche am Intrados) eine Vergleichsspannung in Höhe von 50 % der elastischen Grenzlast. Die maximale Beanspruchung infolge der zyklischen Querschnitts-Rotation $\varphi_{\text{in-plane}} = \pm 0{,}02$ rad findet sich an der Innenoberfläche nahe der Krone (Belastungshistogramm siehe Abb. 4.13).

Bei einer inkrementellen Analyse werden ca. 600 Zyklen benötigt, bis der Einspielzustand nahezu erreicht ist. Abb. 4.14 zeigt hierfür den Konturplot der Schwingbreite der

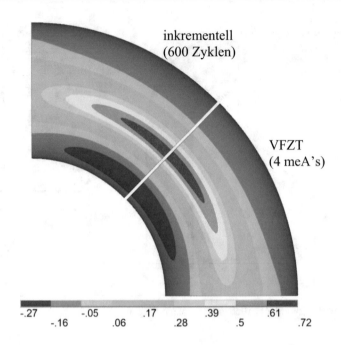

Abb. 4.14 Schwingbreite der Umfangsdehnung [%] an der Innenoberfläche im Shakedown-Zustand

VFZT, meA	$\Delta\varepsilon_{Umf}$ [%]
1	0,713
2	0,749
3	0,715
4	0,693
5	0,691
6	0,690
7	0,689
8	0,688
9	0,688
10	0,687
Inkrementell	0,686

Tab. 4.2 Entwicklung der Umfangsdehnungssch-wingbreite über die meA's der VFZT im Vergleich mit der inkrementellen Analyse im Einspielzustand

Umfangsdehnungskomponente an der Innenoberfläche im Vergleich mit dem Ergebnis der VFZT. Schon nach 4 modifiziert elastischen Analysen ist kaum noch ein Unterschied zu erkennen. Tab. 4.2 weist die Entwicklung über die meA's aus.

4.4   Akkumulierte Dehnungen bei elastischem Einspielen

Die Bedingung für elastisches Einspielen (ES) wurde bereits in Gl. 4.3 genannt:

$$\Delta\sigma_{\mathrm{v}}^{\mathrm{fel}} \leq 2f_{\mathrm{y}}\ \forall \underline{x} \in V \rightarrow \mathrm{ES}. \tag{4.56}$$

Die modifiziert elastischen Analysen (meA's) zur Bestimmung des Restbeanspruchungs-zustandes im elastischen Einspielzustand, vor allem der akkumulierten Verzerrungen und zugehörigen Spannungen, erfolgen analog zur in Abschn. 3.1 vorgestellten Vorgehens-weise. Hierfür werden die Geometrie der plastischen Zone V_{p} und die dort als modi-fizierte Belastung aufzubringenden Anfangsdehnungen benötigt.

4.4.1   Identifikation des elastischen und des plastischen Teilvolumens

Plastische Dehnungen, die bis zum Erreichen des elastischen Einspielzustandes ent-standen sind, sind bei weiteren Belastungszyklen eingefroren, sodass dann nur noch elastische Beanspruchungsänderungen auftreten. Folglich sind im gesamten Tragwerk die Restspannungen ρ_i ebenso zeitlich konstant wie die Rückspannungen ξ_i und daher auch die TIV Y_i (Gl. 3.1). Wie bereits in Abschn. 4.1 beschrieben, bedeutet dies, dass an jeder Stelle des Tragwerks im Raum der TIV ein Schnittbereich Ω existieren muss, der durch die beiden zum minimalen und zum maximalen Belastungszustand gehörenden Fließflächen gebildet wird und nicht leer ist (Abb. 4.1). Aufgrund der Konstanz der TIV muss Y_i auf jeden Fall im Inneren oder auf dem Rand dieses Bereiches liegen. Ist es vor Erreichen des Einspielzustandes zum Plastizieren gekommen, liegt Y_i auf dem Rand von Ω, sonst im Inneren von Ω. Nach Gl. 3.3 ist letzteres der Fall, wenn

$$Y_i = -\rho_i'. \tag{4.57}$$

Aufgrund dieser Feststellungen lässt sich folgende Einteilung des Volumens V in den elastisch bleibenden Teil V_{e} und die Fließzone V_{p} im n-ten Iterationsschritt abschätzen: Liegt die negative deviatorische Restspannung aus dem vorigen Iterationsschritt

$$Y_i^{*(n)} = -\rho_i'^{(n-1)} \tag{4.58}$$

innerhalb von Ω, so ist diese Stelle des Tragwerks rein elastisch und wird somit für den aktuellen n-ten Iterationsschritt dem Teilvolumen V_{e} zugewiesen. Dies ist dann der Fall, wenn die Mises-Vergleichsspannung der elastisch-plastisch berechneten Spannungs-komponenten bei beiden Belastungszuständen kleiner ist als die Fließgrenze. Andernfalls gehört diese Stelle zu V_{p}:

$$V_{\mathrm{p}}^{(n)} = \left\{ \underline{x} \,\middle|\, \sigma_{\mathrm{v,min}}^{(n-1)} \geq f_{\mathrm{y}} \vee \sigma_{\mathrm{v,max}}^{(n-1)} \geq f_{\mathrm{y}} \right\}, \tag{4.59}$$

$$V_e^{(n)} = \left\{ \underline{x} \,\middle|\, \sigma_{v,min}^{(n-1)} < f_y \wedge \sigma_{v,max}^{(n-1)} < f_y \right\}. \tag{4.60}$$

Sind in V_p die TIV bekannt, so können, wie in Abschn. 3.1.2 und 3.1.3 für monotone Belastung beschrieben, daraus Anfangsdehnungen gewonnen und eine meA durchgeführt werden.

4.4.2   Abschätzung der transformierten internen Variable

Befindet sich die negative deviatorische Restspannung außerhalb von Ω, so liegt es nahe, die TIV ähnlich wie bei monotoner Belastung (Abschn. 3.5) bzw. bei der Bestimmung der Beanspruchungs-Schwingbreiten bei zyklischer Belastung (Abschn. 4.2) abzuschätzen, indem die negative deviatorische Restspannung, also Y^*, auf die Fließfläche projiziert wird. Genauer gesagt, hat die Projektion auf den durch die beiden Fließflächen bei minimalem und maximalem Belastungszustand gebildeten Bereich Ω zu erfolgen, siehe Abb. 4.15. Im ersten Iterationsschritt, wenn also noch keine Restspannungen vorliegen, also

$$Y_i^* = 0_i, \tag{4.61}$$

ist der Koordinatenursprung auf Ω zu projizieren. Dies gilt allerdings nur, sofern der Koordinatenursprung nicht selbst in Ω liegt, weil die betrachtete Stelle sich dann in V_e befindet.

Wie diese Projektion im Detail erfolgt, hängt davon ab, in welchem der Bereiche ω_1 bis ω_4 von Abb. 4.15 sich Y^* befindet. Im Bereich ω_1 wird Y^* auf die zum maximalen

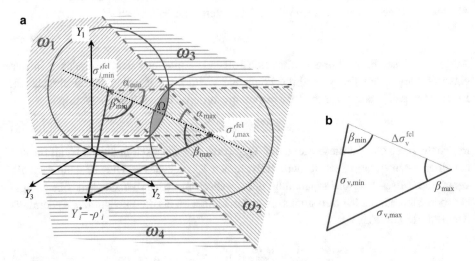

Abb. 4.15 Elastisches Einspielen. **a** Schnittbereich Ω der Fließflächen und Lage von Y^* im TIV-Raum, **b** isoliert gezeichnetes Dreieck zur Bestimmung der Winkel β_{min} und β_{max}

Belastungszustand, im Bereich ω_2 auf die zum minimalen Belastungszustand gehörende Fließfläche projiziert, und in den Bereichen ω_3 und ω_4 auf die nächstgelegene Ecke von Ω.

Zur Abgrenzung der Bereiche ω_1 bis ω_4 voneinander werden die Winkel α_{min} und α_{max} sowie β_{min} und β_{max} heran gezogen. Diese Winkel werden gemessen von der fiktiv elastisch berechneten deviatorischen Spannung des minimalen bzw. des maximalen Belastungszustandes aus, in Richtung des jeweils anderen Belastungszustandes gesehen. Wegen des elastischen Einspielens gilt vorerst (siehe dazu auch Abschn. 9.3.7 für Theorie II.Ordnung):

$$\Delta\sigma_v^{fel} = \Delta\sigma_v. \tag{4.62}$$

Sind die Fließgrenzen bei beiden Belastungszuständen identisch, so gilt

$$\cos(\alpha_{min}) = \cos(\alpha_{max}) = \frac{\Delta\sigma_v}{2f_y}. \tag{4.63}$$

Die Winkel β_{min} und β_{max} können mit dem Kosinussatz ermittelt werden (siehe Abb. 4.15b):

$$\cos(\beta_{min}) = \frac{\Delta\sigma_v^2 + \sigma_{v,min}^2 - \sigma_{v,max}^2}{2 \cdot \Delta\sigma_v \cdot \sigma_{v,min}}, \tag{4.64}$$

$$\cos(\beta_{max}) = \frac{\Delta\sigma_v^2 + \sigma_{v,max}^2 - \sigma_{v,min}^2}{2 \cdot \Delta\sigma_v \cdot \sigma_{v,max}}. \tag{4.65}$$

$\sigma_{v,min}$ und $\sigma_{v,max}$ sind dabei aus dem vorigen Iterationsschritt bekannt. α_{min} und α_{max} liegen zwischen $0°$ und $90°$, β_{min} und β_{max} zwischen $0°$ und $180°$. Bei $\Delta\sigma_v = 0$ sind beide Mises-Kreise identisch und es gilt $\alpha_{min} = \alpha_{max} = \beta_{min} = \beta_{max} = 90°$, sodass die Abschätzung der TIV wie bei monotoner Belastung nach Gl. 3.76 erfolgen kann. Für $\sigma_{v,min} = 0$ ergibt sich $\beta_{min} = 90°, \beta_{max} = 0$, für $\sigma_{v,max} = 0$ ergibt sich $\beta_{min} = 0$, $\beta_{max} = 90°$.

4.4.2.1 Y^* liegt in ω_2

Dies trifft dann zu, wenn:

$$\beta_{min} < \alpha_{min} \text{ und } \sigma_{v,min} > f_y. \tag{4.66}$$

Dann erfolgt die Abschätzung von Y durch Projektion von Y^* auf den Mises-Kreis des minimalen Belastungszustandes (Abb. 4.16):

$$Y_i = \sigma_{i,min}^{'fel} - \sigma_{i,min}'\left(\frac{f_y}{\sigma_{v,min}}\right). \tag{4.67}$$

Abb. 4.16 Projektion auf den
Mises-Kreis des minimalen
Belastungszustandes

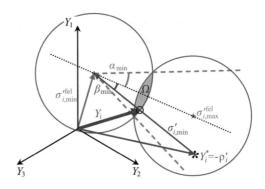

4.4.2.2 Y^* liegt in ω_1
Dies ist dann der Fall, wenn:

$$\beta_{max} < \alpha_{max} \text{ und } \sigma_{v,max} > f_y. \tag{4.68}$$

Dann erfolgt die Abschätzung von Y durch Projektion von Y^* auf den Mises-Kreis des maximalen Belastungszustandes (Abb. 4.17):

$$Y_i = \sigma_{i,max}^{\prime \text{fel}} - \sigma_{i,max}^{\prime} \left(\frac{f_y}{\sigma_{v,max}} \right). \tag{4.69}$$

4.4.2.3 Y^* liegt in ω_3 oder ω_4
Dies ist dann der Fall, wenn:

$$\beta_{min} \geq \alpha_{min} \text{ und } \beta_{max} \geq \alpha_{max}. \tag{4.70}$$

Dann erfolgt die Abschätzung von Y durch Projektion von Y^* auf den Schnittpunkt der beiden Mises-Kreise des minimalen und des maximalen Zustandes, also auf die Ecken des Bereiches Ω (Abb. 4.18). Die Lage dieser Ecken kann durch Linearkombinationen

Abb. 4.17 Projektion auf den
Mises-Kreis des maximalen
Belastungszustandes

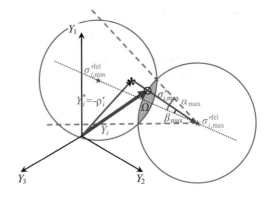

Abb. 4.18 Projektion auf die
Ecke des Bereiches Ω

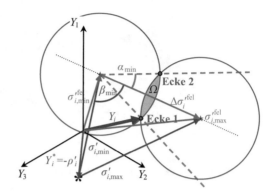

Abb. 4.19 Zur Ermittlung der
Lage der Ecken des Bereiches
Ω

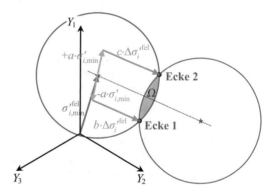

bereits bekannter Vektoren ausgedrückt werden. Als zweckmäßig hat sich heraus gestellt
(siehe Abb. 4.19):

$$Y_{i,\text{Ecke1}} = \sigma_{i,\min}^{\prime\text{fel}} - a \cdot \sigma_{i,\min}' + b \cdot \Delta\sigma_i^{\prime\text{fel}}, \tag{4.71}$$

$$Y_{i,\text{Ecke2}} = \sigma_{i,\min}^{\prime\text{fel}} + a \cdot \sigma_{i,\min}' + c \cdot \Delta\sigma_i^{\prime\text{fel}}. \tag{4.72}$$

Die skalaren Größen a, b und c lassen sich anhand der beiden eingefärbten Dreiecke in
Abb. 4.20 jeweils mit dem Sinussatz ermitteln. Da $\cos(\alpha_{\min})$ und $\cos(\beta_{\min})$ bereits aus
Gln. 4.63 und 4.64 bekannt sind, bietet sich dabei folgende Schreibweise an:

$$a = \frac{f_y}{\sigma_{v,\min}} \cdot \frac{\sqrt{1 - \cos^2 \alpha_{\min}}}{\sqrt{1 - \cos^2 \beta_{\min}}}, \tag{4.73}$$

$$b = \frac{f_y}{\Delta\sigma_v} \cdot \left(\cos\alpha_{\min} - \cos\beta_{\min} \frac{\sqrt{1 - \cos^2 \alpha_{\min}}}{\sqrt{1 - \cos^2 \beta_{\min}}} \right), \tag{4.74}$$

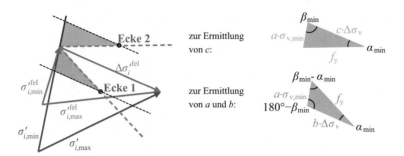

Abb. 4.20 Zur Bestimmung der Faktoren a, b, c

$$c = \frac{f_y}{\Delta\sigma_v} \cdot \left(\cos\alpha_{min} + \cos\beta_{min} \frac{\sqrt{1 - \cos^2\alpha_{min}}}{\sqrt{1 - \cos^2\beta_{min}}} \right). \tag{4.75}$$

Mit den Bedingungen $180° \geq \beta_{min} \geq \alpha_{min} \geq 0°$ sind die Faktoren a und b stets ≥ 0. Der Faktor c kann dagegen auch negativ sein. Aus diesem Grunde liegt Y^* immer näher an Ecke 1 als an Ecke 2, sodass die Projektion immer auf Ecke 1 nach Gl. 4.71 erfolgt und Gl. 4.72, und damit auch der Faktor c, sowie der Bereich ω_3 eigentlich gar nicht benötigt werden.

Da sich zwar die Entscheidung, ob die TIV in einer Ecke von Ω liegt, nicht aber die Lage der Ecke selbst im Laufe eines Iterationsprozesses ändern kann, lässt sich diese auch alleine auf Basis der fiktiv elastischen Berechnungen ermitteln:

$$Y_{i,Ecke} = (1 - a) \cdot \sigma_{i,min}'^{fel} + b \cdot \Delta\sigma_i'^{fel}, \tag{4.76}$$

wobei β_{min} und β_{max} nach Gln. 4.64 und 4.65 sowie a und b nach Gln. 4.73 und 4.74 nur mit den fiktiv elastisch berechneten Beanspruchungen ermittelt werden brauchen.

4.5 Beispiele für akkumulierte Dehnungen bei elastischem Einspielen

In den kommenden Abschnitten wird der Berechnungsablauf zur Abschätzung der akkumulierten Dehnungen bei elastischem Einspielen anhand einiger Beispiele erläutert und die Ergebnisqualität der VFZT sowie der jeweils erforderliche Berechnungsaufwand durch Vergleich mit inkrementellen Analysen beurteilt.

Außerdem sei darauf hingewiesen, dass Khalij et al. [8] mit ihrer Implementierung der Zarka-Methode in das FE-Programm SYSTUS das elastische Einspielverhalten eines Hakens unter zyklischer Belastung analysiert haben, während Cano und Taheri [9] die Zarka-Methode hinsichtlich elastischen Einspielens anhand eines Behälters mit Innendruck und zeitabhängiger thermischer Belastung untersucht haben.

Abb. 4.21 Zweistab-Modell

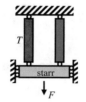

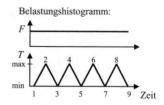

4.5.1   Zweistab-Modell

Das Zweistab-Modell (Abb. 4.21) wurde bereits in Abschn. 2.2.1 bis 2.2.3 behandelt und in Abschn. 4.3.1 hinsichtlich der Dehnschwingbreite bei plastischem Einspielen untersucht. Darüber hinaus wurde es bereits in [10] auch hinsichtlich Ratcheting mit der Zarka-Methode bzw. der VFZT untersucht.[1]

Die äußere Kraft F sorgt für eine sog. Primärspannung σ_p in beiden Stäben. Die im linken Stab aufgebrachte Temperatur T ruft eine zyklische fiktiv elastisch berechnete sog. Sekundärspannung mit dem Maximalwert σ_t hervor, die in beiden Stäben von gleichem Betrag ist, aber entgegen gesetzte Vorzeichen aufweist. Zum „minimalen" Belastungszeitpunkt betragen die fiktiv elastisch berechneten Spannungen

$$\sigma_{li,min}^{fel} = \sigma_P, \tag{4.77}$$

$$\sigma_{re,min}^{fel} = \sigma_P \tag{4.78}$$

und im „maximalen" Belastungszeitpunkt

$$\sigma_{li,max}^{fel} = \sigma_P - \sigma_t, \tag{4.79}$$

$$\sigma_{re,max}^{fel} = \sigma_P + \sigma_t. \tag{4.80}$$

Elastisches Einspielen ist gemäß Gl. 4.56 gewährleistet, solange der Betrag der fiktiv elastischen Spannungsschwingbreite die doppelte Fließgrenze nicht überschreitet:

$$\left|\Delta\sigma_{li/re}^{fel}\right| = \sigma_t \leq 2f_y. \tag{4.81}$$

Eine erste Abschätzung der Fließzone $V_p^{(1)}$ nach Gl. 4.59 ergibt:

$$\rho_{li}^{(0)} = \rho_{re}^{(0)}, \tag{4.82}$$

$$\sigma_{li,min}^{(0)} = \sigma_{re,min}^{(0)} = \sigma_{li,min}^{fel} = \sigma_{re,min}^{fel}, \tag{4.83}$$

---

[1] Jiang und Leckie haben in [11] eine Lösung für unterschiedliche Querschnittsflächen und unterschiedliche Längen der beiden Stäbe mit der Zarka-Methode gewonnen.

$$\sigma_{\text{li,max}}^{(0)} = \sigma_{\text{li,max}}^{\text{fel}} \quad ; \quad \sigma_{\text{re,max}}^{(0)} = \sigma_{\text{re,max}}^{\text{fel}}, \tag{4.84}$$

$$\sigma_{\text{v,li,max}}^{(0)} = |\sigma_\text{P} - \sigma_\text{t}| \geq f_\text{y} \rightarrow \text{linker Stab } V_\text{p}^{(1)} \quad ; \quad \text{sonst } V_\text{e}^{(1)}, \tag{4.85}$$

$$\sigma_{\text{v,re,max}}^{(0)} = |\sigma_\text{P} + \sigma_\text{t}| \geq f_\text{y} \rightarrow \text{rechter Stab } V_\text{p}^{(1)}. \tag{4.86}$$

Die Primärspannung σ_P darf die Fließgrenze nicht überschreiten, da sonst die Traglast des Systems überschritten wäre. Somit ist ausgeschlossen, dass einer der beiden Stäbe beim minimalen Belastungszustand plastizieren kann. Wenn σ_P und σ_t positiv sind, wird der rechte Stab zuerst plastisch und erfährt dabei plastische Zugdehnungen. Ist Gl. 4.85 erfüllt, erfährt der linke Stab plastische Druckdehnungen. Die elastische Grenzlast ist gegeben durch

$$\sigma_\text{P} + \sigma_\text{t} = f_\text{y}. \tag{4.87}$$

Nach Gln. 4.64 und 4.65 ergibt sich für β_{min}:

$$\cos(\beta_{\text{min}}) = +1 \text{ im li. Stab}, \tag{4.88}$$

$$\cos(\beta_{\text{min}}) = -1 \text{ im re. Stab} \tag{4.89}$$

und damit

$$\beta_{\text{min}} = 0° \text{ im li. Stab}, \tag{4.90}$$

$$\beta_{\text{min}} = 180° \text{ im re. Stab}, \tag{4.91}$$

sowie für β_{max}, wenn $\sigma_\text{P} < \sigma_\text{t}$, sodass Gln. 4.77 und 4.79 unterschiedliche Vorzeichen aufweisen:

$$\cos(\beta_{\text{max}}) = -1 \text{ im li. Stab} \tag{4.92}$$

bzw. wenn $\sigma_\text{P} > \sigma_\text{t}$, weil dann Gln. 4.77 und 4.79 dasselbe Vorzeichen aufweisen:

$$\cos(\beta_{\text{max}}) = +1 \text{ im li. Stab}, \tag{4.93}$$

$$\cos(\beta_{\text{max}}) = +1 \text{ im re. Stab} \tag{4.94}$$

und damit

$$\beta_{\text{max}} = 180° \text{ im li. Stab wenn } \sigma_\text{P} < \sigma_\text{t}, \tag{4.95}$$

$$\beta_{\text{max}} = 0° \text{ im li. Stab wenn } \sigma_\text{P} > \sigma_\text{t}, \tag{4.96}$$

$$\beta_{\text{max}} = 0° \text{ im re. Stab}, \tag{4.97}$$

was wegen des einachsigen Spannungszustandes aufgrund Abb. 4.15 ja auch selbst-verständlich ist, vgl. Abb. 4.22. Dort sind zur Veranschaulichung auch α_{min} und α_{max} eingezeichnet, obwohl die Ecken des Bereiches Ω wegen der Einachsigkeit des Spannungszustandes hier nicht benötigt werden. Es genügt, für die formalen Abfragen zu registrieren, dass $\alpha_{min} > 0$ und $\alpha_{max} > 0$. Abb. 4.22c veranschaulicht, dass bei $\sigma_P > \sigma_t$ der linke Stab dem elastischen Teilvolumen V_e zuzuordnen ist, da sich die Restspannung innerhalb des Bereiches Ω befindet (beachte: Gl. 4.85 ist nicht erfüllt).

Die TIV wird gewonnen entsprechend den in Abschn. 4.4.2.1 bis 4.4.2.3 unter-schiedenen Fällen. Der in Abschn. 4.4.2.3 untersuchte Fall scheidet sofort aus, da die Ecken von Ω, wie bereits erwähnt, hier nicht angesprochen werden können, was formal daran erkennbar ist, dass die erste Bedingung von Gl. 4.70 im linken Stab verletzt ist und die zweite Bedingung im rechten Stab. Auch Abschn. 4.4.2.1 trifft nicht zu, da die zweite Bedingung in Gl. 4.66 in beiden Stäben verletzt ist. Dagegen sind beide Bedingungen von Gl. 4.68 für den rechten Stab erfüllt und ebenso für den linken, sofern dieser über-haupt nach Gl. 4.85 der Fließzone V_p zugewiesen ist. Demnach befindet sich Y^* bei beiden Stäben im Bereich ω_1, sodass der negative Restspannungszustand, in der ersten Iteration hier also der Koordinatenursprung, auf den Mises-Kreis um den maximalen Beanspruchungszustand zu projizieren ist, vgl. Abb. 4.22.

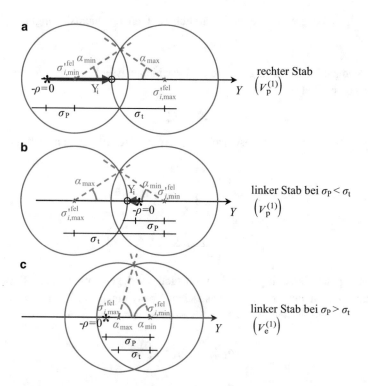

Abb. 4.22 Zweistab-Modell: TIV-Raum bei elastischem Einspielen, Y_i für die 1. meA. **a** rechter Stab, **b** linker Stab bei $\sigma_P < \sigma_t$, **c** linker Stab bei $\sigma_P > \sigma_t$

Für die folgenden Betrachtungen wird in Hinblick auf die erste meA danach unterschieden, ob der linke Stab nach Gl. 4.85 der Fließzone zugewiesen wurde oder nicht (Abschn. 4.5.1.1 und 4.5.1.2).

4.5.1.1 Der linke Stab befindet sich bei 1. meA in der elastischen Zone

Befindet sich der linke Stab in V_e, gilt für ihn das modifizierte elastische Werkstoffgesetz

$$\varepsilon_{li}^{*(1)} = \frac{1}{E}\rho_{li}^{(1)}. \qquad (4.98)$$

Für den rechten Stab, der ja auf jeden Fall V_p zugeordnet ist, gilt, weil sich der Koordinatenursprung im Bereich ω_1 des TIV-Raumes befindet und die TIV daher durch Projektion auf den zum maximalen Belastungszustand gehörenden Mises-Kreis erfolgt:

$$Y_{re}^{(1)} = \sigma_P + \sigma_t - f_y. \qquad (4.99)$$

Mit den Anfangsdehnungen nach Gl. 3.41 wird das modifizierte elastische Werkstoffgesetz nach Gl. 3.40 mit E^* nach Gl. 3.15 zu

$$\varepsilon_{re}^{*(1)} = \frac{1}{E_t}\rho_{re}^{(1)} + \frac{1}{C}\left(\sigma_P + \sigma_t - f_y\right). \qquad (4.100)$$

Mit den Feldgleichungen für die meA, nämlich der Gleichgewichtsbedingung

$$\rho_{re} = -\rho_{li} \qquad (4.101)$$

und der Kompatibilitätsbedingung (das Verschiebungsfeld muss mit den Randbedingungen kompatibel sein)

$$\varepsilon_{li}^* = \varepsilon_{re}^* \qquad (4.102)$$

erhalten wir als Ergebnis der meA, wobei die Angabe für den linken Stab hier genügen soll:

$$\rho_{li}^{(1)} = \frac{\left(1 - \frac{E_t}{E}\right)}{\left(1 + \frac{E_t}{E}\right)}\left(\sigma_P + \sigma_t - f_y\right), \qquad (4.103)$$

$$\varepsilon_{li}^{*(1)} = \frac{\left(1 - \frac{E_t}{E}\right)}{\left(1 + \frac{E_t}{E}\right)}\frac{\left(\sigma_P + \sigma_t - f_y\right)}{E}. \qquad (4.104)$$

Die Spannung im elastisch-plastischen Zustand wird gewonnen durch Superposition der Restspannungen mit den fiktiv elastischen Spannungen, und zwar sowohl für den minimalen wie auch für den maximalen Belastungszustand:

$$\sigma_{li,min}^{(1)} = \sigma_P + \rho_{li}^{(1)}, \qquad (4.105)$$

$$\sigma_{li,max}^{(1)} = \sigma_P - \sigma_t + \rho_{li}^{(1)}. \qquad (4.106)$$

Nun ist zu prüfen, ob die nach Gl. 4.85 vorgenommene Zuordnung des linken Stabes zu V_e korrekt war, also ob

$$\sigma_{v,li,min}^{(1)} = \left| \sigma_P + \rho_{li}^{(1)} \right| < f_y \qquad (4.107)$$

und

$$\sigma_{v,li,max}^{(1)} = \left| \sigma_P - \sigma_t + \rho_{li}^{(1)} \right| < f_y. \qquad (4.108)$$

Ist beides der Fall, liegt mit den Ergebnissen der meA in Gln. 4.103 und 4.104 bereits das exakte Ergebnis vor. Sonst ist diese Lösung unzutreffend und es ist eine 2. meA durchzuführen, bei der der linke Stab V_p statt bisher V_e zugeordnet wird ($V_e^{(1)} \rightarrow V_p^{(2)}$). Dies ist der Fall wenn

$$\frac{\sigma_t}{f_y} > \left(1 - \frac{\sigma_P}{f_y} \right) \frac{2}{1 - \frac{E_t}{E}}. \qquad (4.109)$$

Die negative Restspannung nach Gl. 4.103 befindet sich dann im TIV-Raum im Bereich ω_2. Die Ermittlung der TIV im linken Stab erfolgt dann durch Projektion auf den Mises-Kreis, der zum minimalen Belastungszustand gehört:

$$Y_{li}^{(2)} = \sigma_P - f_y, \qquad (4.110)$$

was zu dem modifizierten elastischen Werkstoffgesetz für den linken Stab

$$\varepsilon_{li}^{*(2)} = \frac{1}{E_t} \rho_{li}^{(2)} + \frac{1}{C} \left(\sigma_P - f_y \right) \qquad (4.111)$$

führt. Für den rechten Stab behält Gl. 4.100 seine Gültigkeit und so lautet das Ergebnis der 2. meA mit den Feldgleichungen Gln. 4.101 und 4.102

$$\rho_{li}^{(2)} = \left(1 - \frac{E_t}{E} \right) \frac{\sigma_t}{2}, \qquad (4.112)$$

$$\varepsilon_{li}^{*(2)} = \frac{1 - \frac{E_t}{E}}{E_t} \left(\sigma_P + \frac{\sigma_t}{2} - f_y \right). \qquad (4.113)$$

Die erneute obligatorische Überprüfung, in welchem TIV-Bereich sich die Stäbe nun befinden, zeigt, dass der linke Stab auf jeden Fall im Bereich ω_2 bleibt und der rechte auf jeden Fall im Bereich ω_1. Es findet also keine weitere Änderung der Zuordnung beider Stäbe zu V_p und auch keine Änderung von Y statt, sodass mit Gln. 4.112 und 4.113 die endgültige und exakte Lösung gefunden ist.

4.5.1.2   Der linke Stab befindet sich bei 1. meA in der Fließzone

Dann sind beide Stäbe in V_p, und beide im TIV-Bereich ω_1. Somit wird Y jeweils durch Projektion des Koordinatenursprungs auf den zum maximalen Belastungszustand gehörenden Mises-Kreis gewonnen:

$$Y_{\text{li}}^{(1)} = \sigma_{\text{P}} - \sigma_{\text{t}} + f_{\text{y}}, \tag{4.114}$$

$$Y_{\text{re}}^{(1)} = \sigma_{\text{P}} + \sigma_{\text{t}} - f_{\text{y}} \tag{4.115}$$

und das modifizierte elastische Werkstoffgesetz lautet

$$\varepsilon_{\text{li}}^{*(1)} = \frac{1}{E_{\text{t}}} \rho_{\text{li}}^{(1)} + \frac{1}{C} \left(\sigma_{\text{P}} - \sigma_{\text{t}} + f_{\text{y}} \right), \tag{4.116}$$

$$\varepsilon_{\text{re}}^{*(1)} = \frac{1}{E_{\text{t}}} \rho_{\text{re}}^{(1)} + \frac{1}{C} \left(\sigma_{\text{P}} + \sigma_{\text{t}} - f_{\text{y}} \right). \tag{4.117}$$

Mit Gln. 4.101 und 4.102 erhalten wir als Ergebnis der ersten meA für den linken Stab:

$$\rho_{\text{li}}^{(1)} = \left(1 - \frac{E_{\text{t}}}{E} \right) \left(\sigma_{\text{t}} - f_{\text{y}} \right), \tag{4.118}$$

$$\varepsilon_{\text{li}}^{*(1)} = \left(1 - \frac{E_{\text{t}}}{E} \right) \frac{\sigma_{\text{P}}}{E_{\text{t}}}. \tag{4.119}$$

Nun ist zu prüfen, ob die nach Gl. 4.85 vorgenommene Zuordnung des linken Stabes zu V_{p} sowie die Zuordnung zum TIV-Bereich ω_1 korrekt waren. Der linke Stab befindet sich dann in V_{p}, wenn zumindest eine der beiden folgenden Bedingungen erfüllt ist:

$$\sigma_{\text{v,li,min}}^{(1)} = \left| \sigma_{\text{P}} + \rho_{\text{li}}^{(1)} \right| \geq f_{\text{y}}, \tag{4.120}$$

$$\sigma_{\text{v,li,max}}^{(1)} = \left| \sigma_{\text{P}} - \sigma_{\text{t}} + \rho_{\text{li}}^{(1)} \right| \geq f_{\text{y}}. \tag{4.121}$$

Gl. 4.121 ist erfüllt, wenn

$$\frac{\sigma_{\text{t}}}{f_{\text{y}}} \geq 1 + \frac{\sigma_{\text{P}}}{f_{\text{y}}} \frac{E}{E_{\text{t}}}. \tag{4.122}$$

Dann bleibt der linke Stab im TIV-Bereich ω_1, sodass mit einer weiteren meA keine Änderung herbei geführt werden könnte, was auch nicht notwendig ist, weil Gln. 4.118 und 4.119 bereits die korrekte Lösung darstellen.

Gl. 4.120 ist erfüllt, wenn

$$\frac{\sigma_{\text{t}}}{f_{\text{y}}} \geq \frac{2 - \frac{E_{\text{t}}}{E} - \frac{\sigma_{\text{P}}}{f_{\text{y}}}}{1 - \frac{E_{\text{t}}}{E}}. \tag{4.123}$$

Dann ist der linke Stab dem TIV-Bereich ω_2 zuzuordnen. Somit stellen die auf dem TIV-Bereich ω_1 basierenden Lösungen in Gln. 4.118 und 4.119 noch nicht das Endergebnis dar und es muss eine weitere meA durchgeführt werden. Die Lösung für die dieser Situation entsprechende meA ist bereits in Gln. 4.112 und 4.113 angegeben.

Ist jedoch keine der beiden Bedingungen von Gln. 4.107 und 4.108 erfüllt, dann ist der linke Stab V_e zuzuordnen ($V_p^{(1)} \rightarrow V_e^{(2)}$) und eine neue meA durchzuführen. Dies ist der Fall im Parameterbereich außerhalb von Gln. 4.122 und 4.123. Die Lösung der 2. meA ist dann durch Gln. 4.103 und 4.104 gegeben. Danach ist erneut zu überprüfen, ob weiterhin keine der beiden Gln. 4.120 und 4.121 eingehalten ist. Dabei stellt sich heraus, dass im Parameterbereich

$$\frac{2 - \frac{E_t}{E} - \frac{\sigma_P}{f_y}}{1 - \frac{E_t}{E}} > \frac{\sigma_t}{f_y} > \left(1 - \frac{\sigma_P}{f_y}\right)\frac{2}{1 - \frac{E_t}{E}} \tag{4.124}$$

die Gl. 4.120 erfüllt ist, also eine 3. meA durchzuführen ist, deren Ergebnis bereits in Gln. 4.112 und 4.113 angegeben ist.

Spätestens nach der 3. meA ist jedoch immer das exakte Ergebnis erreicht. Abb. 4.23 stellt nach Art eines Ratcheting-Interaktions-Diagrammes (vgl. Abb. 2.6) dar, bei welchen Parameterkonstellationen eine zweite oder dritte meA erforderlich ist.

Abb. 4.24 zeigt die Gültigkeitsbereiche der drei unterschiedlichen Lösungen für die akkumulierten Dehnungen.

Als Zahlenbeispiel wird zurück gegriffen auf die bereits in Abschn. 2.2.2 untersuchte Parameterkonstellation ($\sigma_P/f_y = 0{,}8$; $\sigma_t/f_y = 0{,}9$; $E_t/E = 0{,}05$). Der Berechnungsablauf ist in Abb. 4.25 dargestellt.

Dieses Ergebnis stimmt exakt mit dem der inkrementellen Lösung aus Abb. 2.4 überein, siehe Abb. 4.26. Mit der VFZT genügten hierfür zwei lineare Analysen (die beiden meA's), abgesehen von den beiden obligatorischen fiktiv elastischen Analysen für die beiden extremalen Belastungszustände. Bei der inkrementellen Analyse müssen für eine gute Annäherung an den elastischen Einspielzustand, der streng genommen erst nach unendlich vielen Zyklen erreicht wird, etwa 30 Zyklen gerechnet werden. Hierfür muss bei zwei

Abb. 4.23 Zweistab-Modell: Parameterbereiche, in denen eine 2. meA *(schraffiert)* oder 3. meA *(grau)* erforderlich ist, um das exakte Ergebnis bei elastischem Einspielen zu erhalten, mit Markierung der Zuordnungen des linken Stabes

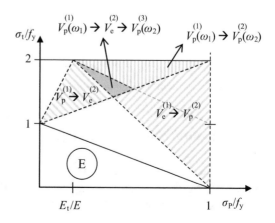

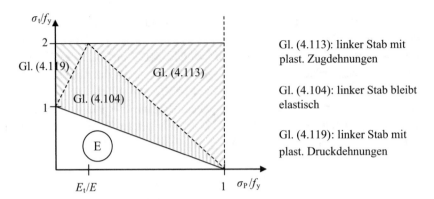

Abb. 4.24 Zweistab-Modell: Gültigkeitsbereiche der unterschiedlichen Lösungen für die Dehnungsakkumulation bei elastischem Einspielen

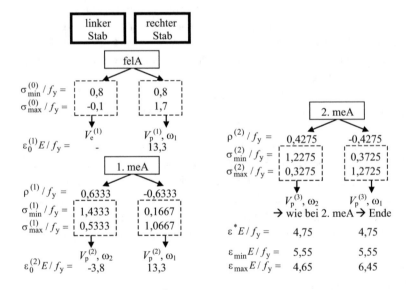

Abb. 4.25 Zweistab-Modell: Berechnungsablauf für Zahlenbeispiel ES

Lastschritten pro Zyklus mit jeweils mehreren Gleichgewichtsiterationen das rechnerische Äquivalent von mehreren hundert linearen Analysen aufgewendet werden.

4.5.2   Mehrachsiges Ratcheting

Das bereits in Abschn. 2.3.1 vorgestellte Beispiel für mehrachsiges Ratcheting, Abb. 4.27, wurde in Abschn. 4.3.2 hinsichtlich der Ermittlung der Dehnschwingbreite bei plastischem Einspielen untersucht und in [10] auch hinsichtlich Ratcheting. Herbland

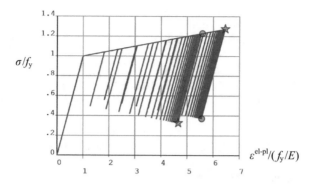

Abb. 4.26 Dehnungsakkumulation beim Zweistab-Modell mit linearer kinematischer Verfestigung: Elastisches Einspielen ($\sigma_P/f_y = 0{,}8$; $\sigma_t/f_y = 0{,}9$; $E_t/E = 0{,}05$); Vergleich der inkrementellen Lösung (wie Abb. 2.4) mit der VFZT (*Kreise* für minimalen und *Sterne* für maximalen Belastungszustand)

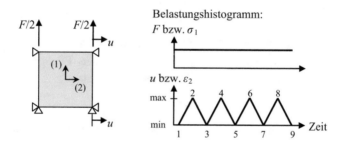

Abb. 4.27 Ein Element mit ebenem Spannungszustand

et al. [12] haben für ein ähnliches Beispiel unterschiedliche Methoden, darunter auch die Zarka-Methode, bzw. ihre FEM-Implementierungen analysiert.

Als minimaler Belastungszustand wird der Zustand bei alleiniger Wirkung der externen Kraft F definiert, sodass beim maximalen Belastungszustand außer der Kraft F gleichzeitig auch der Maximalwert der Verschiebung u aufgebracht ist.

Zur Darstellung des Berechnungsweges wollen wir uns der übersichtlicheren Schreibweise wegen auf die Querdehnzahl $\nu = 0$ beschränken, sodass es Querdehneffekte nur infolge Plastizierens gibt. In Richtung (1) wirkt die spannungsgesteuerte Primärspannung σ_P, in Richtung (2) die dehnungsgesteuerte fiktiv elastisch berechnete Sekundärspannung σ_t.

Die fiktiv elastisch berechneten Spannungen betragen für den minimalen Zustand

$$\sigma_{\min}^{\text{fel}} = \sigma_P \begin{pmatrix} 1 \\ 0 \\ 0 \end{pmatrix} \quad ; \quad \sigma_{\min}^{\prime\text{fel}} = \sigma_P \begin{pmatrix} \frac{2}{3} \\ -\frac{1}{3} \\ -\frac{1}{3} \end{pmatrix}, \tag{4.125}$$

$$\sigma_{v,min}^{fel} = \sigma_P \tag{4.126}$$

und für den maximalen Belastungszustand

$$\sigma_{max}^{fel} = \sigma_P \begin{pmatrix} 1 \\ 0 \\ 0 \end{pmatrix} + \sigma_t \begin{pmatrix} 0 \\ 1 \\ 0 \end{pmatrix} \quad ; \quad \sigma_{max}^{\prime fel} = \sigma_P \begin{pmatrix} \frac{2}{3} \\ -\frac{1}{3} \\ -\frac{1}{3} \end{pmatrix} + \sigma_t \begin{pmatrix} -\frac{1}{3} \\ \frac{2}{3} \\ -\frac{1}{3} \end{pmatrix}, \tag{4.127}$$

$$\sigma_{v,max}^{fel} = \sqrt{\sigma_P^2 + \sigma_t^2 - \sigma_P \sigma_t}. \tag{4.128}$$

Die elastische Grenzlast ist demnach gegeben durch

$$\sigma_t^{elGr} = \frac{1}{2}\sigma_P + \sqrt{f_y^2 - \frac{3}{4}\sigma_P^2}. \tag{4.129}$$

Da die Traglast nicht überschritten werden darf, gilt

$$|\sigma_P| \leq \frac{2}{\sqrt{3}}f_y. \tag{4.130}$$

Elastisches Einspielen ist gemäß Gl. 4.56 gewährleistet, solange der Betrag der fiktiv elastischen Vergleichsspannungsschwingbreite die doppelte Fließgrenze nicht überschreitet. Bei Beschränkung auf positive Sekundärspannungen:

$$\sigma_t \leq 2f_y. \tag{4.131}$$

Aufgrund der homogenen Beanspruchung ist die Fließzone V_p von vornherein bekannt, besteht nämlich aus dem ganzen Element.

Die folgenden Ausführungen beziehen sich also ausschließlich darauf, wie die TIV Y_i abzuschätzen sind, damit geeignete Anfangsdehnungen für die meA definiert werden können.

Aus Gl. 4.63 sowie Gln. 4.64 und 4.65 werden auf Basis der fiktiv elastischen Analyse die erforderlichen Winkel berechnet (siehe Abb. 4.28):

$$\cos(\alpha_{min}) = \cos(\alpha_{max}) = \frac{\sigma_t}{2f_y} \tag{4.132}$$

und für die 1. meA

$$\cos(\beta_{min}) = \frac{1}{2}\text{sgn}(\sigma_P), \tag{4.133}$$

sodass β_{min} unabhängig vom Belastungsniveau ist und nur vom Vorzeichen der Primärspannung abhängt und somit $\beta_{min} = 60°$ oder $120°$ beträgt, sowie

$$\cos(\beta_{max}) = \frac{2\sigma_t - \sigma_P}{2\sqrt{\sigma_P^2 + \sigma_t^2 - \sigma_P \sigma_t}}. \tag{4.134}$$

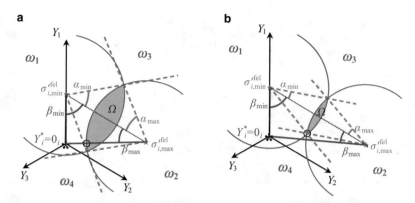

Abb. 4.28 Mehrachsiges Ratcheting: Schnittbereich Ω im TIV-Raum. **a** Projektion auf den Kreisrand, **b** Projektion auf eine Ecke von Ω

Damit kann nun festgestellt werden, in welchem der TIV-Bereiche ω_1 bis ω_4 sich Y^* befindet, damit die geeignete Projektion auf den Bereich Ω ausgewählt werden kann. Y^* befindet sich in ω_1, wenn

$$\beta_{\max} < \alpha_{\max}, \tag{4.135}$$

was der Fall ist bei

$$\frac{s_{\mathrm{t}}\left(s_{\mathrm{t}}^2 - 4\right) - s_{\mathrm{t}}^2\sqrt{3\left(4 - s_{\mathrm{t}}^2\right)}}{2\left(s_{\mathrm{t}}^2 - 1\right)} < \frac{\sigma_{\mathrm{P}}}{f_{\mathrm{y}}} < \frac{s_{\mathrm{t}}\left(s_{\mathrm{t}}^2 - 4\right) + s_{\mathrm{t}}^2\sqrt{3\left(4 - s_{\mathrm{t}}^2\right)}}{2\left(s_{\mathrm{t}}^2 - 1\right)} \tag{4.136}$$

mit der Abkürzung s_{t} für die normierte Sekundärspannung

$$s_{\mathrm{t}} = \frac{\sigma_{\mathrm{t}}}{f_{\mathrm{y}}}. \tag{4.137}$$

Je nachdem, ob die Bedingung von Gln. 4.135 bzw. 4.136 eingehalten ist oder nicht, unterscheidet sich die weitere Vorgehensweise.

4.5.2.1 Das Element befindet sich im TIV-Bereich ω_4

Ist Gl. 4.135 nicht eingehalten, führt wegen $\beta_{\max} > \alpha_{\max}$ die Projektion von Y^* auf den Schnittbereich Ω im TIV-Raum zur Ecke von Ω.

Aus Gln. 4.71, 4.73 und 4.74 lässt sich die Position der Ecken des durch den minimalen und den maximalen Belastungszustand im TIV-Raum gebildeten Schnittbereiches Ω bestimmen. In der ersten Iteration gilt

$$\sigma_{\mathrm{i,min}}^{\prime\mathrm{fel}} = \sigma_{\mathrm{i,min}}^{\prime}, \tag{4.138}$$

$$a = \frac{f_{\mathrm{y}}}{|\sigma_{\mathrm{P}}|} \cdot \frac{2}{\sqrt{3}}\sqrt{1 - \left(\frac{\sigma_{\mathrm{t}}}{2f_{\mathrm{y}}}\right)^2}, \tag{4.139}$$

$$b = \frac{1}{2}\left(1 - \frac{\text{sgn}(\sigma_P)}{\sqrt{3}}\sqrt{\left(\frac{2f_y}{\sigma_t}\right)^2 - 1}\right),$$ (4.140)

$$Y_1^{(1)} = \frac{2}{3}(1 - a)\sigma_P - \frac{1}{3}b\sigma_t,$$ (4.141)

$$Y_2^{(1)} = -\frac{1}{3}(1 - a)\sigma_P + \frac{2}{3}b\sigma_t.$$ (4.142)

Wegen ihrer deviatorischen Natur gilt stets $Y_3 = -Y_1 - Y_2$. Wie gewohnt werden die Anfangsdehnungen bestimmt und in das modifizierte elastische Werkstoffgesetz eingesetzt. Mit den Randbedingungen

$$\rho_1 = 0 \quad ; \quad \varepsilon_2^* = 0$$ (4.143)

erhalten wir zwei Bestimmungsgleichungen für die Restspannung in Richtung der weggesteuerten Belastung und für die Restdehnung in Richtung der spannungsgesteuerten Belastung. Für die erste meA ergibt sich die Lösung:

$$\frac{\rho_2}{f_y} = \left(1 - \frac{E_t}{E}\right)\left[\frac{1}{2}(1 - a)\frac{\sigma_P}{f_y} - b\frac{\sigma_t}{f_y}\right],$$ (4.144)

$$\frac{E}{f_y}\varepsilon_1^* = \left(\frac{E}{E_t} - 1\right)\left[-\frac{1}{2}\frac{\rho_2}{f_y} + (1 - a)\frac{\sigma_P}{f_y} - \frac{1}{2}b\frac{\sigma_t}{f_y}\right].$$ (4.145)

Durch Superposition von Gl. 4.144 mit der fiktiv elastischen Spannung in Richtung 2, also σ_t, entsteht die elastisch-plastische Spannungskomponente σ_2 beim maximalen Belastungszustand, während Gl. 4.144 wegen $\sigma_{2,\text{min}}^{\text{fel}} = 0$ direkt die elastisch-plastische Spannungskomponente σ_2 beim minimalen Belastungszustand darstellt. Dadurch ändern sich in Gl. 4.65 $\sigma_{v,\text{min}}$ und $\sigma_{v,\text{max}}$, und somit der Winkel β_{max}, während die Schwingbreite $\Delta\sigma_v$ wegen der konstanten Restspannung unverändert bleibt. β_{max} wird nämlich größer, sodass die Bedingung $\beta_{\text{max}} > \alpha_{\text{max}}$ erst recht erfüllt ist, also bei einer weiteren meA unverändert Y_i als in der Ecke von Ω liegend abgeschätzt wird, wodurch sich dieselben Restspannungen und Restdehnungen ergeben wie in Gln. 4.144 und 4.145. Das Ergebnis der ersten meA lässt sich also nicht iterativ verbessern, was aber nicht schlimm ist, weil es ohnehin bereits die exakte Lösung darstellt.

Die exakte Lösung lässt sich mit einer inkrementellen Analyse nur mit erheblich größerem Aufwand ermitteln, und das auch nur näherungsweise. Abb. 4.29 zeigt beispielhaft für die Parameterkombination

$$\frac{\sigma_P}{f_y} = 0,8 \quad ; \quad \frac{\sigma_t}{f_y} = 1,9 \quad ; \quad \frac{E_t}{E} = 0,05$$ (4.146)

Abb. 4.29 Mehrachsiges Ratcheting: Histogramm der normierten elastisch-plastischen Dehnung in Richtung 1 für $\sigma_p/f_y = 0{,}8$, $\sigma_t/f_y = 1{,}9$, $E_t/E = 0{,}05$

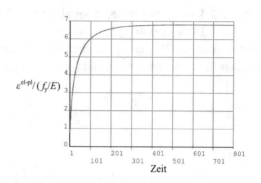

die Entwicklung der elastisch-plastischen Dehnungen in Richtung 1. Gl. 4.145 zufolge beträgt das exakte Ergebnis, nach Superposition mit der fiktiv elastischen Lösung, aufgrund der Querdehnzahl $v = 0$ sowohl beim minimalen als auch beim maximalen Belastungszustand $\varepsilon_1 = 6{,}8008\ f_y/E$. Nach 200 Zyklen erreicht die inkrementelle Methode bei voreingestellten Konvergenztoleranzen und 20 Lastinkrementen pro Halbzyklus $\varepsilon_1 = 6{,}7762\ f_y/E$ und ist damit erst auf zwei Stellen genau (nach ca. 400 Zyklen $\varepsilon_1 = 6{,}8005\ f_y/E$), was für praktische Erfordernisse im Ingenieuralltag natürlich völlig ausreichend ist, aber das Attribut „exakt" in Bezug auf inkrementelle Analysen relativiert. Für diese Näherung durch eine inkrementelle Analyse ist ein rechnerischer Aufwand erforderlich, der mehreren 1000 linear elastischen Analysen entspricht.

Abb. 4.30 zeigt die zugehörige Entwicklung der TIV im TIV-Raum. Man kann gut erkennen, wie die TIV allmählich auf die Ecke des Bereiches Ω zuläuft.

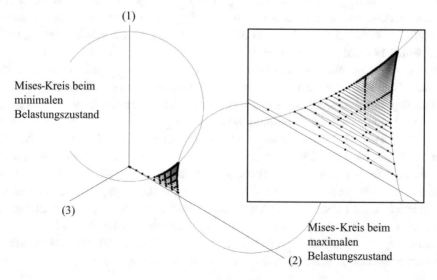

Abb. 4.30 Mehrachsiges Ratcheting bei elastischem Einspielen: Trajektorie der TIV im TIV-Raum

4.5.2.2 Das Element befindet sich im TIV-Bereich ω_1

Ist Gl. 4.135 eingehalten, führt wegen $\beta_{max} < \alpha_{max}$ die Projektion von Y^* auf den Schnitt-bereich Ω im TIV-Raum auf den Mises-Kreis um die fiktiv elastische Spannung des maximalen Belastungszustandes (Abb. 4.28a). Gl. 4.69 liefert für die erste Iteration

$$Y_1^{(1)} = \left(\frac{2}{3}\sigma_P - \frac{1}{3}\sigma_t\right)\left(1 - \frac{f_y}{\sqrt{\sigma_P^2 + \sigma_t^2 - \sigma_P\sigma_t}}\right), \tag{4.147}$$

$$Y_2^{(1)} = \left(-\frac{1}{3}\sigma_P + \frac{2}{3}\sigma_t\right)\left(1 - \frac{f_y}{\sqrt{\sigma_P^2 + \sigma_t^2 - \sigma_P\sigma_t}}\right). \tag{4.148}$$

Mithilfe der Randbedingungen Gl. 4.143 führt das modifizierte elastische Werkstoff-gesetz zu

$$\frac{\rho_2^{(1)}}{f_y} = \left(1 - \frac{E_t}{E}\right)\left(\frac{1}{2}\frac{\sigma_P}{f_y} - \frac{\sigma_t}{f_y}\right)\left(1 - \frac{f_y}{\sqrt{\sigma_P^2 + \sigma_t^2 - \sigma_P\sigma_t}}\right), \tag{4.149}$$

$$\frac{E}{f_y}\varepsilon_1^{*(1)} = \left(\frac{E}{E_t} - 1\right)\left[-\frac{1}{2}\frac{\rho_2^{(1)}}{f_y} + \left(\frac{\sigma_P}{f_y} - \frac{1}{2}\frac{\sigma_t}{f_y}\right)\left(1 - \frac{f_y}{\sqrt{\sigma_P^2 + \sigma_t^2 - \sigma_P\sigma_t}}\right)\right]. \tag{4.150}$$

Nach Superposition mit der fiktiv elastischen Lösung für den minimalen bzw. maximalen Belastungszustande erhalten wir die elastisch-plastischen Spannungen aufgrund der 1. meA, $\sigma_{2,min}$ und $\sigma_{2,max}$, wodurch sich $\sigma_{v,min}$ und $\sigma_{v,max}$ gegenüber der fiktiv elastischen Lösung ändern und somit auch der Winkel β_{max} in Gl. 4.65. Je nach Parameter-konstellation kann bei der 2. Iteration dann die Ecke von Ω maßgebend werden, wofür dann Gln. 4.144 und 4.145 mit den Parametern a und b nach Gln. 4.139 und 4.140 die exakte Lösung darstellen. Anderenfalls wird auf Basis von $\sigma_{2,max}$ eine neue Projektion auf den Mises-Kreis des maximalen Belastungszustandes nach Gl. 4.69 vorgenommen.

Das Ergebnis des Iterationsprozesses ist in Abb. 4.31 beispielhaft für $\sigma_p/f_y = 0{,}8$ und $E_t/E = 0{,}05$ und den Sekundärspannungsbereich dargestellt, der den gesamten durch Gln. 4.129 und 4.131 eingegrenzten elastischen Einspielbereich repräsentiert. Die Kurven für ε_1 gelten im elastischen Einspielzustand wegen $\nu = 0$ gleichermaßen für den minimalen wie den maximalen Belastungszustand. Man erkennt, dass die VFZT mit wenigen meA's entweder die exakte Lösung oder zumindest eine gute Näherung erzielt. Der Bereich nahezu konstanter Dehnung bei steigender Sekundärspannung ist dadurch gekennzeichnet, dass die Entwicklung plastischer Dehnungen bereits nach dem ersten Belastungszyklus vollständig abgeschlossen ist. Hier bietet die VFZT, ähnlich wie bei monotoner Belastung, keine nennenswerte Einsparung an Rechenzeit.

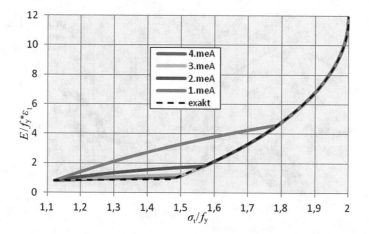

Abb. 4.31 Mehrachsiges Ratcheting: Iterative Ermittlung der normierten elastisch-plastischen Dehnung in Richtung 1 für $\sigma_p/f_y = 0{,}8$, $E_t/E = 0{,}05$

4.5.3 Bree-Rohr

In Abschn. 2.3.2 und 4.3.3 wurde bereits ein einachsiges Ersatzmodell für das Bree-Rohr (Abb. 2.20) behandelt. In diesem Abschnitt soll das Rohr als rotationssymmetrisches Modell betrachtet und hierfür die im elastischen Einspielzustand akkumulierten Dehnungen ermittelt werden, siehe auch [13] (für das einachsige Ersatzmodell siehe [10]).

Die Belastung besteht aus einem konstant anstehenden Innendruck p und einer zyklisch auftretenden linearen Temperaturverteilung über die Rohrwand mit der Temperaturdifferenz ΔT zwischen Innen- und Außenoberfläche (außen kälter als innen). Bei Beschränkung auf einen Bereich des Rohres in ausreichender Entfernung von Randeffekten liegt ein in Längsrichtung unveränderlicher Spannungszustand vor, sodass die Analyse eines schmalen Abschnittes in Längsrichtung genügt. Aufgrund der Dünnwandigkeit treten nur Umfangs- und Axialspannungen auf.

Die folgenden Ergebnisse wurden mit FEM-Analysen (ANSYS [14]) erzielt[2]. Hierfür wurde die Vergleichsspannung infolge Innendruck mit Deckelkraft $\sigma_p/f_y = 0{,}8$ und die maximale fiktiv elastisch berechnete Vergleichsspannung infolge des durch den Temperaturgradienten hervor gerufenen equi-biaxialen Spannungszustandes zu $\sigma_t/f_y = 1{,}9$ gewählt. Die Querdehnzahl beträgt $\nu = 0{,}3$ und der Verfestigungsparameter $E_t/E = 0{,}02$.

---

[2] Jiang und Leckie haben in [11] eine analytische Lösung für das rotationssymmetrische Modell des Bree-Rohrs auf Grundlage der Zarka-Methode gewonnen.

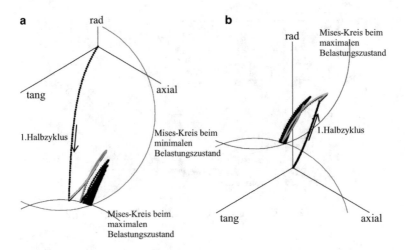

Abb. 4.32 Bree-Rohr (rotationssymmetrisches Modell, $\sigma_p/f_y = 0{,}8$; $\sigma_t/f_y = 1{,}9$; $\nu = 0{,}3$; $E_t/E = 0{,}02$): Trajektorien der TIV im TIV-Raum für Außen- (**a**) bzw. Innenoberfläche (**b**), *grün* = 2. Halbzyklus, *blau* = 3. Halbzyklus

Die mit einer inkrementellen Analyse ermittelte und in Abb. 4.32 dargestellte Entwicklung der TIV an der Innen- und an der Außenoberfläche, welche zuerst plastisch wird, lässt schon erahnen, dass das Strukturverhalten aufgrund örtlicher und direktionaler Spannungsumlagerungen relativ komplex ist. Plastizieren tritt im ersten Halbzyklus nur an der Außenoberfläche auf, weil dort zu den Zugspannungen infolge Innendrucks auch noch Zugspannungen infolge des Temperaturgradienten hinzu kommen. Dadurch werden an der Innenoberfläche örtliche Spannungsumlagerungen aktiviert, wodurch Restspannungen entstehen, die dafür sorgen, dass die TIV trotz fehlenden Plastizierens aus dem Koordinatenursprung heraus wandert. Auch zu Beginn des zweiten Halbzyklus' (grüne Kurve) ändert sich die TIV an der Innenoberfläche zunächst allein aufgrund von Umlagerungen, die auf das Fortschreiten der plastischen Front aus dem Wandinneren heraus in Richtung der Innenoberfläche zurück zu führen sind, bevor die Innenoberfläche selbst plastisch wird, was in Abb. 4.32 an der Richtungs-umkehr zu erkennen ist. Ähnlich verhält es sich im darauf folgenden dritten Halbzyklus (blaue Kurve) an der Außenoberfläche.

Wie aus Abb. 4.32 hervor geht, befindet sich die TIV sowohl an der Außen-, wie auch an der Innenoberfläche im elastischen Einspielzustand in der Ecke des Bereiches Ω. Diese kann durch die VFZT exakt erkannt werden. Im Inneren der Rohrwand führt die Projektion der negativen deviatorischen Restspannungen auf den Bereich Ω jedoch nicht überall auf deren Ecke (Y^* befindet sich im Bereich ω_4), sondern teilweise auf die Fließfläche des minimalen bzw. des maximalen Belastungszustandes (Y^* in Bereichen ω_1 bzw. ω_2). In diesem Beispiel kommen also alle drei möglichen Fälle gleichzeitig vor.

Da der Belastungsweg einen deutlichen Einfluss auf das plastische Verhalten des Tragwerks hat, ist es auch nicht ohne Weiteres möglich, ein „exaktes" Ergebnis zu

Abb. 4.33 Bree-Rohr
(rotationssymmetrisches
Modell): Histogramm der
plastischen Dehnungsanteile
nach inkrementeller
Analyse mit 1 bzw. 20
Belastungsinkrementen pro
Halbzyklus; sowie Ergebnisse
der 5. meA der VFZT für den
elastischen Einspielzustand
(Rauten)

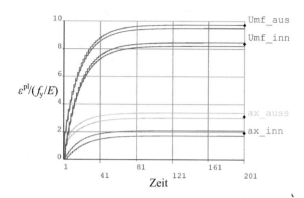

ermitteln, auch nicht mithilfe einer inkrementellen Analyse. Denn das Ergebnis hängt davon ab, in wie viele Belastungsinkremente ein jeder Halbzyklus unterteilt wird.

Dies geht auch aus dem Histogramm der plastischen Dehnungen an der Innen- und der Außenoberfläche, jeweils für die axiale und die Umfangsrichtung, in Abb. 4.33 hervor, wo die Ergebnisse der VFZT für den Einspielzustand nach 5 meA's als Rauten mit angegeben sind. Ab der 5. meA liegen die Ergebnisse der VFZT stets zwischen den inkrementellen Lösungen mit einem und 20 Lastinkrementen pro Halbzyklus. Bei den inkrementellen Analysen ist nach ca. 150 Halbzyklen bereits eine gute Annäherung an den Einspielzustand erreicht.

Abb. 4.34 zeigt das Spannungs-Dehnungs-Diagramm, normiert auf die Fließgrenze f_y bzw. die elastische Grenzdehnung f_y/E, für die Umfangsrichtungen an der Innen- und der

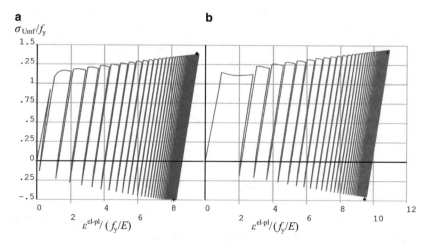

Abb. 4.34   Bree-Rohr (rotationssymmetrisches Modell): Spannungs-Dehnungs-Diagramm für die Umfangsrichtung nach inkrementeller Analyse, Spannungs-Dehnungs-Paare der 5. meA der VFZT *(Raute und Kreuz)*. **a** Innenoberfläche, **b** Außenoberfläche

Tab. 4.3 Entwicklung der Umfangsdehnung an der Außenoberfläche über die meA's der VFZT im Vergleich mit zwei unterschiedlichen inkrementellen Analysen im Einspielzustand für den maximalen Belastungszustand

VFZT, meA	$E/f_y * \varepsilon_z$
1	2,686
2	4,539
3	11,303
4	10,836
5	10,811
6	10,797
7	10,788
8	10,782
Inkrementell mit 1 Belastungsinkrement pro Halbzyklus	10,629
Inkrementell mit 20 Belastungsinkrementen pro Halbzyklus	10,878

Außenoberfläche. Die Ergebnisse der VFZT für den Einspielzustand nach 5 meA's sind durch Rauten für den minimalen und Kreuze für den maximalen Belastungszustand mit angegeben.

Die größte Dehnungskomponente ist die Umfangsdehnung an der Außenoberfläche. Tab. 4.3 zeigt deren Entwicklung mit den meA's im Vergleich zu den inkrementellen Analysen mit einem und mit 20 Belastungsinkrementen pro Halbzyklus. Daraus geht hervor, dass ab der 4. meA mit der VFZT ein guter Kompromiss zwischen verschiedenen inkrementellen Analysen erzielt wird.

Der Berechnungsaufwand der VFZT entspricht also vier linear elastischen Analysen, zuzüglich der beiden obligatorischen fiktiv elastischen Analysen und einigen lokalen Berechnungen zur Ermittlung der als Belastung aufzubringenden Anfangsdehnungen. Bei den beiden inkrementellen Analysen mit 150 erforderlichen Halbzyklen und entweder je Belastungsinkrement mit durchschnittlich 4 erforderlichen Gleichgewichtsiterationen, oder je 20 Belastungsinkrementen mit durchschnittlich 2 erforderlichen Gleichgewichtsiterationen fällt ein Berechnungsaufwand an, der 600 bis 6000 linear elastischen Analysen entspricht.

4.5.4   Balken auf elastischer Bettung

Um die Fähigkeit der VFZT zur Erfassung großer örtlicher Umlagerungen zu ergründen wird ein Kragarm mit vollem Rechteck-Querschnitt (Abmessung 1×1) betrachtet, der elastisch gebettet ist und einer konstant anstehenden Axialkraft F sowie einer zyklischen weggesteuerten Durchbiegung w_0 unterworfen ist (Abb. 4.35).

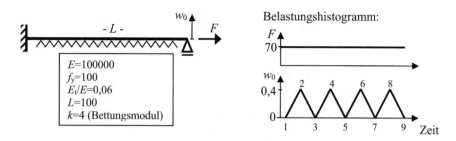

Abb. 4.35 Elastisch gebetteter Balken

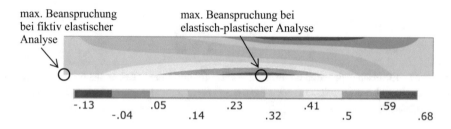

Abb. 4.36 Elastisch gebetteter Balken: Konturplot der elastisch-plastischen Dehnungen [%] bei maximaler Belastung im Einspielzustand (Balkendicke etwas überhöht dargestellt)

Die Bettung ist charakterisiert durch einen linearen Zusammenhang zwischen Sohldruck p und Setzung w:

$$p = k\,w. \tag{4.151}$$

Einer fiktiv elastischen Analyse zufolge treten die extremalen Beanspruchungen an der Unter- und Oberseite der Einspannstelle auf.

Eine inkrementelle elastisch-plastische Analyse benötigt ca. 25 Belastungszyklen für eine gute Annäherung an den elastischen Einspielzustand. Bei dem gewählten Wert des Bettungsmoduls befindet sich der Ort maximaler Beanspruchung an der Balkenunterseite etwas rechts von der Feldmitte (Abb. 4.36) und ist somit weit vom maximal beanspruchten Ort der fiktiv elastischen Analyse entfernt. Abb. 4.37 zeigt die Entwicklung der Dehnungen an den beiden gemäß fiktiv elastischer und elastisch-plastischer Berechnung höchstbeanspruchten Stellen. Der zugehörigen Spannungs-Dehnungs-Entwicklung in Abb. 4.38 ist zu entnehmen, dass der Einspielzustand durch elastisches Einspielen gekennzeichnet ist.

Nach ca. 5 meA's ist die iterative Verbesserung der Ergebnisse nach der VFZT praktisch abgeschlossen. Die maximale elastisch-plastische Dehnung wird am selben Ort und mit demselben Betrag identifiziert wie bei der inkrementellen Analyse (Tab. 4.4). Die VFZT hat also nach 7 linear elastischen Analysen (2 fiktiv elastische und 5 modifiziert elastische Analysen) die hier stark ausgeprägte örtliche Spannungsumlagerung korrekt erfasst.

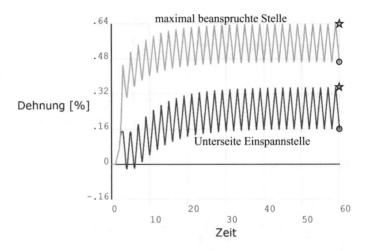

Abb. 4.37 Elastisch gebetteter Balken: Histogramm der Dehnungen; Vergleich der inkrementellen Lösung mit der VFZT (*Kreise* für minimalen und *Sterne* für maximalen Belastungszustand)

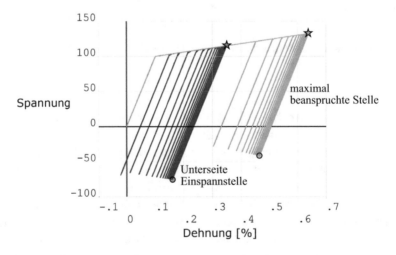

Abb. 4.38 Elastisch gebetteter Balken: Spannungs-Dehnungs-Entwicklung; Vergleich der inkrementellen Lösung mit der VFZT (*Kreise* für minimalen und *Sterne* für maximalen Belastungszustand)

Tab. 4.4 Entwicklung der maximalen Dehnung über die meA's der VFZT im Vergleich mit einer inkrementellen Analysen im Einspielzustand für den maximalen Belastungszustand

VFZT, meA	ε [%]
1	0,399
2	0,543
3	0,642
4	0,639
5	0,638
6	0,638
Inkrementell	0,638

4.5.5   Schnittgrößen-Plastizität

Auf den bereits in Abschn. 2.3.3 betrachteten Durchlaufträger (Abb. 4.39) wird die Formulierung der VFZT mittels Schnittgrößen-Plastizität auf Basis von Abschn. 3.1.6 angewendet.

Der Querschnitt besteht aus einem vollen Rechteck (Abmessung b=h=1). Die elastische Grenzlast ist erreicht, wenn das elastische Grenzmoment

$$M_{\mathrm{elGr}} = \frac{1}{6}bh^2 f_{\mathrm{y}} \tag{4.152}$$

erreicht wird, was bei alleiniger Wirkung von F_1 zu

$$F_{\mathrm{elGr}} = 820{,}5 \tag{4.153}$$

führt. Der minimale Belastungszustand ist gegeben durch die Wirkung von F_1 alleine, der maximale durch F_1 und F_2. Lastangriffspunkt ist die jeweilige Feldmitte.

In Abb. 4.40 ist ein M-κ-Diagramm angegeben. Dessen Herkunft (also mit welchem Spannungs-Dehnungs-Diagramm es erzeugt worden ist) spielt für die VFZT keine Rolle. Nur zur Information sei aber erwähnt, dass sie sich aus einem bilinearen Spannungs-Dehnungs-Diagramm mit $E_t/E = 0{,}03$ ergibt.

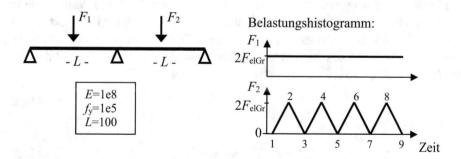

Abb. 4.39 Durchlaufträger

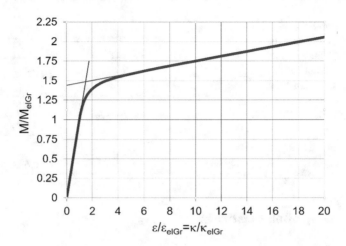

Abb. 4.40 M-κ-Diagramm eines Rechteck-Querschnitts auf Basis eines bilinearen Spannungs-Dehnungs-Diagramms mit $E_t/E = 0{,}03$ nebst Bilinearisierung des M-κ-Diagramms

Die Bilinearisierung dieses M-κ-Diagramms führt zu den Materialparametern für die Schnittgrößen-Plastizität

$$M_y = 1{,}4853 M_{elGr} = 24755 \tag{4.154}$$

$$E_M = EI = 0{,}08333e8 \tag{4.155}$$

$$E_{Mt} = 0{,}0305 E_M. \tag{4.156}$$

Eine inkrementelle Analyse (auf Basis von Spannungen und Dehnungen, nicht Momenten und Krümmungen) liefert die in Abb. 4.41 angegebene Entwicklung der Durchbiegungen in den Lastangriffspunkten über die Belastungszyklen. Abb. 4.42 zeigt die Biegelinien für einige Zyklen. Der elastische Einspielvorgang ist zwar auch nach 25 Zyklen noch nicht vollständig abgeschlossen, aber nach ca. 12 Zyklen ist bei der inkrementellen Analyse bereits eine gute Näherung an den Einspielzustand erreicht.

Für die Anwendung der VFZT erfolgt die Abschätzung der TIV Y ähnlich wie bei einem einachsigen Spannungszustand. Analog zu Gl. 4.66 erfolgt bei elastischem Einspielen an jeder Stelle des Trägers eine Projektion auf den minimalen Belastungszustand, wenn an dieser Stelle das Biegemoment beim minimalen Belastungszustand den Wert von M_y übersteigt, also bei

$$M_{min} \geq M_y. \tag{4.157}$$

Gl. 4.67 wird dann zu

$$Y = M_{min}^{fel} - M_y \, \text{sgn}(M_{min}), \tag{4.158}$$

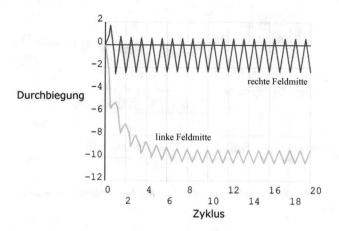

Abb. 4.41 Durchlaufträger: Histogramm der Durchbiegung in den beiden Lastangriffspunkten

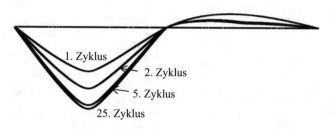

Abb. 4.42 Durchlaufträger: Biegelinien (überhöht dargestellt) nach unterschiedlicher Zyklenzahl, jeweils beim minimalen Belastungszustand

sodass als modifizierte Belastung eine Anfangskrümmung simuliert werden kann durch eine lineare Temperaturverteilung über die Balkenhöhe h mit der Temperaturdifferenz

$$\Delta T = \left(\frac{E_M}{E_{Mt}} - 1 \right) \frac{h}{E_M \alpha_t} Y. \tag{4.159}$$

Dieses Kriterium ist maßgebend im linken Feld. Entsprechend kommt es analog zu Gl. 4.68 zu einer Projektion auf den maximalen Belastungszustand, wenn

$$M_{max} \geq M_y. \tag{4.160}$$

Gl. 4.69 wird dann zu

$$Y = M_{max}^{fel} - M_y \, \text{sgn}(M_{max}). \tag{4.161}$$

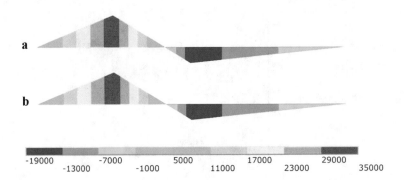

Abb. 4.43 Durchlaufträger: *M*-Linien beim minimalen Belastungszustand; **a** inkrementell berechnet, **b** VFZT

Tab. 4.5 Entwicklung der Durchbiegung *u* im Einspielzustand für den minimalen Belastungszustand in der Mitte des linken Feldes über die meA's der VFZT im Vergleich mit einer inkrementellen Analyse

VFZT, meA	u
1	10,32
2	10,36
3	10,36
4	10,36
Inkrementell	10,45

Dieses Kriterium ist maßgebend in der Umgebung der Innenstütze und im rechten Feld. Eine Projektion auf die Ecke von Ω kann es hier nicht geben. In beiden Fällen ist die betrachtete Stelle der plastischen Zone V_p zuzuweisen und für die modifizierte elastische Analyse dort der modifizierte Elastizitätsmodul $E^* = E_\mathrm{Mt}$ zu verwenden.

Nach zwei meA's ist keine weitere Änderung mehr feststellbar. Ein Vergleich von inkrementeller Analyse und VFZT zeigt eine gute Übereinstimmung der M-Linien beim minimalen Belastungszustand (Abb. 4.43).

Tab. 4.5 weist aus, wie sich die Durchbiegung *u* im linken Feld mit den meA's entwickelt. Es ist eine gute und mit wenigen meA's erzielte Übereinstimmung der VFZT mit der inkrementellen Analyse festzustellen, insbesondere in Anbetracht der Tatsache, dass die inkrementelle Analyse mit einem bilinearen Spannungs-Dehnungs-Diagramm, die VFZT aber mit einem bilinearen Momenten-Krümmungs-Diagramm durchgeführt worden ist.

4.6   Akkumulierte Dehnungen bei plastischem Einspielen

Wie bereits in Abschn. 4.1 ausgeführt, lautet das Kriterium für plastisches Einspielen (PS)

$$\Delta\sigma_v^{fel} > 2f_y \ \exists \ \underline{x} \in V \rightarrow PS. \tag{4.162}$$

Die modifiziert elastischen Analysen (meA's) zur Bestimmung des Restbeanspruchungszustandes im plastischen Einspielzustand, vor allem der akkumulierten Verzerrungen und zugehörigen Spannungen, erfolgen analog zur in Abschn. 3.1 vorgestellten Vorgehensweise. Im Folgenden wird dargestellt, wie die hierfür benötigte Geometrie der plastischen Zone V_p und die dort als modifizierte Belastung aufzubringenden Anfangsdehnungen abgeschätzt werden können.

4.6.1   Identifikation des elastischen und des plastischen Teilvolumens

Hinsichtlich der Abschätzung der TIV im plastischen Teilvolumen V_p der Struktur ist im plastischen Einspielzustand danach zu unterscheiden, ob an der betrachteten Stelle zyklisches Plastizieren auftritt oder nicht-zyklisches Plastizieren. Entsprechend wird das Teilvolumen mit zyklischem Plastizieren $V_{p\Delta}$ genannt, das Teilvolumen mit plastischen Dehnungen, die sich nach Erreichen des Einspielzustandes aber nicht mehr ändern, $V_{e\Delta}$. Das Teilvolumen, in dem keine plastischen Dehnungen auftreten, wird weiterhin mit V_e bezeichnet. $V_{p\Delta}$ ist bereits bekannt aus der Berechnung der Dehnschwingbreite nach Abschn. 4.2. Die folgende Vorgehensweise zur Ermittlung der akkumulierten Verzerrungen geht demnach davon aus, dass die Schwingbreiten der Beanspruchungen bereits vorab mit der VFZT ermittelt worden sind. Für die n-te meA gilt also entsprechend Gl. 4.12:

$$V_{p\Delta}^{(n)} = \left\{ \underline{x} \middle| \ \Delta\sigma_v^{(n-1)} \geq 2f_y \right\}. \tag{4.163}$$

Die zum minimalen und zum maximalen Belastungszustand gehörenden Fließflächen sind im Raum der TIV also an mindestens einer Stelle des Tragwerks disjunkt. Zum Teilvolumen mit nicht-zyklischen plastischen Dehnungen zählen diejenigen Stellen des Tragwerks, die bei der Berechnung der Schwingbreiten dem elastischen Teilvolumen V_e zugeordnet waren, an denen jedoch bei einem der beiden extremalen Belastungszustände, also entweder beim maximalen oder beim minimalen, die Fließgrenze überschritten wird:

$$V_{e\Delta}^{(n)} = \left\{ \underline{x} \middle| \ \Delta\sigma_v^{(n-1)} < 2f_y \wedge \left(\sigma_{v,max}^{(n-1)} > f_y \vee \sigma_{v,min}^{(n-1)} > f_y \right) \right\}. \tag{4.164}$$

Der elastisch bleibende Teil der Struktur ist demnach definiert durch

$$V_e^{(n)} = \left\{ \underline{x} \, \middle| \, \sigma_{v,min}^{(n-1)} < f_y \wedge \sigma_{v,max}^{(n-1)} < f_y \right\}. \tag{4.165}$$

An Stelle von Gl. 3.17 ist also zu definieren:

$$V = V_e \bigcup V_p \;\; ; \;\; V_p = V_{p\Delta} \bigcup V_{e\Delta} \;\; ; \;\; V_e \bigcap V_p = \emptyset. \tag{4.166}$$

Im Unterschied zum elastischen Einspielen sind beim plastischen Einspielen die Restspannungen und damit auch die TIV an keiner Stelle des Tragwerks konstant, auch nicht in V_e. Demnach hat es auch keine prinzipielle Bedeutung, wenn an irgendwelchen Stellen des Tragwerks die beiden zu den extremalen Belastungszeitpunkten gehörenden Fließflächen im TIV-Raum einen Schnittbereich bilden.

4.6.2 Abschätzung der transformierten internen Variable

Wegen des unterschiedlichen plastischen Verhaltens bei den beiden extremalen Belastungszuständen im Falle plastischen Einspielens werden auch zwei unterschiedliche Abschätzungen der TIV benötigt. Wird jedoch Gebrauch gemacht von einer vorab gewonnenen Lösung für die Beanspruchungs-Schwingbreiten, ist zur Ermittlung der akkumulierten Verzerrungen nur noch eine weitere Betrachtung für irgendeinen Belastungszustand erforderlich, beispielsweise für den mittleren Belastungszustand. Die Beanspruchungen für den minimalen bzw. maximalen Belastungszustand können dann anschließend durch Addition bzw. Subtraktion der halben Beanspruchungs-Schwingbreite gewonnen werden.

Für die Abschätzung der TIV Y im mittleren Belastungszustand werden im Folgenden vier Fälle unterschieden (Abschn. 4.6.2.1 bis 4.6.2.4).

4.6.2.1 Die betrachtete Stelle befindet sich in $V_{p\Delta}$

Dann wird die TIV als im TIV-Raum in der Mitte zwischen den beiden Fließflächen liegend abgeschätzt, siehe Abb. 4.44:

$$Y_{i,m} = \sigma_{i,min}^{\prime fel} + \frac{1}{2} \Delta\sigma_i^{\prime fel}. \tag{4.167}$$

$Y_{i,m}$ ist demnach sofort aus den fiktiv elastischen Berechnungen bekannt, also unabhängig von den elastisch-plastischen Zuständen, und damit einer iterativen Verbesserung nicht zugänglich.

Gl. 4.167 erscheint nicht nur plausibel, sondern wird augenscheinlich sogar bei starker direktionaler Umlagerung (Zwei-Elemente-Modell mit generalisierter ebener Dehnung) beispielhaft in Abb. 4.3 sehr gut bestätigt.

Abb. 4.44 Abschätzung der TIV für den mittleren Belastungszustand bei PS für eine Stelle in $V_{p\triangle}$

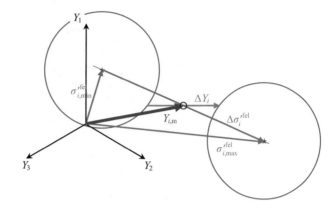

4.6.2.2 $V_{e\triangle}$ mit Projektion auf den maximalen Zustand

Zur Behandlung von $V_{e\triangle}$-Stellen bei plastischem Einspielen können wir uns auf Erkenntnisse aus Abschn. 4.4.2 bei elastischem Einspielen stützen, denn in beiden Fällen liegt eine rein elastische Schwingbreite vor. Die Gleichungen zur Bestimmung der Winkel α_{min}, α_{max}, β_{min} und β_{max} (Gln. 4.63–4.65) bleiben daher unverändert gültig. Der Unterschied liegt lediglich darin, dass in $V_{e\triangle}$ nun aufgrund von Rückwirkungen aus $V_{p\triangle}$-Stellen örtliche Umlagerungen auftreten, die eine Restspannungsschwingbreite hervorrufen können, sodass Gl. 4.62 hier nicht mehr zutrifft.

Wenn in $V_{e\triangle}$-Stellen

$$\sigma_{v,max} \geq f_y \ \wedge \ \beta_{max} \leq \alpha_{max},\tag{4.168}$$

dann wird die mittlere TIV abgeschätzt durch Projektion der negativen deviatorischen Restspannung beim maximalen Belastungszustand

$$Y_{i,max}^* = Y_{i,m}^* + \frac{1}{2}\Delta Y_i\tag{4.169}$$

mit

$$Y_{i,m}^* = -\rho_{i,m}'\tag{4.170}$$

auf den Mises-Kreis des maximalen Belastungszustandes, Abb. 4.45. Da es sich bei $V_{e\triangle}$ um Stellen handelt, die keine plastische Dehnschwingbreite erfahren, also wo $\Delta\xi_i = 0$ und somit $\xi_{i,min} = \xi_{i,max}$, gilt

$$\Delta Y_i = -\Delta\rho_i',\tag{4.171}$$

und wir erhalten für die TIV beim mittleren Belastungszustand:

$$Y_{i,m} = \sigma_{i,max}'^{fel} - \sigma_{i,max}' \frac{f_y}{\sigma_{v,max}} + \frac{1}{2}\left(\Delta\sigma_i' - \Delta\sigma_i'^{fel}\right).\tag{4.172}$$

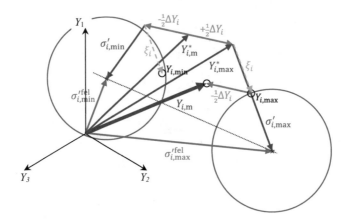

Abb. 4.45 Abschätzung der TIV für den mittleren Belastungszustand bei PS für eine Stelle in $V_{e\Delta}$ durch Projektion auf den maximalen Zustand

Dabei liegt

$$Y_{i,\min} = \sigma_{i,\min}'^{\text{fel}} - \sigma_{i,\min}' + \xi_i \qquad (4.173)$$

innerhalb des Mises-Kreises für den minimalen Belastungszustand.

4.6.2.3 $V_{e\Delta}$ mit Projektion auf den minimalen Zustand

Wenn in $V_{e\Delta}$-Stellen

$$\sigma_{v,\min} \geq f_y \ \wedge \ \beta_{\min} \leq \alpha_{\min}, \qquad (4.174)$$

dann wird die mittlere TIV analog zu Abschn. 4.6.2.2. mittels Gln. 4.170 und 4.171 abgeschätzt durch Projektion der negativen deviatorischen Restspannung beim minimalen Belastungszustand

$$Y_{i,\min}^* = Y_{i,m}^* - \frac{1}{2}\Delta Y_i \qquad (4.175)$$

auf den Mises-Kreis des minimalen Belastungszustandes, Abb. 4.46:

Abb. 4.46 Abschätzung der TIV für den mittleren Belastungszustand bei PS für eine Stelle in $V_{e\Delta}$ durch Projektion auf den minimalen Zustand

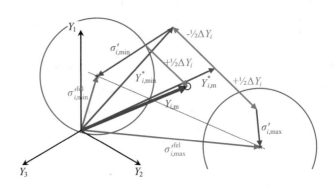

$$Y_{i,\mathrm{m}} = \sigma_{i,\min}'^{\mathrm{fel}} - \sigma_{i,\min}' \frac{f_{\mathrm{y}}}{\sigma_{\mathrm{v,min}}} - \frac{1}{2}\left(\Delta\sigma_i' - \Delta\sigma_i'^{\mathrm{fel}}\right). \tag{4.176}$$

4.6.2.4 $V_{\mathrm{e}\Delta}$ mit Projektion auf den Schnittpunkt des minimalen und maximalen Zustandes

Wenn in $V_{\mathrm{e}\Delta}$-Stellen

$$\beta_{\min} > \alpha_{\min} \ \wedge \ \beta_{\max} > \alpha_{\max}, \tag{4.177}$$

dann erfolgt im TIV-Raum eine Projektion auf den Schnittpunkt der beiden extremalen Zustände (vgl. Abschn. 4.4.2.3 für elastisches Einspielen), was zu

$$Y_{i,\mathrm{m}} = \sigma_{i,\min}'^{\mathrm{fel}} - a\sigma_{i,\min}' + b\Delta\sigma_i' - \frac{1}{2}\left(\Delta\sigma_i' - \Delta\sigma_i'^{\mathrm{fel}}\right) \tag{4.178}$$

führt (man beachte den Unterschied zu Gl. 4.71), wobei die Parameter a und b unverändert den Gln. 4.73 und 4.74 entnommen werden können.

4.6.3   Durchführung der meA und Superposition

Mit den nach Abschn. 4.6.2.1 bis 4.6.2.4 in $V_{\mathrm{p}\Delta}$ und $V_{\mathrm{e}\Delta}$ abgeschätzten TIV's wird, wie inzwischen gewohnt, eine meA für die aus den TIV's ermittelten Anfangsdehnungen durchgeführt, durch die die Restspannungen ρ_{m} und die Restdehnungen $\varepsilon_{\mathrm{m}}^*$ im mittleren Belastungszustand gewonnen werden. Auf dieser Basis kann im Rahmen eines Iterationsprozesses sowohl eine verbesserte Abschätzung der Fließzone $V_{\mathrm{e}\Delta}$ als auch eine verbesserte Abschätzung der TIV in $V_{\mathrm{e}\Delta}$ erfolgen. $V_{\mathrm{p}\Delta}$ steht ja bereits aufgrund der voran gegangenen Schwingbreiten-Berechnung fest.

Die elastisch-plastischen Beanspruchungen für den mittleren Zustand ergeben sich aus der Superposition mit den fiktiv elastischen Beanspruchungen des mittleren Zustandes

$$\sigma_{i,\mathrm{m}} = \rho_{i,\mathrm{m}} + \frac{1}{2}\left(\sigma_{i,\max}^{\mathrm{fel}} + \sigma_{i,\min}^{\mathrm{fel}}\right), \tag{4.179}$$

$$\varepsilon_{i,\mathrm{m}} = \varepsilon_{i,\mathrm{m}}^* + \frac{1}{2}\left(\varepsilon_{i,\max}^{\mathrm{fel}} + \varepsilon_{i,\min}^{\mathrm{fel}}\right) \tag{4.180}$$

und die elastisch-plastischen Beanspruchungen des minimalen bzw. maximalen Belastungszustandes durch Subtraktion bzw. Addition der halben Schwingbreiten:

$$\sigma_{i,\min/\max} = \sigma_{i,\mathrm{m}} \mp \frac{1}{2}\Delta\sigma_i = \sigma_{i,\mathrm{m}} \mp \frac{1}{2}\left(\Delta\sigma_i^{\mathrm{fel}} + \Delta\rho_i\right), \tag{4.181}$$

$$\varepsilon_{i,\min/\max} = \varepsilon_{i,\mathrm{m}} \mp \frac{1}{2}\Delta\varepsilon_i = \varepsilon_{i,\mathrm{m}} \mp \frac{1}{2}\left(\Delta\varepsilon_i^{\mathrm{fel}} + \Delta\varepsilon_i^*\right). \tag{4.182}$$

4.7 Beispiele für akkumulierte Dehnungen bei plastischem Einspielen

In Abschn. 4.3 wurden bereits Beispiele zur Abschätzung der Dehnschwingbreite im plastischen Einspielzustand betrachtet. Da die Ermittlung der akkumulierten Verzerrungen die Ermittlung der Dehnschwingbreiten voraus setzt, wird hier nun auf diese Beispiele zurück gegriffen.

4.7.1 Zweistab-Modell

In Abschn. 4.3.1 wurde bereits die Schwingbreite für das Zweistab-Modell (Abb. 4.4) im plastischen Einspielzustand ermittelt. In Abschn. 4.5.1 wurde gezeigt, wie die akkumulierten Verzerrungen im elastischen Einspielzustand mit der VFZT ermittelt werden können.

Da die Schwingbreite dehnungsgesteuert ist (Gl. 4.30), befindet sich das gesamte System im plastischen Einspielzustand in $V_{p\Delta}$. Demnach steht die Fließzone V_p bereits fest und zur Berechnung des mittleren Zustandes ist die TIV nach Gl. 4.167 zu bestimmen. Nach Anpassung an den einachsigen Spannungszustand erhalten wir mit σ_p für die Primärspannung in beiden Stäben und mit σ_t für die maximale fiktiv elastische Sekundärspannung ($+\sigma_t$ im rechten, $-\sigma_t$ im linken Stab)

$$Y_{\text{re,m}} = \sigma_p + \frac{1}{2}\sigma_t, \tag{4.183}$$

$$Y_{\text{li,m}} = \sigma_p - \frac{1}{2}\sigma_t. \tag{4.184}$$

Nach Einsetzen in das modifizierte elastische Werkstoffgesetz erhalten wir

$$\varepsilon^{*}_{\text{re,m}} = \frac{1}{E_t}\rho_{\text{re,m}} + \frac{1}{C}\left(\sigma_P + \frac{1}{2}\sigma_t\right), \tag{4.185}$$

$$\varepsilon^{*}_{\text{li,m}} = \frac{1}{E_t}\rho_{\text{li,m}} + \frac{1}{C}\left(\sigma_P - \frac{1}{2}\sigma_t\right), \tag{4.186}$$

woraus sich mit der Gleichgewichtsbedingung

$$\rho_{\text{re,m}} = -\rho_{\text{li,m}} \tag{4.187}$$

und der Kompatibilitätsbedingung

$$\varepsilon^{*}_{\text{li,m}} = \varepsilon^{*}_{\text{re,m}} \tag{4.188}$$

als Ergebnis der ersten meA

$$\rho_{\text{li,m}} = \left(1 - \frac{E_t}{E}\right)\frac{\sigma_t}{2}, \tag{4.189}$$

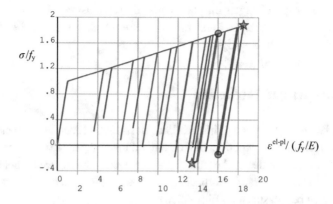

Abb. 4.47 Dehnungsakkumulation beim Zweistab-Modell mit linearer kinematischer Verfestigung: Plastisches Einspielen ($\sigma_P/f_y = 0.8$; $\sigma_t/f_y = 2.5$; $E_t/E = 0.05$); Vergleich der inkrementellen Lösung (wie Abb. 2.5) mit der VFZT (*Kreise* für minimalen und *Sterne* für maximalen Belastungszustand)

$$\varepsilon^*_{\text{li,m}} = \frac{1 - \frac{E_t}{E}}{E_t} \sigma_P \qquad (4.190)$$

für den mittleren Belastungszustand ergibt. Nach Superposition mit der fiktiv elastischen Lösung für den mittleren Zustand und Subtraktion bzw. Addition der halben Schwingbreite ergibt sich nach Gln. 4.181 und 4.182 unter Nutzung von Gln. 4.19, 4.28 und 4.30

$$\sigma_{\text{li,min}} = \left(1 - \frac{E_t}{E}\right) f_y + \sigma_P, \qquad (4.191)$$

$$\sigma_{\text{li,max}} = \left(1 - \frac{E_t}{E}\right)(\sigma_t - f_y) + \sigma_P - \sigma_t, \qquad (4.192)$$

$$\varepsilon_{\text{li,min}} = \frac{\sigma_P}{E_t}, \qquad (4.193)$$

$$\varepsilon_{\text{li,max}} = \frac{\sigma_P}{E_t} - \frac{\sigma_t}{E}. \qquad (4.194)$$

Da die Fließzone V_p von vornherein bekannt war und auch die TIV aufgrund des einachsigen Spannungszustandes vorab exakt bekannt war, weil eine direktionale Umlagerung ausgeschlossen ist, stellt dies bereits die exakte Lösung dar. Sie ist in Abb. 4.47 zusammen mit der inkrementellen Lösung aus Abb. 2.5 beispielhaft für die dort angegebene Parameterkonfiguration dargestellt.

Die VFZT liefert also mit einer einzigen weiteren meA, über die eine meA zur Ermittlung der Beanspruchungs-Schwingbreite hinaus, das exakte Ergebnis für die akkumulierten Beanspruchungen im plastischen Einspielzustand. Für die inkrementelle Lösung werden, wie aus Abb. 4.47 ersichtlich, mehrere Halbzyklen mit jeweils mehreren Gleichgewichtsiterationen benötigt.

4.7.2   Mehrachsiges Ratcheting

Für das bereits in Abschn. 4.5.2 hinsichtlich elastischen Einspielens behandelte Beispiel für mehrachsiges Ratcheting bei einem dünnwandigen Rohr (Abb. 4.27; siehe auch Abschn. 2.3.1) wurde in Abschn. 4.3.2 die Dehnschwingbreite bei plastischem Einspielen ermittelt. Darauf aufbauend werden nun auch die akkumulierten Beanspruchungen bei plastischem Einspielen ermittelt.

V_p ist von vornherein bekannt, da das eine Element homogen beansprucht wird. Es gilt also:

$$V_\mathrm{p} = V_\mathrm{p\triangle}. \tag{4.195}$$

Nach Gl. 4.167 gilt bei $\nu = 0$

$$Y_{i,\mathrm{m}} = \sigma_\mathrm{P} \begin{pmatrix} \frac{2}{3} \\ -\frac{1}{3} \\ -\frac{1}{3} \end{pmatrix} + \frac{\sigma_\mathrm{t}}{2} \begin{pmatrix} -\frac{1}{3} \\ \frac{2}{3} \\ -\frac{1}{3} \end{pmatrix}, \tag{4.196}$$

was auch nicht iterativ verbessert werden kann, weshalb hier auf die Kennzeichnung der jeweiligen meA verzichtet wird.

Mit dem modifizierten elastischen Werkstoffgesetz (siehe beispielsweise Gl. 3.20 mit den Anfangsdehnungen nach Gl. 3.14) erhalten wir unter Berücksichtigung der Randbedingungen ($\varepsilon_2^* = 0$, $\rho_1 = \rho_3 = 0$) für den mittleren Belastungszustand

$$\begin{pmatrix} \varepsilon_{1,\mathrm{m}}^* \\ 0 \\ \varepsilon_{3,\mathrm{m}}^* \end{pmatrix} = \frac{1}{E_\mathrm{t}} \begin{pmatrix} 1 & -\nu^* & -\nu^* \\ -\nu^* & 1 & -\nu^* \\ -\nu^* & -\nu^* & 1 \end{pmatrix} \begin{pmatrix} 0 \\ \rho_{2,\mathrm{m}} \\ 0 \end{pmatrix} + \frac{1}{C} \left[\frac{\sigma_\mathrm{P}}{2} \begin{pmatrix} +2 \\ -1 \\ -1 \end{pmatrix} + \frac{\sigma_\mathrm{t}}{4} \begin{pmatrix} -1 \\ +2 \\ -1 \end{pmatrix} \right]. \tag{4.197}$$

Die Lösung des Gleichungssystems lautet

$$\frac{\rho_{2,\mathrm{m}}}{f_\mathrm{y}} = \frac{1}{2} \left(1 - \frac{E_\mathrm{t}}{E} \right) \left(\frac{\sigma_\mathrm{P}}{f_\mathrm{y}} - \frac{\sigma_\mathrm{t}}{f_\mathrm{y}} \right), \tag{4.198}$$

$$\frac{E}{f_\mathrm{y}} \varepsilon_{1,\mathrm{m}}^* = \left(\frac{E}{E_\mathrm{t}} - 1 \right) \left[\frac{3}{4} \frac{\sigma_\mathrm{P}}{f_\mathrm{y}} + \frac{1}{2} \frac{E_\mathrm{t}}{E} \left(\frac{1}{2} - \nu \right) \left(\frac{\sigma_\mathrm{P}}{f_\mathrm{y}} - \frac{\sigma_\mathrm{t}}{f_\mathrm{y}} \right) \right]. \tag{4.199}$$

Durch Superposition mit der fiktiv elastischen Lösung für den mittleren Zustand und Subtraktion bzw. Addition der halben Schwingbreite nach Gl. 4.42 bzw. 4.43 erhalten wir für die beiden extremalen Beanspruchungszustände:

Abb. 4.48 Mehrachsiges
Ratcheting: Histogramm
der normierten elastisch-
plastischen Dehnung in
Richtung 1 für $\sigma_P/f_y=0{,}6$;
$\sigma_t/f_y=3{,}5$; $E_t/E=0{,}05$

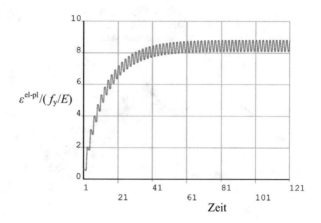

$$\frac{\sigma_{2,\min}}{f_y} = \left(1 - \frac{E_t}{E}\right)\left(\frac{1}{2}\frac{\sigma_P}{f_y} - 1\right), \tag{4.200}$$

$$\frac{\sigma_{2,\max}}{f_y} = \left(1 - \frac{E_t}{E}\right)\left(\frac{1}{2}\frac{\sigma_P}{f_y} + 1\right) + \frac{E_t}{E}\frac{\sigma_t}{f_y}, \tag{4.201}$$

$$\frac{E}{f_y}\varepsilon_{1,\min} = \frac{\sigma_P}{f_y}\left(\frac{3}{4}\frac{E}{E_t} + \frac{1}{2} - \frac{1}{4}\frac{E_t}{E}\right) - \frac{1}{2}\left(1 - \frac{E_t}{E}\right), \tag{4.202}$$

$$\frac{E}{f_y}\varepsilon_{1,\max} = \frac{\sigma_P}{f_y}\left(\frac{3}{4}\frac{E}{E_t} + \frac{1}{2} - \frac{1}{4}\frac{E_t}{E}\right) + \frac{1}{2}\left(1 - \frac{E_t}{E}\right)\left(1 - \frac{\sigma_t}{f_y}\right). \tag{4.203}$$

Gl. 4.202 ist identisch mit der Lösung für den Grenzzustand elastischen Einspielens, der sich aus der Restdehnung nach Gl. 4.145 für $\sigma_t=2f_y$ (wodurch $a=0$, $b=0{,}5$) zuzüglich der fiktiv elastischen Dehnung σ_P/E ergibt. Sie ist unabhängig von der maximalen Sekundärspannung σ_t. Bei einer Erweiterung der Abb. 4.31 in den Bereich plastischen Einspielens ($\sigma_t > 2f_y$) bleiben die Dehnungen also konstant.

Gln. 4.200 bis 4.203 stellen die exakte Lösung dar, die also mit einer einzigen linearen Analyse (meA) gewonnen wurde, zuzüglich der für die Ermittlung der Schwingbreite in Abschn. 4.3.2 und der stets obligatorischen fiktiv elastischen Analysen für die beiden extremalen Belastungszustände.

Zu Vergleichszwecken ist in Abb. 4.48 das mit einer inkrementellen Analyse gewonnene Dehnungshistogramm für die Parameterkombination

$$\frac{\sigma_P}{f_y} = 0{,}6 \; ; \; \frac{\sigma_t}{f_y} = 3{,}5 \; ; \; \frac{E_t}{E} = 0{,}05 \tag{4.204}$$

dargestellt. Demnach dauert es etwa 100 Halbzyklen, bis der plastische Einspielzustand näherungsweise erreicht ist. Abb. 4.49 zeigt die zugehörige Entwicklung der TIV im TIV-Raum. Der Einspielzustand ist aufgrund der einachsigen Spannungsschwingbreite

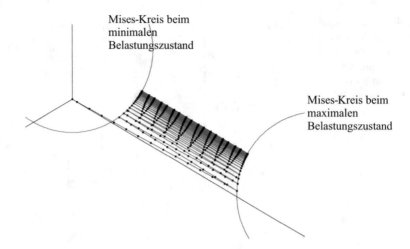

Abb. 4.49 Mehrachsiges Ratcheting bei plastischem Einspielen: Trajektorie der TIV im TIV-Raum

und somit ausgeschlossener direktionaler Spannungsumlagerung gekennzeichnet durch die kürzeste Verbindung zwischen den beiden Mises-Kreisen.

4.7.3   Bree-Rohr

Das Bree-Rohr wurde bereits in Abschn. 2.3.2 vorgestellt und in Abschn. 4.3.3 für das einachsige Ersatzmodell die Dehnschwingbreite im plastischen Einspielzustand mit der VFZT ermittelt. Dabei stellte sich heraus, dass die Belastung durch den Temperaturgradienten dehnungsgesteuert ist. Dies trifft nicht nur für das Ersatzmodell mit einachsigem Spannungszustand zu, sondern auch für die Axial- und Umfangsdehnung des eigentlichen Bree-Rohrs, auch wenn der plastische Dehnungserhöhungsfaktor aufgrund der Dehnungskomponente in radialer Richtung hierfür ungleich 1 ist. Die im plastischen Einspielzustand akkumulierten Dehnungen des einachsigen Ersatzmodells wurden in [10] mit der VFZT berechnet.

Ähnlich wie in Abschn. 4.5.3 für elastisches Einspielen wird hier nun aber die Dehnungsakkumulation im plastischen Einspielzustand für ein FE-Modell (mit ANSYS [14]) des rotationssymmetrischen Rohrs mit der VFZT ermittelt (siehe auch [13]). Gegenüber Abschn. 4.5.3 wird hierfür lediglich die fiktiv elastische Sekundärspannung σ_S erhöht und das Belastungshistogramm modifiziert, sodass die thermische Belastung nun nicht mehr rein schwellend ($\sigma_S = 0 \ldots \sigma_t$) ist, sondern zwischen $\sigma_S = -0{,}2\,f_y$ und $\sigma_S = 2{,}6\,f_y$ variiert, Abb. 4.50.

Eine inkrementelle Berechnung ergab, wie auch schon für den Fall elastischen Einspielens in Abschn. 4.5.3, dass die Beanspruchungen deutlich von der gewählten Anzahl der Belastungsinkremente pro Halbzyklus abhängen. Die folgenden Ergebnisse wurden

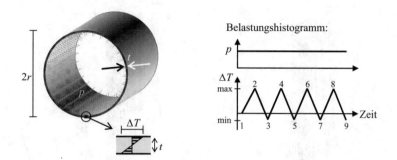

Abb. 4.50 Bree-Rohr: Geometrie und Belastungshistogramm

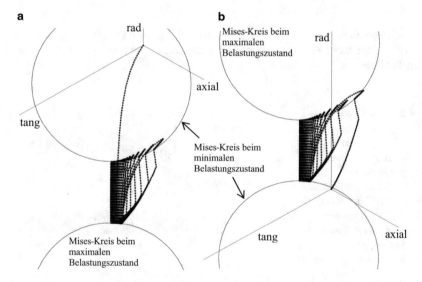

Abb. 4.51 Bree-Rohr (rotationssymmetrisches Modell, $\sigma_p/f_y = 0{,}8$; $\sigma_s/f_y = -0{,}2\dots2{,}6$; $\nu = 0{,}3$; $E_t/E = 0{,}02$): Trajektorien der TIV im TIV-Raum. **a** Außenoberfläche, **b** Innenoberfläche

mit 80 substeps pro Halbzyklus gewonnen. Nach etwa 70 Zyklen (140 Halbzyklen) ist bereits eine ganz gute Annäherung an den Einspielzustand erreicht, der aber auch nach 100 Zyklen noch nicht vollständig erreicht ist. Abb. 4.51 zeigt die Entwicklung der TIV an der Innen- und an der Außenoberfläche. Diese Stellen liegen im Bereich $V_{p\Delta}$. Man erkennt, dass die Trajektorien im Einspielzustand entlang der kürzesten Verbindung der beiden Mises-Kreise verlaufen, was auf den dehnungsgesteuerten Charakter des zyklischen Belastungsanteils ohne Möglichkeit einer direktionalen Spannungsumlagerung zurück zu führen ist. Im Inneren der Rohrwand existieren gleichzeitig auch Regionen, die kein zyklisches Plastizieren aufweisen, die also dem Teilvolumen $V_{e\Delta}$ zuzurechnen sind. In Abb. 4.52 sind die zugehörigen Trajektorien im deviatorischen Spannungsraum dargestellt.

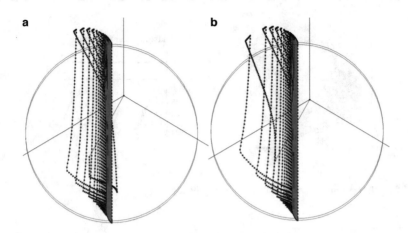

Abb. 4.52 Bree-Rohr (rotationssymmetrisches Modell, $\sigma_P/f_y=0{,}8$; $\sigma_S/f_y=-0{,}2...2{,}6$; $v=0{,}3$; $E_t/E=0{,}02$): Trajektorien der Spannungen im deviatorischen Spannungsraum. **a** Außenoberfläche, **b** Innenoberfläche

Abb. 4.53 Bree-Rohr (rotationssymmetrisches Modell): Histogramm der elastisch-plastischen Dehnungen nach inkrementeller Analyse, sowie Ergebnisse der 5. meA der VFZT für den plastischen Einspielzustand (*Rauten* für den minimalen, *Kreuze* für den maximalen Belastungszustand)

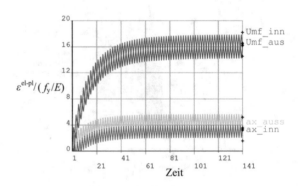

Die mit der VFZT nach 5 meA's gewonnenen Beanspruchungen für den plastischen Einspielzustand (mit den entsprechend Abschn. 4.6.2.1 bis 4.6.2.4 abgeschätzten TIV) sind in Abb. 4.53 zusammen mit dem inkrementell berechneten Dehnungshistogramm und in Abb. 4.54 mit dem Spannungs-Diagramm dargestellt. Es zeigt sich, dass die mit der VFZT ermittelte Näherung der Dehnschwingbreite sehr gut, die Qualität der mit der VFZT ermittelten akkumulierten Dehnungen jedoch etwas geringer ist, wenn man die inkrementelle Analyse als Bewertungsmaßstab zugrunde legt. Durch die VFZT werden die Umfangsdehnungen etwas über-, die Axialdehnungen etwas unterschätzt.

Wie sich die Beanspruchungen im plastischen Einspielzustand bei der VFZT mit der Anzahl der meA's entwickelt, ist in Tab. 4.6 exemplarisch für die Umfangsdehnungs-komponente an der Außenoberfläche beim maximalen Belastungszustand aufgeführt. Nach 3 meA's ändert sich das Ergebnis nur noch geringfügig.

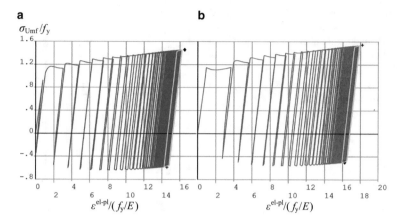

Abb. 4.54 Bree-Rohr (rotationssymmetrisches Modell): Spannungs-Dehnungs-Diagramm für die Umfangsrichtung nach inkrementeller Analyse, Spannungs-Dehnungs-Paare der 5. meA der VFZT (*Raute* und *Kreuz*). **a** Innenoberfläche, **b** Außenoberfläche. Hysterese im Einspielzustand *grün* hervor gehoben

Tab. 4.6 Entwicklung der Umfangsdehnung an der Außenoberfläche über die meA's der VFZT im Vergleich mit einer inkrementellen Analyse im Einspielzustand für den maximalen Belastungszustand

VFZT, meA	$E/f_y * \varepsilon_z$
1	2,92
2	17,55
3	18,09
4	18,19
5	18,20
6	18,19
7	18,19
8	18,19
Inkrementell mit 80 Belastungsinkrementen pro Halbzyklus	17,87

4.7.4 Dickwandiger Zylinder unter Temperaturtransiente und Innendruck

Die in Abschn. 4.3.4 vorgestellte Analyse eines dickwandigen Zylinders, der einer zyklischen Temperaturtransiente unterworfen wird, wird nun hinsichtlich der Dehnungsakkumulation im plastischen Einspielzustand untersucht. Dazu wird außer der Temperaturtransiente ein konstant anstehender Innendruck $p = 30$ N/mm^2 aufgebracht. Dies entspricht etwa 68,2 % der Traglast. Der Zylinder wird als offen betrachtet, sodass

Abb. 4.55 Verteilung der elastisch-plastischen Dehnungskomponenten über die Wanddicke im plastischen Einspielzustand (inkrementelle zyklische Analyse für gesamte Temperaturtransiente) für die Transienten-Zeitpunkte 330 s und 525 s

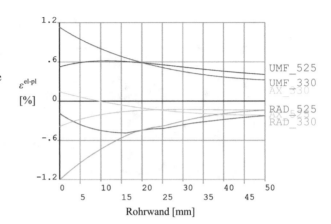

der Innendruck nur Umfangs- und Radialspannungen hervorruft, keine Axialspannungen. Geometrie, Belastungshistogramm und Materialdaten wurden bereits in Abb. 4.7 und Tab. 4.1 angegeben.

Die maximalen Beanspruchungen liegen an der Innenoberfläche vor.

Bei einer inkrementellen Analyse ist der plastische Einspielzustand nach 50 Zyklen (100 Halbzyklen) so gut wie erreicht. Wird die gesamte Temperaturtransiente schrittweise durchfahren, also für jeden bei der thermischen Analyse berechneten Zeitschritt auch eine Strukturberechnung durchgeführt, so entspricht dies in jedem Belastungszyklus einer zeitlichen Abfolge von etwa 1000 unterschiedlichen Temperaturprofilen über die Wand. Für 50 Zyklen werden dann insgesamt etwa 107.000 Gleichgewichtsiterationen benötigt. Der Berechnungsaufwand entspricht daher grob dem von 100.000 linear elastischen Analysen. Die Verteilung der elastisch-plastischen Dehnungen über die Wanddicke nach Erreichen des Einspielzustandes ist für die beiden extremalen Belastungszeitpunkte in Abb. 4.55 dargestellt.

Dieser Berechnungsaufwand ist erheblich reduzierbar, wenn die Beanspruchungen nicht für jeden Schritt der thermischen Analyse in jedem Zyklus berechnet werden, sondern wenn die Belastung nur zwischen dem Lastpaar zykliert, das durch die beiden extremalen Belastungszeitpunkte gekennzeichnet ist (330 s und 525 s). Wie bereits beim Bree-Rohr festgestellt (vergleiche Abb. 4.33), müssen jedoch auch hier in jedem Halbzyklus mehrere Zwischenzustände berechnet werden. Allerdings hängen die Ergebnisse beim dickwandigen Zylinder nicht so stark von der gewählten Anzahl der Belastungsinkremente pro Halbzyklus ab wie beim Bree-Rohr, sodass für die 50 Zyklen insgesamt etwa 1000 Gleichgewichtsiterationen für eine brauchbare Ergebnisqualität der inkrementellen Analyse ausreichen. Die Verteilung der elastisch-plastischen Dehnungen über die Wanddicke nach Erreichen des Einspielzustandes ist für die beiden extremalen Belastungszeitpunkte in Abb. 4.56 dargestellt, wobei 40 substeps pro Halbzyklus gewählt wurden. Der Verlauf entspricht qualitativ dem für die Durchrechnung der kompletten Transiente, Abb. 4.55. Quantitativ sind jedoch einige Unterschiede feststellbar. Diese

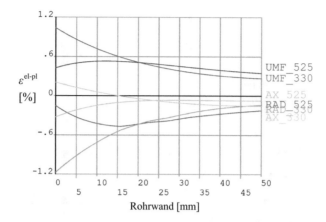

Abb. 4.56 Verteilung der elastisch-plastischen Dehnungskomponenten über die Wanddicke im plastischen Einspielzustand (inkrementelle zyklische Analyse nur für die Transienten-Zeitpunkte 330 s und 525 s) zum Vergleich mit Abb. 4.55

sind in erster Linie darauf zurück zu führen, dass die extremalen Belastungen nicht genau zu den Zeitpunkten 330 s und 525 s auftreten, sondern jeweils kurz danach. Bei der inkrementellen zyklischen Analyse der gesamten Transiente werden auch diese Zeitpunkte mit erfasst, bei der inkrementellen zyklischen Analyse für das Lastpaar bei 330 s und 525 s naturgemäß nicht.

Abb. 4.57 zeigt die Trajektorien der Spannungen im deviatorischen Spannungsraum und die der TIV im TIV-Raum für die Innenoberfläche. Daran ist zu erkennen, dass die zyklischen Belastungsanteile nicht dehnungsgesteuert sind, sondern dass in jedem der beiden extremalen Belastungszustände direktionale Spannungsumlagerung (Abschn. 1.3.2) stattfindet.

Die Anwendung der VFZT für zyklische Belastung zwischen den Transienten-Zeitpunkten 330 s und 525 s zeigt, dass sich alle Elemente des FE-Modells in der plastischen Zone V_p befinden. Etwa das mittlere Drittel der Rohrwand erfährt im Einspielzustand kein zyklisches Plastizieren, ist also dem Bereich $V_{e\Delta}$ zugeordnet, das innere und das äußere Drittel dagegen $V_{p\Delta}$. Abb. 4.58 zeigt den Verlauf der elastisch-plastischen Dehnungen über die Wanddicke nach einer bzw. nach zwei meA's für die Berechnung des akkumulierten Zustandes, nachdem die Schwingbreiten bereits vorab in Abschn. 4.3.4 ermittelt worden sind. Ab der dritten meA sind dagegen mit bloßem Auge kaum noch Änderungen zu erkennen. Wie ein Vergleich mit Abb. 4.56 zeigt, ist nach zwei meA's, zuzüglich denen für die Schwingbreiten-Berechnung, bereits eine ganz gute Übereinstimmung zwischen der inkrementellen Berechnung und der VFZT festzustellen.

Das Histogramm der Dehnungen in Umfangsrichtung ist für die Innen- und die Außenoberfläche in Abb. 4.59, das Spannungs-Dehnungs-Diagramm für die Umfangsrichtung an der Innenoberfläche in Abb. 4.60 und die Entwicklung der Dehnungen über die meA's in Tab. 4.7 dargestellt. Demnach stimmen die durch die VFZT ermittelten

a   b

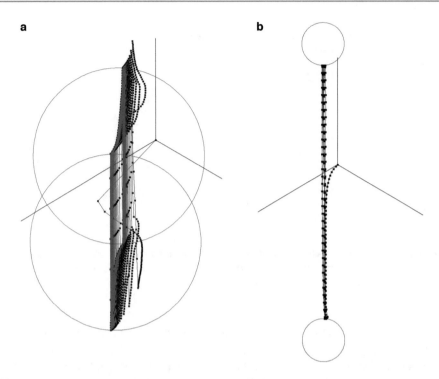

Abb. 4.57 Dickwandiger Zylinder an der Innenoberfläche, inkrementelle zyklische Analyse nur für die Transienten-Zeitpunkte 330 s und 525 s. **a** Trajektorien der Spannungen im deviatorischen Spannungsraum, **b** Trajektorien der TIV im TIV-Raum

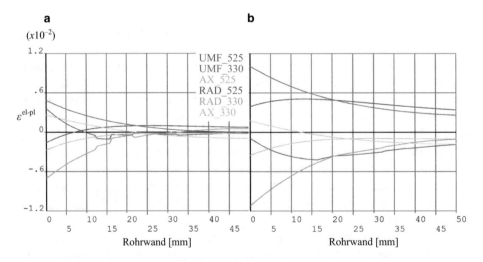

Abb. 4.58 Verteilung der elastisch-plastischen Dehnungskomponenten über die Wanddicke für die Transienten-Zeitpunkte 330 s und 525 s aufgrund der 1. meA (**a**) bzw. der 2. meA der VFZT (**b**)

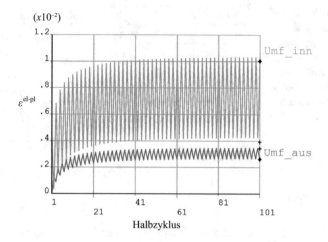

Abb. 4.59 Histogramm der Umfangsdehnungen an der Innen- und Außenoberfläche aufgrund inkrementeller Berechnung für das Lastpaar der Transienten-Zeitpunkte 330 s und 525 s; sowie Ergebnisse der 4. meA der VFZT für den plastischen Einspielzustand (*Rauten* für den Transienten-Zeitpunkt 330 s, *Kreuze* für 525 s)

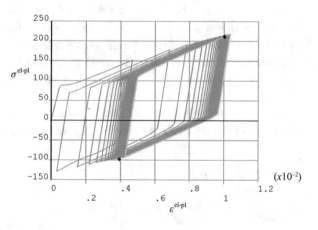

Abb. 4.60 Spannungs-Dehnungs-Diagramm für die Umfangsrichtung an der Innenoberfläche aufgrund inkrementeller Berechnung für das Lastpaar der Transienten-Zeitpunkte 330 s und 525 s (letzter Zyklus *grün* eingefärbt); sowie Ergebnisse der 4. meA der VFZT für den plastischen Einspielzustand (*Raute* für den Transienten-Zeitpunkt 330 s, *Kreuz* für 525 s)

Dehnungsschwingbreiten sehr gut mit der inkrementellen Analyse überein, wie schon in Abschn. 4.3.4 ermittelt. Die akkumulierten Dehnungen werden durch die VFZT jedoch zumindest an der Innenoberfläche als etwas geringer ermittelt als bei der inkrementellen Analyse.

Insgesamt ist festzustellen, dass mit der VFZT eine gute Annäherung an die Ergebnisse einer inkrementellen Analyse gewonnen werden kann, und dass hierfür ein sehr geringer Berechnungsaufwand genügt. Außer den beiden fiktiv elastischen Analysen für die beiden extremalen Belastungszustände sind nur zwei modifiziert elastische Analysen für die Schwingbreiten-Berechnung und zwei weitere modifiziert elastische Analysen für die Berechnung der akkumulierten Verzerrungen notwendig.

Tab. 4.7 Entwicklung der Umfangsdehnung an der Innenoberfläche über die meA's der VFZT im Vergleich mit einer inkrementellen Analyse im Einspielzustand für die beiden extremalen Belastungszustände bei 330 s und 525 s

VFZT, meA	ε_z [%] bei 330 s	ε_z [%] bei 525 s
1	0,482	$-0,158$
2	1,007	0,392
3	1,005	0,392
4	1,004	0,393
5	1,004	0,392
6	1,003	0,393
Inkrementell	1,036	0,427

4.7.5   Rohrbogen

In Abschn. 4.3.5 wurde bereits die Schwingbreite eines Rohrbogens unter konstantem Innendruck und zyklischer weggesteuerter in-plane Biegung analysiert. Diese Analyse wird nun ergänzt durch die Berechnung der akkumulierten Verzerrungen.

Abb. 4.61 zeigt als Ergebnis einer inkrementellen Analyse die Entwicklung der Umfangsdehnungskomponente an der Innenoberfläche von zwei Knoten. Demnach ist der Einspielzustand nach 80 Zyklen offenbar noch längst nicht erreicht (tatsächlich werden ca. 600 Zyklen benötigt). Abb. 4.61 und Abb. 4.62 zeigen außerdem auch einen Vergleich zwischen den im Einspielzustand akkumulierten Umfangsdehnungen der inkrementellen Analyse und der VFZT nach 4 weiteren meA's (über die meA's hinaus, die für die Bestimmung der Schwingbreite in Abschn. 4.3.5 benötigt worden sind). Die Entwicklung der mit der VFZT ermittelten Umfangsdehnung ist für die ersten 10 meA's in Tab. 4.8 aufgeführt.

In Abb. 4.63 ist die Spannungs-Dehnungs-Entwicklung bis zum Einspielen zusammen mit dem Ergebnis der VFZT dargestellt. Die Näherung durch die VFZT ist als sehr gut

Tab. 4.8 Entwicklung der akkumulierten Umfangsdehnung über die meA's der VFZT im Vergleich mit der inkrementellen Analyse im Einspielzustand beim maximalen Belastungszustand

VFZT, meA	$\varepsilon_{\mathrm{Umf}}$ [%]
1	0,539
2	0,678
3	0,735
4	0,729
5	0,730
6	0,730
7	0,730
8	0,729
9	0,729
10	0,728
Inkrementell	0,725

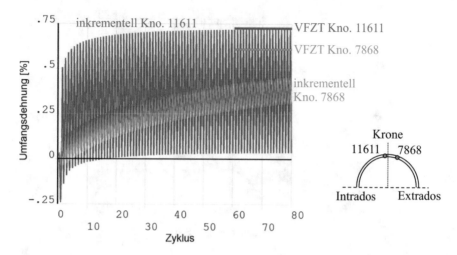

Abb. 4.61 Histogramm der Umfangsdehnungskomponente im 45°-Schnitt an der Innenober-fläche der Knoten 11611 und 7868

Abb. 4.62 Akkumulierte Umfangsdehnung [%] an der Innenoberfläche im Shakedown-Zustand beim maximalen Belastungszustand

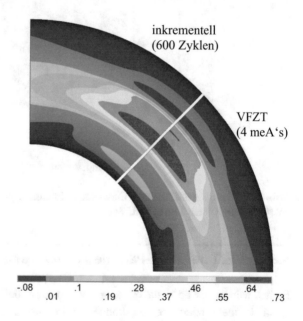

zu bewerten und wurde mit insgesamt nur ca. 10 linear elastischen Analysen erreicht (2 fiktiv elastische Analysen, 4 meA's für die Schwingbreite und 4 meA's für den akkumulierten Zuistand), wohingegen bei der inkrementellen Analyse für 600 Be- und 600 Entlastungsvorgänge bei jeweils etwa 5 Zwischenbelastungszuständen, von denen jeder etwa 2 Gleichgewichtsiterationen erfordert, ein Äquivalent von ca. 12.000 linear elastischen Analysen notwendig war.

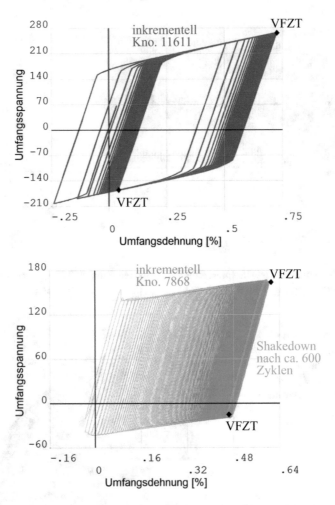

Abb. 4.63 Spannungs-Dehnungs-Entwicklung in Umfangsrichtung im 45°-Schnitt an der Innenoberfläche der Knoten 11.611 und 7868

4.8 VFZT bei Mehr-Parameter-Belastung

Bisher wurde in Kap. 4 davon ausgegangen, dass bei zyklischer Belastung zwei Lastzustände identifiziert werden können, min und max genannt, zwischen denen die
Belastung variiert (Abschn. 4.1). Da sich der Belastungszustand L zu einem beliebigen
Belastungszeitpunkt t dann durch einen einzigen zeitabhängigen Belastungsparameter
$\lambda(t)$ definieren lässt (Gl. 4.1), handelt es sich um eine sog. Ein-Parameter-Belastung.

Eine solche Betrachtungsweise steht in Einklang mit Regelwerken zur Lebens-
dauerberechnung (beispielsweise [15]), und macht auch Sinn für Ermüdungsanalysen,
weil die Ermüdungskurven generell auf der Betrachtung von Schwingspielen zwischen

zwei Zuständen beruhen (siehe Abschn. 2.8.1). Allerdings wurde schon in Abschn. 2.6 (Mythos 3) unter Verweis auf das in Abschn. 2.4.1 betrachtete Dreistab-Modell darauf hingewiesen, dass man mit einer nur paarweisen Betrachtung von Lastzuständen gewisse Ratcheting-Mechanismen u. U. nicht erkennen kann.

So haben sich bereits beispielsweise Zarka [2, 16], Tribout [17], Inglebert mit wechselnden Koautoren [18–21], Yu et al. [22] (siehe dazu auch Cecot mit wechselnden Koautoren [23–26]) und Yu et al. [27, 28] mit der Frage beschäftigt, wie mit der Zarka-Methode bei einer Mehr-Parameter-Belastung umgegangen werden kann. In einigen Fällen wurde dabei Bezug genommen auf ortsveränderliche Belastungen, wie sie bei Rollkontakt-Vorgängen auftreten.

Im Folgenden wird die Anwendung der VFZT skizziert, sofern die Reihenfolge der unterschiedlichen Belastungszustände und damit der Zeitverlauf der fiktiv elastisch berechneten Spannungen bekannt sind (beachte dazu auch die Nützlichkeit der in Abschn. 9.3 beschriebenen IFUP-Methode). Ist die Reihenfolge nicht bekannt, sodass die Belastungen im Lastraum beliebige Wege nehmen können, so sind darüber hinaus gehende Überlegungen notwendig. So ist zu klären, ob die Untersuchung der Ecken des m-dimensionalen Lastraumes genügt und wenn ja, ob diese Ecken in allen möglichen Reihenfolgen angefahren werden müssen.

4.8.1 Ermittlung der Natur des Einspielzustandes

Die Identifikation der Natur des Einspielzustandes, also ob elastisches oder plastisches Einspielen stattfindet, kann analog zur Beschreibung in Abschn. 4.1 erfolgen (Abb. 4.64).

Für jede Stelle des Tragwerks wird der Pfad der deviatorischen fiktiv elastischen Spannungszustände im Y-Raum verfolgt (Pfeile in Abb. 4.64). Um jeden dieser

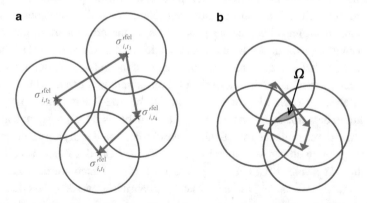

Abb. 4.64 Pfad der fiktiv elastischen deviatorischen Spannungen für die Belastungszeitpunkte t_1 bis t_4 und zugehörige Mises-Kreise im Raum der TIV an einer Stelle des Tragwerks. **a** plastisches Einspielen, **b** elastisches Einspielen (sofern für jede Stelle des Tragwerks $\Omega \neq 0$ zutreffend)

Spannungszustände wird die Fließfläche gebildet, hier der Mises-Kreis. Existiert an jeder Stelle des Tragwerks eine gemeinsame Schnittfläche aller dieser Fließflächen, ein Bereich Ω, dann kommt es zu elastischem Einspielen. Existiert hingegen an mindestens einer Stelle des Tragwerks kein Bereich Ω, so kommt es zu plastischem Einspielen. Das für Ein-Parameter-Belastung gültige Kriterium von Gl. 4.56, dass es zu elastischem Einspielen kommt, wenn die fiktiv elastische Vergleichsspannungsschwingbreite die doppelte Fließgrenze nicht überschreitet, ist bei Mehr-Parameter-Belastung nicht mehr brauchbar. So kann es beispielsweise bei drei Belastungszuständen bereits zu plastischem Einspielen kommen, obwohl die Vergleichsspannungsschwingbreite zwischen keinem der drei Belastungspaare $\sqrt{3}f_y$ übersteigt.

Ist die Fließgrenze unveränderlich, und verläuft der Spannungsweg eckig, so genügt zur Identifikation der Natur des Einspielzustandes die Betrachtung in seinen Eckpunkten. In [21] wird darauf hingewiesen, dass die Identifikation des 6-dimensionalen Bereiches Ω, der eigentlich wegen der deviatorischen Spannungen nur 5-dimensional ist, bei zahlreichen Lastzuständen sehr aufwendig sein kann. Für solche Fälle wird dort eine auf Optimierungsstrategien beruhende Methode vorgeschlagen.

4.8.2   Sukzessive Projektion für elastisches Einspielen

Eine Abschätzung der transformierten internen Variable Y erhält man bei elastischem Einspielen in V_p, also für aktiv plastizierende Stellen, durch Projektion auf den Bereich Ω. Denn Y muss innerhalb oder auf dem Rand des Bereiches Ω liegen und ist bei elastischem Einspielen unabhängig vom aktuellen Belastungszustand, also konstant, weil die plastischen Dehnungen und damit die Rückspannungen ξ genauso wie die Restspannungen ρ konstant sind.

Yu et al. haben in [22, 27, 28] vorgeschlagen, Y durch sukzessive Projektion auf die Schnittfläche von jeweils zwei aufeinander folgenden Belastungszuständen zu gewinnen, und zwar in der Reihenfolge, in der diese auftreten. Wenn die Belastungszustände im Y-Raum hinreichend nahe beieinander liegen, was immer erreichbar ist, gegebenenfalls unter Erhöhung der Anzahl der Belastungszustände, entfällt die sonst erforderliche Notwendigkeit, die Ecken des Ω-Bereiches getrennt abzufangen (siehe Abschn. 4.4.2).

In der zweidimensionalen deviatorischen Hauptspannungsebene ist Ω bei einer Mehr-Parameter-Belastung nach wie vor eine ebene Fläche, die jedoch durch mehr als zwei Kreisabschnitte begrenzt sein kann, sodass es auch mehr als 2 Ecken geben kann. Y kann dann weiterhin durch einfache (nicht-sukzessive) Projektion der negativen deviatorischen Restspannung auf einen der Mises-Kreise bzw. auf eine Ecke des Bereiches Ω, die durch den Schnittpunkt zweier Mises-Kreise gebildet wird, gewonnen werden. Zusätzlich zu einer Ein-Parameter-Belastung muss aber noch gewährleistet werden, dass die Projektion auf den richtigen von mehreren Mises-Kreisen bzw. auf die richtige von mehreren Ecken von Ω erfolgt.

Sind die Hauptspannungsrichtungen jedoch nicht mehr zeitinvariant, dann genügt eine Betrachtung in der zweidimensionalen deviatorischen Hauptspannungsebene nicht mehr. Statt dessen wird Ω durch eine Hyperkugel im 5-dimensionalen Raum begrenzt. Um hier die korrekten Projektionen vornehmen zu können, sind Optimierungsstrategien erforderlich. Vollrath in seiner Dissertation [7], Hübel und Vollrath [29] sowie Vollrath und Hübel [30] haben beschrieben, wie die erforderlichen Projektionen im dreidimensionalen deviatorischen Raum noch analytisch vorgenommen werden können, wenn also zu den drei Normalspannungen (bzw. zwei voneinander unabhängigen deviatorischen Normalspannungen) noch eine Schubspannung hinzu tritt. Diese Vorgehensweise wurde bereits angewandt auf eine Zylinderschale mit wanderndem hotspot bzw. wanderndem axialen Temperaturgradienten sowie auf ein Torusschalen-Modell eines Rohrbogens.

4.8.3   Sukzessive Projektion für plastisches Einspielen

Eine sukzessive Projektion kann hinsichtlich plastischen Einspielens nicht ohne weiteres sinnvoll sein, sondern bedarf gewisser Erweiterungen. Das Problem hierbei ist, dass Y im Verlauf eines Belastungszyklus' nicht konstant ist und sich die Restspannung ρ als einem der beiden Bestandteile von Y infolge Umlagerung ändern kann, auch wenn sich der andere Bestandteil von Y, also die Rückspannung ξ oder gleichwertig die plastische Dehnung ε^{pl}, nicht ändert. Yu et al. liefern keine nähere Beschreibung für eine sukzessive Projektion in solchen Fällen, wohl aber die Mitteilung, dies sei mühsam.

Einem Vorschlag von Tribout in [17] folgend müssten zuerst die beiden Belastungszustände identifiziert werden, die zur größten fiktiv elastischen Spannungsschwingbreite führen und die sukzessive Projektion an einem dieser beiden Zustände beginnen. Dieser Vorschlag gilt laut [17] aber nur für den Fall, dass alle Stellen der Struktur bei diesen beiden Belastungszuständen extremal beansprucht werden, was eine erhebliche Einschränkung bedeutet.

Einen anderen Weg gehen Vollrath in seiner Dissertation [7] sowie Vollrath und Hübel [31], indem zunächst das Belastungshistogramm um konstante Belastungsanteile reduziert wird und hierfür eine herkömmliche Schritt-für-Schritt Analyse bis zum Einspielen vorgenommen wird. Dazu genügen oft wenige Belastungszyklen, da die sonst häufig einen Ratcheting-Mechanismus antreibenden konstanten Belastungsanteile nun fehlen. Auf diese Weise erhält man bereits die Beanspruchungsschwingbreiten. Die Wirkung der konstanten Belastungsanteile auf das Ratcheting-Verhalten kann anschließend mit der VFZT durch Einführung eines Translationsvektors erfasst werden.

4.8.4   Beispiel Dreistab-Modell

Für ein einfaches Tragwerk soll die Abschätzung der TIV durch sukzessive Projektion bei mehreren Lastzuständen zumindest beispielhaft dargestellt werden, und zwar für

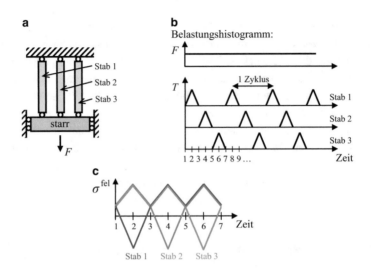

Abb. 4.65 Dreistab-Modell. **a** Geometrie, **b** Belastungshistogramm, **c** Histogramm (Prinzipskizze) der fiktiv elastisch berechneten Spannungen

das in Abschn. 2.4.1 betrachtete Dreistab-Modell. Geometrie, Belastungshistogramm und das Histogramm der fiktiv elastisch berechneten Spannungen sind in Abb. 4.65 dargestellt.

Die Einfachheit dieser Struktur beruht zum einen auf der Einachsigkeit des Spannungszustandes in allen drei Stäben, sodass direktionale Spannungsumlagerungen nicht auftreten, und zum anderen darin, dass die Beanspruchungsschwingbreite dehnungsgesteuert ist ($K_e = 1$). Ferner treten die extremalen Beanspruchungen in allen Stäben zu denselben Zeitpunkten auf (Zeitpunkte 2, 4, 6), sodass in allen Lastumkehrpunkten alle Stäbe aktiv plastizieren, also die TIV auf dem Rand der zugehörigen Fließfläche liegen. Die Fließzone ist dann a priori bekannt: Alle Stäbe befinden sich in V_p.

Dabei entsteht im jeweils direkt belasteten Stab die fiktiv elastisch berechnete Spannung σ_t, die bei Erwärmung negativ ist und bei Abkühlung positiv, sowie in den beiden anderen Stäben $-0{,}5\sigma_t$. Die fiktiv elastische Spannungsschwingbreite beträgt also $\Delta\sigma_t = 1{,}5\sigma_t$. Somit ist die Grenze elastischen Einspielens ($|\Delta\sigma_t| = 2f_y$) leicht zu finden (ES bei $|\sigma_t| / f_y < 4/3$).

Zum Zeitpunkt 1 wirkt allein die in allen drei Stäben gleich große Primärspannung σ_P infolge der Kraft F.

4.8.4.1 Elastisches Einspielen

Für eine Parameterkombination, die zu elastischem Einspielen führt, sind in Abb. 4.66 und in Tab. 4.9 die Entwicklungen der TIV infolge der sukzessiven Projektion dargestellt. Zum Zeitpunkt $t = 2$ im zweiten Zyklus, also bei $t = 8$, liegt ein anderer Zustand

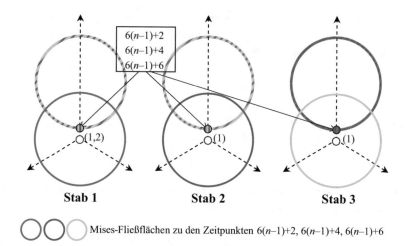

Mises-Fließflächen zu den Zeitpunkten $6(n–1)+2$, $6(n–1)+4$, $6(n–1)+6$

Abb. 4.66 Dreistab-Modell bei elastischem Einspielen: Mises-Kreise mit sukzessiver Projektion von Y im TIV-Raum für $\sigma_p/f_y=0{,}8$ und $\sigma_t/f_y=-0{,}8$; *farbig gefüllte Kreise:* TIV zu den angegebenen Zeitpunkten für n-ten Zyklus, *weiß gefüllte Kreise:* abweichende TIV zu den angegebenen Zeitpunkten im 1. Zyklus

Tab. 4.9 Entwicklung von Y/f_y durch sukzessive Projektion für $\sigma_p/f_y=0{,}8$ und $\sigma_t/f_y=-0{,}8$

	1. Zyklus ($n=1$)				2. Zyklus ($n=2$)		
	$t=1$	$t=2$	$t=4$	$t=6$	$t=8$	$t=10$	Usw
Stab 1	0	0	0,2	0,2	0,2	0,2	…
Stab 2	0	0,2	0,2	0,2	0,2	0,2	…
Stab 3	0	0,2	0,2	0,2	0,2	0,2	…

vor als zum Zeitpunkt $t=2$ im ersten Zyklus. Danach, also ab dem zweiten Zyklus ($n=2$), sind die sukzessiv projizierten TIV in allen drei Stäben konstant (der Index bezeichnet hier nicht die Richtung, sondern die Stab-Nummer):

$$\frac{Y_1}{f_y}=\frac{Y_2}{f_y}=\frac{Y_3}{f_y}=0{,}2. \qquad (4.205)$$

Alle drei Stäbe gehören zu V_p. Aus den modifiziert elastischen Werkstoffgesetzen

$$\varepsilon_1^*=\frac{\rho_1}{E_t}+\frac{Y_1}{C}$$

$$\varepsilon_2^*=\frac{\rho_2}{E_t}+\frac{Y_2}{C} \qquad (4.206)$$

$$\varepsilon_3^*=\frac{\rho_3}{E_t}+\frac{Y_3}{C}$$

sowie der Kompatibilitätsbedingung, wonach die Restdehnungen ε^* in allen Stäben gleich groß sind, und der Gleichgewichtsbedingung, wonach die Summe der Restspannungen aller Stäbe Null sein muss, ergibt sich

$$\varepsilon^* = \frac{1}{3}\frac{Y_1 + Y_2 + Y_3}{C}.$$
(4.207)

Die jeweils letzten Terme in Gl. 4.206 stellen die Anfangsdehnungen dar. Wegen Gl. 4.205 sind sie in allen Stäben gleich, und die meA liefert sofort

$$\rho_1 = \rho_2 = \rho_3 = 0.$$
(4.208)

Die akkumulierte Dehnung im elastischen Einspielzustand beträgt also am Zyklusende ($\sigma^{fel} = \sigma_p$) bei einem Verfestigungsmodul von $E_t = 0{,}1E$

$$\varepsilon_1 = \varepsilon_2 = \varepsilon_3 = \frac{\sigma_p}{E} + \varepsilon^* = 2{,}6\frac{f_y}{E}.$$
(4.209)

Dieses Ergebnis ist exakt und wurde mit einer einzigen meA für die sukzessiv über zwei Belastungszyklen projizierten Y-Werte gefunden.

4.8.4.2 Plastisches Einspielen – Mechanismus a)

Bei plastischem Einspielen gibt es unterschiedliche Mechanismen für Ratcheting. Mechanismus a) ist gekennzeichnet dadurch, dass bei der Wegnahme der Temperatur in irgendeinem Stab alle drei Stäbe elastisch reagieren.

Für eine entsprechende Parameterkombination sind in Abb. 4.67 und in Tab. 4.10 die Entwicklungen der TIV infolge der sukzessiven Projektion für die Belastungszeitpunkte mit aktivem Plastizieren dargestellt.

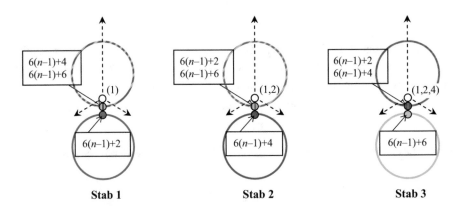

Stab 1   **Stab 2**   **Stab 3**

Abb. 4.67 Dreistab-Modell bei plastischem Einspielen: Mises-Kreise mit sukzessiver Projektion von Y im TIV-Raum für $\sigma_p/f_y = 0$ und $\sigma_t/f_y = -1{,}5$; *farbig gefüllte Kreise:* TIV zu den angegebenen Zeitpunkten für n-ten Zyklus, *weiß gefüllte Kreise:* abweichende TIV zu den angegebenen Zeitpunkten im 1. Zyklus

Tab. 4.10 Entwicklung von Y/f_y durch sukzessive Projektion für $\sigma_p/f_y = 0$ und $\sigma_t/f_y = -1{,}5$

	1. Zyklus ($n=1$)				2. Zyklus ($n=2$) usw		
	$t=1$	$t=2$	$t=4$	$t=6$	$t=8$	$t=10$	$t=12$
Stab 1	0	$-0{,}5$	$-0{,}25$	$-0{,}25$	$-0{,}5$	$-0{,}25$	$-0{,}25$
Stab 2	0	0	$-0{,}5$	$-0{,}25$	$-0{,}25$	$-0{,}5$	$-0{,}25$
Stab 3	0	0	0	$-0{,}5$	$-0{,}25$	$-0{,}25$	$-0{,}5$

Ab dem zweiten Zyklus ($n=2$) sind die sukzessiv projizierten TIV in allen drei Stäben periodisch. Wird mit den so ab dem 2. Zyklus sukzessiv ermittelten TIV eine meA durchgeführt, so erhält man bei $E_t/E = 0{,}1$ beispielsweise für den Zykluszeitpunkt $6(n-1)+2$ des Einspielzustandes, also wenn in Stab 1 die Temperatur ansteht, die in allen Stäben gleiche Restdehnung

$$\varepsilon^* = -3\frac{f_y}{E}, \tag{4.210}$$

die nun aber nicht mit verschwindenden Restspannungen einher geht, und die akkumulierten Dehnungen

$$\varepsilon_1 = \frac{\sigma_p}{E} + \frac{\sigma_t}{E} + \varepsilon^* = -4{,}5\frac{f_y}{E} \; ; \; \varepsilon_2 = \varepsilon_3 = \frac{\sigma_p}{E} - \frac{1}{2}\frac{\sigma_t}{E} + \varepsilon^* = -2{,}25\frac{f_y}{E}. \tag{4.211}$$

Dieses Ergebnis ist exakt und wurde mit einer einzigen meA für die sukzessiv über zwei Belastungszyklen projizierten Y-Werte gefunden.

4.8.4.3 Plastisches Einspielen – Mechanismus b)

Mechanismus b) ist gekennzeichnet dadurch, dass bei der Wegnahme der Temperatur in irgendeinem Stab die beiden anderen Stäbe elastisch reagieren.

Für eine entsprechende Parameterkombination sind in Abb. 4.68 und in Tab. 4.11 die Entwicklungen der TIV infolge der sukzessiven Projektion dargestellt. Bereits ab dem ersten Zyklus ($n=1$) sind die sukzessiv projizierten TIV in allen drei Stäben periodisch.

Wird mit den so sukzessiv ermittelten TIV eine meA durchgeführt, so erhält man bei $E_t/E = 0{,}1$ zum Zykluszeitpunkt $6(n-1)+2$ des Einspielzustandes, also wenn in Stab 1 die Temperatur ansteht, die in allen Stäben gleiche Restdehnung

$$\varepsilon^* = -3\frac{f_y}{E}, \tag{4.212}$$

und die akkumulierten Dehnungen

$$\varepsilon_1 = \frac{\sigma_p}{E} + \frac{\sigma_t}{E} + \varepsilon^* = -6\frac{f_y}{E} \; ; \; \varepsilon_2 = \varepsilon_3 = \frac{\sigma_p}{E} - \frac{1}{2}\frac{\sigma_t}{E} + \varepsilon^* = -1{,}5\frac{f_y}{E}. \tag{4.213}$$

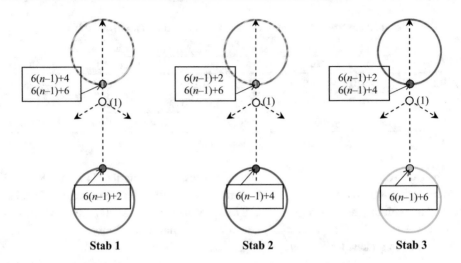

Abb. 4.68 Dreistab-Modell bei plastischem Einspielen: Mises-Kreise mit sukzessiver Projektion von Y im TIV-Raum für $\sigma_p/f_y = 0$ und $\sigma_t/f_y = -3$

Tab. 4.11 Entwicklung von Y/f_y durch sukzessive Projektion für $\sigma_p/f_y = 0$ und $\sigma_t/f_y = -3$

	1. Zyklus ($n=1$)			
	$t=1$	$t=2$	$t=4$	$t=6$
Stab 1	0	-2	0,5	0,5
Stab 2	0	0,5	-2	0,5
Stab 3	0	0,5	0,5	-2

Dieses Ergebnis ist exakt und wurde mit einer einzigen meA für die sukzessiv im ersten Belastungszyklus projizierten Y-Werte gefunden.

4.8.4.4 Plastisches Einspielen – Mechanismus c)

Mechanismus c) ist gekennzeichnet dadurch, dass bei der Wegnahme der Temperatur in irgendeinem Stab alle Stäbe plastizieren.

Hierfür ist ein hohes Belastungsniveau erforderlich ($\sigma_t/f_y < -4/3(2+E/E_t)$; beispielsweise $\sigma_p/f_y = 0$, $\sigma_t/f_y = -18$, $E_t/E = 0{,}1$). Wie schon bei Mechanismus b), so sind auch hier die sukzessiv projizierten TIV in allen drei Stäben bereits ab dem ersten Zyklus ($n=1$) periodisch. Auf weitere Details soll hier deshalb verzichtet werden.

Mit einer einzigen meA wird auch hier wieder das exakte elastisch-plastische Ergebnis erzielt.

Literatur

1. Maier, G., Comi, C., Corigliani, A., Perego, U., Hübel, H.: Bounds and estimates on inelastic deformations, Commission of the European Communities, contract RA1-0162-I and RA1-0168-D, Report EUR 16555 EN. European Commission, Brüssel (1992)
2. Zarka, J., Frelat, J., Inglebert, G., Kasmai-Navidi, P.: A New Approach to Inelastic Analyses of Structures. Martinus Nijhoff, Dordrecht (1988) und (stark erweitert 1990)
3. Zarka, J., Inglebert, G., Engel, J.J.: On a simplified inelastic analysis of structures. Nucl. Eng. Des. **57**, 333–368 (1980)
4. Zarka, J., Casier, J.: Elastic-plastic response of a structure to cyclic loading: Practical rules. In: Nemet-Nasser, S. (Hrsg.) Mechanics Today, Bd. 6, S. 93–198. Pergamon, New York (1981)
5. Inglebert, G., Frelat, J.: Quick analysis of inelastic structures using a simplified method. Nucl. Eng. Des. **116**, 281–291 (1989)
6. Hübel, H., et al.: Performance study of the simplified theory of plastic zones and the Twice-Yield method for the fatigue check. Int. J. Press. Vessels Pip. **116**, 10–19 (2014). https://doi.org/10.1016/j.ijpvp.2014.01.003
7. Vollrath, B.: Erweiterungen der Vereinfachten Fließzonentheorie hinsichtlich der Anwendung von Mehr-Parameterbelastungen und der Berücksichtigung von Theorie II. Ordnung. Dissertation an der Fakultät für Architektur, Bauingenieurwesen und Stadtplanung der Brandenburgischen Technischen Universität Cottbus–Senftenberg (2023)
8. Khalij, L., Hariri, S., Vaucher, R.: Shakedown of three-dimensional structures under cyclic loading with the simplified analysis. Comput. Mater. Sci. **24**, 393–400 (2002)
9. Cano, V., Taheri, S.: Elastic shakedown domain in an axisymmetrical structure subjected to a cyclic thermal and mechanical loading – comparison between an incremental model and a simplified method ECCOMAS 2000, Barcelona, Sept. 2000 (2000)
10. Hübel, H.: Berechnung akkumulierter Dehnungen nach der Vereinfachten Fließzonentheorie auf der Grundlage der Zarka-Methode bei zyklischer Belastung (Ratcheting-Nachweis). Vorhaben SR 2226 und SR 2298 für das Bundesministerium für Umwelt, Naturschutz und Reaktorsicherheit (1999)
11. Jiang, W., Leckie, F.A.: A direct method for the shakedown analysis of structures under sustained and cyclic loads. J. Appl. Mech. **59**, 251–260 (1992)
12. Herbland, T., et al.: An Evaluation of Simplified Methods to Compute the Mechanical Steady State, CETIM (2012). http://www.cetim.fr/fr/Recherche?cx=004804313408259911386%3Akrpkzta8vw&cof=FORID%3A11&ie=UTF-8&q=herbland&x=0&y=0
13. Hübel, H., Kretzschmar, A.: Vereinfachte elastisch-plastische Berechnung von Stahltragwerken, aFuE-Programm des BMBF, Förderkennzeichen 170 80.01, Oktober (2003)
14. ANSYS Release 2019R1, ANSYS Inc., Canonsburg, USA (2019)
15. Sicherheitstechnische Regel des KTA, KTA 3201.2, Komponenten des Primärkreises von Leichtwasserreaktoren, Teil 2: Auslegung, Konstruktion und Berechnung. Fassung 6/96 (enthält Berichtigung aus BAnz. Nr. 129 vom 13.07.00). KTA Geschäftsstelle c/o Bundesamt für Strahlenschutz, Salzgitter (2000)
16. Zarka, J., Karaouni, H.: New Rules to be Included in Codes and Standards to Represent Multi-axial Variable Amplitudes Loadings on Structures Proceedings of ICONE 10 (ICONE10-22029). Arlington (2002)
17. Tribout, J.: A Simplified Method for the Inelastic Analysis of Structures Under Non Radial Cyclic Loadings, SMiRT 7, Bd. L, paper L14/4. Chicago (1983)
18. Inglebert, G., Frelat, J., Proix, J.M.: Structures under cyclic loading. Arch. Mech. **37**(4–5), 365–382 (1985)

19. Legrand, E., Hassine, T., Inglebert, G.: A new algorithm to perform shakedown analysis on a structure under non radial loading. In 10th International Conference on Mathematical and Computer Modelling and Scientific Computing, Boston, July (1995)

20. Hassine, T., Legrand, E., Inglebert, G.: Direct estimation of the stabilised state of a structure under non radial loading for elastic shakedown case. In 10th International Conference on Mathematical and Computer Modelling and Scientific Computing, Boston, July (1995)

21. Hassine, T., Inglebert, G., Pons, M.: Shakedown and damage analysis applied to rocket engines. In: Weichert, D., Maier, G. (Hrsg.) Inelastic Analysis of Structures under Variable Load, S. 255–267. Kluwer, Dordrecht (2000)

22. Yu, M., Moran, B., Keer, L.M.: A direct analysis of two-dimensional elastic-plastic rolling contact. Trans. ASME J. Tribol. **115**, 227–236 (1993)

23. Cecot, W.: On application of the Zarka approach to estimation of residual strains and stresses railroad rails. In Proceedings of COMPLAS V, Barcelona, 1873–1878 (1997)

24. Cecot, W., Orkicz, J., Midura, G.: Estimation of Railroad Rail Residual Deformation after Roller Straightening Process ECCM-2001, Cracow, June 2001 (2001)

25. Krok, J., Cecot, W., Pazdanowski, M.: Shakedown Analysis of Residual Stresses in Railroad Rails with Kinematic Hardening taken into Account ECCM-2001, Cracow, June (2001)

26. Cecot, W.: Application of h-adaptive FEM and Zarka's Approach to analysis of shakedown problems. Int. J. Numer. Meth. Eng. **6**, 2139–2158 (2004)

27. Yu, C.-C., Moran, B., Keer, L.M.: A simplified direct method for cyclic strain calculation: Repeated rolling/sliding contact on a case-hardened half plane. Trans. ASME J. Tribol. **118**, 329–334 (1996)

28. Yu, C.-C., Keer, L.M.: Edge effect on elastic-plastic rolling/sliding contacts. Comput. Mech. **18**, 259–268 (1996)

29. Hübel, H., Vollrath, B.: Simplified determination of accumulated strains to satisfy design code requirements. Int. J. Press. Ves. Pip. **171**, 92–103 (2019). https://doi.org/10.1016/j.ijpvp.2019.01.014

30. Vollrath, B., Hübel, H.: Direct Analysis of Post-Shakedown Quantities with the STPZ Considering Multi-Parameter Loading, ASME digital collection, PVP2019-93268, V003T03A078 (2019). https://doi.org/10.1115/PVP2019-93268

31. Vollrath, B., Hübel, H.: Efficient Fatigue and Ratcheting Computation in Case of Multi-Parameter Loading, ASME digital collection, PVP2020-1089, V001T01A027 (2020). https://doi.org/10.1115/PVP2020-21089

VFZT bei temperaturabhängigen Materialdaten

5

Für die Lebensdauer überelastisch beanspruchter Tragwerke unter zyklischer Belastung sind oft instationäre thermische Belastungen verantwortlich, etwa im Kraftwerksbereich. Temperaturänderungen spielen dabei nicht nur die Rolle einer Belastung, wie in mehreren Beispielen vorangegangener Abschnitte, sondern bewirken stets auch Änderungen der elastischen und plastischen Materialdaten, was in den vorangegangenen Kapiteln jedoch noch nicht berücksichtigt wurde.

In diesem Kapitel wird die Rolle untersucht, die die Temperaturabhängigkeit der Materialdaten hinsichtlich der elastisch-plastischen Dehnschwingbreite und der zyklisch akkumulierten Verzerrungen spielt, und welche Effekte in welcher Weise bei der VFZT berücksichtigt werden können.

Mit „Temperaturabhängigkeit" der Materialdaten ist gemeint, dass Materialdaten bei anisothermen Prozessen nicht nur von der örtlichen Temperatur-Verteilung abhängen, sondern an einem festen Ort zeitlich veränderlich sind. Nur örtlich veränderliche Materialdaten sind bei der VFZT ohnehin stets zulässig und bedürfen keiner besonderen Behandlung.

5.1 Lineare kinematische Verfestigung

Abgesehen davon, dass die Temperatur bzw. die freie thermische Dehnung als Belastung wirkt, wobei die Temperaturabhängigkeit des Wärmeausdehnungskoeffizienten problemlos berücksichtigt werden kann, kann die Temperatur in vielfältiger Weise die Schwingbreite und die Akkumulation von Dehnungen infolge zyklischer Belastung beeinflussen. Denn außer dem E-Modul und der Querdehnzahl, wobei letztere allerdings häufig als temperaturunabhängig betrachtet wird, sind auch Tangentenmodul E_t (bzw. C) und Fließgrenze f_y temperaturabhängig.

© Springer Fachmedien Wiesbaden GmbH, ein Teil von Springer Nature 2023
H. Hübel, *Vereinfachte Fließzonentheorie*, https://doi.org/10.1007/978-3-658-41833-5_5

Unter bestimmten Umständen kann sogar Ratcheting durch eine zyklische Temperaturänderung hervorgerufen werden, selbst wenn die Temperatur gar keine Strukturbelastung darstellt, wenn sich also die thermische Dehnung frei einstellen kann und nicht behindert wird. Eine Ursache hierfür kann nach [1] darin liegen, dass ein makroskopisch isotroper polykristalliner Werkstoff aus Einkristallen mit stark anisotropen Wärmeausdehnungskoeffizienten besteht. Bei einer Temperaturänderung entstehen dann wegen der gegenseitigen Behinderung zwischen den Kristallen Zwangsspannungen, die alleine für sich betrachtet bei zyklischer Temperaturänderung jedoch allenfalls zu alternierendem Plastizieren führen. Werden aber zusätzlich auch makroskopische Beanspruchungen etwa durch eine konstante äußere Spannung aufgebracht, dann finden in jedem Einkristall direktionale Spannungsumlagerungen statt (siehe Abschn. 1.3.2), sodass in den Extrempunkten einer zyklischen Temperaturänderung die plastischen Dehnungsinkremente nicht genau entgegen gesetzt wirken. Stattdessen entsteht ein Netto-Dehnungsinkrement in jedem Zyklus, was in Abschn. 2.3.1 als Mehrachsiges Ratcheting bezeichnet und dort ausführlicher beschrieben wurde. Zudem wird in [1] darauf hingewiesen, dass bei Dichteänderungen infolge einer thermisch bedingten Phasenumwandlung des Kristallgitters ähnliche Vorgänge ablaufen. Diese beiden Phänomene werden im Folgenden jedoch nicht weiter betrachtet, sondern nur die Rolle temperaturabhängiger Verfestigung und temperaturabhängiger Fließgrenze untersucht.

5.1.1 Temperaturabhängiger Verfestigungsmodul

Bereits in [2] wurde die Erfassung eines temperaturabhängigen Tangentenmoduls und einer temperaturabhängigen Fließgrenze bei linearer kinematischer Verfestigung hinsichtlich Ratcheting untersucht. Wird in das differentielle Verfestigungsgesetz Gl. 1.24 ein temperaturabhängiger Verfestigungsmodul $C(T)$ eingesetzt,

$$d\xi_i = \frac{2}{3}C(T)d\varepsilon_i^{pl} \tag{5.1}$$

mit

$$C(T) = \frac{E(T)\,E_t(T)}{E(T) - E_t(T)}, \tag{5.2}$$

dann kann das Verfestigungsgesetz Gl. 5.1 i. Allg. nicht geschlossen zu einem finiten Verfestigungsgesetz integriert werden. Die Fließfläche verschiebt sich dann im deviatorischen Spannungsraum nur, wenn auch plastische Verzerrungsinkremente auftreten, also nur gleichzeitig mit Beanspruchungsänderungen und nicht, wenn sich die Temperatur bei konstanter Belastung ändert. Bei zyklischen Temperaturänderungen kann dies zu infinitem Ratcheting führen [2], was jedoch durch experimentelle Befunde kaum bestätigt wird. Ein anderer, häufiger benutzter Ansatz ist daher, das Verfestigungsgesetz Gl. 5.1 durch einen additiven Term zu ergänzen, der im ANSYS-Manual als Rice hardening bezeichnet wird:

$$\mathrm{d}\xi_i = \frac{2}{3}C(T)\mathrm{d}\varepsilon_i^{\mathrm{pl}} + \frac{1}{C(T)}\frac{\partial C(T)}{\partial T}\xi_i\mathrm{d}T, \tag{5.3}$$

was insofern sehr praktisch ist, als sich Gl. 5.3 geschlossen integrieren lässt zum finiten Verfestigungsgesetz

$$\xi_i = \frac{2}{3}C(T)\varepsilon_i^{\mathrm{pl}}, \tag{5.4}$$

wodurch sich Gl. 5.3 auch schreiben lässt als

$$\mathrm{d}\xi_i = \frac{2}{3}C(T)\mathrm{d}\varepsilon_i^{\mathrm{pl}} + \frac{2}{3}\frac{\partial C(T)}{\partial T}\varepsilon_i^{\mathrm{pl}}\mathrm{d}T. \tag{5.5}$$

Demnach kann bei anisothermen Prozessen eine kinematische Ver- oder Entfestigung auch bei rein elastischen Zustandsänderungen stattfinden ($\mathrm{d}\varepsilon_i^{\mathrm{pl}} = 0_i$), ohne dass ein Ratcheting-Mechanismus hierdurch begründet wird.

Als Beispiel wird ein Zug-Druck-Stab unter spannungsgesteuerter Wechselbeanspruchung und, aus Gründen größerer Klarheit, phasenverschobenen Temperaturzyklen betrachtet, Abb. 5.1. Die Temperaturen rufen selbst keine Beanspruchungen hervor. Die Fließgrenze ist konstant, also temperatur*un*abhängig.

Die in Abb. 5.2 gezeigten Spannungs-Dehnungs-Hysteresen sind geschlossen, sodass zu den Zeitpunkten 5, 9 usw. dieselben Beanspruchungen vorliegen wie zum Zeitpunkt 1 und somit kein Ratcheting vorliegt. Zwischen den Zeitpunkten 2 und 3 ist die Fließgrenze nur scheinbar herab gesetzt. Tatsächlich hat sich aber bereits zwischen den Zeitpunkten 1 und 2 die Fließfläche von $C_{\mathrm{heiß}}\cdot\varepsilon^{\mathrm{pl}}$ zu $C_{\mathrm{kalt}}\cdot\varepsilon^{\mathrm{pl}}$ verschoben, ohne dass damit eine Änderung der plastischen Dehnungen verbunden wäre. Der Spannungsbildpunkt $\sigma_1 = \sigma_2$ befindet sich nun nicht mehr auf dem Rand der Fließfläche, sondern liegt in ihrem Inneren, und somit steht bei einer Spannungsumkehr nicht mehr der volle Durchmesser des Mises-Kreises als elastischer Bereich zur Verfügung, Abb. 5.3. Mit dem Temperaturanstieg von Zeitpunkt 3 zum Zeitpunkt 4 verharrt die Mises-Fließfläche auf

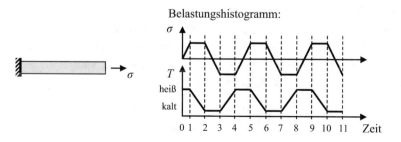

Abb. 5.1 Anisothermer Prozess: Zug-Druck-Stab unter Wechselspannung

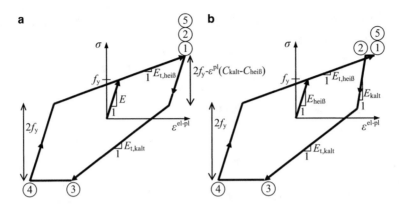

Abb. 5.2 Spannungs-Dehnungs-Hysterese des Zug-Druck-Stabes unter Wechselspannung mit temperaturabhängigem Verfestigungsmodul E_t ($E_{t,\text{heiß}} < E_{t,\text{kalt}}$) bei finitem Verfestigungsgesetz. **a** konstanter E-Modul, **b** auch E-Modul temperaturabhängig ($E_{\text{heiß}} < E_{\text{kalt}}$)

Abb. 5.3 Zug-Druck-Stab
unter Wechselspannung
mit temperaturabhängigem
Verfestigungsmodul E_t
($E_{t,\text{heiß}} < E_{t,\text{kalt}}$) bei finitem
Verfestigungsgesetz und
konstantem E-Modul:
Fließfläche im deviatorischen
Spannungsraum

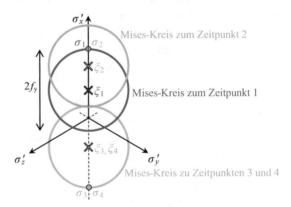

derselben Position, was jedoch mit einer Änderung des plastischen Dehnungszustandes aufgrund der thermisch bedingten Entfestigung ($E_{t,\text{heiß}} < E_{t,\text{kalt}}$) einhergeht.

Eine bemerkenswerte Folge des finiten Verfestigungsgesetzes ist, dass bei einem konstanten Spannungszustand allein infolge zyklischer Temperaturänderung, die jedoch selbst keine Beanspruchungen hervor ruft, zyklisches Plastizieren auftreten kann. Dieser Fall ist in Abb. 5.4 als Spannungs-Dehnungs-Diagramm und in Abb. 5.5 sowohl im Raum der deviatorischen Spannungen, als auch im Raum der TIV dargestellt.

Der bei linearer kinematischer Verfestigung zum finiten Verfestigungsgesetz Gl. 5.4 führende differentielle Ansatz Gl. 5.3 ist weit verbreitet und wird etwa auch bei der anisothermen Variante des Chaboche-Modells (Abschn. 1.2.8) verwendet [3]:

$$\mathrm{d}\xi_i = \frac{2}{3}C\mathrm{d}\varepsilon_i^{\mathrm{pl}} - \gamma\xi_i\mathrm{d}p + \frac{1}{C(T)}\frac{\partial C(T)}{\partial T}\xi_i\mathrm{d}T. \qquad (5.6)$$

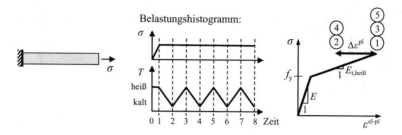

Abb. 5.4 Wechselplastizierung bei konstanter Zugspannung infolge temperaturabhängigem Verfestigungsmodul E_t ($E_{t,\text{heiß}} < E_{t,\text{kalt}}$)

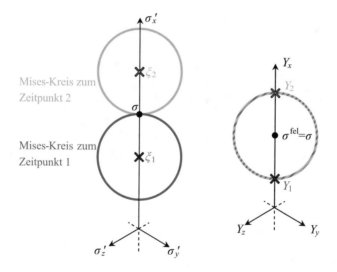

Abb. 5.5 Plastisches Einspielen bei konstanter Zugspannung infolge temperaturabhängigem Verfestigungsmodul E_t ($E_{t,\text{heiß}} < E_{t,\text{kalt}}$). **a** deviatorischer Spannungsraum, **b** TIV-Raum

Dieses differentielle Verfestigungsgesetz lässt sich aber aufgrund des Erholungsterms nicht geschlossen integrieren.

5.1.2 Temperaturabhängige Fließgrenze

Bei temperaturabhängiger Fließgrenze f_y ($f_{y,\text{heiß}} < f_{y,\text{kalt}}$) stellt sich für den Zug-Druck-Stab aus Abb. 5.1 die in Abb. 5.6 dargestellte Spannungs-Dehnungs-Hysterese ein. Auch hier tritt kein Ratcheting auf. Obwohl die Hysterese auf den ersten Blick eine große Ähnlichkeit mit der bei temperaturabhängiger Verfestigung in Abb. 5.2 aufweist, ist der zugrunde liegende Mechanismus ein ganz anderer, wie sich aus der in Abb. 5.7 dargestellten Bewegung der Fließfläche ergibt.

Abb. 5.6 Spannungs-
Dehnungs-Hysterese des
Zug-Druck-Stabes unter
Wechselspannung mit
temperaturabhängiger
Fließgrenze ($f_{y,heiß} < f_{y,kalt}$)

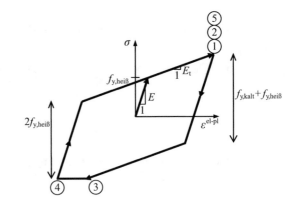

Abb. 5.7 Zug-Druck-Stab
unter Wechselspannung
mit temperaturabhängiger
Fließgrenze ($f_{y,heiß} < f_{y,kalt}$):
Fließfläche im deviatorischen
Spannungsraum

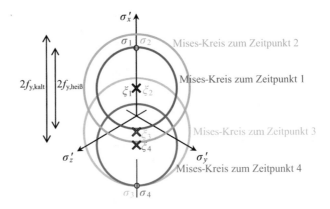

Abb. 5.8 Spannungs-
Dehnungs-Hysterese des
Zug-Druck-Stabes unter
Wechselspannung mit
temperaturabhängiger
Fließgrenze bei
synchronisierter Spannungs-
und Temperaturänderung

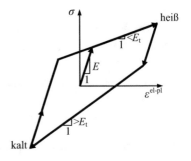

Bemerkenswert ist auch noch eine andere Auswirkung einer temperaturabhängigen
Fließgrenze, die zu Tage tritt, wenn statt der bisher phasenverschobenen Temperaturänderung nun eine Temperaturänderung betrachtet wird, die mit der Beanspruchungs-
änderung synchron verläuft. Abb. 5.8 zeigt hierfür eine Spannungs-Dehnungs-Hysterese
infolge einer Wechselspannung bei linearer Abhängigkeit der Fließgrenze von der Zeit

Abb. 5.9 Anomalie der Spannungs-Dehnungs-Hysterese des Zug-Druck-Stabes unter Wechseldehnung mit temperaturabhängiger Fließgrenze bei synchronisierter Dehnungs- und Temperaturänderung

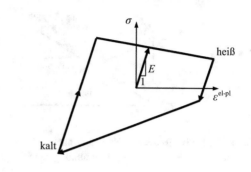

Abb. 5.10 Deviatorischer Spannungsraum zur Erklärung der Spannungs-Dehnungs-Anomalie bei stark temperaturabhängiger Fließgrenze

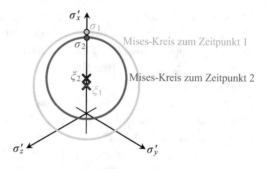

und damit vom Belastungsniveau, die den Anschein unterschiedlicher Verfestigungsmodule bei Zug- gegenüber Druckplastizieren erweckt.

Wird die Belastung dehnungsgesteuert aufgebracht, so zeigt sich u. U. ein weiteres erstaunliches Verhalten, Abb. 5.9. Abhängig vom Verhältnis der „heißen" zur „kalten" Fließgrenze kann das anomale Verhalten auftreten, dass mit zunehmender Dehnung die Spannung abnimmt, was mit einer Abnahme des elastischen Dehnungsanteils bei gleichzeitiger Zunahme des plastischen Dehnungsanteils einher geht. Im Spannungs-Dehnungs-Diagramm erscheint dies wie ein negativer Verfestigungsmodul E_t. Dies hat die bemerkenswerte Folge, dass die extremalen Spannungen nicht zu denselben Belastungszeitpunkten auftreten wie die extremalen Dehnungen, und somit die extremalen Beanspruchungsschwingbreiten nicht unbedingt mit den Belastungsumkehrpunkten verknüpft sind.

Als Erklärung dieses Sachverhaltes ist in Abb. 5.10 im deviatorischen Spannungsraum veranschaulicht, dass vom Zeitpunkt 1 zum Zeitpunkt 2 die Spannung abnimmt, obwohl die interne Variable ξ und damit die plastische Dehnung zunimmt, weil der Radius der Fließfläche f_y während dieses Belastungsschrittes viel kleiner geworden ist.

Wie Abb. 5.10 zu entnehmen ist, tritt ein solches Verhalten bei einachsigen Spannungszuständen offenbar in Zeitschritten $\Delta t = t_2 - t_1$ mit aktivem Plastizieren auf, wenn

$$C\Delta\varepsilon^{\mathrm{pl}}\mathrm{sgn}(\Delta\sigma) < -\Delta f_y\mathrm{sgn}(\Delta\sigma). \tag{5.7}$$

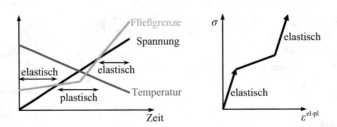

Abb. 5.11 Elastisches Verhalten nach vorangegangenem Plastizieren bei monotoner Belastungssteigerung aufgrund temperaturabhängiger Fließgrenze

Bei linearer kinematischer Verfestigung mit temperaturabhängiger Fließgrenze kann noch eine weitere Verhaltensweise auftreten, die für einige Leser ungewohnt sein wird, nämlich erneutes elastisches Verhalten nach vorangegangenem Plastizieren bei monotoner Laststeigerung. Als Beispiel mag die in Abb. 5.11 dargestellte Situation dienen, bei der in einem Zugstab die Spannung linear mit der Zeit steigt und die Temperatur linear mit der Zeit fällt. Die Temperatur ruft keine Beanspruchungen hervor, sondern steuert nur die Veränderung der Fließgrenze während des Belastungsprozesses. Wenn die Fließgrenze monoton, aber nichtlinear, von der Temperatur abhängt, kann es vorkommen, dass es nach anfänglich elastischem Verhalten zum Plastizieren kommt, aber nach weiterer Laststeigerung der plastische Prozess zum Stillstand kommt. Es tritt dann also nur noch elastisches Verhalten auf, weil die Fließgrenze temperaturbedingt schneller anwächst als die angelegte Spannung.

5.1.3   Grundgleichungen für Zugstab

Für einen Zugstab unter monotoner Belastung lautet bei linearer kinematischer Verfestigung und isothermem Verhalten der Spannungs-Dehnungs-Zusammenhang (siehe Abb. 1.7) für einen Belastungszeitpunkt t:

$$\varepsilon(t) = \frac{\sigma(t) - f_y\left(1 - \frac{E_t}{E}\right)}{E_t}. \tag{5.8}$$

Bei anisothermen Verhalten hängen im Falle des finiten Verfestigungsgesetzes Gl. 5.4 die Beanspruchungen zu einem Belastungszeitpunkt nur von den Materialdaten ab, die zu den zu diesem Zeitpunkt vorliegenden Temperaturen gehören. Die Temperatur-Geschichte hat also keinen Einfluss auf die aktuellen Materialdaten (keine temperature history effects). Für monotones Plastizieren unter Zugbeanspruchung ist demnach zu schreiben:

$$\varepsilon(t) = \frac{\sigma(t) - f_y(t)\left(1 - \frac{E_t(t)}{E(t)}\right)}{E_t(t)}. \tag{5.9}$$

Die Schwingbreite für zyklisches Plastizieren zwischen den Zuständen t_1 und t_2 beträgt dann

$$\Delta\varepsilon = \varepsilon(t_2) - \varepsilon(t_1) = \frac{\sigma(t_2)}{E_t(t_2)} - \frac{\sigma(t_1)}{E_t(t_1)} - \frac{f_y(t_2)}{C(t_2)}\mathrm{sgn}(\sigma(t_2)) - \frac{f_y(t_1)}{C(t_1)}\mathrm{sgn}(\sigma(t_1)), \tag{5.10}$$

was für den isothermen Fall zu

$$\Delta\varepsilon = \varepsilon(t_2) - \varepsilon(t_1) = \frac{\Delta\sigma}{E_t} - \frac{2f_y}{E_t}\left(1 - \frac{E_t}{E}\right) \tag{5.11}$$

wird. Interessant ist auch der Sonderfall, dass nur die Fließgrenze temperaturabhängig ist:

$$\Delta\varepsilon = \varepsilon(t_2) - \varepsilon(t_1) = \frac{\Delta\sigma}{E_t} - \frac{f_y(t_1) + f_y(t_2)}{E_t}\left(1 - \frac{E_t}{E}\right)\mathrm{sgn}(\Delta\sigma). \tag{5.12}$$

Aus Gl. 5.10 erkennt man, dass die elastisch-plastische Dehnungsschwingbreite $\Delta\varepsilon$ bei anisothermen Prozessen selbst im einachsigen Spannungszustand prinzipiell nicht aus der Spannungsschwingbreite

$$\Delta\sigma = \sigma_{max} - \sigma_{min} \tag{5.13}$$

ermittelt werden kann. Dies ist aber auch gar nicht erstaunlich, denn noch nicht einmal bei linear elastischem Verhalten lässt sich im Falle eines temperaturabhängigen E-Moduls die Dehnungsschwingbreite aus der Spannungsschwingbreite berechnen, sondern sie beträgt

$$\Delta\varepsilon = \frac{\sigma_{max}}{E_{max}} - \frac{\sigma_{min}}{E_{min}}, \tag{5.14}$$

sodass die Dehnungsschwingbreite für eine schwellende Belastung zwischen 0 und σ_{max} eine andere ist als für eine Wechselbelastung zwischen $-\frac{1}{2}\sigma_{max}$ und $+\frac{1}{2}\sigma_{max}$.

Was die VFZT angeht, ist in den folgenden Abschnitten nun zu diskutieren, wie eine Temperaturabhängigkeit der Fließgrenze und des Verfestigungsmoduls bei anisothermen zyklischen Prozessen berücksichtigt werden kann. Dies hat Auswirkungen auf die Identifikation der Fließzone V_p, auf die modifizierten elastischen Materialparameter E^* und ν^* und auf die Bestimmung der Anfangsdehnungen bzw. Anfangsspannungen für die modifizierte elastische Analyse.

5.2 VFZT bei anisothermer monotoner Belastung

Die Zuweisung einer Stelle $\underline{x}$ zum elastischen oder plastischen Teilvolumen V_e bzw. V_p bei der n-ten meA erfolgt allein aufgrund der momentan wirksamen Fließgrenze, z. B. für einen als „maximal" definierten Belastungszustand:

$$V_p^{(n)} = \left\{ \underline{x} \middle| \sigma_{v(\underline{x})}^{(n-1)} \geq \left(f_{y,max} \right)_{(\underline{x})} \right\}, \tag{5.15}$$

$$V_e^{(n)} = \left\{ \underline{x} \middle| \sigma_{v(\underline{x})}^{(n-1)} < \left(f_{y,max} \right)_{(\underline{x})} \right\}. \tag{5.16}$$

Die elastisch-plastischen Spannungskomponenten werden wie gewohnt durch Superposition mit den fiktiv elastisch berechneten Spannungskomponenten gewonnen, bevor daraus dann die Vergleichsspannung σ_v gebildet wird.

Die modifiziert elastischen Materialdaten E^* und ν^* des modifiziert elastischen Werkstoffgesetzes für monotones Verhalten, Gl. 3.20, sind in Gln. 3.15 und 3.16 für temperatur*un*abhängiges Verhalten definiert. Die VFZT benötigt prinzipiell ein finites Verfestigungsgesetz wie in Gl. 5.4, sodass ein differenziell formuliertes Verfestigungsgesetz wie in Gl. 5.1 nicht berücksichtigt werden könnte. Dann lautet das modifizierte elastische Werkstoffgesetz für anisothermes Verhalten formal genauso wie für isothermes Verhalten:

$$\varepsilon_i^* = \begin{cases} \left(E_{ij}^* \right)^{-1} \rho_j + \varepsilon_{i,0} & \forall \underline{x} \in V_p, \\ E_{ij}^{-1} \rho_j & \forall \underline{x} \in V_e, \end{cases} \tag{5.17}$$

wobei für die modifiziert elastischen Materialdaten nun diejenigen einzusetzen sind, die sich aus der Temperatur beim betrachteten Belastungszeitpunkt ergeben:

$$E^* = E_{t,max}, \tag{5.18}$$

$$\nu^* = \frac{1}{2} - \frac{E_{t,max}}{E_{max}} \left(\frac{1}{2} - \nu_{max} \right). \tag{5.19}$$

Die Anfangsdehnungen ergeben sich im n-ten Iterationsschritt entsprechend aus der zu diesem Belastungszeitpunkt wirksamen Fließgrenze und dem plastischen Verfestigungsmodul C:

$$\varepsilon_{i,0} = \frac{3}{2 C_{max}} Y_i^{(n)} \tag{5.20}$$

mit

$$C_{max} = \frac{E_{max} E_{t,max}}{E_{max} - E_{t,max}}, \tag{5.21}$$

$$Y_i^{(n)} = \sigma_i^{'fel} - \sigma_i^{'(n-1)} \left(\frac{f_{y,max}}{\sigma_v^{(n-1)}} \right) \forall \underline{x} \in V_p^{(n)}. \tag{5.22}$$

Es ist bemerkenswert, dass bei einer Belastung durch ein Temperaturfeld die modifizierten elastischen Materialparameter E^* und ν^* ortsabhängig sind, während bei temperatur*un*abhängigem Verhalten überall in der gesamten Fließzone dieselbe modifizierte elastische Steifigkeit vorliegt. Ansonsten gibt es keine besonderen Unterschiede zu isothermem Verhalten. Dies ist bei zyklischer Belastung leider anders.

5.3   VFZT bei anisothermer zyklischer Belastung

Die Bestimmung der Natur des Einspielzustandes, also ob bei zyklischer Belastung elastisches oder plastischen Einspielen eintritt, ist bei temperaturabhängigen Materialparametern sehr komplex. In Abb. 5.4 wurde beispielsweise für eine einfache Konfiguration gezeigt, dass ohne jede Spannungsänderung plastisches Einspielen hervor gerufen wird, nur weil der Verfestigungsmodul temperaturabhängig ist.

Im Folgenden wird die Beschreibung und Anwendung der VFZT daher im Wesentlichen auf die Berücksichtigung einer temperaturabhängigen Fließgrenze beschränkt, siehe auch [4]. Die Berücksichtigung temperaturabhängiger elastischer Materialparameter und eines temperaturabhängigen Verfestigungsmoduls bei der VFZT werden in Abschn. 9.2 behandelt.

Sind mit einer Temperaturänderung auch Zwängungen verbunden, dann entwickeln sich die Beanspruchungen, anders als in Abb. 5.1, automatisch in Phase mit der Temperaturänderung. Bei den beiden extremalen Belastungszuständen einer einstufigen Belastung liegen dann unterschiedlich große Fließflächen vor. Unter bestimmten Umständen entscheidet über die Natur des Einspielzustandes dann lediglich das Verhältnis der fiktiv elastisch berechneten Vergleichsspannungsschwingbreite zwischen diesen beiden extremalen Belastungszuständen zum mittleren Durchmesser der beiden Fließflächen. Wird dem als „minimal" bezeichneten Belastungszustand die Fließgrenze $f_{y,min}$ zugewiesen und dem „maximalen" Belastungszustand die Fließgrenze $f_{y,max}$, dann ist in die Bedingungen von Gln. 4.3 und 4.4 ihr arithmetisches Mittel einzusetzen:

$$\Delta\sigma^{fel}_{v(\underline{x})} \leq \left(f_{y,min} + f_{y,max}\right)_{(\underline{x})} \forall \underline{x} \in V \to ES, \tag{5.23}$$

$$\Delta\sigma^{fel}_{v(\underline{x})} > \left(f_{y,min} + f_{y,max}\right)_{(\underline{x})} \exists \underline{x} \in V \to PS. \tag{5.24}$$

Dass diese Vorgehensweise, nämlich nur die beiden extremalen Belastungszustände zu betrachten, i. Allg. lediglich eine Näherungslösung gestattet, wurde bereits in vorigen Kapiteln besprochen. Wie in Abschn. 5.1.2 aufgezeigt, können infolge einer Temperaturabhängigkeit der Fließgrenze aber auch Phänomene auftreten, die durch alleinige Betrachtung der extremalen Belastungszustände nicht erfasst werden können. Gründe hierfür können sein, dass die Beanspruchungsextrema nicht zum selben Zeitpunkt auftreten wie die Belastungsextrema (Abb. 5.9), oder weil trotz Belastungssteigerung erneut elastisches Verhalten erreicht wird (Abb. 5.11). Treten solche Phänomene auf, so beinhaltet die VFZT zusätzliche Ungenauigkeiten. Bei inkrementellen Analysen steigen die Anforderungen an die numerische Stabilität, was zu erhöhtem Berechnungsaufwand führt. In weiten Anwendungsbereichen wird die Temperaturabhängigkeit der Fließgrenze jedoch „gutmütig" sein, sodass nach entsprechender Anpassung der VFZT, wie in den folgenden Abschnitten beschrieben, keine besonderen Genauigkeitseinbußen zu erwarten sind.

An den Verlauf der Temperaturentwicklung zwischen den beiden extremalen Belastungszuständen, also ob sich die Temperaturen linear oder nichtlinear mit der Zeit ändern, werden keine besonderen Anforderungen gestellt. Die Temperaturänderung sollte lediglich, wie die Belastungsänderungen allgemein, monoton erfolgen. Dann wird sich normalerweise auch die Fließgrenze während des Belastungsprozesses monoton ändern. Die Abhängigkeit der Fließgrenze von der Temperatur darf dabei ruhig auch nichtlinear sein.

5.4   Dehnschwingbreite bei plastischem Einspielen

Für das finite Verfestigungsgesetz, Gl. 5.4, lautet das modifizierte elastische Werkstoffgesetz unter Berücksichtigung temperaturabhängiger Materialdaten

$$\Delta\varepsilon_i^* = \begin{cases} \left[\left(E_{ij}^*\right)_{\max}^{-1}\rho_{j,\max} - \left(E_{ij}^*\right)_{\min}^{-1}\rho_{j,\min}\right] + \left[\varepsilon_{i,0,\max} - \varepsilon_{i,0,\min}\right] & \forall \underline{x} \in V_p \\ \left[E_{ij,\max}^{-1}\rho_{j,\max} - E_{ij,\min}^{-1}\rho_{j,\min}\right] & \forall \underline{x} \in V_e \end{cases} \quad (5.25)$$

mit

$$E_{\max}^* = E_{t,\max} \quad ; \quad E_{\min}^* = E_{t,\min}, \quad (5.26)$$

$$v_{\max}^* = \frac{1}{2} - \frac{E_{t,\max}}{E_{\max}}\left(\frac{1}{2} - v_{\max}\right) \quad ; \quad v_{\min}^* = \frac{1}{2} - \frac{E_{t,\min}}{E_{\min}}\left(\frac{1}{2} - v_{\min}\right); \quad (5.27)$$

$$\varepsilon_{i,0,\max} = \frac{3}{2C_{\max}}Y_{i,\max}^{(n)} \quad ; \quad \varepsilon_{i,0,\min} = \frac{3}{2C_{\min}}Y_{i,\min}^{(n)}, \quad (5.28)$$

$$C_{\max} = \frac{E_{\max} E_{t,\max}}{E_{\max} - E_{t,\max}} \quad ; \quad C_{\min} = \frac{E_{\min} E_{t,\min}}{E_{\min} - E_{t,\min}}, \quad (5.29)$$

$$Y_{i,\max}^{(n)} = \sigma_{i,\max}^{\prime\text{fel}} - \sigma_{i,\max}^{\prime(n-1)}\left(\frac{f_{y,\max}}{\sigma_{v,\max}^{(n-1)}}\right) \quad ; \quad Y_{i,\min}^{(n)} = \sigma_{i,\min}^{\prime\text{fel}} - \sigma_{i,\min}^{\prime(n-1)}\left(\frac{f_{y,\min}}{\sigma_{v,\min}^{(n-1)}}\right). \quad (5.30)$$

Unglücklicherweise lässt sich keiner der drei in Gl. 5.25 in rechteckigen Klammern stehenden Ausdrücke mithilfe der entsprechenden Schwingbreiten $\Delta\rho$, $\Delta\varepsilon_0$ bzw. ΔY umformulieren. Entsprechend können einer Stelle des Tragwerks auch weder eine eindeutige modifizierte Belastung noch eindeutige modifiziert elastische Materialparameter zugewiesen werden, sodass die Dehnschwingbreite nicht direkt durch eine modifizierte elastische Analyse bzw. eine iterative Folge von meA's ermittelt werden kann. Dies ist allerdings keine Besonderheit oder Einschränkung der VFZT, wie die Diskussion in Abschn. 5.1.3 bereits gezeigt hat.

Weil sich die Position der Spannungs-Dehnungs-Hysterese im Falle von Ratcheting mit zunehmender akkumulierter Dehnung in Richtung höherer Spannungen verschiebt, macht eine getrennte Betrachtung von Schwingbreite und akkumulierten Dehnungen dann jedoch auch keinen Sinn.

Bei genauerem Hinsehen erkennt man aber, dass Gl. 5.25 allein durch Schwing-breiten-Ausdrücke formuliert werden kann, wenn sich die Temperaturabhängigkeit der Materialdaten auf die Fließgrenze beschränkt. In diesem Fall lautet das modifizierte elastische Werkstoffgesetz genauso wie für isothermes Verhalten in Gl. 4.5:

$$\Delta\varepsilon_i^* = \begin{cases} \left(E_{ij}^*\right)^{-1}\Delta\rho_j + \Delta\varepsilon_{i,0} & \forall\underline{x} \in V_{\mathrm{p}} \\ E_{ij}^{-1}\Delta\rho_j & \forall\underline{x} \in V_{\mathrm{e}} \end{cases} \tag{5.31}$$

mit

$$\Delta\varepsilon_{i,0} = \frac{3}{2C}\Delta Y_i^{(n)}, \tag{5.32}$$

wobei sich die TIV ΔY_i entsprechend Gl. 4.17 und analog zu temperatur*un*abhängigem Verhalten in Abb. 4.2 aus der Betrachtung des TIV-Raumes in Abb. 5.12 ergibt:

$$\Delta Y_i^{(n)} = \Delta\sigma_i^{\prime\mathrm{fel}} - \Delta\sigma_i^{\prime(n-1)}\left(\frac{f_{\mathrm{y,max}} + f_{\mathrm{y,min}}}{\Delta\sigma_{\mathrm{v}}^{(n-1)}}\right)\forall\underline{x} \in V_{\mathrm{p}}^{(n)}. \tag{5.33}$$

Dies entspricht genau der Formulierung bei temperatur*un*abhängigem Verhalten, wenn die doppelte Fließgrenze durch die Summe der beiden an den Extremwerten des Belastungszyklus wirksamen Fließgrenzen ersetzt wird, was gleichbedeutend mit einer

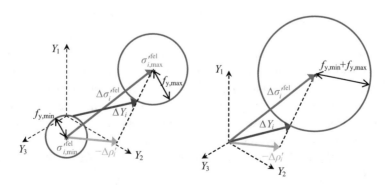

Abb. 5.12 Abschätzung der TIV-Schwingbreite bei zyklischer Beanspruchung im Raum der TIV im Falle temperaturabhängiger Fließgrenzen

arithmetischen Mittelung der beiden Fließgrenzen ist. Daraus ergibt sich auch direkt die Zuweisung einer Stelle $\underline{x}$ zum elastischen oder plastischen Teilvolumen V_e bzw. V_p bei der n-ten meA, sodass statt Gln. 4.12 und 4.13 nun gilt:

$$V_p^{(n)} = \left\{ \underline{x} \,\middle|\, \Delta\sigma_{v(\underline{x})}^{(n-1)} \geq \left(f_{y,min} + f_{y,max} \right)_{(\underline{x})} \right\}, \tag{5.34}$$

$$V_e^{(n)} = \left\{ \underline{x} \,\middle|\, \Delta\sigma_{v(\underline{x})}^{(n-1)} < \left(f_{y,min} + f_{y,max} \right)_{(\underline{x})} \right\}. \tag{5.35}$$

In diesem Sonderfall, bzw. bei der Näherung, dass nur die Fließgrenze, nicht aber das Verfestigungsverhalten als temperaturabhängig betrachtet wird, vereinfachen sich die dargestellten Zusammenhänge erheblich. Denn alle Berechnungen können praktisch wie bei isothermem Verhalten in Abschn. 4.2 durchgeführt werden. Im gesamten Bereich V_p besitzt das Tragwerk dann dieselbe modifizierte elastische Steifigkeit, da E^* und ν^* von der Fließgrenze unabhängig sind, und damit nur die Geometrie der Fließzone V_p und in dieser die TIV-Schwingbreite ΔY_i, und somit auch die modifizierte Belastung, von Ort zu Ort variieren. Und eine getrennte Betrachtung von Schwingbreite und akkumulierten Dehnungen macht auch wieder Sinn, ebenso die Bestimmung der Natur des Einspielzustandes wie in Abschn. 5.3 beschrieben. Es wird dabei keine bestimmte Gesetzmäßigkeit für die Temperaturabhängigkeit der Fließgrenze verlangt.

Im Sonderfall eines einachsigen Spannungszustandes degenerieren die Gln. 5.31 bis 5.33 zu

$$\Delta\varepsilon^* = \begin{cases} \frac{\Delta\rho}{E_t} + \Delta\varepsilon_0 & \forall \underline{x} \in V_p, \\ \frac{\Delta\rho}{E} & \forall \underline{x} \in V_e, \end{cases} \tag{5.36}$$

$$\Delta\varepsilon_0 = \frac{\Delta Y^{(n)}}{C} \forall \, \underline{x} \in V_p^{(n)} \tag{5.37}$$

$$\Delta Y^{(n)} = \Delta\sigma^{fel} - \left(f_{y,min} + f_{y,max} \right) sgn\left(\Delta\sigma^{(n-1)} \right) \forall \underline{x} \in V_p^{(n)} \tag{5.38}$$

Da die aufgrund isothermer Versuche ermittelten Ermüdungskurven auf Dehnschwingbreiten beruhen (siehe Abschn. 2.8.1), werden diese jedoch auch dann benötigt, wenn sie sich wegen temperaturabhängigen Verfestigungsverhaltens nicht so einfach berechnen lassen. In Regelwerken wird daher mitunter empfohlen, die Berechnung anisothermer Prozesse mit isothermen Materialdaten durchzuführen, die für ein gewichtetes Mittel der Temperaturen $\overline{T}$ an den beiden extremalen Belastungszuständen bestimmt werden. Im KTA-Regelwerk [5, Abschn. 7.13.2 und 8.4.3.2] wird beispielsweise empfohlen:

$$\overline{T} = 0{,}25\check{T} + 0{,}75\hat{T}, \tag{5.39}$$

wobei $\check{T}$ für die niedrigere und $\hat{T}$ für die höhere Temperatur stehen. In Gln. 5.31–5.33 werden dann die für die Temperatur $\overline{T}$ ermittelten elastischen und modifiziert elastischen Materialparametern E, v, E^* und v^* eingesetzt.

5.5 Beispiele für Dehnschwingbreite bei plastischem Einspielen

Es werden einige der bereits zuvor behandelten Beispiele aufgegriffen und die Dehnschwingbreite nun unter dem Gesichtspunkt veränderlicher Fließgrenzen untersucht.

5.5.1 Zweistab-Modell

Einige der in Abschn. 4.3.1 gewonnenen Erkenntnisse gelten bei temperaturabhängiger Fließgrenze nicht mehr. Zwar trifft die fiktiv elastische Lösung aus Gln. 4.19 und 4.20 natürlich immer noch zu, wonach die Beträge der Spannungsschwingbreiten in beiden Stäben gleich groß sind. Aber es muss aufgrund der Gln. 5.34 und 5.35 nicht mehr zwangsläufig zutreffen, dass entweder beide Stäbe elastisch oder beide Stäbe plastisch sind, sondern nun kann durchaus der eine plastisch werden, während der andere elastisch bleibt.

Beim minimalen Belastungszustand befinden sich beide Stäbe bei „kalter" Temperatur, beim maximalen Belastungszustand ist der linke Stab „heiß", während der rechte seine „kalte" Ausgangstemperatur beibehält.

Bei der 1. meA sind die Restspannungen noch Null, sodass nach Gl. 5.34 nicht nur der linke, sondern auch der rechte Stab der Fließzone V_p zuzuweisen ist, wenn

$$\Delta\sigma_\mathrm{re}^\mathrm{fel} = -\Delta\sigma_\mathrm{li}^\mathrm{fel} = \sigma_\mathrm{t} \geq 2f_\mathrm{y,kalt}. \tag{5.40}$$

Dann lautet das modifizierte elastische Werkstoffgesetz für den einachsigen Spannungszustand (Gln. 5.36–5.38) unter Beachtung der Tatsache, dass der rechte Stab bei der Temperatur des „minimalen" Belastungszustandes verharrt,

$$\Delta\varepsilon_\mathrm{li}^* = \frac{1}{E_\mathrm{t}}\Delta\rho_\mathrm{li} + \frac{1}{C}\left(\Delta\sigma_\mathrm{li}^\mathrm{fel} + f_\mathrm{y,heiß} + f_\mathrm{y,kalt}\right), \tag{5.41}$$

$$\Delta\varepsilon_\mathrm{re}^* = \frac{1}{E_\mathrm{t}}\Delta\rho_\mathrm{re} + \frac{1}{C}\left(\Delta\sigma_\mathrm{re}^\mathrm{fel} - 2f_\mathrm{y,kalt}\right). \tag{5.42}$$

Mit der Gleichgewichtsbedingung

$$\Delta\rho_\mathrm{re} = -\Delta\rho_\mathrm{li} \tag{5.43}$$

und der kinematischen Bedingung

$$\Delta\varepsilon_\mathrm{li}^* = \Delta\varepsilon_\mathrm{re}^* \tag{5.44}$$

erhalten wir als Ergebnis der ersten meA:

$$\Delta\rho_{li} = -\left(1 - \frac{E_t}{E}\right)\left(\Delta\sigma_{li}^{fel} + \frac{3}{2}f_{y,kalt} + \frac{1}{2}f_{y,heiß}\right), \tag{5.45}$$

$$\Delta\varepsilon_{li}^{*} = \frac{\left(1 - \frac{E_t}{E}\right)}{E_t}\frac{1}{2}\left(f_{y,heiß} - f_{y,kalt}\right), \tag{5.46}$$

sodass die Belastung nicht mehr als dehnungsgesteuert ($\Delta\varepsilon^{*}=0$) betrachtet werden kann. Nun ist zu überprüfen, ob die aufgrund des Kriteriums von Gl. 5.40 vorgenommene Zuordnung, dass beide Stäbe zum Teilvolumen V_p gehören, zutrifft. Dazu ist die Restspannung aus der 1. meA mit der fiktiv elastischen Lösung zu superponieren und entsprechend Gl. 5.34 im rechten Stab, der auch beim maximalen Belastungszustand bei kalter Temperatur verbleibt, mit $2f_{y,kalt}$ zu vergleichen. Dieser bleibt elastisch, wenn

$$\Delta\sigma_{re} = \Delta\sigma_{re}^{fel} + \Delta\rho_{re} < 2f_{y,kalt}. \tag{5.47}$$

Dies ist der Fall, wenn

$$2f_{y,kalt} \le \Delta\sigma_{re}^{fel} < \frac{1}{2}\frac{E}{E_t}\left(f_{y,kalt} - f_{y,heiß}\right) + \frac{3}{2}f_{y,kalt} + \frac{1}{2}f_{y,heiß}. \tag{5.48}$$

Die 2. meA erfolgt daher mit dem modifizierten elastischen Werkstoffgesetz

$$\Delta\varepsilon_{li}^{*} = \frac{1}{E_t}\Delta\rho_{li} + \frac{1}{C}\left(\Delta\sigma_{li}^{fel} + f_{y,heiß} + f_{y,kalt}\right), \tag{5.49}$$

$$\Delta\varepsilon_{re}^{*} = \frac{1}{E}\Delta\rho_{re}. \tag{5.50}$$

Die Lösung von Gln. 5.43 und 5.44 lautet dann

$$\Delta\rho_{li} = -\frac{1 - \frac{E_t}{E}}{1 + \frac{E_t}{E}}\left(\Delta\sigma_{li}^{fel} + f_{y,kalt} + f_{y,heiß}\right), \tag{5.51}$$

$$\Delta\varepsilon_{li}^{*} = \frac{1 - \frac{E_t}{E}}{1 + \frac{E_t}{E}}\frac{\left(\Delta\sigma_{li}^{fel} + f_{y,kalt} + f_{y,heiß}\right)}{E}. \tag{5.52}$$

Die elastisch-plastische Dehnschwingbreite ergibt sich dann durch Superposition von Gl. 5.46 bzw. 5.52 mit der fiktiv elastischen Dehnungsschwingbreite.

Spätestens nach der 2. meA ist damit das exakte Ergebnis erreicht. Inkrementelle Analysen benötigen bei temperaturabhängiger Fließgrenze dagegen selbst bei einachsigen Spannungszuständen, also ohne direktionale Umlagerung, oft verschärfte Konvergenztoleranzen und sehr viele Belastungsschritte.

5.5.2   Mehrachsiges Ratcheting

Eine erneute Betrachtung der in Abschn. 4.3.2 untersuchten Schwingbreite des einen Elementes, das als Beispiel für mehrachsiges Ratcheting diente, bringt hier keine neuen Erkenntnisse, wenn eine zyklische Temperaturänderung überlagert wird. Diese bewirkt hier keine thermische Belastung, sondern steuert nur die zeitliche Änderung der Materialparameter. Da die Fließzone unveränderlich und die Schwingbreitenbelastung einachsig dehnungsgesteuert ist, behalten die Spannungsschwingbreite in Richtung der Belastung (siehe Gl. 4.42) und die beiden Querdehnungen (siehe Gl. 4.43) ihre Gültigkeit, wenn dort die konstante Fließgrenze durch das arithmetische Mittel der beiden an den Extremwerten der Belastung wirksamen Fließgrenzen ersetzt wird.

5.5.3   Bree-Rohr

In Abschn. 4.3.3 wurde die Beanspruchungsschwingbreite für das balkenförmige Ersatzmodell des Bree-Rohres ermittelt, bei dem nur einachsige Spannungen auftreten. Dabei wurde temperatur*un*abhängiges Materialverhalten unterstellt.

Nun wird untersucht, welche Änderungen sich bei temperaturabhängiger Fließgrenze ergeben. Der Einfachheit halber wird angenommen, die Fließgrenze hänge linear von der Temperatur ab:

$$f_y(T) = f_y(T_{\text{kalt}}) + \frac{T - T_{\text{kalt}}}{T_{\text{heiß}} - T_{\text{kalt}}} \left(f_y(T_{\text{heiß}}) - f_y(T_{\text{kalt}}) \right), \tag{5.53}$$

wobei die Fließgrenze natürlich mit steigender Temperatur abnimmt:

$$f_y(T_{\text{kalt}}) = f_{y,\text{kalt}} > f_y(T_{\text{heiß}}) = f_{y,\text{heiß}}. \tag{5.54}$$

Dadurch wird das Verhalten realer Werkstoffe zwar nicht sonderlich gut erfasst, aber natürlich immer noch besser, als gar keine Temperaturabhängigkeit der Fließgrenze anzunehmen. Für den Zweck, den Leser mit der Anwendung der VFZT vertrauter zu machen, reicht es allemal.

Der minimale Belastungszustand ist durch eine konstante Temperaturverteilung über die Balkendicke gekennzeichnet, durch die alleine keine Beanspruchungen hervor gerufen werden. Beim maximalen Belastungszustand liegt jedoch ein linearer Temperaturverlauf vor, der durch eine Erwärmung auf der einen Seite der Mittelachse (in negativer Koordinatenrichtung y) und durch eine entsprechend gleich große Abkühlung in positiver y-Richtung gekennzeichnet ist. Die fiktiv elastischen thermischen Spannungen verlaufen also antimetrisch zur Mittellinie des Balkens und sind positiv an der Oberseite $y = +t/2$. Die fiktiv elastische Spannungsschwingbreite ist bereits durch Gl. 4.44 gegeben:

$$\Delta \sigma_{(y)}^{\text{fel}} = \frac{y}{t/2} \sigma_{\text{t}}. \tag{5.55}$$

Die Verteilung der maßgebenden Fließgrenzen für den minimalen und den maximalen Belastungszustand ist gegeben durch:

$$f_{y,\min(y)} = \frac{1}{2}\left(f_{y,\text{kalt}} + f_{y,\text{heiß}}\right), \tag{5.56}$$

$$f_{y,\max(y)} = \frac{1}{2}\left(f_{y,\text{kalt}} + f_{y,\text{heiß}}\right) + \frac{y}{t/2}\frac{1}{2}\left(f_{y,\text{kalt}} - f_{y,\text{heiß}}\right). \tag{5.57}$$

Für die erste meA ergeben sich die Grenzen zwischen V_e und V_p allein aus der fiktiv elastischen Berechnung. Unter der Voraussetzung, dass der Temperaturgradient ausreichend groß ist, erhalten wir zwei getrennte plastische Zonen, die jedoch im Gegensatz zu temperatur*un*abhängiger Fließgrenze (Gl. 4.47) nun nicht mehr antimetrisch angeordnet sind:

$$\frac{y_{\text{pl,oben}}}{t/2} = +\frac{f_{y,\text{kalt}} + f_{y,\text{heiß}}}{\sigma_t - \frac{1}{2}\left(f_{y,\text{kalt}} - f_{y,\text{heiß}}\right)}, \tag{5.58}$$

$$\frac{y_{\text{pl,unten}}}{t/2} = -\frac{f_{y,\text{kalt}} + f_{y,\text{heiß}}}{\sigma_t + \frac{1}{2}\left(f_{y,\text{kalt}} - f_{y,\text{heiß}}\right)}. \tag{5.59}$$

Die Schwingbreite der TIV beträgt dort:

$$\Delta Y_{(y > y_{\text{pl,oben}})} = \frac{y}{t/2}\left[\sigma_t - \frac{1}{2}\left(f_{y,\text{kalt}} - f_{y,\text{heiß}}\right)\right] - \left(f_{y,\text{kalt}} + f_{y,\text{heiß}}\right), \tag{5.60}$$

$$\Delta Y_{(y < y_{\text{pl,unten}})} = \frac{y}{t/2}\left[\sigma_t + \frac{1}{2}\left(f_{y,\text{kalt}} - f_{y,\text{heiß}}\right)\right] + \left(f_{y,\text{kalt}} + f_{y,\text{heiß}}\right). \tag{5.61}$$

Das modifizierte elastische Werkstoffgesetz für die beiden V_p-Bereiche und das dazwischen liegende elastische Teilvolumen V_e lautet demnach:

$$\Delta\varepsilon^*_{(y > y_{\text{pl,oben}})} = \frac{\Delta\rho_{(y)}}{E_t} + \frac{1}{C}\left\{\frac{y}{t/2}\left[\sigma_t - \frac{1}{2}\left(f_{y,\text{kalt}} - f_{y,\text{heiß}}\right)\right] - \left(f_{y,\text{kalt}} + f_{y,\text{heiß}}\right)\right\}, \tag{5.62}$$

$$\Delta\varepsilon^*_{(y_{\text{pl,unten}} \leq y \leq y_{\text{pl,oben}})} = \frac{\Delta\rho_{(y)}}{E}, \tag{5.63}$$

$$\Delta\varepsilon^*_{(y < y_{\text{pl,unten}})} = \frac{\Delta\rho_{(y)}}{E_t} + \frac{1}{C}\left\{\frac{y}{t/2}\left[\sigma_t + \frac{1}{2}\left(f_{y,\text{kalt}} - f_{y,\text{heiß}}\right)\right] + \left(f_{y,\text{kalt}} + f_{y,\text{heiß}}\right)\right\}. \tag{5.64}$$

Aufgrund der Bernoulli-Hypothese vom Ebenbleiben des Querschnittes muss die Restdehnungsschwingbreite $\Delta\varepsilon^*$ eine lineare Funktion der Querschnittskoordinate y sein. Da in allen Querschnitten dieselben Zustände vorliegen müssen, darf zudem aufgrund der Randbedingungen auch keine Verdrehung auftreten. Demnach muss $\Delta\varepsilon^*$

unabhängig von y sein. Gl. 5.63 zufolge muss die Restspannungsschwingbreite im elastischen Bereich dann auch konstant verlaufen und wird $\Delta\rho_m$ genannt. Damit lassen sich auch die in den beiden V_p-Bereichen bereichsweise linear verlaufenden Restspannungsschwingbreiten in Abhängigkeit von $\Delta\rho_m$ ausdrücken. Insgesamt ergibt sich für die drei Bereiche:

$$t/2 \geq y > y_{\text{pl,oben}} :$$

$$\Delta\rho_{(y)} = \frac{E_t}{E}\Delta\rho_m + \frac{E_t}{C}\left(f_{y,\text{kalt}} + f_{y,\text{heiß}}\right) - \frac{y}{t/2}\frac{E_t}{C}\left[\sigma_t - \frac{1}{2}\left(f_{y,\text{kalt}} - f_{y,\text{heiß}}\right)\right], \quad (5.65)$$

$$y_{\text{pl,oben}} \geq y \geq y_{\text{pl,unten}} :$$

$$\Delta\rho_{(y)} = \Delta\rho_m, \tag{5.66}$$

$$y_{\text{pl,unten}} > y \geq -t/2 :$$

$$\Delta\rho_{(y)} = \frac{E_t}{E}\Delta\rho_m - \frac{E_t}{C}\left(f_{y,\text{kalt}} + f_{y,\text{heiß}}\right) - \frac{y}{t/2}\frac{E_t}{C}\left[\sigma_t + \frac{1}{2}\left(f_{y,\text{kalt}} - f_{y,\text{heiß}}\right)\right]. \quad (5.67)$$

$\Delta\rho_m$ kann nun aufgrund der Forderung bestimmt werden, dass aus Gleichgewichtsgründen die Normalkraftschwingbreite verschwinden muss:

$$\Delta N = \int_{-t/2}^{+t/2} \Delta\rho_{(y)}\,\mathrm{d}y \stackrel{!}{=} 0. \tag{5.68}$$

Nach Ausführung des Integrals, etwas Algebra und Rückeinsetzen von $\Delta\rho_m$ in Gl. 5.63 ergibt sich dann

$$\Delta\varepsilon^* = \frac{1}{2E}\frac{\left(\frac{y_{\text{pl,oben}}}{t/2} + \frac{y_{\text{pl,unten}}}{t/2}\right)\left(f_{y,\text{kalt}} + f_{y,\text{heiß}}\right) - f_{y,\text{kalt}} + f_{y,\text{heiß}}}{2\frac{C}{E} + \frac{y_{\text{pl,oben}}}{t/2} - \frac{y_{\text{pl,unten}}}{t/2}}. \tag{5.69}$$

Aufgrund der fehlenden Antimetrie der TIV-Schwingbreite in den beiden Fließzonen und damit der Anfangsdehnungen im modifiziert elastischen Werkstoffgesetz verschwindet die Restdehnungsschwingbreite im Gegensatz zur temperaturunabhängigen Fließgrenze (Gl. 4.55) nun also nicht, sondern es tritt eine zyklische Membrandehnung auf. Die Temperaturbelastung erfolgt somit nicht mehr dehnungsgesteuert.

Es wäre nun weiter zu prüfen, ob sich die plastische Zone infolge dieser ersten meA verändert hat. Dazu ist $\Delta\rho_m$ in Gln. 5.65–5.67 einzusetzen, das Ergebnis mit der fiktiv elastischen Lösung Gl. 5.55 zu superponieren und mit Gln. 5.34 und 5.35 V_e und V_p neu zu identifizieren. Gegebenenfalls sind dann weitere meA's durchzuführen, worauf aber hier verzichtet werden soll.

Während bei temperaturunabhängiger Fließgrenze noch eine einzige meA genügte, um die Dehnschwingbreite exakt zu ermitteln (Abschn. 4.3.3), so kann nun die eine oder andere meA zusätzlich erforderlich werden. Zwar ist die Schwingbreite der TIV Y aufgrund der Einachsigkeit des Spannungszustandes nach wie vor von vornherein exakt bekannt, aber die Geometrie der Fließzone V_p muss iterativ ermittelt werden.

5.5.4 Dickwandiger Zylinder unter Temperaturtransiente

In Abschn. 4.3.4 wurde bereits die Dehnschwingbreite für einen dickwandigen Zylinder mit temperaturunabhängigen Materialdaten berechnet, der einer Temperaturtransiente des durchströmenden Mediums ausgesetzt ist. Wird die Fließgrenze nun in einem „vernünftigen" Rahmen als temperaturabhängig berücksichtigt, etwa statt des konstanten Wertes von 100 N/mm^2 nun im betrachteten Temperaturbereich (50 bis 350°C) 130 bis 70 N/mm^2, so hat dies zwar auf die Spannungsschwingbreiten einen großen Einfluss, aber nur sehr geringe Auswirkungen auf die Dehnungsschwingbreiten. Mit dem Auge sind dann praktisch keine Unterschiede zu den in Abb. 4.9, 4.10 und 4.11 dargestellten Schwingbreiten der Anfangsdehnungen sowie der elastisch-plastischen Dehnungen bei Anwendung der VFZT bzw. einer inkrementellen Analyse auszumachen. Auf eine eingehendere Betrachtung wird daher hier verzichtet.

5.6   Akkumulierte Dehnungen bei elastischem Einspielen

Im Folgenden wird beschrieben, wie temperaturabhängige Fließgrenzen bei der VFZT zur Ermittlung der im elastischen Einspielzustand akkumulierten Dehnungen berücksichtigt werden können. Dabei wird auf die Darstellung der Vorgehensweise bei temperaturunabhängiger Fließgrenze in Abschn. 4.4 zurück gegriffen. Wie temperaturabhängige elastische Materialparameter und ein temperaturabhängiger Verfestigungsmodul berücksichtigt werden können wird später dargelegt (Abschn. 9.2).

Wenn für die Natur des Einspielzustandes bei temperaturabhängiger Fließgrenze nach Gl. 5.23 elastisches Einspielen festgestellt wurde, lassen sich die Fließzone V_p und das elastisch bleibende Teilvolumen V_e für die n-te meA identifizieren durch die Bedingungen

$$V_p^{(n)} = \left\{ \underline{x} \,\middle|\, \sigma_{v,min}^{(n-1)} \geq f_{y,min} \vee \sigma_{v,max}^{(n-1)} \geq f_{y,max} \right\}, \tag{5.70}$$

$$V_e^{(n)} = \left\{ \underline{x} \,\middle|\, \sigma_{v,min}^{(n-1)} < f_{y,min} \wedge \sigma_{v,max}^{(n-1)} < f_{y,max} \right\}, \tag{5.71}$$

siehe Abb. 5.13.

An jeder Stelle $\underline{x}$ in V_p erfolgt die Abschätzung der TIV analog zur Vorgehensweise bei temperaturunabhängiger Fließgrenze in Abschn. 4.4.2 durch Projektion von

$$Y_i^{*(n)} = -\rho_i'^{(n-1)} \tag{5.72}$$

Abb. 5.13 Elastisches
Einspielen bei
temperaturabhängiger
Fließgrenze: Fließflächen,
fiktiv elastische und elastisch-
plastische Spannungen im
TIV-Raum

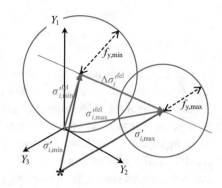

Abb. 5.14 Elastisches
Einspielen bei
temperaturabhängiger
Fließgrenze: Schnittbereich Ω
der Fließflächen und Lage von
Y^* im TIV-Raum

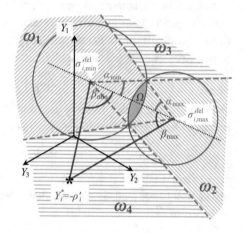

auf den Schnittbereich Ω der Fließflächen der beiden extremalen Belastungszustände im Raum der TIV, Abb. 5.14.

Welche Projektionsvorschrift anzuwenden ist, hängt wieder, wie in Abschn. 4.4.2, von der Lage von Y^* in den Bereichen ω_1 bis ω_4 des TIV-Raums ab. Für deren Bestimmung werden die Winkel $\alpha_{\min}$, $\alpha_{\max}$, $\beta_{\min}$ und $\beta_{\max}$ benötigt. $\beta_{\min}$ und $\beta_{\max}$ sind unabhängig vom Radius der Fließflächen, können also nach wie vor durch Gln. 4.64 und 4.65 bestimmt werden:

$$\cos(\beta_{\min}) = \frac{\Delta\sigma_v^2 + \sigma_{v,\min}^2 - \sigma_{v,\max}^2}{2 \cdot \Delta\sigma_v \cdot \sigma_{v,\min}}, \tag{5.73}$$

$$\cos(\beta_{\max}) = \frac{\Delta\sigma_v^2 + \sigma_{v,\max}^2 - \sigma_{v,\min}^2}{2 \cdot \Delta\sigma_v \cdot \sigma_{v,\max}}. \tag{5.74}$$

Dagegen sind $\alpha_{\min}$ und $\alpha_{\max}$ nun zu bestimmen aus

$$\cos(\alpha_{\min}) = \frac{\Delta\sigma_v^2 + f_{y,\min}^2 - f_{y,\max}^2}{2 \cdot \Delta\sigma_v \cdot f_{y,\min}}, \tag{5.75}$$

$$\cos(\alpha_{max}) = \frac{\Delta\sigma_v^2 + f_{y,max}^2 - f_{y,min}^2}{2 \cdot \Delta\sigma_v \cdot f_{y,max}}, \tag{5.76}$$

sind also, anders als bei temperatur*un*abhängiger Fließgrenze, nun unterschiedlich, und können 90° auch überschreiten. Es soll hier noch einmal in Erinnerung gerufen werden, dass im Rahmen der bisher zugrunde gelegten Annahmen (z. B. dass die Gleichgewichtsbedingungen am unverformten System aufgestellt werden dürfen und keine Strukturänderungen infolge Kontakt stattfinden) die Vergleichsspannungsschwingbreite im Falle elastischen Einspielens identisch ist mit der fiktiv elastischen Vergleichsspannungsschwingbreite, sodass $\cos(\alpha_{min})$ und $\cos(\alpha_{max})$ bereits allein aufgrund einer fiktiv elastischen Berechnung bekannt sind.

Ein weiterer Unterschied von Gln. 5.75 und 5.76 gegenüber Gl. 4.63 besteht darin, dass die rechte Seite nun kleiner werden kann als -1, nämlich wenn der eine Mises-Kreis vollständig im anderen Mises-Kreis enthalten ist, also keine Schnittpunkte der beiden Kreis-Ränder existieren. Ist

$$\Delta\sigma_v + f_{y,min} < f_{y,max}, \tag{5.77}$$

dann existiert nur der Bereich ω_2, und der Mises-Kreis des minimalen Belastungszustandes liegt vollständig in dem des maximalen Zustandes, Abb. 5.15a. Ist dagegen

$$\Delta\sigma_v + f_{y,max} < f_{y,min}, \tag{5.78}$$

dann existiert nur der Bereich ω_1, und der zum maximalen Belastungszustand gehörende Mises-Kreis liegt vollständig innerhalb dessen für den minimalen Belastungszustand, Abb. 5.15b.

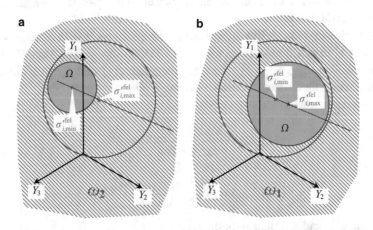

Abb. 5.15 Elastisches Einspielen bei temperaturabhängiger Fließgrenze. **a** Mises-Kreis des minimalen Belastungszustandes liegt vollständig in dem des maximalen, **b** Mises-Kreis des maximalen Belastungszustandes liegt vollständig in dem des minimalen Zustandes

Abb. 5.16 Projektion auf den Mises-Kreis des minimalen Belastungszustandes

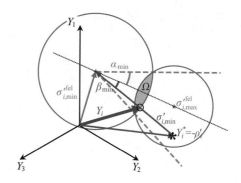

Analog zu Abschn. 4.4.2 werden folgende drei Projektionsvorschriften zur Abschätzung der TIV unterschieden:

5.6.1 Y^* liegt in ω_2

Dies trifft dann zu, wenn eine der beiden folgenden Bedingungen erfüllt ist:

$$\beta_{\min} < \alpha_{\min} \text{ und } \sigma_{v,\min} > f_{y,\min}, \tag{5.79}$$

$$\Delta\sigma_v + f_{y,\min} < f_{y,\max} \text{ und } \sigma_{v,\min} > f_{y,\min}. \tag{5.80}$$

Dann erfolgt die Abschätzung von Y durch Projektion von Y^* auf den Mises-Kreis des minimalen Belastungszustandes (Abb. 5.16):

$$Y_i = \sigma_{i,\min}^{\prime\text{fel}} - \sigma_{i,\min}^{\prime}\left(\frac{f_{y,\min}}{\sigma_{v,\min}}\right). \tag{5.81}$$

5.6.2 Y^* liegt in ω_1

Dies ist dann der Fall, wenn eine der beiden folgenden Bedingungen erfüllt ist:

$$\beta_{\max} < \alpha_{\max} \text{ und } \sigma_{v,\max} > f_{y,\max}, \tag{5.82}$$

$$\Delta\sigma_v + f_{y,\max} < f_{y,\min} \text{ und } \sigma_{v,\max} > f_{y,\max}. \tag{5.83}$$

Dann erfolgt die Abschätzung von Y durch Projektion von Y^* auf den Mises-Kreis des maximalen Belastungszustandes (Abb. 5.17):

$$Y_i = \sigma_{i,\max}^{\prime\text{fel}} - \sigma_{i,\max}^{\prime}\left(\frac{f_{y,\max}}{\sigma_{v,\max}}\right). \tag{5.84}$$

Abb. 5.17 Projektion auf den
Mises-Kreis des maximalen
Belastungszustandes

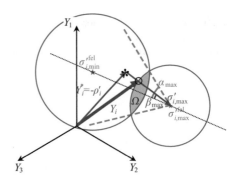

5.6.3 Y^* liegt in ω_4

Dies ist dann der Fall, wenn alle drei folgenden Bedingungen erfüllt sind:

$$\beta_{\min} \geq \alpha_{\min}, \tag{5.85}$$

$$\beta_{\max} \geq \alpha_{\max}, \tag{5.86}$$

$$\Delta\sigma_{v} \geq \left| f_{y,\min} - f_{y,\max} \right|. \tag{5.87}$$

Die letzte dieser drei Bedingungen schließt aus, dass sich der eine Mises-Kreis vollständig innerhalb des anderen befindet. Dann erfolgt die Abschätzung von Y durch Projektion von Y^* auf den Schnittpunkt der beiden Mises-Kreise des minimalen und des maximalen Zustandes, also auf die Ecken des Bereiches Ω, Abb. 5.18.

Wie die Lage dieser Ecken bestimmt werden kann, ist bereits in Abschn. 4.4.2.3 beschrieben, siehe auch Abb. 4.19. Ebenso ist bereits von dort bekannt, dass Y^* nicht im Bereich ω_3 liegen kann. Mit temperaturabhängigen Fließgrenzen erhalten wir:

$$Y_{i,\text{Ecke1}} = \sigma_{i,\min}^{\prime\text{fel}} - a \cdot \sigma_{i,\min}^{\prime} + b \cdot \Delta\sigma_{i}^{\prime\text{fel}}, \tag{5.88}$$

Abb. 5.18 Projektion auf die
Ecken des Bereiches Ω

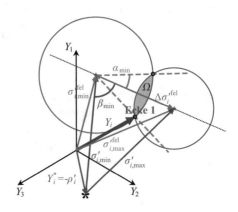

$$a = \frac{f_{y,min}}{\sigma_{v,min}} \cdot \frac{\sqrt{1 - \cos^2 \alpha_{min}}}{\sqrt{1 - \cos^2 \beta_{min}}}, \tag{5.89}$$

$$b = \frac{f_{y,min}}{\Delta\sigma_v} \cdot \left(\cos \alpha_{min} - \cos \beta_{min} \frac{\sqrt{1 - \cos^2 \alpha_{min}}}{\sqrt{1 - \cos^2 \beta_{min}}} \right). \tag{5.90}$$

Zur Berechnung der Eckkoordinaten von Ω genügt es auch wieder, in Gln. 5.88–5.90 und die dafür erforderlichen Werte für $\cos(\beta_{min})$ und $\cos(\beta_{max})$ in Gln. 5.73–5.74 die fiktiv elastischen Spannungen einzusetzen. Dies genügt jedoch nicht, bzw. nur im Rahmen der 1. meA, für die Berechnung von $\cos(\beta_{min})$ und $\cos(\beta_{max})$ zur Prüfung der Bedingungen in Gln. 5.79, 5.82, 5.85 und 5.86.

5.7   Beispiele für akkumulierte Dehnungen bei elastischem Einspielen

5.7.1   Zweistab-Modell

In Abschn. 4.5.1 wurde die VFZT auf das Zweistab-Modell (Abb. 4.21) hinsichtlich der im elastischen Einspielzustand akkumulierten Dehnungen bei temperatur*un*abhängiger Fließgrenze angewandt. Nun wird eine lineare Abhängigkeit der Fließgrenze von der Temperatur mit erfasst. Durch die lineare Abhängigkeit wird das Phänomen möglicherweise erneuten elastischen Verhaltens nach vorangegangenem Plastizieren im Verlaufe monotoner Laststeigerung, wie in Abschn. 5.1.2 beschrieben, ausgeschlossen.

Die fiktiv elastisch berechneten Spannungen sind durch Gln. 4.77–4.80 gegeben. Der Einfachheit halber wollen wir uns im Folgenden auf positive Werte von σ_p und σ_t beschränken. Außerdem gilt $f_{y,heiß} \leq f_{y,kalt}$.

Beim minimalen Belastungszustand befinden sich beide Stäbe bei „kalter" Temperatur, beim maximalen Belastungszustand ist der linke Stab „heiß", während der rechte seine Ausgangstemperatur beibehält. Demnach tritt nach Gl. 5.23 elastisches Einspielen ein, wenn für die beiden Stäben folgende Bedingungen eingehalten sind:

$$\Delta\sigma_{li}^{fel} = -\sigma_t \geq -\left(f_{y,kalt} + f_{y,heiß}\right), \tag{5.91}$$

$$\Delta\sigma_{re}^{fel} = \sigma_t \leq 2f_{y,kalt}. \tag{5.92}$$

Demnach ist nur Gl. 5.91 maßgebend.

Während in Abschn. 4.5.1 von der Vorstellung ausgegangen wurde, ein bestimmtes Belastungsniveau sei gegeben, und dafür seien dann der Restspannungszustand und die elastisch-plastischen Dehnungen im Einspielzustand gesucht, soll nun einmal eine inverse Betrachtungsweise verfolgt werden. Dabei wird ein Restspannungszustand vorgegeben und mit der VFZT ermittelt, welcher Belastungszustand hierzu gehört.

Tab. 5.1 Zweistab-Modell: Kombinationsmöglichkeiten der Stab-Zustände bei ES

Kombination	Linker Stab in	Rechter Stab in
1	V_p mit ω_2	V_p mit ω_1
2	"	V_p mit ω_2
3	"	V_e
4	V_p mit ω_1	V_p mit ω_1
5	"	V_p mit ω_2
6	"	V_e
7	V_e	V_p mit ω_1
8	"	V_p mit ω_2
9	"	V_e

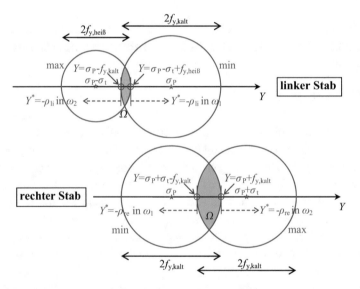

Abb. 5.19 Zweistab-Modell bei ES: Stab-Zustände im TIV-Raum

Insgesamt sind neun mögliche Kombinationen von Restspannungszuständen zu untersuchen, je nachdem, welcher Stab nicht plastiziert (Y^* in Ω) bzw. ob die Projektion von Y^* auf die Fließfläche des minimalen oder des maximalen Belastungszustandes erfolgt, sich der Stab also im Bereich ω_1 oder ω_2 befindet (Tab. 5.1 und Abb. 5.19).

5.7.1.1 Kombination 1

Der linke Stab befindet sich in V_p, und zwar im Bereich ω_2. Abb. 5.19 zufolge ist dies der Fall, wenn

$$Y_\mathrm{li}^* = -\rho_\mathrm{li} \le \sigma_\mathrm{P} - f_\mathrm{y,kalt}. \tag{5.93}$$

Dann liefert die Projektion von Y^* auf die Fließfläche des minimalen Belastungs-zustandes

$$Y_{li} = \sigma_P - f_{y,kalt}. \tag{5.94}$$

Das entsprechende modifizierte elastische Werkstoffgesetz lautet

$$\varepsilon_{li}^* = \frac{\rho_{li}}{E_t} + \frac{\sigma_P - f_{y,kalt}}{C}. \tag{5.95}$$

Der rechte Stab befindet sich ebenfalls in V_p, jedoch im Bereich ω_1. Abb. 5.19 zufolge ist dies der Fall, wenn

$$Y_{re}^* = -\rho_{re} \leq \sigma_P + \sigma_t - f_{y,kalt}. \tag{5.96}$$

Dann liefert die Projektion von Y^* auf die Fließfläche des maximalen Belastungs-zustandes

$$Y_{re} = \sigma_P + \sigma_t - f_{y,kalt} \tag{5.97}$$

und das modifizierte elastische Werkstoffgesetz

$$\varepsilon_{re}^* = \frac{\rho_{re}}{E_t} + \frac{\sigma_P + \sigma_t - f_{y,kalt}}{C}. \tag{5.98}$$

Die modifizierte elastische Analyse erfordert die Lösung der Gleichgewichtsbedingung

$$\rho_{re} = -\rho_{li} \tag{5.99}$$

und der Kompatibilitätsbedingung

$$\varepsilon_{li}^* = \varepsilon_{re}^*, \tag{5.100}$$

und liefert nach Einsetzen der modifizierten elastischen Werkstoffgesetze beider Stäbe

$$\rho_{li} = \left(1 - \frac{E_t}{E}\right)\frac{\sigma_t}{2}, \tag{5.101}$$

$$\varepsilon_{li}^* = \frac{1 - \frac{E_t}{E}}{E_t}\left(\sigma_P + \frac{\sigma_t}{2} - f_{y,kalt}\right). \tag{5.102}$$

Der Gültigkeitsbereich dieser Lösung ist gegeben durch Gln. 5.93 und 5.96. Einsetzen von Gl. 5.101 in Gl. 5.93 liefert die Bedingung

$$\sigma_t \geq \left(f_{y,kalt} - \sigma_P\right)\frac{2}{1 - \frac{E_t}{E}}, \tag{5.103}$$

während Gl. 5.101 mit Gl. 5.99 eingesetzt in Gl. 5.96 zu

$$\sigma_t \geq \left(f_{y,kalt} - \sigma_P\right)\frac{2}{1 + \frac{E_t}{E}} \tag{5.104}$$

führt, was gegenüber Gl. 5.103 jedoch nicht maßgebend werden kann.

5.7.1.2 Kombination 2

Bei Kombination 2 bleiben die Bedingungen Gln. 5.93–5.95 für den linken Stab gültig, während der rechte Stab sich nun im Bereich ω_2 befindet. Abb. 5.19 zufolge ist dies der Fall, wenn

$$Y_{re}^* = -\rho_{re} \geq \sigma_P + f_{y,kalt}, \tag{5.105}$$

sodass die Projektion von Y^* auf die Fließfläche des minimalen Belastungszustandes

$$Y_{re} = \sigma_P + f_{y,kalt} \tag{5.106}$$

ergibt und das modifizierte elastische Werkstoffgesetz

$$\varepsilon_{re}^* = \frac{\rho_{re}}{E_t} + \frac{\sigma_P + f_{y,kalt}}{C} \tag{5.107}$$

lautet. Für das Ergebnis der meA,

$$\rho_{li} = \left(1 - \frac{E_t}{E}\right) f_{y,kalt}, \tag{5.108}$$

zeigt sich aber, dass die Bedingungen Gln. 5.93 und 5.105 nicht gleichzeitig eingehalten werden können, sodass sich die Kombination 2 als nicht möglich herausstellt.

5.7.1.3 Kombination 3

Kombination 3 verlangt, dass der rechte Stab elastisch bleibt, also

$$\sigma_P + f_{y,kalt} > Y_{re}^* = -\rho_{re} > \sigma_P + \sigma_t - f_{y,kalt}, \tag{5.109}$$

sodass sein modifiziertes elastisches Werkstoffgesetz lautet:

$$\varepsilon_{re}^* = \frac{\rho_{re}}{E}. \tag{5.110}$$

Hierfür ist eine simultane Lösung von Gln. 5.99 und 5.100 mit dem modifizierten elastischen Werkstoffgesetz des linken Stabes, Gl. 5.95, nur möglich, wenn die Primärspannung σ_P größer ist als die kalte Fließgrenze, wodurch allerdings die Traglast überschritten wäre. Diese Kombination wird daher als nicht relevant betrachtet, auch wenn die Traglast nur für unverfestigenden Werkstoff definiert ist, sodass bei der hier zugrunde gelegten Verfestigung die Traglast theoretisch auch überschritten werden könnte.

5.7.1.4 Kombination 4

Für den linken Stab gilt:

$$Y_{li}^* = -\rho_{li} \geq \sigma_P - \sigma_t + f_{y,heiß}. \tag{5.111}$$

Dann liefert die Projektion von Y^* auf die Fließfläche des maximalen Belastungszustandes

$$Y_{li} = \sigma_P - \sigma_t + f_{y,heiß}. \tag{5.112}$$

Das entsprechende modifizierte elastische Werkstoffgesetz lautet

$$\varepsilon_{\text{li}}^{*} = \frac{\rho_{\text{li}}}{E_t} + \frac{\sigma_P - \sigma_t + f_{y,\text{heiß}}}{C}. \tag{5.113}$$

Für den rechten Stab gelten die Gln. 5.96–5.98. Die meA für die Feldgleichungen Gln. 5.99 und 5.100 ergibt

$$\rho_{\text{li}} = \left(1 - \frac{E_t}{E}\right)\left[\sigma_t - \frac{1}{2}\left(f_{y,\text{kalt}} + f_{y,\text{heiß}}\right)\right], \tag{5.114}$$

$$\varepsilon_{\text{li}}^{*} = \frac{\left(1 - \frac{E_t}{E}\right)}{E_t}\left[\sigma_P + \frac{1}{2}\left(f_{y,\text{heiß}} - f_{y,\text{kalt}}\right)\right]. \tag{5.115}$$

Wird Gl. 5.114 in die Bedingung Gl. 5.111 eingesetzt, so ergibt sich die Forderung

$$\sigma_t \geq \frac{1}{2}\left[\frac{E}{E_t}\left(f_{y,\text{heiß}} - f_{y,\text{kalt}}\right) + \left(f_{y,\text{heiß}} + f_{y,\text{kalt}}\right)\right] + \frac{E}{E_t}\sigma_P, \tag{5.116}$$

und Gl. 5.114 in die Bedingung Gl. 5.96 eingesetzt, so wird der Gültigkeitsbereich der Kombination 4 weiter eingegrenzt auf

$$\sigma_t \geq \frac{1}{2}\left[\frac{E}{E_t}\left(f_{y,\text{kalt}} - f_{y,\text{heiß}}\right) + \left(f_{y,\text{heiß}} + f_{y,\text{kalt}}\right)\right] - \frac{E}{E_t}\sigma_P. \tag{5.117}$$

5.7.1.5 Kombination 5

Für die Kombination der modifizierten elastischen Werkstoffgesetze Gln. 5.113 und 5.107 erhält man

$$\rho_{\text{li}} = \frac{1}{2}\left(1 - \frac{E_t}{E}\right)\left[\sigma_t + f_{y,\text{kalt}} - f_{y,\text{heiß}}\right], \tag{5.118}$$

was sich nach Einsetzen in die zugehörige Gl. 5.105 als nicht möglich für den elastischen Einspielzustand, also im Rahmen der Gültigkeit von Gl. 5.91, heraus stellt.

5.7.1.6 Kombination 6

Kombiniert man die modifizierten elastischen Werkstoffgesetze Gln. 5.113 und 5.110, erhält man als Lösung der meA

$$\rho_{\text{li}} = \frac{1 - \frac{E_t}{E}}{1 + \frac{E_t}{E}}\left(-\sigma_P + \sigma_t - f_{y,\text{heiß}}\right), \tag{5.119}$$

$$\varepsilon_{\text{li}}^{*} = \frac{1 - \frac{E_t}{E}}{1 + \frac{E_t}{E}}\frac{\left(\sigma_P - \sigma_t + f_{y,\text{heiß}}\right)}{E}. \tag{5.120}$$

Der Gültigkeitsbereich ergibt sich durch Einsetzen in Gl. 5.111:

$$\sigma_t \geq \sigma_P + f_{y,\text{heiß}}, \tag{5.121}$$

und durch die rechte Bedingung in Gl. 5.109:

$$\sigma_t < \frac{1}{2}\left[\frac{E}{E_t}\left(f_{y,\text{kalt}} - f_{y,\text{heiß}}\right) + \left(f_{y,\text{heiß}} + f_{y,\text{kalt}}\right)\right] - \frac{E}{E_t}\sigma_P. \tag{5.122}$$

5.7.1.7 Kombination 7

Wenn der linke Stab elastisch bleiben soll, dann muss gemäß Abb. 5.19 gelten:

$$\sigma_P - f_{y,\text{kalt}} < Y_{\text{li}}^* = -\rho_{\text{li}} < \sigma_P - \sigma_t + f_{y,\text{heiß}}, \tag{5.123}$$

und das modifizierte elastische Werkstoffgesetz lautet

$$\varepsilon_{\text{li}}^* = \frac{\rho_{\text{li}}}{E}. \tag{5.124}$$

In Kombination mit Gl. 5.98 für den rechten Stab lautet die Lösung der Gleichgewichts- und Kompatibilitätsbedingung:

$$\rho_{\text{li}} = \frac{1 - \frac{E_t}{E}}{1 + \frac{E_t}{E}}\left(\sigma_P + \sigma_t - f_{y,\text{kalt}}\right), \tag{5.125}$$

$$\varepsilon_{\text{li}}^* = \frac{1 - \frac{E_t}{E}}{1 + \frac{E_t}{E}}\frac{\left(\sigma_P + \sigma_t - f_{y,\text{kalt}}\right)}{E}. \tag{5.126}$$

Die Gültigkeit dieser Lösung ist durch Gl. 5.123 begrenzt auf

$$\sigma_t < \left(f_{y,\text{kalt}} - \sigma_P\right)\frac{2}{1 - \frac{E_t}{E}}, \tag{5.127}$$

$$\sigma_t < \frac{1}{2}\left[\frac{E}{E_t}\left(f_{y,\text{heiß}} - f_{y,\text{kalt}}\right) + \left(f_{y,\text{heiß}} + f_{y,\text{kalt}}\right)\right] + \frac{E}{E_t}\sigma_P \tag{5.128}$$

und durch Gl. 5.96 auf

$$\sigma_t > f_{y,\text{kalt}} - \sigma_P. \tag{5.129}$$

5.7.1.8 Kombination 8

Die Kombination der modifizierten elastischen Werkstoffgesetze von Gln. 5.124 und 5.107 führt zur Lösung

$$\rho_{\text{li}} = \frac{1 - \frac{E_t}{E}}{1 + \frac{E_t}{E}}\left(\sigma_P + f_{y,\text{kalt}}\right), \tag{5.130}$$

die sich allerdings bei Überprüfung der zugehörigen Gültigkeitsbereiche als nicht möglich heraus stellt.

5.7.1.9 Kombination 9

Die Grenzen rein elastischen Verhaltens im gesamten Tragwerk sind gegeben durch die Forderung, dass der Bereich Ω in Abb. 5.19 bei beiden Stäben den Koordinatenursprung beinhalten muss. Dies führt zu den Bedingungen

$$\sigma_t \leq f_{y,kalt} - \sigma_P, \tag{5.131}$$

$$\sigma_t \leq f_{y,heiß} + \sigma_P. \tag{5.132}$$

5.7.1.10 Ratcheting-Interaktions-Diagramm

Die in Abschn. 5.7.1.1 bis 5.7.1.9 gewonnenen Ergebnisse sind exakt, sofern anomales Verhalten, wie in Abschn. 5.1.2 beschrieben (siehe Abb. 5.9), ausgeschlossen werden kann. Sie lassen sich nach Art eines Ratcheting-Interaktions-Diagrammes darstellen, Abb. 5.20. Für $f_{y,heiß} = f_{y,kalt}$ erhält man das RID von Abb. 4.24. Es ist nach oben durch die Grenzbedingung für elastisches Einspielen, Gl. 5.91, begrenzt.

In Bereich 1 liegt ein ausgeprägter Ratcheting-Mechanismus vor. Allerdings hängen die elastisch-plastischen Dehnungen in diesem Bereich, wie auch in Bereich 7, nicht von einer Temperaturabhängigkeit der Fließgrenze ab. Denn die Restdehnungen nach Gl. 5.102 enthalten keinen Term $f_{y,heiß}$. Demnach ist hier auch das anomale Verhalten eines scheinbar negativen Verfestigungsmoduls (Abb. 5.9), im Gegensatz zu den Bereichen 4 und 6, nicht möglich. Wohl aber ist der Gültigkeitsbereich von Bereich 1 durch Gl. 5.91 gegenüber temperatur*un*abhängiger Fließgrenze eingeschränkt.

Jedoch zeigt die Entwicklung des Spannungs-Dehnungs-Zusammenhangs mit den Belastungszyklen aufgrund einer inkrementellen Analyse in Abb. 5.21 für eine Para-

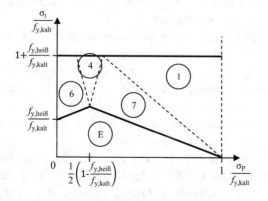

Abb. 5.20 Zweistab-Modell: Gültigkeitsbereiche der unterschiedlichen Lösungen für die Dehnungsakkumulation bei elastischem Einspielen

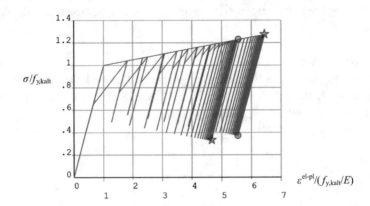

Abb. 5.21 Dehnungsakkumulation beim Zweistab-Modell mit linearer kinematischer Verfestigung: Elastisches Einspielen ($\sigma_p/f_{y,\text{kalt}} = 0{,}8$; $\sigma_t/f_{y,\text{kalt}} = 0{,}9$; $E_t/E = 0{,}05$; $f_{y,\text{heiß}}/f_{y,\text{kalt}} = 0{,}6$); Vergleich der inkrementellen Lösung mit der VFZT (*Kreise* für minimalen und *Sterne* für maximalen Belastungszustand)

meterkonfiguration in Bereich 1, dass die „heiße" Fließgrenze für die Evolution der Spannungen und Dehnungen eine Rolle spielt, aber eben nicht für den Einspielzustand, wie sich einem Vergleich mit Abb. 4.26 entnehmen lässt. Man erkennt hier auch wieder, wie bereits in Abb. 5.8, scheinbar unterschiedliche Verfestigungsmodule.

5.7.2   Mehrachsiges Ratcheting

Das für eine temperatur*un*abhängige Fließgrenze bereits in Abschn. 4.5.2 behandelte Beispiel für elastisches Einspielen bei mehrachsigem Ratcheting bringt keine besonderen Neuerungen, wenn nun eine temperaturabhängige Fließgrenze berücksichtigt wird. Da die Temperatur in diesem Beispiel keine Belastung darstellt, spielt sie nur die Rolle eines Parameters, der die Fließgrenze zeitlich modifiziert.

Natürlich ändern sich dann einige Details. Beispielsweise behalten die Gln. 4.141 und 4.142 für die Koordinaten des Eckpunktes des Fließflächen-Schnittbereiches Ω zwar ebenso ihre Gültigkeit wie die Ergebnisse der meA in Form der Restspannung in Richtung 2 und der Restdehnung in Richtung 1 in Gln. 4.144 und 4.145 für den Fall, dass die Projektion von Y^* auf Ω auf diesen Eckpunkt führt. Jedoch sind die dort einzusetzenden Parameter a und b nach Gln. 5.89 und 5.90 neu zu bestimmen, was zu längeren Ausdrücken führt, auf die hier verzichtet werden soll.

Beispielhaft ist in Abb. 5.22 analog zu Abb. 4.30 die mit einer inkrementellen Analyse ermittelte Entwicklung der TIV im TIV-Raum für den Fall dargestellt, dass die Temperatur synchron mit der weggesteuerten Belastung ansteigt, die Fließgrenze also mit zunehmender Belastung kleiner wird. Nach etwa 80 Zyklen ist bei der

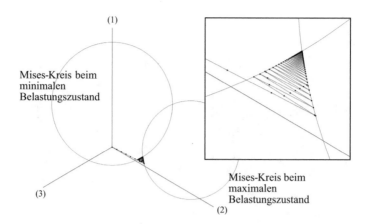

Abb. 5.22 Mehrachsiges Ratcheting: Trajektorie der TIV im TIV-Raum bei elastischem Einspielen mit temperaturabhängiger Fließgrenze ($\sigma_\mathrm{P}/f_{\mathrm{y,kalt}}=0{,}7$; $\sigma_\mathrm{t}/f_{\mathrm{y,kalt}}=1{,}5$; $E_\mathrm{t}/E=0{,}05$; $f_{\mathrm{y,heiß}}/f_{\mathrm{y,kalt}}=0{,}8$; $\nu=0$)

inkrementellen Analyse eine gute Annäherung an den Einspielzustand erreicht. Die im Einspielzustand vorliegenden Beanspruchungen werden aber nur durch die VFZT exakt ermittelt. So beträgt beispielsweise die elastisch-plastische Dehnung in Richtung der Primärspannung wegen der Querdehnzahl $\nu=0$ beim minimalen wie auch beim maximalen Belastungszustand $\varepsilon_1 = 2{,}315\, f_{\mathrm{y,kalt}}/E$.

5.7.3 Bree-Rohr

Auch beim rotationssymmetrischen Modell des Bree-Rohrs gilt, dass sich die Ergebnisse bei temperaturabhängiger Fließgrenze im Detail natürlich von denen mit temperatur*un*abhängiger Fließgrenze in Abschn. 4.5.3 unterscheiden. Da die Innenoberfläche wärmer ist als die Außenoberfläche, ist dort eine geringere Fließgrenze wirksam. Überhaupt ist beim maximalen Belastungszustand aufgrund der linearen Temperaturverteilung an jeder Querschnittsstelle der Rohrwand eine andere Fließgrenze wirksam.

Abb. 5.23 zeigt das Spannungs-Dehnungs-Diagramm, nach Normierung auf die „kalte" Fließgrenze bzw. elastische Grenzdehnung, für die Umfangsrichtungen an der Innen- und der Außenoberfläche aufgrund einer inkrementellen Analyse für die Parameterkombination

$$\frac{\sigma_\mathrm{P}}{f_{\mathrm{y,kalt}}} = 0{,}75 \;\; ; \;\; \frac{\sigma_\mathrm{t}}{f_{\mathrm{y,kalt}}} = 1{,}4 \;\; ; \;\; \nu = 0{,}3 \;\; ; \;\; \frac{E_\mathrm{t}}{E} = 0{,}02 \;\; ; \;\; \frac{f_{\mathrm{y,heiß}}}{f_{\mathrm{y,kalt}}} = 0{,}6667.$$

$$(5.133)$$

Dabei wurde eine lineare Abhängigkeit der Fließgrenze von der Temperatur zugrunde gelegt. Ferner sind dort auch die Ergebnisse der VFZT für den Einspielzustand nach

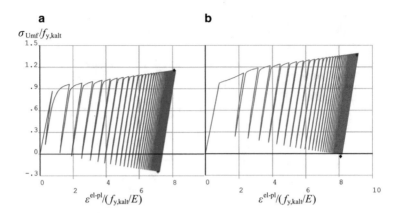

Abb. 5.23 Bree-Rohr (rotationssymmetrisches Modell): Spannungs-Dehnungs-Diagramm für die Umfangsrichtung nach inkrementeller Analyse, sowie Spannungs-Dehnungs-Paare der 5. meA der VFZT für den elastischen Einspielzustand (*Raute* und *Kreuz*). **a** Innenoberfläche, **b** Außenoberfläche

5 meA's durch Rauten für den minimalen und Kreuze für den maximalen Belastungszustand mit angegeben. Die Qualität der Näherung durch die VFZT ist als recht gut zu betrachten. Sie ist jedenfalls nicht schlechter als bei temperatur*un*abhängiger Fließgrenze in Abb. 4.34.

5.8 Akkumulierte Dehnungen bei plastischem Einspielen

Gegenüber der Darstellung zur Berechnung des plastischen Einspielzustandes mit der VFZT bei temperatur*un*abhängiger Fließgrenze in Abschn. 4.6 wird nun beschrieben, wie temperaturabhängige Fließgrenzen berücksichtigt werden können.

Wie temperaturabhängige elastische Materialparameter und ein temperaturabhängiger Verfestigungsmodul berücksichtigt werden können wird später dargelegt (Abschn. 9.2). Bereits in Abschn. 5.4 wurde darauf hingewiesen, dass eine getrennte Betrachtung von Beanspruchungsschwingbreiten und akkumulierten Beanspruchungen bei temperaturabhängigem E, ν und E_t dann nicht ohne Weiteres sinnvoll ist.

Die Berücksichtigung temperaturabhängiger Fließgrenzen zur Berechnung der akkumulierten Dehnungen bei PS macht jedoch keine besonderen Schwierigkeiten. Hierfür werden, ähnlich wie auch bei temperatur*un*abhängigen Fließgrenzen in Abschn. 4.6, die Beanspruchungen für einen mittleren Belastungszustand berechnet. Dabei wird auf eine vorab erfolgte Berechnung der Dehnungsschwingbreiten mit temperaturabhängigen Fließgrenzen nach Abschn. 5.4 zurück gegriffen.

Die Natur des Einspielzustandes, also ob sich bei temperaturabhängiger Fließgrenze elastisches oder plastisches Einspielen einstellt, wurde bereits in Abschn. 5.3 festgestellt. Demnach liegt plastisches Einspielen vor bei

$$\Delta\sigma_{v(\underline{x})}^{fel} > \left(f_{y,min} + f_{y,max}\right)_{(\underline{x})} \exists \underline{x} \in V. \tag{5.134}$$

5.8.1 Identifikation des elastischen und des plastischen Teilvolumens

Wie schon bei temperatur*un*abhängigen Fließgrenzen in Abschn. 4.6 wird das plastische Teilvolumen V_p bei der n-ten meA danach unterschieden, wo bei der vorgeschalteten Berechnung der Dehnschwingbreite (Abschn. 5.4) im Einspielzustand alternierendes Plastizieren auftritt ($V_{p\Delta}$), bzw. wo die plastischen Dehnungen quasi eingefroren sind ($V_{e\Delta}$):

$$V_p^{(n)} = V_{p\Delta}^{(n)} \bigcup V_{e\Delta}^{(n)}, \tag{5.135}$$

$$V_{p\Delta}^{(n)} = \left\{\underline{x}\middle| \Delta\sigma_v^{(n-1)} \geq f_{y,min} + f_{y,max}\right\}, \tag{5.136}$$

$$V_{e\Delta}^{(n)} = \left\{\underline{x}\middle| \Delta\sigma_v^{(n-1)} < f_{y,min} + f_{y,max} \wedge \left(\sigma_{v,max}^{(n-1)} > f_{y,max} \vee \sigma_{v,min}^{(n-1)} > f_{y,min}\right)\right\}. \tag{5.137}$$

Der elastisch bleibende Teil der Struktur ist demnach definiert durch

$$V_e^{(n)} = \left\{\underline{x}\middle|\sigma_{v,min}^{(n-1)} < f_{y,min} \wedge \sigma_{v,max}^{(n-1)} < f_{y,max}\right\}. \tag{5.138}$$

5.8.2 Abschätzung der transformierten internen Variable in $V_{p\Delta}$

Für eine Stelle des Tragwerks, die sich in $V_{p\Delta}$ befindet, wird die TIV für den mittleren Belastungszustand abgeschätzt durch die gewichtete Mitte des Abstandes zwischen den beiden Fließflächen des minimalen und maximalen Belastungszustandes, Abb. 5.24:

$$Y_{i,m} = \frac{1}{2}\left(\sigma_{i,max}^{'fel} + \sigma_{i,min}^{'fel}\right) + \frac{1}{2}\Delta\sigma_i' \frac{f_{y,min} - f_{y,max}}{\Delta\sigma_v} \tag{5.139}$$

Dieser Ansatz ergibt sich aus der Forderung

$$Y_{i,m} = Y_{i,max/min} \mp \frac{1}{2}\Delta Y_i \tag{5.140}$$

mit ΔY_i nach Gl. 5.33 und steht in Einklang mit der in Abschn. 2.9.3 erläuterten Twice-Yield Methode. Wie dort bereits thematisiert, liefert diese nur dann eine gute Näherung, wenn die direktionale Spannungsumlagerung während des Belastungszyklus im

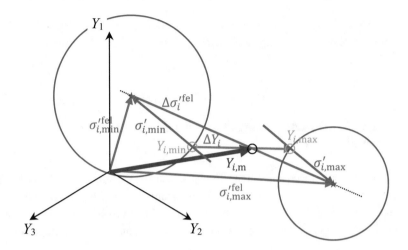

Abb. 5.24 Abschätzung der TIV für den mittleren Belastungszustand bei PS für eine Stelle, die in $V_{p\Delta}$ liegt

Einspielzustand nicht stark ausgeprägt ist. Dann kann die Spannungsschwingbreite $\Delta\sigma'_i$ aufgeteilt werden in zwei parallel zueinander wirkende Spannungen beim minimalen und beim maximalen Belastungszustand, $\sigma'_{i,\text{min}}$ und $\sigma'_{i,\text{max}}$, Abb. 5.24, aus denen sich dann $Y_{i,\text{max}}$ und $Y_{i,\text{min}}$ ergeben.

5.8.3   Abschätzung der transformierten internen Variable in $V_{e\Delta}$

Für eine Stelle des Tragwerks, die sich in $V_{e\Delta}$ befindet, wird die TIV analog zu Abschn. 4.6.2.2 bis 4.6.2.4 für temperatur*un*abhängige Fließgrenzen durch Projektion auf eine der beiden Fließflächen bzw. auf deren Schnittpunkt abgeschätzt. Da die Schwingbreite in $V_{e\Delta}$ definitionsgemäß rein elastisch ist, gelten die von elastischem Einspielen her bekannten Gleichungen zur Bestimmung der Winkel α_{min}, α_{max}, β_{min} und β_{max} (Gln. 5.73–5.76) unverändert.

So wird für

$$\sigma_{v,\text{max}} \geq f_{y,\text{max}} \ \wedge \ \left(\beta_{\text{max}} \leq \alpha_{\text{max}} \ \vee \ \Delta\sigma_v \leq f_{y,\text{min}} - f_{y,\text{max}}\right) \tag{5.141}$$

zunächst

$$Y^*_{i,\text{max}} = Y^*_{i,\text{m}} + \frac{1}{2}\Delta Y_i \tag{5.142}$$

auf den Mises-Kreis des maximalen Belastungszustandes projiziert, Abb. 5.25. Wegen

$$Y^*_{i,\text{m}} = -\rho'_{i,\text{m}} = -\frac{1}{2}\left(\rho'_{i,\text{max}} + \rho'_{i,\text{min}}\right), \tag{5.143}$$

Abb. 5.25 Abschätzung der TIV für den mittleren Belastungszustand bei PS für eine Stelle, die in $V_{e\Delta}$ liegt, durch Projektion auf den maximalen Zustand

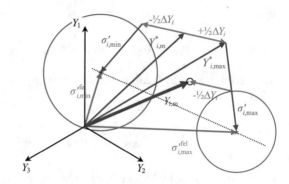

Abb. 5.26 Abschätzung der TIV für den mittleren Belastungszustand bei PS für eine Stelle, die in $V_{e\Delta}$ liegt, durch Projektion auf den minimalen Zustand

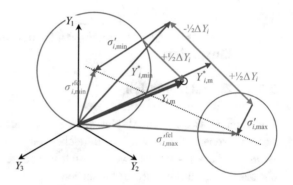

und, da es sich bei $V_{e\Delta}$ um Stellen ohne plastische Dehnschwingbreite handelt,

$$\Delta Y_i = -\Delta\rho_i' = -\left(\rho_{i,\mathrm{max}}' - \rho_{i,\mathrm{min}}'\right), \tag{5.144}$$

ist

$$Y_{i,\mathrm{max}}^* = -\rho_{i,\mathrm{max}}'. \tag{5.145}$$

Nach der Projektion ist für den mittleren Belastungszustand die halbe TIV-Schwingbreite wieder abzuziehen und wir erhalten die TIV für den mittleren Belastungszustand

$$Y_{i,\mathrm{m}} = \sigma_{i,\mathrm{max}}'^{\mathrm{fel}} - \sigma_{i,\mathrm{max}}' \cdot \frac{f_{y,\mathrm{max}}}{\sigma_{v,\mathrm{max}}} + \frac{1}{2}\left(\Delta\sigma_i' - \Delta\sigma_i'^{\mathrm{fel}}\right). \tag{5.146}$$

Ähnlich erhalten wir für

$$\sigma_{v,\mathrm{min}} \geq f_{y,\mathrm{min}} \wedge \left(\beta_{\mathrm{min}} \leq \alpha_{\mathrm{min}} \vee \Delta\sigma_v \leq f_{y,\mathrm{max}} - f_{y,\mathrm{min}}\right) \tag{5.147}$$

durch Projektion von

$$Y_{i,\mathrm{min}}^* = -\rho_{i,\mathrm{min}}' \tag{5.148}$$

auf den Mises-Kreis des minimalen Belastungszustandes (Abb. 5.26) und anschließende Addition der halben TIV-Schwingbreite

$$Y_{i,\mathrm{m}} = \sigma_{i,\mathrm{min}}'^{\mathrm{fel}} - \sigma_{i,\mathrm{min}}' \cdot \frac{f_{y,\mathrm{min}}}{\sigma_{v,\mathrm{min}}} - \frac{1}{2}\left(\Delta\sigma_i' - \Delta\sigma_i'^{\mathrm{fel}}\right). \tag{5.149}$$

Wenn

$$\beta_{\min} > \alpha_{\min} \ \wedge \ \beta_{\max} > \alpha_{\max} \ \wedge \ \Delta\sigma_v \ge \left| f_{y,\min} - f_{y,\max} \right|, \tag{5.150}$$

dann erfolgt eine Projektion auf den Schnittpunkt der beiden Mises-Kreise und wir erhalten

$$Y_{i,m} = \sigma_{i,\min}^{\prime\mathrm{fel}} - a \cdot \sigma_{i,\min}^{\prime} + b \cdot \Delta\sigma_i^{\prime} - \frac{1}{2}\left(\Delta\sigma_i^{\prime} - \Delta\sigma_i^{\prime\mathrm{fel}}\right) \tag{5.151}$$

Die Parameter a und b können unverändert nach Gln. 5.89 und 5.90 bestimmt werden.

5.9   Beispiele für akkumulierte Dehnungen bei plastischem Einspielen

5.9.1   Zweistab-Modell

Die Vorgehensweise von Abschn. 5.7.1 für das Zweistab-Modell bei elastischem Einspielen, wonach für bestimmte Bereiche von Restspannungsfeldern die zugehörigen Belastungsbereiche gesucht werden, statt wie sonst für ein gegebenes Belastungsniveau die plastische Strukturantwort zu suchen, wird nun auch zur Untersuchung plastischen Einspielens aufgegriffen. Danach sind vier Möglichkeiten zu unterscheiden, wobei der linke Stab auf jeden Fall zyklische plastische Dehnungen erfährt, also zu $V_{p\Delta}$ gehört. Der rechte Stab kann ebenfalls zyklisch plastizieren ($V_{p\Delta}$) oder nur monoton plastizieren ($V_{e\Delta}$), bei den betrachteten Parameterkombinationen aber nur beim maximalen, nicht beim minimalen Belastungszustand, oder er kann elastisch bleiben (V_e), Tab. 5.2.

5.9.1.1 Kombination 10
Für beide Stäbe ist der Mittelwert der TIV nach Gl. 5.139 zu bestimmen. Nach Anpassung an die Schreibweise für einachsige Spannungszustände erhalten wir für positive Sekundärspannungen σ_t

$$Y_{li,m} = \sigma_P - \frac{1}{2}\sigma_t + \frac{1}{2}\left(f_{y,\mathrm{heiß}} - f_{y,\mathrm{kalt}}\right), \tag{5.152}$$

Tab. 5.2 Zweistab-Modell: Kombinationsmöglichkeiten der Stab-Zustände bei PS

Kombination	Linker Stab in	Rechter Stab in
10	$V_{p\Delta}$	$V_{p\Delta}$
11	"	$V_{e\Delta}$ (plast. bei max. Bel.)
12	"	V_e

$$Y_{re,m} = \sigma_P + \frac{1}{2}\sigma_t, \tag{5.153}$$

sodass die modifiziert elastischen Werkstoffgesetze lauten:

$$\varepsilon_{li,m}^* = \frac{1}{E_t}\rho_{li,m} + \frac{1}{C}\left[\sigma_P - \frac{1}{2}\sigma_t + \frac{1}{2}\left(f_{y,heiß} - f_{y,kalt}\right)\right], \tag{5.154}$$

$$\varepsilon_{re,m}^* = \frac{1}{E_t}\rho_{re,m} + \frac{1}{C}\left(\sigma_P + \frac{1}{2}\sigma_t\right). \tag{5.155}$$

Damit erhält man für die Gleichgewichtsbedingung

$$\rho_{re,m} = -\rho_{li,m} \tag{5.156}$$

und die Kompatibilitätsbedingung

$$\varepsilon_{li,m}^* = \varepsilon_{re,m}^* \tag{5.157}$$

als Lösung für den mittleren Belastungszustand

$$\rho_{li,m} = \left(1 - \frac{E_t}{E}\right)\left[\frac{1}{2}\sigma_t - \frac{1}{4}\left(f_{y,heiß} - f_{y,kalt}\right)\right], \tag{5.158}$$

$$\varepsilon_{li,m}^* = \frac{1 - \frac{E_t}{E}}{E_t}\left[\sigma_P + \frac{1}{4}\left(f_{y,heiß} - f_{y,kalt}\right)\right], \tag{5.159}$$

sowie für den minimalen und den maximalen Belastungszustand

$$\rho_{li,min} = \rho_{li,m} - \frac{1}{2}\Delta\rho_{li}, \tag{5.160}$$

$$\rho_{li,max} = \rho_{li,m} + \frac{1}{2}\Delta\rho_{li}, \tag{5.161}$$

$$\varepsilon_{li,min}^* = \varepsilon_{li,m}^* - \frac{1}{2}\Delta\varepsilon_{li}^*, \tag{5.162}$$

$$\varepsilon_{li,max}^* = \varepsilon_{li,m}^* + \frac{1}{2}\Delta\varepsilon_{li}^*, \tag{5.163}$$

wobei die Restspannungsschwingbreite $\Delta\rho$ gegeben ist durch Gl. 5.45 und die Restdehnungsschwingbreite $\Delta\varepsilon^*$ durch Gl. 5.46. Nach Superposition mit der fiktiv elastischen Lösung erhalten wir

$$\sigma_{li,min} = \left(1 - \frac{E_t}{E}\right)f_{y,kalt} + \sigma_P, \tag{5.164}$$

$$\sigma_{\text{li,max}} = \left(1 - \frac{E_t}{E}\right)\left(\sigma_t - \frac{1}{2}f_{\text{y,heiß}} - \frac{1}{2}f_{\text{y,kalt}}\right) + \sigma_P - \sigma_t, \tag{5.165}$$

$$\varepsilon_{\text{li,min}} = \frac{\sigma_P}{E_t}, \tag{5.166}$$

$$\varepsilon_{\text{li,max}} = \frac{\sigma_P}{E_t} - \frac{\sigma_t}{E} + \frac{1}{2}\frac{1 - \frac{E_t}{E}}{E_t}\left(f_{\text{y,heiß}} - f_{\text{y,kalt}}\right). \tag{5.167}$$

Der Gültigkeitsbereich dieser Lösung ist gegeben durch die Forderung, dass die Spannungsschwingbreite im rechten Stab die doppelte „kalte" Fließgrenze überschreiten muss, also

$$\Delta\sigma_{\text{re}} = -\Delta\rho_{\text{li}} + \Delta\sigma_{\text{re}}^{\text{fel}} \geq 2f_{\text{y,kalt}}, \tag{5.168}$$

was mithilfe von Gl. 5.45 zur Bedingung

$$\sigma_t \geq \frac{3}{2}f_{\text{y,kalt}} + \frac{1}{2}f_{\text{y,heiß}} - \frac{1}{2}\frac{E}{E_t}\left(f_{\text{y,heiß}} - f_{\text{y,kalt}}\right) \tag{5.169}$$

führt.

5.9.1.2 Kombination 11

Erfährt der rechte Stab im plastischen Einspielzustand nur elastische Dehnungsschwingbreiten, und ist die Spannung beim maximalen Belastungszustand größer als beim minimalen, so ist der Mittelwert der TIV nach Gl. 5.146 zu bestimmen. Diese kann für den einachsigen Spannungszustand im rechten Stab geschrieben werden als

$$Y_{\text{re,m}} = \sigma_P + \sigma_t - \sigma_{\text{re,max}} \cdot \frac{f_{\text{y,kalt}}}{\sigma_{\text{v,re,max}}} - \frac{1}{2}\Delta\rho_{\text{li}}. \tag{5.170}$$

Nach Einsetzen von Gl. 5.51 und weil die Spannung beim maximalen Belastungszustand im rechten Stab eine Zugspannung sein muss, erhalten wir

$$Y_{\text{re,m}} = \sigma_P + \sigma_t - f_{\text{y,kalt}} + \frac{1}{2}\frac{1 - \frac{E_t}{E}}{1 + \frac{E_t}{E}}\left(-\sigma_t + f_{\text{y,kalt}} + f_{\text{y,heiß}}\right). \tag{5.171}$$

Für den linken Stab behält Gl. 5.152 ihre Gültigkeit. Somit lauten die modifizierten elastischen Werkstoffgesetze:

$$\varepsilon_{\text{li,m}}^{*} = \frac{1}{E_t}\rho_{\text{li,m}} + \frac{1}{C}\left[\sigma_P - \frac{1}{2}\sigma_t + \frac{1}{2}\left(f_{\text{y,heiß}} - f_{\text{y,kalt}}\right)\right], \tag{5.172}$$

$$\varepsilon_{\mathrm{re,m}}^{*} = \frac{1}{E_{\mathrm{t}}}\rho_{\mathrm{re,m}} + \frac{1}{C}\left(\sigma_{\mathrm{P}} + \sigma_{\mathrm{t}} - f_{\mathrm{y,kalt}} + \frac{1}{2}\frac{1 - \frac{E_{\mathrm{t}}}{E}}{1 + \frac{E_{\mathrm{t}}}{E}}\left(-\sigma_{\mathrm{t}} + f_{\mathrm{y,kalt}} + f_{\mathrm{y,heiß}}\right)\right), \quad (5.173)$$

was als Lösung der Gleichgewichts- und der Kompatibilitätsbedingung für den mittleren Belastungszustand liefert:

$$\rho_{\mathrm{li,m}} = \frac{1}{2}\frac{1 - \frac{E_{\mathrm{t}}}{E}}{1 + \frac{E_{\mathrm{t}}}{E}}\left[\left(1 + 2\frac{E_{\mathrm{t}}}{E}\right)\sigma_{\mathrm{t}} - \frac{E_{\mathrm{t}}}{E}\left(f_{\mathrm{y,heiß}} + f_{\mathrm{y,kalt}}\right)\right], \quad (5.174)$$

$$\varepsilon_{\mathrm{li,m}}^{*} = \frac{1}{2}\frac{1}{E_{\mathrm{t}}}\frac{1 - \frac{E_{\mathrm{t}}}{E}}{1 + \frac{E_{\mathrm{t}}}{E}}\left[2\left(1 + \frac{E_{\mathrm{t}}}{E}\right)\sigma_{\mathrm{P}} + \frac{E_{\mathrm{t}}}{E}\sigma_{\mathrm{t}} - \left(1 + 2\frac{E_{\mathrm{t}}}{E}\right)f_{\mathrm{y,kalt}} + f_{\mathrm{y,heiß}}\right]. \quad (5.175)$$

Daraus ergeben sich dann die Beanspruchungen beim minimalen und beim maximalen Belastungszustand

$$\sigma_{\mathrm{li,min}} = \frac{1}{2}\frac{1 - \frac{E_{\mathrm{t}}}{E}}{1 + \frac{E_{\mathrm{t}}}{E}}\left[2\frac{E_{\mathrm{t}}}{E}\sigma_{\mathrm{t}} + \left(1 - \frac{E_{\mathrm{t}}}{E}\right)\left(f_{\mathrm{y,heiß}} + f_{\mathrm{y,kalt}}\right)\right] + \sigma_{\mathrm{P}}, \quad (5.176)$$

$$\sigma_{\mathrm{li,max}} = \left(1 - \frac{E_{\mathrm{t}}}{E}\right)\left(\sigma_{\mathrm{t}} - \frac{1}{2}f_{\mathrm{y,heiß}} - \frac{1}{2}f_{\mathrm{y,kalt}}\right) + \sigma_{\mathrm{P}} - \sigma_{\mathrm{t}}, \quad (5.177)$$

$$\varepsilon_{\mathrm{li,min}} = \frac{1}{E_{\mathrm{t}}}\frac{1 - \frac{E_{\mathrm{t}}}{E}}{1 + \frac{E_{\mathrm{t}}}{E}}\left[\frac{E_{\mathrm{t}}}{E}\sigma_{\mathrm{t}} + \frac{1}{2}\left(1 - \frac{E_{\mathrm{t}}}{E}\right)f_{\mathrm{y,heiß}} - \frac{1}{2}\left(1 + 3\frac{E_{\mathrm{t}}}{E}\right)f_{\mathrm{y,kalt}}\right] + \frac{\sigma_{\mathrm{P}}}{E_{\mathrm{t}}}, (5.178)$$

$$\varepsilon_{\mathrm{li,max}} = -\frac{\sigma_{\mathrm{t}}}{E} + \frac{1}{2}\frac{1 - \frac{E_{\mathrm{t}}}{E}}{E_{\mathrm{t}}}\left(f_{\mathrm{y,heiß}} - f_{\mathrm{y,kalt}}\right) + \frac{\sigma_{\mathrm{P}}}{E_{\mathrm{t}}}. \quad (5.179)$$

Der Gültigkeitsbereich dieser Lösung ist begrenzt durch die Gültigkeitsgrenzen der anderen Kombinationen.

5.9.1.3 Kombination 12

Für den Fall, dass der rechte Stab vollständig elastisch bleibt, gelten die modifiziert elastischen Werkstoffgesetze

$$\varepsilon_{\mathrm{li,m}}^{*} = \frac{1}{E_{\mathrm{t}}}\rho_{\mathrm{li,m}} + \frac{1}{C}\left[\sigma_{\mathrm{P}} - \frac{1}{2}\sigma_{\mathrm{t}} + \frac{1}{2}\left(f_{\mathrm{y,heiß}} - f_{\mathrm{y,kalt}}\right)\right], \quad (5.180)$$

$$\varepsilon_{\mathrm{re,m}}^{*} = \frac{1}{E}\rho_{\mathrm{re,m}} \quad (5.181)$$

mit der Lösung der Gleichgewichts- und Kompatibilitätsbedingung

$$\rho_{\text{li,m}} = -\frac{1 - \frac{E_t}{E}}{1 + \frac{E_t}{E}} \left[\sigma_P - \frac{1}{2}\sigma_t + \frac{1}{2}\left(f_{\text{y,heiß}} - f_{\text{y,kalt}}\right) \right], \tag{5.182}$$

$$\varepsilon_{\text{li,m}}^* = \frac{1}{E}\frac{1 - \frac{E_t}{E}}{1 + \frac{E_t}{E}} \left[\sigma_P - \frac{1}{2}\sigma_t + \frac{1}{2}\left(f_{\text{y,heiß}} - f_{\text{y,kalt}}\right) \right] \tag{5.183}$$

und den Beanspruchungen beim minimalen und maximalen Belastungszustand

$$\sigma_{\text{li,min}} = \frac{2\frac{E_t}{E}\sigma_P + f_{\text{y,kalt}}\left(1 - \frac{E_t}{E}\right)}{1 + \frac{E_t}{E}}, \tag{5.184}$$

$$\sigma_{\text{li,max}} = \frac{2\frac{E_t}{E}(\sigma_P - \sigma_t) - f_{\text{y,heiß}}\left(1 - \frac{E_t}{E}\right)}{1 + \frac{E_t}{E}}, \tag{5.185}$$

$$\varepsilon_{\text{li,min}} = \frac{\sigma_P}{E}\frac{2}{1 + \frac{E_t}{E}} - \frac{f_{\text{y,kalt}}}{E}\frac{1 - \frac{E_t}{E}}{1 + \frac{E_t}{E}}, \tag{5.186}$$

$$\varepsilon_{\text{li,max}} = \frac{2(\sigma_P - \sigma_t) + f_{\text{y,heiß}}\left(1 - \frac{E_t}{E}\right)}{E\left(1 + \frac{E_t}{E}\right)}. \tag{5.187}$$

Die Bedingung, dass im rechten Stab beim maximalen Belastungszustand die Fließgrenze nicht erreicht werden darf, führt zur Abgrenzung des Gültigkeitsbereiches der Kombination 12, die mit Gl. 5.122 identisch ist.

5.9.1.4 Ratcheting-Interaktions-Diagramm

Die in den vorigen Abschnitten präsentierten Lösungen können verwendet werden, um das in Abschn. 5.7.1.10 bereits für den ES-Bereich erstellte Ratcheting-Interaktions-Diagramm nun zu vervollständigen, Abb. 5.27.

Für eine im Bereich 11 liegende Parameterkombination zeigt Abb. 5.28 beispielhaft, wie sich die Spannungen und Dehnungen mit den Belastungszyklen entwickeln.

Solange das in Abschn. 5.1.2 beschriebene anomale Verhalten mit scheinbar negativer Verfestigung aufgrund einer sehr stark ausgeprägten Temperaturabhängigkeit der Fließgrenze nicht auftritt (Abb. 5.9), sind die gewonnenen Ergebnisse exakt, beispielsweise bei der in Abb. 5.28 betrachteten Parameterkombination. Andernfalls stellen sie nur Näherungslösungen dar. Als Beispiel für eine solche Situation mag eine Variation der

Abb. 5.27 Zweistab-Modell:
Gültigkeitsbereiche der
unterschiedlichen Lösungen
für die Dehnungsakkumulation
bei elastischem und
plastischem Einspielen

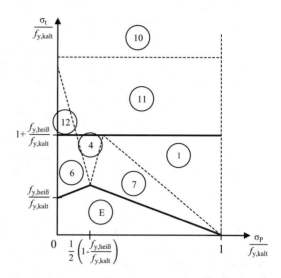

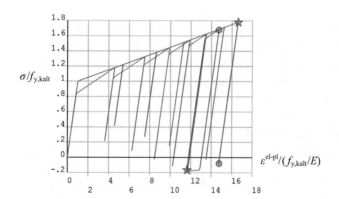

Abb. 5.28 Dehnungsakkumulation beim Zweistab-Modell mit linearer kinematischer Verfestigung ($\sigma_p/f_{y,kalt}=0,8$; $\sigma_t/f_{y,kalt}=2,5$; $E_t/E=0,05$; $f_{y,heiß}/f_{y,kalt}=0,8$); im plastischen Einspielzustand sind inkrementelle Lösung und VFZT (*Kreise* für minimalen und *Sterne* für maximalen Belastungszustand) identisch

Parameterkombination von Abb. 5.28 dienen, wenn die „heiße" Fließgrenze von 80 %
der „kalten" Fließgrenze auf 60 % herab gesetzt wird, Abb. 5.29.

Man erkennt die angesprochene Anomalie im linken Stab kurz vor Erreichen des
maximalen Belastungszustandes, wo im Druckbereich trotz zunehmender plastischer
Druckdehnungen die Druckspannung abnimmt. Während die Dehnschwingbreite im
Einspielzustand durch die VFZT noch exakt angegeben wird, sorgt die Abnahme der
Druckspannung im linken Stab dafür, dass die maximale Spannung im rechten Stab aus
Gleichgewichtsgründen nicht bei maximaler Belastung erreicht wird. Die im Einspiel-

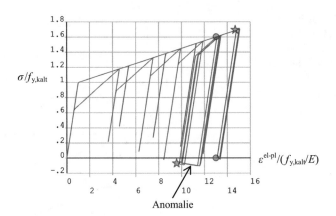

Abb. 5.29 Dehnungsakkumulation beim Zweistab-Modell mit linearer kinematischer Verfestigung bei anomalem Verhalten ($\sigma_\mathrm{p}/f_\mathrm{y,kalt} = 0{,}8$; $\sigma_\mathrm{t}/f_\mathrm{y,kalt} = 2{,}5$; $E_\mathrm{t}/E = 0{,}05$; $f_\mathrm{y,heiß}/f_\mathrm{y,kalt} = 0{,}6$); im plastischen Einspielzustand sind inkrementelle Lösung und VFZT (*Kreise* für minimalen und *Sterne* für maximalen Belastungszustand) nicht identisch

zustand akkumulierte Dehnung beruht dann nicht auf dem Erreichen der Fließgrenze bei maximaler Belastung, sondern bei einem Zwischenbelastungszustand.

Tab. 5.3 bietet einen quantitativen Eindruck vom Vergleich der Dehnungen nach der VFZT und einer inkrementellen Analyse für dieses Beispiel anomalen Verhaltens.

Im Raum der TIV kann die Ursache dieser Anomalie ebenfalls visualisiert werden (Abb. 5.30). Die korrekten Werte der TIV sind dort violett dargestellt. Im linken Stab befinden sich die TIV beim minimalen und beim maximalen Belastungszustand genau auf dem Rand der zugehörigen Fließfläche, was ja die Bedingung für aktives Plastizieren ist. Deshalb werden sowohl ihre Schwingbreite ΔY als auch ihr Mittelwert Y_m durch die VFZT zutreffend erfasst. Im rechten Stab dagegen befinden sich die TIV beim minimalen und beim maximalen Belastungszustand innerhalb der zugehörigen Mises-Kreise, was die Bedingung für elastisches Verhalten ist. Die VFZT erkennt zutreffend, dass der rechte Stab nicht zyklisch plastiziert und auch beim minimalen Belastungszustand nicht plastiziert, sagt jedoch fälschlicherweise voraus, dass die TIV im maximalen Belastungszustand genau auf dem Rand der Fließfläche liegt und damit der rechte Stab beim maximalen Belastungszustand plastiziert. Tatsächlich aber findet das Plastizieren bei einem Belastungszustand unterhalb der maximalen Belastung statt (grüner Kreis in Abb. 5.30). Da der Maximalwert der TIV, Y_max, also durch die VFZT unterschätzt wird, aber die Schwingbreite der TIV, ΔY, korrekt identifiziert wird, wird der Mittelwert der TIV, Y_m, durch die VFZT unterschätzt. Wie die Spannungs-Dehnungs-Hysterese bei einer zyklischen Belastung mit der VFZT verfolgt und damit bei Zwischenbelastungszuständen auftretende Beanspruchungsextrema erfasst werden können, ist in Abschn. 9.3.5 beschrieben.

Ob eine solche Situation anomalen Verhaltens vorliegt, kann mit der VFZT festgestellt werden, wenn die Berechnung mit einem geringfügig reduzierten Niveau des zyklischen

Tab. 5.3 Dehnungen nach der VFZT und inkrementeller Analyse im Einspielzustand bei anomalem Verhalten

	$\varepsilon\, E/f_{\text{y,kalt}}$ im linken Stab		$\varepsilon\, E/f_{\text{y,kalt}}$ im rechten Stab	
	Inkrementell	VFZT	Inkrementell	VFZT
Max ε	10,05	9,70	15,05	14,70
Min ε	13,37	13,02	13,37	13,02
$\Delta\varepsilon$	−3,31	−3,31	1,69	1,69

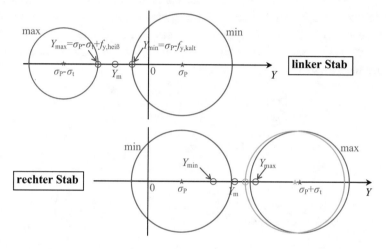

Abb. 5.30 Zweistab-Modell mit anomalem Verhalten: Zustände im TIV-Raum nach dem plastischen Einspielen

Belastungsanteils wiederholt wird. Anomales Verhalten liegt dann vor, wenn die akkumulierten Dehnungen bei einer solchermaßen reduzierten Belastung größer werden.

5.9.2 Mehrachsiges Ratcheting

Bei dem bereits mehrfach behandelten Beispiel für mehrachsiges Ratcheting (Abb. 4.5) ist die plastische Zone sofort gegeben, nämlich das ganze homogen beanspruchte Element. Die TIV für den mittleren Zustand ergibt sich aufgrund Gl. 5.139 bei $\nu = 0$ zu

$$Y_{i,\text{m}} = \sigma_{\text{P}} \begin{pmatrix} \tfrac{2}{3} \\ -\tfrac{1}{3} \\ -\tfrac{1}{3} \end{pmatrix} + \frac{1}{2}\left(\sigma_{\text{t}} + f_{\text{y,kalt}} - f_{\text{y,heiß}}\right) \begin{pmatrix} -\tfrac{1}{3} \\ \tfrac{2}{3} \\ -\tfrac{1}{3} \end{pmatrix}. \tag{5.188}$$

Als modifiziertes elastisches Werkstoffgesetz für den mittleren Belastungszustand erhalten wir, wenn wir die Randbedingungen ($\varepsilon_2^* = 0$, $\rho_1 = \rho_3 = 0$) gleich mit berücksichtigen:

$$
\begin{pmatrix} \varepsilon_{1,m}^* \\ 0 \\ \varepsilon_{3,m}^* \end{pmatrix} = \frac{1}{E_t} \left[\begin{pmatrix} 1 & -v^* & -v^* \\ -v^* & 1 & -v^* \\ -v^* & -v^* & 1 \end{pmatrix} \begin{pmatrix} 0 \\ \rho_{2,m} \\ 0 \end{pmatrix} + \frac{1}{C} \left[\frac{\sigma_P}{2} \begin{pmatrix} +2 \\ -1 \\ -1 \end{pmatrix} + \frac{\sigma_t + f_{y,kalt} - f_{y,heiß}}{4} \begin{pmatrix} -1 \\ +2 \\ -1 \end{pmatrix} \right] \right].
$$

$$(5.189)$$

Dies führt zur Lösung

$$
\rho_{2,m} = \frac{1}{2}\left(1 - \frac{E_t}{E}\right)\left(\sigma_P - \sigma_t - f_{y,kalt} + f_{y,heiß}\right). \tag{5.190}
$$

Durch Superposition mit der fiktiv elastischen Lösung für den mittleren Zustand und Subtraktion bzw. Addition der halben Schwingbreite nach Gln. 4.42 bzw. 4.43, wo gemäß Abschn. 5.5.2 für die Fließgrenze f_y das arithmetische Mittel der „kalten" und „heißen" Fließgrenze einzusetzen ist, erhalten wir für die beiden extremalen Beanspruchungszustände:

$$
\frac{\sigma_{2,min}}{f_{y,kalt}} = \left(1 - \frac{E_t}{E}\right)\left(\frac{1}{2}\frac{\sigma_P}{f_{y,kalt}} - 1\right), \tag{5.191}
$$

$$
\frac{\sigma_{2,max}}{f_{y,kalt}} = \left(1 - \frac{E_t}{E}\right)\left(\frac{1}{2}\frac{\sigma_P}{f_{y,kalt}} + \frac{f_{y,heiß}}{f_{y,kalt}}\right) + \frac{E_t}{E}\frac{\sigma_t}{f_{y,kalt}}, \tag{5.192}
$$

$$
\frac{E}{f_{y,kalt}}\varepsilon_{1,min} = \frac{\sigma_P}{f_{y,kalt}}\left(\frac{3}{4}\frac{E}{E_t} + \frac{1}{2} - \frac{1}{4}\frac{E_t}{E}\right) - \frac{1}{2}\left(1 - \frac{E_t}{E}\right), \tag{5.193}
$$

$$
\frac{E}{f_{y,kalt}}\varepsilon_{1,max} = \frac{\sigma_P}{f_{y,kalt}}\left(\frac{3}{4}\frac{E}{E_t} + \frac{1}{2} - \frac{1}{4}\frac{E_t}{E}\right) + \frac{1}{2}\left(1 - \frac{E_t}{E}\right)\left(\frac{f_{y,heiß}}{f_{y,kalt}} - \frac{\sigma_t}{f_{y,kalt}}\right). \tag{5.194}
$$

Diese Ergebnisse sind bereits mit einer meA exakt, auch wenn anomales Verhalten nach Abschn. 5.1.2 (Abb. 5.9) auftritt.

5.9.3   Bree-Rohr

Auch das Bree-Rohr wurde bereits mehrfach besprochen. Ähnlich wie in Abschn. 5.7.3 für elastisches Einspielen wird nun plastisches Einspielen für das rotationssymmetrische Modell des Bree-Rohrs betrachtet.

Für die Parameterkombination

$$
\frac{\sigma_P}{f_{y,kalt}} = 0{,}8 \ ; \quad \frac{\sigma_t}{f_{y,kalt}} = 1{,}9 \ ; \quad v = 0{,}3 \ ; \quad \frac{E_t}{E} = 0{,}02 \ ; \quad \frac{f_{y,heiß}}{f_{y,kalt}} = 0{,}6667 \tag{5.195}
$$

ist in Abb. 5.31 das Spannungs-Dehnungs-Diagramm für die Umfangsrichtung, normiert auf die „kalte" Fließgrenze bzw. die elastische Grenzdehnung, an der Innen- und der Außenoberfläche aufgrund einer inkrementellen Analyse bei linearer Abhängigkeit der

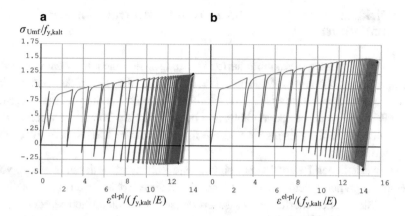

Abb. 5.31 Bree-Rohr (rotationssymmetrisches Modell): Spannungs-Dehnungs-Diagramm für die Umfangsrichtung nach inkrementeller Analyse, Spannungs-Dehnungs-Paare der 5. meA der VFZT (*Raute* und *Kreuz*). **a** Innenoberfläche, **b** Außenoberfläche; Hysterese im Einspielzustand *grün* hervor gehoben

Tab. 5.4 Entwicklung der Umfangsdehnung an der Außenoberfläche über die meA's der VFZT im Vergleich mit einer inkrementellen Analyse im Einspielzustand für den maximalen Belastungszustand	VFZT, meA	$E/f_{y,kalt} * \varepsilon_z$
	1	2,22
	2	6,14
	3	15,37
	4	15,70
	5	15,67
	6	15,64
	7	15,62
	8	15,61
	Inkrementell	15,77

Fließgrenze von der Temperatur dargestellt. Dort sind auch die Ergebnisse der VFZT für den Einspielzustand nach 5 meA's markiert. An der Innenoberfläche ist zyklisches Plastizieren im Einspielzustand deutlich zu erkennen, während an der Außenoberfläche die Beanspruchungsänderungen nahezu rein elastisch ablaufen. Anders als bei temperatur*un*abhängiger Fließgrenze (Abb. 4.54) ist gegen Ende des Einspielvorgangs an der Außenoberfläche ein Abfall der Maximalspannung zu beobachten. Trotz dieses etwas ungewöhnlichen Verhaltens ist die Qualität der Näherung durch die VFZT als sehr gut zu betrachten.

Wie sich die Beanspruchungen im plastischen Einspielzustand bei der VFZT mit der Anzahl der meA's entwickeln, ist in Tab. 5.4 exemplarisch für die Umfangsdehnungskomponente an der Außenoberfläche beim maximalen Belastungszustand aufgeführt. Nach 3 meA's ändert sich das Ergebnis nur noch geringfügig.

5.9.4 Dickwandiger Zylinder unter Temperaturtransiente und Innendruck

In Abschn. 4.7.4 wurden die akkumulierten Dehnungen für einen dickwandigen Zylinder mit temperatur*un*abhängigen Materialdaten berechnet, der einem konstanten Innendruck und einer Temperaturtransiente des durchströmenden Mediums ausgesetzt ist. Nun wird die Fließgrenze als temperaturabhängig betrachtet. Es wird auf die Geometrie- und Materialdaten sowie die thermische und die fiktiv elastische Analyse aus Abschn. 4.3.4 zurück gegriffen.

Bisher wurde in den Beispielen nur eine lineare Abhängigkeit der Fließgrenze von der Temperatur zugrunde gelegt. Nun wird eine nichtlineare Abhängigkeit gewählt. Tab. 5.5 gibt einige Stützstellen hierfür an, zwischen denen linear interpoliert werden darf. Bei einer linearen Abhängigkeit zwischen der niedrigsten und der höchsten Temperatur ergäbe sich der in Abschn. 4.7.4 verwendete Mittelwert von 100 N/mm².

Abb. 5.32 stellt die Ergebnisse einer nur für das Lastpaar bei den Transienten-Zeitpunkten 330 s und 525 s durchgeführten inkrementellen Analyse in Form der Dehnungsverteilung über die Wanddicke bei den beiden extremalen Belastungszeitpunkten im eingespielten Zustand dar. Für eine gute Näherung an den Einspielzustand waren etwa genauso so viele Zyklen zu berechnen wie bei temperatur*un*abhängiger Fließgrenze (ca. 50 Zyklen).

Als Beispiele für die bei der VFZT als modifizierte Belastung aufzubringenden Anfangsdehnungen oder Anfangsspannungen sind in Abb. 5.33 und 5.34 die Ver-

Tab. 5.5 Nichtlineare Temperaturabhängigkeit der Fließgrenze

Temperatur [°C]	Fließgrenze [N/mm²]
0	130
100	105
200	89
300	78
400	70

Abb. 5.32 Verteilung der elastisch-plastischen Dehnungskomponenten über die Wanddicke im plastischen Einspielzustand (inkrementelle zyklische Analyse nur für die Transienten-Zeitpunkte 330 s und 525 s)

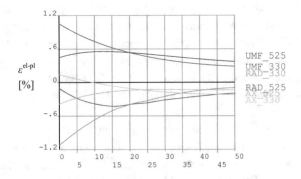

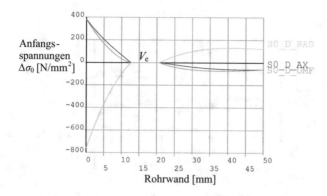

Abb. 5.33 Verteilung der Anfangsspannungskomponenten über die Wanddicke zur Schwing-breitenberechnung (1. meA)

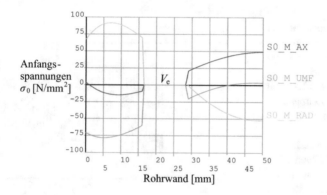

Abb. 5.34 Verteilung der Anfangsspannungskomponenten über die Wanddicke zur Berechnung des mittleren Zustandes (1. meA)

teilungen der Anfangsspannungen über die Wanddicke für die 1. meA der Schwing-breitenberechnung sowie für die 1. meA der Berechnung des mittleren Zustandes dargestellt.

Der Vergleich der in Abb. 5.35 dargestellten Ergebnisse der VFZT in Form der Verteilung der elastisch-plastischen Dehnungskomponenten nach der ersten und der zweiten meA mit den inkrementellen Ergebnissen in Abb. 5.32 zeigt, dass bereits nach zwei linearen Analysen eine gute Näherung an das Ergebnis der inkrementellen Analyse erreicht ist.

Abb. 5.36 und 5.37 stellen die mit der VFZT für den Einspielzustand ermittelten Beanspruchungen im mit einer inkrementellen Analyse ermittelten Dehnungshistogramm für die Umfangsrichtung an der Innen- und der Außenoberfläche und dem Spannungs-Dehnungs-Diagramm dar. Insbesondere für die Umfangsrichtung wird der Näherungs-

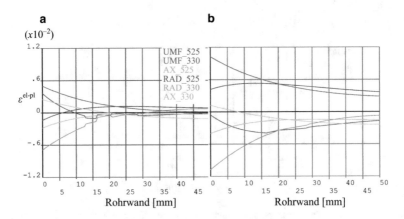

Abb. 5.35 Verteilung der elastisch-plastischen Dehnungskomponenten über die Wanddicke für die Transienten-Zeitpunkte 330 s und 525 s. **a** nach der 1. meA, **b** nach der 2. meA der VFZT

Abb. 5.36 Histogramm der Umfangsdehnungen an der Innen- und Außenoberfläche nach inkrementeller Berechnung für das Lastpaar der Transienten-Zeitpunkte 330 s und 525 s; sowie Ergebnisse der 4. meA der VFZT für plastischen Einspielzustand (*Rauten* für den Transienten-Zeitpunkt 330 s, *Kreuze* für 525 s)

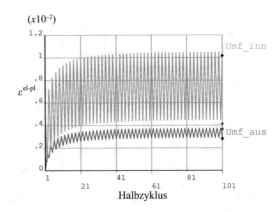

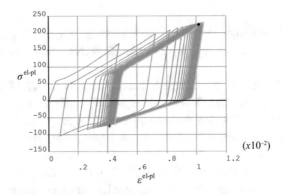

Abb. 5.37 Spannungs-Dehnungs-Diagramm für die Umfangsrichtung an der Innenoberfläche nach inkrementeller Berechnung für das Lastpaar der Transienten-Zeitpunkte 330 s und 525 s (letzter Zyklus *grün* eingefärbt); sowie Ergebnisse der 4. meA der VFZT für plastischen Einspielzustand (*Raute* für den Transienten-Zeitpunkt 330 s, *Kreuz* für 525 s)

Tab. 5.6 Entwicklung der Umfangsdehnungen an der Innenoberfläche über die meA's der VFZT im Vergleich mit einer inkrementellen Analyse im Einspielzustand

VFZT, meA	ε_z [%] bei 330 s	ε_z [%] bei 525 s
1	0,496	−0,139
2	1,025	0,416
3	1,021	0,414
4	1,019	0,414
5	1,018	0,413
6	1,018	0,413
Inkrementell mit 40 Belastungsinkrementen pro Halbzyklus	1,051	0,448

charakter der VFZT sichtbar, da die Dehnungen der inkrementellen Analyse durch die VFZT etwas unterschätzt werden.

Wie sich die Umfangsdehnungen an der Innenoberfläche im Einspielzustand für die beiden extremalen Belastungszustände bei 330 s und 525 s mit der Anzahl der meA's entwickeln, kann der Tab. 5.6 entnommen werden.

Insgesamt ist festzustellen, dass die Ergebnisse der VFZT mit temperaturabhängiger Fließgrenze nicht schlechter sind als die mit temperatur*un*abhängiger Fließgrenze in Abschn. 4.7.4.

Literatur

1. Ponter, A.R.S., Cocks, A.C.F.: The Anderson-Bishop problem – Thermal ratchetting of a polycrystalline metals. In: Spiliopoulos, K., Weichert, D. (Hrsg.) Direct Methods for Limit States in Structures and Materials, S. 243–255. Springer Science+Business Media, Dordrecht (2014)
2. Hübel, H.: Basic conditions for material and structural ratcheting. Nucl. Eng. Des. **162**, 55–65 (1996)
3. ANSYS Release 2019R1. ANSYS Inc., Canonsburg, USA (2019)
4. Hübel, H.: Simplified theory of plastic zones for cyclic loading and multilinear hardening. Int. J. Press. Vessels Pip. **129–130**, 19–31 (2015). https://doi.org/10.1016/j.ijpvp.2015.03.002
5. Sicherheitstechnische Regel des KTA, KTA 3201.2. Komponenten des Primärkreises von Leichtwasserreaktoren. Teil 2: Auslegung, Konstruktion und Berechnung. Fassung 6/96 (enthält Berichtigung aus BAnz. Nr. 129 vom 13.07.00). KTA Geschäftsstelle c/o Bundesamt für Strahlenschutz, Salzgitter (2000)

Overlay-Modell

6

Bevor die VFZT in Kap. 7 hinsichtlich nichtlinearer kinematischer Verfestigung ausgebaut werden kann, sind einige Vorarbeiten erforderlich, denn zunächst muss ein geeignetes Werkstoffmodell zur Verfügung gestellt werden. Bisher wurde nur lineare kinematische Verfestigung, die Prager-Ziegler-Verfestigung, betrachtet. Nun wird eine Erweiterung auf multilineare kinematische Verfestigung vorgenommen.

6.1   Multilineare kinematische Verfestigung

Wie bereits in Kap. 1 angemerkt, ist bei einer ungünstigen Strategie zur Anpassung der Materialparameter jedes Materialmodell diskreditierbar. So sollten sich die Anpassungen der Fließgrenze f_y und des linearen Verfestigungsparameters E_t an einen speziellen Werkstoff daran orientieren, dass die Dehnungen im Bereich der größten (erwarteten) Beanspruchungen gut repräsentiert werden – und nicht etwa nur bei viel größeren oder viel kleineren Dehnungen, wozu es leider unrühmliche Beispiele in der Literatur gibt, die im Endeffekt dann zu der Schlussfolgerung verleiten können, ein bilineares Spannungs-Dehnungs-Diagramm sei per se ungeeignet. Wird statt einer linearen eine multilineare kinematische Verfestigung gewählt, kann dies eine günstige Anpassung an reales Werkstoffverhalten erleichtern, da eine Strukturanalyse dann weniger sensitiv auf Ungenauigkeiten in der Materialbeschreibung reagiert. Zudem ist es mit Blick insbesondere auf die Erfassung örtlicher Spannungsumlagerung sicher vorteilhaft, wenn in nicht ganz so hoch beanspruchten, aber dennoch plastizierenden Strukturbereichen eine bessere Anpassung an das reale Werkstoffverhalten gelingt, wo bei bilinearem Verhalten vielleicht nur scheinbar elastisches Verhalten vorliegt. Alternativ ließe sich natürlich auch mit örtlich angepassten Materialparametern für bilineares Verhalten arbeiten, was aber relativ aufwendig erscheint. Schließlich ist ein multilineares Spannungs-Dehnungs-Diagramm

H. Hübel, *Vereinfachte Fließzonentheorie*, https://doi.org/10.1007/978-3-658-41833-5_6

auch besser als ein bilineares in der Lage, sowohl die (oftmals kleine) Spannungs-Dehnungs-Hysterese im plastischen Einspiel-Zustand, als auch die (oftmals viel größere) akkumulierte Dehnung zu repräsentieren.

Multilineare kinematische Verfestigung kann modelliert werden durch mehrere Fließflächen, die miteinander gekoppelt sind, sodass deren Bewegungen im Spannungs-raum voneinander abhängen. Könnten sie sich unabhängig voneinander bewegen, wäre bei mehrachsigen Spannungszuständen eine Überschneidung der Fließflächen nicht aus-geschlossen. Dies ist jedoch thermodynamisch nicht ohne Weiteres zulässig, weil dann die Drucker'schen Postulate für stabiles Werkstoffverhalten verletzt werden könnten, also letztlich aus demselben Grund, warum Fließflächen konvex sein müssen. Sonst wäre es widersinniger Weise möglich, dass bei einer Belastung aus dem elastischen Bereich heraus mit beginnendem Plastizieren zuerst beispielsweise der trilineare Ast des Spannungs-Dehnungs-Diagrammes aktiviert würde, und erst bei weiterer Belastungs-steigerung dann auch der bilineare. Hieran scheitert beispielsweise eine einfache Addition mehrerer Fließflächen mit Prager-Ziegler-Verfestigung.

Das Mróz-Modell [1] koppelt bei einem trilinearen Spannungs-Dehnungs-Diagramm die beiden Fließflächen dadurch, dass sich die kleinere, zum ersten Knickpunkt der Spannungs-Dehnungs-Kurve gehörende, Fließfläche im Spannungsraum in Richtung desjenigen Punktes verschiebt, in dem die größere Fließfläche dieselbe Normale aufweist wie im Spannungsbildpunkt der kleineren Fließfläche. Dies bedeutet, dass die zweite Fließfläche einen Einfluss auf das plastische Verhalten hat, selbst wenn sie gar nicht aktiv ist, also wenn sich der Spannungsbildpunkt nur im Inneren und nicht auf dem Rand der größeren Fließfläche befindet.

Eine Beanspruchung im bilinearen Ast des Spannungs-Dehnungs-Diagrammes, also unterhalb des zweiten Knickpunktes, wird dann beeinflusst durch den Verlauf der Spannungs-Dehnungs-Kurve oberhalb des zweiten Knickpunktes. Eine Folge davon ist wiederum, dass eine Degeneration zu einem bilinearen Spannungs-Dehnungs-Ver-halten (wenn die Steigungen im bi- wie im trilinearen Ast gleich sind) nicht eindeutig ist, sondern dass das Niveau der zweiten Fließgrenze eine Rolle spielt. Erst wenn zusätz-lich zum identischen Tangentenmodul auch noch die zweite Fließgrenze unendlich hoch gewählt wird, reduziert sich das Mróz-Modell zur Prager-Ziegler-Verfestigung bilinearen Verhaltens.

Das Mróz-Modell führt tendenziell zu starkem Ratcheting. Trotz der unbegrenzten kinematischen Verfestigung ist selbst infinites Ratcheting, also ein konstanter Dehnungs-zuwachs in jedem Belastungszyklus, möglich. Als Grundlage für die VFZT eignet sich das Mróz-Modell nicht, da die Zentren der Fließflächen nicht eindeutig korreliert sind mit den plastischen Verzerrungen, weil sich die Fließfläche nicht in Richtung der Normalen im Spannungsbildpunkt bewegt.

Stattdessen wird zurück gegriffen auf das Overlay-Modell nach Besseling [2]. Danach besteht ein elementares Werkstoffvolumen aus mehreren Schichten unterschied-lichen Volumens (Layern) mit unterschiedlichen elastisch-plastischen Eigenschaften. Durch eine Kopplung dieser Schichten zur Erfüllung von kinematischen und statischen

Bedingungen am elementaren Werkstoffvolumen lässt sich komplexes Materialverhalten simulieren, auch wenn das Verhalten der einzelnen Schichten jeweils einfach ist.

6.2   Layer ohne Verfestigung

So kann man durch zwei Schichten unverfestigenden Werkstoffverhaltens lineare kinematische Verfestigung, also bilineares Spannungs-Dehnungs-Verhalten und somit beispielsweise auch den Bauschinger-Effekt, beschreiben. Die lineare kinematische Verfestigung ist dann allerdings begrenzt. Es wird stets ein Layer weniger benötigt, als das multilineare Spannungs-Dehnungs-Diagramm Segmente aufweist, sofern das letzte Segment keine Verfestigung mehr besitzt. Für beliebiges multilineares Verhalten des Gesamtzustandes mit kinematischer Verfestigung liegen die Bestimmungsgleichungen für die E-Moduli und die Fließgrenzen der einzelnen linear elastisch – ideal plastischen Layer in der Literatur vor (beispielsweise in [3]). So werden Wichtungsfaktoren w_k für den k-ten Layer definiert:

$$w_k = \frac{E - E_{tk}}{E - \frac{1-2v}{3} E_{tk}} - \sum_{i=1}^{k-1} w_i, \tag{6.1}$$

wobei E_{tk} die Steigung des k-ten Segmentes des multilinearen Spannungs-Dehnungs-Diagrammes ist. Der E-Modul von Layer k ergibt sich durch Multiplikation des E-Moduls mit dem Wichtungsfaktor dieses Layers:

$$E_k = w_k E. \tag{6.2}$$

Sind die Knickpunkte der Spannungs-Dehnungs-Kurve durch Wertepaare σ_k, ε_k gegeben, ergibt sich die Fließgrenze von Layer k aus

$$f_{yk} = \frac{w_k}{2(1+v)} [3E\varepsilon_k - (1-2v)\sigma_k]. \tag{6.3}$$

In allen Layern wird dieselbe Querdehnzahl v verwendet wie im Gesamtzustand.

Damit liegen alle notwendigen Parameter zur Beschreibung des Verhaltens der einzelnen linear elastisch – ideal plastischen Layer vor.

Für ein trilineares Spannungs-Dehnungs-Diagramm ohne Verfestigung im 3. Segment (Abb. 6.1) ergibt sich so beispielsweise für die beiden Layer α und β:

für Layer α ($k=1$):

$$w_\alpha = \frac{E - E_{t1}}{E - \frac{1-2v}{3} E_{t1}}, \tag{6.4}$$

$$E_\alpha = w_\alpha E, \tag{6.5}$$

Abb. 6.1 Besseling-Modell: Zwei Layer mit linear elastisch – ideal plastischem Verhalten zur Beschreibung trilinearen Spannungs-Dehnungs-Verhaltens mit kinematischer Verfestigung (außer im letzten Segment) bei einachsigem Spannungszustand; **a** Spannungs-Dehnungs-Diagramm, **b** rheologisches Modell

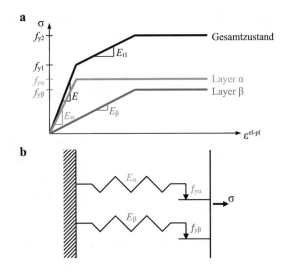

$$f_{y\alpha} = w_\alpha f_{y1}, \tag{6.6}$$

für Layer β $(k=2)$:

$$w_\beta = 1 - w_\alpha, \tag{6.7}$$

$$E_\beta = w_\beta E, \tag{6.8}$$

$$f_{y\beta} = f_{y2} - f_{y\alpha}. \tag{6.9}$$

6.3 Layer mit linearer kinematischer Verfestigung

Im Folgenden wollen wir in Hinblick auf die VFZT die einzelnen Schichten durch jeweils linear kinematisch verfestigendes Verhalten beschreiben. Beispielsweise sind für ein trilineares Spannungs-Dehnungs-Verhalten des Gesamtzustandes mit unbegrenzter Verfestigung im letzten Segment zwei Layer notwendig, in Abb. 6.2 mit α und β bezeichnet. Wir fragen uns daher, wie die jeweils drei Materialparameter eines jeden Layers, also bei zwei Layern E_α, $E_{t\alpha}$, $f_{y\alpha}$, E_β, $E_{t\beta}$ und $f_{y\beta}$, aus den bekannten Materialparametern einer vorliegenden multilinearen Beschreibung des Spannungs-Dehnungs-Diagramms des Gesamtzustandes, im trilinearen Fall E, E_{t1}, f_{y1}, E_{t2}, f_{y2} und die Querdehnzahl ν, bestimmt werden können. Soll die Verfestigung des Werkstoffes begrenzt sein, so ist im letzten Segment die Steigung 0 zu wählen.

Abb. 6.2 Besseling-Modell: Zwei Layer mit jeweils linearer kinematischer Verfestigung zur Beschreibung trilinearen Spannungs-Dehnungs-Verhaltens mit kinematischer Verfestigung bei einachsigem Spannungszustand; **a** Spannungs-Dehnungs-Diagramm, **b** rheologisches Modell

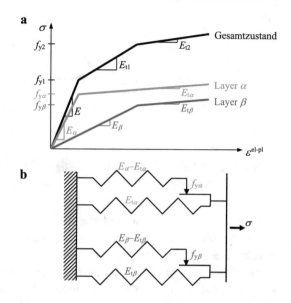

6.3.1   Grundgleichungen zur Bestimmung der Materialparameter

Bei einem Overlay-Modell stellt man sich vor, ein elementares Werkstoffvolumen sei zusammen gesetzt aus mehreren Layern, die jeweils das gleiche Volumen, aber andere elastisch-plastische Werkstoffeigenschaften und unterschiedliche Fließflächen besitzen. Daraus ergibt sich unmittelbar, dass die Dehnungen aller Layer und die des Gesamtzustandes gleich sind. Die Layer sind also kinematisch miteinander gekoppelt, und zwar über ihre elastisch-plastischen Dehnungen.

Dies ist anders als bei anderen Mehrflächen-Modellen, bei denen die Fließflächen über die plastischen Dehnungsanteile miteinander gekoppelt sind, etwa beim Mróz-Modell. Die Fließflächen der Layer stehen daher beim Overlay-Modell nur indirekt miteinander in Verbindung. Deshalb ist auch eine Überschneidung der verschiedenen Fließflächen, im Gegensatz etwa zum Mróz-Modell, nicht ausgeschlossen, aber hier thermodynamisch unbedenklich. Dies lässt sich etwa damit begründen, dass eine äquivalente Umformulierung des Verhaltens von n Layern mit Verfestigung möglich ist zu $n-1$ Layern ohne Verfestigung, und daher ohne Überschneidung der jeweiligen Fließflächen, und dem n-ten Layer mit unbegrenzt elastischem Verhalten (was am Ende dieses Kapitels eher einleuchten wird als hier schon). Für inkrementelle Analysen reicht das ja auch aus, aber eben nicht für die VFZT.

Zur Herleitung der Grundgleichungen zur Bestimmung der Materialparameter der einzelnen Layer wird ein elementares Werkstoffvolumen betrachtet, das einer monoton aufgebrachten einachsigen Zugspannung unterworfen wird. In den Layern kann dabei infolge von Zwängungen zwischen den sich unterschiedlich verhaltenden Layern ein dreiachsiger Spannungszustand entstehen, Abb. 6.3.

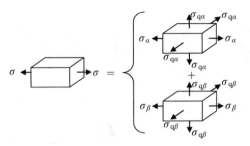

Abb. 6.3 Zwei Layer mit jeweils mehrachsigem Spannungszustand zur Beschreibung eines ein-achsigen Gesamtzugspannungszustandes

Gelegentlich ist zu lesen, die Layer könnten als Schichten unterschiedlicher Volumina gedeutet werden. Dies ist zumindest ungenau, denn dann gäbe es keine Notwendig-keit, in allen Layern dieselben Dehnungen senkrecht zu diesen Schichten zu fordern. Nach Ansicht des Verfassers ist dies auch der Grund für den bereits in Abschn. 2.2.2 erwähnten Fehler in ANSYS bei der Behandlung eines ebenen Spannungszustandes mit PLANE182- und PLANE183-Elementen.

Da in den einzelnen Layern mehrachsige Spannungszustände infolge eines ein-achsigen Gesamtspannungszustandes auftreten, werden Vergleichsspannungen benötigt. Diese ergeben sich sowohl nach der Mises-, als auch nach der Tresca-Hypothese in jedem Layer k zu

$$\sigma_{\mathrm{v}} = \sigma, \tag{6.10}$$

$$\sigma_{\mathrm{v}k} = \sigma_k - \sigma_{\mathrm{q}k} \; ; \quad k = \alpha, \beta, \gamma, \ldots \tag{6.11}$$

Da die Komponenten des jeweiligen deviatorischen Spannungsvektors

$$\sigma'_{i,k} = \frac{\sigma_k - \sigma_{\mathrm{q}k}}{3} \begin{pmatrix} 2 \\ -1 \\ -1 \end{pmatrix} \tag{6.12}$$

in jedem Layer unabhängig vom Belastungsniveau proportional zueinander sind, liegt radiale Belastung im deviatorischen Spannungsraum vor, sodass das Prandtl-Reuss Fließgesetz, Gl. 1.24, zum finiten Fließgesetz Gl. 1.25 integriert werden kann. Unter Nutzung der Gl. 6.11 ergibt sich dann, dass die plastische Vergleichsdehnung $\varepsilon_{\mathrm{v}}^{\mathrm{pl}}$ in jedem Layer k identisch ist mit seiner plastischen Dehnungskomponente in Längs-richtung, $\varepsilon_k^{\mathrm{pl}}$:

$$\varepsilon_{\mathrm{v}k}^{\mathrm{pl}} = \varepsilon_k^{\mathrm{pl}}. \tag{6.13}$$

Damit ist das Werkstoffverhalten darstellbar als Beziehung zwischen Vergleichs-spannung und Vergleichsdehnung, für die beiden Layer des in Abb. 6.2 skizzierten tri-linearen Werkstoffverhaltens beispielsweise in Abb. 6.4. Dabei ist zu bemerken, dass die

Abb. 6.4 Zusammenhang zwischen Vergleichsspannung und Vergleichsdehnung in den Layern

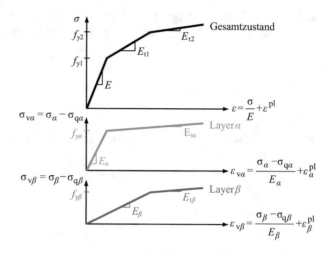

Knickpunkte der Spannungs-Dehnungs-Kurve nun nicht mehr unbedingt genau übereinander liegen müssen, da bei einem gegebenen Belastungsniveau zwar die Dehnungen der Layer und im Gesamtelement in Längsrichtung gleich groß sind, nicht unbedingt aber auch die Vergleichsdehnungen.

Ferner wird im Folgenden in den Layern genauso wie im Gesamtelement Gebrauch gemacht vom Additivitätstheorem

$$\varepsilon = \varepsilon^{\mathrm{el}} + \varepsilon^{\mathrm{pl}}, \tag{6.14}$$

$$\varepsilon_k = \varepsilon_k^{\mathrm{el}} + \varepsilon_k^{\mathrm{pl}} \tag{6.15}$$

und der Inkompressibilität der plastischen Dehnungen. Die elastische Querdehnungszahl ν ist in allen Layern dieselbe wie beim Gesamtzustand.

Die Gleichgewichtsbedingung in Längsrichtung fordert, dass die Summe der Spannungen in den Layern der Spannung des Gesamtzustandes entspricht:

$$\sigma = \sum_k \sigma_k. \tag{6.16}$$

In Querrichtung muss die Gesamtspannung allerdings verschwinden, sodass die Gleichgewichtsbedingung lautet:

$$\sum_k \sigma_{\mathrm{q}k} = 0. \tag{6.17}$$

Aus Gln. 6.10 und 6.11 folgt dann, dass sich auch die Vergleichsspannungen der Layer zur Vergleichsspannung des Gesamtzustandes addieren:

$$\sigma = \sigma_{\mathrm{v}} = \sum_k \sigma_{\mathrm{v}k}. \tag{6.18}$$

Die Kompatibilitätsbedingung in Längsrichtung erfordert, dass die Dehnung des Gesamtzustandes, ε, identisch ist mit den Längsdehnungen ε_k in jedem Layer k:

$$\varepsilon = \varepsilon_k \tag{6.19}$$

und in Querrichtung entsprechend

$$\varepsilon_q = \varepsilon_{qk}. \tag{6.20}$$

Mit diesen Zusammenhängen und den Abkürzungen für den Gesamtzustand

$$C_1 = \frac{E\,E_{t1}}{E - E_{t1}}, \tag{6.21}$$

$$C_2 = \frac{E\,E_{t2}}{E - E_{t2}} \tag{6.22}$$

usw. für weitere Segmente, sowie

$$C_k = \frac{E_k\,E_{tk}}{E_k - E_{tk}} \tag{6.23}$$

für jeden Layer lassen sich die Werkstoffgesetze für den Gesamtzustand und für die Layer in den jeweiligen Segmenten nach Einsetzen der Vergleichsspannungen aus Gln. 6.10 und 6.11 schreiben:

Werkstoffgesetz für den Gesamtzustand
Im 1. Segment:

$$\text{in Längsrichtung: } \varepsilon = \frac{\sigma}{E} \tag{6.24}$$

$$\text{in Querrichtung: } \varepsilon_q = -\nu\frac{\sigma}{E} \tag{6.25}$$

im 2. Segment:

$$\text{in Längsrichtung: } \varepsilon = \frac{\sigma}{E} + \frac{\sigma - f_{y1}}{C_1} \tag{6.26}$$

$$\text{in Querrichtung: } \varepsilon_q = -\nu\frac{\sigma}{E} - \frac{1}{2}\frac{\sigma - f_{y1}}{C_1} \tag{6.27}$$

im 3. Segment:

$$\text{in Längsrichtung: } \varepsilon = \frac{\sigma}{E} + \frac{f_{y2} - f_{y1}}{C_1} + \frac{\sigma - f_{y2}}{C_2} \tag{6.28}$$

$$\text{in Querrichtung: } \varepsilon_q = -\nu\frac{\sigma}{E} - \frac{1}{2}\frac{f_{y2} - f_{y1}}{C_1} - \frac{1}{2}\frac{\sigma - f_{y2}}{C_2} \tag{6.29}$$

Werkstoffgesetz für jeden Layer k ($k = \alpha$, β, γ, …)

Im linearen Bereich:

$$\text{in Längsrichtung: } \varepsilon_k = \frac{\sigma_k - 2\nu\sigma_{qk}}{E_k} \tag{6.30}$$

$$\text{in Querrichtung: } \varepsilon_{qk} = \frac{-\nu\sigma_k + \sigma_{qk}(1-\nu)}{E_k} \tag{6.31}$$

im verfestigenden Bereich:

$$\text{in Längsrichtung: } \varepsilon_k = \frac{\sigma_k - 2\nu\sigma_{qk}}{E_k} + \frac{\sigma_k - \sigma_{qk} - f_{yk}}{C_k} \tag{6.32}$$

$$\text{in Querrichtung: } \varepsilon_{qk} = \frac{-\nu\sigma_k + \sigma_{qk}(1-\nu)}{E_k} - \frac{1}{2}\frac{\sigma_k - \sigma_{qk} - f_{yk}}{C_k} \tag{6.33}$$

Da wegen Gln. 6.19 und 6.20 auch

$$\varepsilon + 2\varepsilon_q = \varepsilon_k + 2\varepsilon_{qk} \tag{6.34}$$

gilt, erweist sich für alle Segmente des Gesamtzustandes, dass für die Querspannung in den Layern stets

$$\sigma_{qk} = \frac{1}{2}\left(\sigma\frac{E_k}{E} - \sigma_k\right) \tag{6.35}$$

zutrifft.

6.3.2 1. Segment des Gesamtzustandes

Findet im Gesamtelement kein Plastizieren statt, so kann auch keiner der Layer plastizieren. In die Kompatibilitätsbedingungen für jeden Layer, Gln. 6.19 und 6.20, sind daher die Werkstoffgesetze Gln. 6.24 und 6.25 sowie Gln. 6.30 und 6.31 einzusetzen. Aus diesen Gleichungen ergibt sich als einzige sinnvolle Lösung für die Querspannung in allen Layern

$$\sigma_{qk} = 0. \tag{6.36}$$

Nach Einsetzen der Werkstoffgesetze in Gl. 6.19 werden diese nach σ_k umgestellt und in die Gleichgewichtsbedingung Gl. 6.16 eingesetzt, was

$$E = \sum_k E_k \tag{6.37}$$

liefert.

Es stehen keine weiteren Gleichungen zur Verfügung, aus denen sich eine Aufteilung des E-Moduls auf die einzelnen Layer ableiten ließe. Es gibt hierfür also vorläufig noch unendlich viele Möglichkeiten.

6.3.3   2. Segment des Gesamtzustandes

Im 2. Segment des Gesamtzustandes befindet sich Layer α in seinem verfestigenden Bereich, während sich alle anderen Layer noch linear elastisch verhalten.

Am Übergang vom linearen zum verfestigenden Bereich des Gesamtzustandes $(\sigma = f_{y1})$ gilt

$$\varepsilon = \frac{f_{y1}}{E}. \tag{6.38}$$

Aus der Kompatibilitätsbedingung Gl. 6.19 folgt dann aufgrund der gerade noch gültigen Gl. 6.30 für Layer α mithilfe der ebenfalls gerade noch gültigen Gl. 6.36

$$\sigma_\alpha = f_{y1} \frac{E_\alpha}{E}. \tag{6.39}$$

Aufgrund Gl. 6.11 für Layer α nebst Gl. 6.36 sowie der Forderung

$$\sigma_{v\alpha} = f_{y\alpha} \tag{6.40}$$

steht damit als Übergangsbedingung vom 1. zum 2. Segment zur Verfügung:

$$f_{y\alpha} = f_{y1} \frac{E_\alpha}{E}. \tag{6.41}$$

Einsetzen der Werkstoffgesetze Gl. 6.26 für den Gesamtzustand und Gl. 6.30 für Layer β in die Kontinuitätsgleichung $\varepsilon = \varepsilon_\beta$ liefert unter Berücksichtigung von Gl. 6.35

$$\sigma_\alpha = \sigma \left[1 - \frac{1}{1+\nu} \left(1 - \frac{E_\alpha}{E} \right) \left(\frac{E}{E_{t1}} + \nu \right) \right] + f_{y1} \frac{1}{1+\nu} \left(1 - \frac{E_\alpha}{E} \right) \left(\frac{E}{E_{t1}} - 1 \right) \tag{6.42}$$

und ähnlich auch

$$\frac{\sigma_\beta}{E_\beta}(1+\nu) = \frac{1}{E_{t1}} \left[\sigma \left(1 + \nu \frac{E_{t1}}{E} \right) - f_{y1} \left(1 - \frac{E_{t1}}{E} \right) \right]. \tag{6.43}$$

Einsetzen in Gl. 6.35 ergibt

$$\sigma_{q\alpha} = \frac{1}{2(1+\nu)} (\sigma - f_{y1}) \left(\frac{E}{E_{t1}} - 1 \right) \left(1 - \frac{E_\alpha}{E} \right), \tag{6.44}$$

woraus ersichtlich ist, dass infolge des Plastizierens im Gesamtelement nun Querspannungen erzeugt werden, sodass zum einachsigen Gesamtspannungszustand mehrachsige Spannungszustände in den Layern gehören!

Über Gln. 6.11 und 6.35 ergibt sich die Vergleichsspannung in Layer α zu

$$\sigma_{v\alpha} = \sigma \left[\frac{3}{2} - \frac{1}{2}\frac{E_\alpha}{E} - \frac{\frac{3}{2}}{1+\nu}\left(1 - \frac{E_\alpha}{E}\right)\left(\frac{E}{E_{t1}} + \nu\right) \right] + f_{y1}\frac{\frac{3}{2}}{1+\nu}\left(1 - \frac{E_\alpha}{E}\right)\left(\frac{E}{E_{t1}} - 1\right)$$

(6.45)

und unter Zuhilfenahme von Gl. 6.35 lässt sich

$$\varepsilon_\alpha^{pl} = (1+\nu)\left(\frac{\sigma_\beta}{E_\beta} - \frac{\sigma_\alpha}{E_\alpha}\right) = \frac{1}{E_\alpha}\left(\frac{E}{E_{t1}} - 1\right)(\sigma - f_{y1})$$

(6.46)

angeben. Aus der Formulierung

$$\sigma_{v\alpha} = f_{y\alpha} + \varepsilon_{v\alpha}^{pl}C_\alpha$$

(6.47)

gewinnen wir mittels Gln. 6.13, 6.45 und 6.46

$$\frac{E_{t\alpha}}{E_\alpha} = \frac{aE_{t1} - (E - E_\alpha)}{aE - (E - E_\alpha)}$$

(6.48)

mit der Abkürzung a für einen Ausdruck von vornherein bekannter Größen

$$a = \frac{1+\nu}{\frac{3}{2} - \left(\frac{1}{2} - \nu\right)\frac{E_{t1}}{E}}.$$

(6.49)

Aus Gl. 6.48 ist ersichtlich, dass die Steigung des Spannungs-Dehnungs-Diagramms für den Gesamtzustand ($= E_{t1}$ im 2. Segment) i. Allg. nicht identisch ist mit der Summe der Steigungen der Layer ($= E_{t\alpha} + E_\beta$, wobei $E_\beta = E - E_\alpha$). Dies würde nur im Falle $a = 1$, also bei elastisch inkompressiblem Werkstoff ($\nu = 0,5$) zutreffen.

Mit Gln. 6.37, 6.41 und 6.48 stehen nun drei Gleichungen für die gesuchten Werkstoffparameter in Abhängigkeit von den bekannten Werkstoffparametern E, f_{y1}, E_{t1} und ν zur Verfügung. Weitere Bestimmungsgleichungen lassen sich nicht gewinnen.

Bei zwei Layern beispielsweise werden die Parameter E_α, E_β, $f_{y\alpha}$, $E_{t\alpha}$ benötigt. Einer dieser Parameter kann somit frei gewählt werden. Wird beispielsweise $E_{t\alpha} = 0$ gewählt, wie beim Besseling-Modell aus Layern ohne Verfestigung in Abschn. 6.2, so führt Gl. 6.48 zu E_α in Gl. 6.5 und Gl. 6.41 zu $f_{y\alpha}$ in Gl. 6.6.

6.3.4   3. Segment des Gesamtzustandes

Im 3. Segment des Gesamtzustandes befindet sich nun außer Layer α auch Layer β in seinem verfestigenden Bereich.

Am Übergang vom 2. zum 3. Segment des Gesamtzustandes ($\sigma = f_{y2}$) gilt

$$\varepsilon = \frac{f_{y1}}{E} + \frac{f_{y2} - f_{y1}}{E_{t1}}.$$

(6.50)

Aus der Kompatibilitätsbedingung $\varepsilon = \varepsilon_\beta$ folgt dann aufgrund der gerade noch gültigen Gl. 6.30 für Layer β mithilfe von Gl. 6.44

$$\sigma_\beta = f_{y1}\frac{E_\beta}{E} + \left(f_{y2} - f_{y1}\right)\frac{E_\beta}{E_{t1}}\left[1 - \frac{\nu}{1+\nu}\left(1 - \frac{E_{t1}}{E}\right)\right]. \tag{6.51}$$

Aufgrund Gl. 6.11 für Layer β nebst Gl. 6.44 sowie der Forderung

$$\sigma_{v\beta} = f_{y\beta} \tag{6.52}$$

steht damit als Übergangsbedingung zur Verfügung:

$$f_{y\beta} = f_{y1}\frac{E_\beta}{E} + \left(f_{y2} - f_{y1}\right)\frac{E_\beta}{aE_{t1}}. \tag{6.53}$$

Einsetzen der Werkstoffgesetze Gl. 6.28 für den Gesamtzustand und Gl. 6.32 für Layer α in $\varepsilon = \varepsilon_\alpha$ liefert mit Gl. 6.35

$$\sigma_\alpha = \frac{2}{3}\frac{E_\alpha}{E}\frac{\frac{1}{2}\sigma\left[\left(2\frac{E}{E_{t2}} + 2\nu - 1\right)\frac{E_{t\alpha}}{E_\alpha} + 1\right] + f_{y1}\left(1 - \frac{E_{t\alpha}}{E_\alpha}\frac{E}{E_{t1}}\right) + f_{y2}\frac{E_{t\alpha}}{E_\alpha}\frac{E}{E_{t1}}\left(1 - \frac{E_{t1}}{E_{t2}}\right)}{1 - \frac{1-2\nu}{3}\frac{E_{t\alpha}}{E_\alpha}}. \tag{6.54}$$

Einsetzen der Werkstoffgesetze Gl. 6.28 und 6.32 für Layer β in $\varepsilon = \varepsilon_\beta$ liefert mit Gln. 6.53 und 6.35

$$\frac{\sigma_\beta}{E_\beta} = \frac{\frac{\sigma}{E}\left(\frac{E}{E_{t2}} + \nu + \frac{1}{2}\frac{E_\beta}{C_\beta}\right)}{\frac{3}{2}\frac{E_\beta}{E_{t\beta}} - \frac{1}{2} + \nu}$$

$$+ \frac{\frac{E_\beta}{C_\beta(1+\nu)}\left\{\frac{f_{y1}}{E}\frac{3}{2}\left(1 - \frac{E}{E_{t1}}\right) + \frac{f_{y2}}{E}\left[\frac{3}{2}\frac{E}{E_{t1}} - \frac{1}{2} + \nu\right]\right\} + \frac{f_{y1}}{E}\left(1 - \frac{E}{E_{t1}}\right) + \frac{f_{y2}}{E}\left(\frac{E}{E_{t1}} - \frac{E}{E_{t2}}\right)}{\frac{3}{2}\frac{E_\beta}{E_{t\beta}} - \frac{1}{2} + \nu}. \tag{6.55}$$

Die Gleichungen werden nun immer aufwendiger, sodass im Folgenden nur noch die Lösung für ein trilineares Werkstoffverhalten des Gesamtzustandes, also bei zwei existierenden Layern, die auch beide plastizieren, dargestellt wird.

Einsetzen von Gln. 6.54 und 6.55 in die Gleichgewichtsbedingung Gl. 6.16, $\sigma = \sigma_\alpha + \sigma_\beta$, führt zu einem länglichen Ausdruck, der sich so umformen lässt, dass außer den bekannten Werkstoffdaten des trilinearen Gesamtzustandes nur noch zwei der sechs Werkstoffparameter der beiden Layer aufscheinen, sowie die Gesamtspannung σ. Da die beiden noch unbekannten Werkstoffparameter unabhängig vom Belastungsniveau σ sein müssen, müssen die Koeffizienten aller σ-Terme zusammen Null ergeben. Diese Forderung führt zu folgendem Ausdruck für $E_{t\beta}$:

$$\frac{E_{t\beta}}{E_\beta} = \frac{1 - \frac{E_{t\alpha}}{E_\alpha}\left[\frac{E}{E_{t2}} - \frac{E_\beta}{E}\left(\frac{E}{E_{t2}} - \frac{1-2\nu}{3}\right)\right]}{\frac{1-2\nu}{3}\left(1 - \frac{E_{t\alpha}}{E_\alpha}\frac{E}{E_{t2}}\right) + \frac{E_\beta}{E}\left(\frac{E}{E_{t2}} - \frac{1-2\nu}{3}\right)}. \tag{6.56}$$

Da sich $E_{t\alpha}/E_\alpha$ nach Gl. 6.48 durch $E_\beta \, (= E - E_\alpha)$ ausdrücken lässt, gibt Gl. 6.56 letztlich $E_{t\beta}$ in Abhängigkeit von E_β an.

Genauso gut könnte man sich alternativ und mit demselben Ergebnis zunutze machen, dass sich die von σ unabhängigen Terme in Gln. 6.54 und 6.55 zu Null addieren müssen. Nur in Sonderfällen wie beispielsweise bei $v=0{,}5$ ergänzen sich $E_{t\alpha}$ und $E_{t\beta}$ zu E_{t2}:

$$E_{t\alpha} + E_{t\beta} = E_{t2} \text{ bei } v = 0{,}5. \tag{6.57}$$

Bei linear elastisch – ideal plastischem Materialverhalten im 3. Segment des Gesamtzustandes, also $E_{t2}=0$, existiert nach Gln. 6.56 und 6.48 nur die Lösung $E_{t\beta}=E_{t\alpha}=0$, sofern weder für $E_{t\beta}$ noch für $E_{t\alpha}$ negative Werte zugelassen werden, und wir erhalten für E_α, $f_{y\alpha}$, E_β, $f_{y\beta}$ dieselben Werte wie nach Gln. 6.4–6.9 in Abschn. 6.2.

6.3.5 Materialparameter bei elastischer Inkompressibilität

Liegen die Bestimmungsgleichungen für alle Segmente des Gesamtzustandes vor, können sie zur Identifikation der jeweils drei Materialparameter pro Layer genutzt werden. Für mehr als zwei Layer und damit beispielsweise für quadrilineares Spannungs-Dehnungs-Verhalten (drei Layer) usw. ist i. Allg. allerdings recht umfangreiche Algebra erforderlich.

Für einige Sonderfälle lassen sich jedoch einfache Zusammenhänge finden. So gilt bei elastisch inkompressiblem Werkstoff ($v=0{,}5 \to a=1$)

$$E_\alpha + E_\beta + E_\gamma + \ldots = E, \tag{6.58}$$

$$E_{t\alpha} + E_\beta + E_\gamma + \ldots = E_{t1}, \tag{6.59}$$

$$E_{t\alpha} + E_{t\beta} + E_\gamma + \ldots = E_{t2}, \tag{6.60}$$

$$E_{t\alpha} + E_{t\beta} + E_{t\gamma} + \ldots = E_{t3} \tag{6.61}$$

usw.

Allerdings genügen die Bestimmungsgleichungen nicht für eine eindeutige Identifikation, sondern abgesehen vom ersten Layer kann für jeden Layer auch noch ein Freiwert gewählt werden. Werden beispielsweise die zusätzlichen Bedingungen

$$\frac{E_{t\alpha}}{E_\alpha} = \frac{E_{t\beta}}{E_\beta} = \frac{E_{t\gamma}}{E_\gamma} = \ldots \tag{6.62}$$

gewählt, so erhält man, wenn E_{tm} die Tangentensteigung im letzten Segment des Gesamtzustandes angibt, für den Sonderfall $v=0{,}5$

$$\frac{E_{t\alpha}}{E_\alpha} = \frac{E_{t\beta}}{E_\beta} = \frac{E_{t\gamma}}{E_\gamma} = \ldots = \frac{E_{tm}}{E}, \tag{6.63}$$

$$E_\alpha = E\frac{E - E_{t1}}{E - E_{tm}}, \tag{6.64}$$

$$E_\beta = E\frac{E_{t1} - E_{t2}}{E - E_{tm}}, \tag{6.65}$$

$$E_\gamma = E\frac{E_{t2} - E_{t3}}{E - E_{tm}} \tag{6.66}$$

usw., sowie

$$f_{y\alpha} = E_\alpha \frac{f_{y1}}{E}, \tag{6.67}$$

$$f_{y\beta} = E_\beta \left[\frac{f_{y1}}{E} + \frac{f_{y2} - f_{y1}}{E_{t1}}\right], \tag{6.68}$$

$$f_{y\gamma} = E_\gamma \left[\frac{f_{y1}}{E} + \frac{f_{y2} - f_{y1}}{E_{t1}} + \frac{f_{y3} - f_{y2}}{E_{t2}}\right] \tag{6.69}$$

usw.

Diese Gleichungen können auch generell für einachsige Spannungszustände verwendet werden, da dann Querdehneffekte keine Rolle spielen.

6.3.6 Materialparameter bei trilinearem Werkstoffgesetz

Für beliebige Querdehnzahlen können die in den vorigen Abschnitten bereit gestellten Gln. 6.37, 6.41, 6.48, 6.53 und 6.56 zur Identifikation der Materialparameter von zwei Layern mit jeweils linearer kinematischer Verfestigung aus einem vorliegenden trilinearen Spannungs-Dehnungs-Diagramm des Gesamtzustandes, mit Verfestigung auch im 3. Segment, genutzt werden.

Zur Bestimmung der sechs Unbekannten E_α, $E_{t\alpha}$, $f_{y\alpha}$, E_β, $E_{t\beta}$, $f_{y\beta}$ aus den bekannten Materialdaten des trilinearen Gesamtzustandes stehen jedoch nur die fünf im vorigen Absatz erwähnten Gleichungen zur Verfügung. Es kann also eine sechste Bedingung frei gewählt werden. Mit jedem Segment des Gesamtzustandes kommen zwei weitere Gleichungen hinzu, aber da dann auch ein weiterer Layer erforderlich ist, entstehen auch jeweils drei neue unbekannte Materialparameter (E_k, E_{tk}, f_{yk}). D. h. mit jedem weiteren Layer kann auch eine zusätzliche Bedingung frei gewählt werden.

Bei trilinearem Verhalten des Gesamtzustandes wird in Hinblick auf die Nützlichkeit bei der VFZT als sechste Bedingung frei gewählt

$$\frac{E_{t\alpha}}{E_\alpha} = \frac{E_{t\beta}}{E_\beta}. \tag{6.70}$$

Es ergibt sich dann als einzige sinnvolle Lösung von Gl. 6.56

$$\frac{E_{t\alpha}}{E_\alpha} = \frac{E_{t\beta}}{E_\beta} = \frac{E_{t2}}{E}, \tag{6.71}$$

woraus folgt:

$$a = \frac{1 + \nu}{\frac{3}{2} - \left(\frac{1}{2} - \nu\right)\frac{E_{t1}}{E}}, \tag{6.72}$$

$$E_\beta = aE\frac{E_{t1} - E_{t2}}{E - E_{t2}}, \tag{6.73}$$

$$E_\alpha = E - E_\beta, \tag{6.74}$$

$$E_{t\alpha} = \frac{E_{t2}}{E}E_\alpha, \tag{6.75}$$

$$E_{t\beta} = \frac{E_{t2}}{E}E_\beta, \tag{6.76}$$

$$f_{y\alpha} = f_{y1}\frac{E_\alpha}{E}, \tag{6.77}$$

$$f_{y\beta} = f_{y1}\frac{E_\beta}{E} + \left(f_{y2} - f_{y1}\right)\frac{E_\beta}{aE_{t1}}. \tag{6.78}$$

Eine Folge der Wahl von Gl. 6.70 ist, dass sich damit $E_{t\alpha}$ und $E_{t\beta}$ stets zu E_{t2} ergänzen:

$$E_{t\alpha} + E_{t\beta} = E_{t2}. \tag{6.79}$$

Würde man an Stelle von Gl. 6.70 eine andere Wahl treffen, so erhielte man andere Materialparameter für die Layer, die aber letztlich äquivalent wären. Die hier getroffene Wahl wurde lediglich aus Gründen der Zweckmäßigkeit in Hinblick auf die Anwendung der VFZT vorgenommen.

Als Zahlenbeispiel wird ein trilineares Spannungs-Dehnungs-Diagramm mit reiner kinematischer Verfestigung betrachtet mit den Materialdaten für den Gesamtzustand:

$$E = 16.103,$$
$$E_{t1} = 4318,$$
$$E_{t2} = 1666,$$
$$f_{y1} = 10,00,$$
$$f_{y2} = 12,50.$$

Tab. 6.1 Materialparameter
der Layer α und β

	$\nu=0,0$	$\nu=0,3$	$\nu=0,5$
E_α	13.937	13.444	13.145
E_β	2166	2659	2958
$E_{t\alpha}$	1442	1391	1360
$E_{t\beta}$	224	275	306
$f_{y\alpha}$	8,655	8,349	8,163
$f_{y\beta}$	3,057	3,364	3,550

Gleichungen 6.73–6.78 führen dann zu den in Tab. 6.1 für drei unterschiedliche Querdehnzahlen angegebenen Materialparametern der beiden Layer.

Bei der Darstellung als Spannungs-Dehnungs-Diagramm für beide Layer in Abb. 6.5 erkennt man, dass der Knickpunkt von Layer β bei einer anderen Dehnung auftritt als beim Gesamtzustand, wenn die Querdehnzahl nicht 0,5 beträgt. Dies ist auf die Mehrachsigkeit des Spannungszustandes zurück zu führen, was zur Folge hat, dass in Abb. 6.5 nicht die Beanspruchungen in Richtung der einachsigen Zugspannung des Gesamtzustandes, σ_β, sondern die Vergleichsspannungen $\sigma_{v\beta}$ und Vergleichsdehnungen $\varepsilon_{v\beta}$ dargestellt sind, siehe Abb. 6.4.

Abb. 6.5 Zusammenhang
zwischen Vergleichsspannung
und Vergleichsdehnung in
den Layern bei $\nu=0$ (**a**) und
$\nu=0,5$ (**b**)

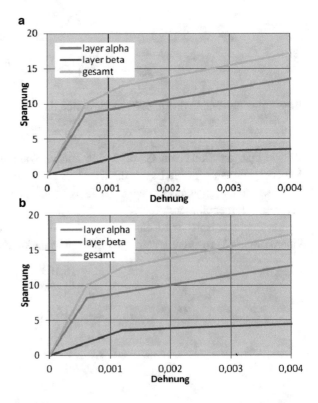

6.3.7 Materialparameter bei quadrilinearem Werkstoffgesetz

Zur Bestimmung der Materialparameter für die einzelnen Layer bei quadrilinearem Werkstoffgesetz des Gesamtzustandes sind längere mathematische Herleitungen und Ausdrücke erforderlich. Es wird daher hier nur das Ergebnis mitgeteilt.

Zur Beschreibung des quadrilinearen Verhaltens sind drei linear kinematisch verfestigende Layer erforderlich. Diese erfordern insgesamt neun elastisch-plastische Materialparameter, wenn die Querdehnzahl in allen Layern gleich und identisch mit dem Gesamtzustand sein soll. Zu ihrer Bestimmung können zwei Bedingungen frei gewählt werden. Ähnlich wie bei trilinearem Verhalten des Gesamtzustandes wird in Hinblick auf die Nützlichkeit bei der VFZT gewählt

$$\frac{E_{t\alpha}}{E_\alpha} = \frac{E_{t\beta}}{E_\beta} = \frac{E_{t\gamma}}{E_\gamma}. \tag{6.80}$$

Mit den Abkürzungen

$$a = \frac{1 + \nu}{\frac{3}{2} - \left(\frac{1}{2} - \nu\right)\frac{E_{t1}}{E}}, \tag{6.81}$$

$$b = \frac{1}{2} - \frac{1}{2}\nu - \nu^2, \tag{6.82}$$

$$c = 1 - \frac{5}{2}\nu + \nu^2 \tag{6.83}$$

ergibt sich dann

$$\frac{E_\gamma}{E} = \frac{\left(\frac{E}{E_{t3}} - \frac{E}{E_{t2}}\right)\left(\frac{E}{E_{t3}}\frac{3}{2}(1 + \nu) - b\right)}{\left(\frac{E}{E_{t3}}\right)^2\left[\frac{9}{4}\frac{E}{E_{t2}} - \frac{3}{2}\left(\frac{1}{2} - \nu\right)\right] - \frac{E}{E_{t3}}\left[\frac{E}{E_{t2}}3\left(1 - \frac{\nu}{2}\right) - c\right] + \frac{E}{E_{t2}}b - \nu\left(\frac{1}{2} - \nu\right)}, \tag{6.84}$$

$$E_{t\gamma} = E_\gamma\frac{E_{t3}}{E}, \tag{6.85}$$

$$E_\alpha = E\frac{\frac{E_{t3}}{E}(a - 1) - a\frac{E_{t1}}{E} + 1}{1 - \frac{E_{t3}}{E}}, \tag{6.86}$$

$$E_{t\alpha} = E_\alpha\frac{E_{t3}}{E}, \tag{6.87}$$

$$E_\beta = E - E_\alpha - E_\gamma, \tag{6.88}$$

$$E_{t\beta} = E_\beta \frac{E_{t3}}{E}, \tag{6.89}$$

$$f_{y\alpha} = f_{y1} \frac{E_\alpha}{E}, \tag{6.90}$$

$$f_{y\beta} = \frac{E_\beta}{E} \left[f_{y1} + \left(f_{y2} - f_{y1} \right) \frac{E}{aE_{t1}} \right], \tag{6.91}$$

$$f_{y\gamma} = \frac{E_\gamma}{\frac{2}{3}(1+\nu)} \left[\frac{f_{y1}}{E} \left(1 - \frac{E}{E_{t1}} \right) + \frac{f_{y2}}{E} \left(\frac{E}{E_{t1}} - \frac{E}{E_{t2}} \right) + \frac{f_{y3}}{E} \left(\frac{E}{E_{t2}} - \frac{2}{3} \left(\frac{1}{2} - \nu \right) \right) \right]. \tag{6.92}$$

6.4 Trilinearisierung realer Spannungs-Dehnungs-Kurven

In den Abschn. 6.3.6 und 6.3.7 sind wir davon ausgegangen, dass ein tri- oder quadrilineares Spannungs-Dehnungs-Diagramm vorliegt und haben uns die dazu passenden Materialparameter für die einzelnen Layer des Overlay-Modells beschafft.

Noch offen ist aber, wie für ein gegebenes zyklisch gesättigtes Spannungs-Dehnungs-Diagramm, meist dargestellt als Spannungsschwingbreite über Dehnungsschwingbreite bei der halben Bruchlastspielzahl, siehe z. B. [4], eine tri- oder quadrilineare Approximation überhaupt vorgenommen werden kann. Soll eine temperaturabhängige Fließgrenze berücksichtigt werden, so ist ein Satz zyklisch gesättigter Spannungs-Dehnungs-Diagramme, für unterschiedliche Temperaturen unter isothermen Bedingungen gewonnen, erforderlich.

Da trilineare Spannungs-Dehnungs-Kurven für die Praxis in Hinblick auf eine Anwendung der VFZT meist ausreichend sein dürften, wird im Folgenden eine Möglichkeit dargestellt, wie reale Spannungs-Dehnungs-Kurven trilinearisiert werden könnten.

Die Streuung der gesättigten Spannungs-Dehnungs-Kurven ist generell hoch, insbesondere, wenn unterschiedliche Chargen eines Stahls einbezogen werden oder gar unterschiedliche Labore mit den Untersuchungen beauftragt werden. In Anbetracht dieser Tatsache ist der Autor der Ansicht, dass eine Trilinearisierung durchaus auch allein nach Augenmaß vorgenommen werden könnte. Der Nachteil hiervon läge weniger in unzureichender Genauigkeit, als vielmehr in der Tatsache, dass das Augenmaß nicht reproduzierbar und nicht automatisierbar ist.

Stattdessen wird unter Beachtung der spezifischen Forderungen der VFZT, wonach E, E_{t1}, E_{t2} vorerst noch temperatur*un*abhängig sein müssen (siehe jedoch die Erweiterungen auf Temperaturabhängigkeit in Abschn. 9.2) und nur f_{y1} und f_{y2} temperaturabhängig sein dürfen, folgende Vorgehensweise vorgeschlagen:

Zunächst wird im Falle von Temperaturbelastungen eine mittlere Temperatur $\overline{T}$ nach Gl. 5.39 gebildet und hierfür die Spannungs-Dehnungs-Linie $\sigma(\varepsilon, \overline{T})$ durch lineare Interpolation zwischen den Spannungs-Dehnungs-Linien der beiden benachbarten Temperaturen ermittelt. Durch die Anfangs-Steigung liegt damit bereits der E-Modul fest (alle für die Temperatur $\overline{T}$ bestimmten Größen werden mit einem Querstrich versehen):

$$\overline{E} = \frac{\mathrm{d}\sigma(\varepsilon = 0, \overline{T})}{\mathrm{d}\varepsilon}. \tag{6.93}$$

Dann wird eine maximal auftretende Dehnung vorab grob geschätzt (ε_s). Bei dieser soll die trilinearisierte Spannungs-Dehnungs-Kurve $\sigma_{tri}(\varepsilon)$ identisch sein mit der des ursprünglichen Spannungs-Dehnungs-Diagramms, Abb. 6.6:

$$\sigma_{tri}(\varepsilon_s, \overline{T}) = \sigma(\varepsilon_s, \overline{T}). \tag{6.94}$$

Der Übergang vom 2. zum 3. Segment des trilinearen Spannungs-Dehnungs-Verlaufs soll sich bei der halben Schätzdehnung befinden.

Die Steigung E_{t2}, und damit automatisch auch f_{y2}, wird aus der Forderung bestimmt, dass die spezifische Formänderungsenergie im zugehörigen Dehnungsbereich, also zwischen $\frac{1}{2}\varepsilon_s$ und ε_s, gleich sein soll (die olivfarbene Fläche in Abb. 6.6 soll 0 sein):

$$\int_{\varepsilon_s/2}^{\varepsilon_s} \sigma_{tri}(\varepsilon, \overline{T})\mathrm{d}\varepsilon = \int_{\varepsilon_s/2}^{\varepsilon_s} \sigma(\varepsilon, \overline{T})\mathrm{d}\varepsilon. \tag{6.95}$$

Ähnlich ergibt sich E_{t1}, und damit automatisch auch f_{y1}, aus der Forderung, dass die spezifische Formänderungsenergie auch zwischen 0 und $\frac{1}{2}\varepsilon_s$ gleich sein soll (die rote Fläche in Abb. 6.6 soll 0 sein):

$$\int_{0}^{\varepsilon_s/2} \sigma_{tri}(\varepsilon, \overline{T})\mathrm{d}\varepsilon = \int_{0}^{\varepsilon_s/2} \sigma(\varepsilon, \overline{T})\mathrm{d}\varepsilon. \tag{6.96}$$

Die Integrale auf der rechten Seite von Gln. 6.95 und 6.96 müssen je nach mathematischer Form der Ausgangskurve $\sigma(\varepsilon, \overline{T})$ u. U. numerisch gelöst werden. Ist

Abb. 6.6 Prinzipskizze zur Trilinearisierung eines Spannungs-Dehnungs-Diagramms bei der Temperatur $\overline{T}$

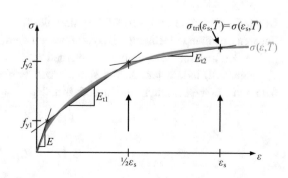

$\sigma(\varepsilon,\overline{T})$ jedoch in Form des Ramberg–Osgood-Gesetzes gegeben, wie für viele zyklische Spannungs-Dehnungs-Kurven in [4],

$$\varepsilon = \frac{\sigma}{E} + A\sigma^n, \tag{6.97}$$

dann ist

$$\int_{\varepsilon_s/2}^{\varepsilon_s} \sigma(\varepsilon)\mathrm{d}\varepsilon = \frac{n}{1+n}\varepsilon_s\sigma_{(\varepsilon_s)} + \frac{1-n}{1+n}\frac{1}{2E}\sigma_{(\varepsilon_s)}^2 - \int_{0}^{\varepsilon_s/2} \sigma(\varepsilon)\mathrm{d}\varepsilon, \tag{6.98}$$

$$\int_{0}^{\varepsilon_s/2} \sigma(\varepsilon)\mathrm{d}\varepsilon = \frac{n}{1+n}\frac{\varepsilon_s}{2}\sigma_{(\frac{1}{2}\varepsilon_s)} + \frac{1-n}{1+n}\frac{1}{2E}\sigma_{(\frac{1}{2}\varepsilon_s)}^2. \tag{6.99}$$

Allerdings sind dabei die Spannungen bei den Dehnungen $\frac{1}{2}\varepsilon_s$ und ε_s numerisch zu ermitteln, z. B. durch eine Newton-Iteration. Die Integrale auf der linken Seite von Gln. 6.95 und 6.96 können auf jeden Fall elementar gelöst werden, und so erhalten wir

$$\overline{f}_{y2} = 4\frac{\displaystyle\int_{\varepsilon_s/2}^{\varepsilon_s} \sigma(\varepsilon,\overline{T})\mathrm{d}\varepsilon}{\varepsilon_s} - \sigma(\varepsilon_s,\overline{T}), \tag{6.100}$$

$$\overline{E}_{t2} = 2\frac{\sigma(\varepsilon_s,\overline{T}) - \overline{f}_{y2}}{\varepsilon_s}, \tag{6.101}$$

$$\overline{f}_{y1} = \frac{2\cdot\displaystyle\int_{0}^{\varepsilon_s/2} \sigma(\varepsilon,\overline{T})\mathrm{d}\varepsilon - \frac{1}{2}\overline{f}_{y2}\varepsilon_s}{\frac{1}{2}\varepsilon_s - \frac{\overline{f}_{y2}}{\overline{E}}}, \tag{6.102}$$

$$\overline{E}_{t1} = \frac{\overline{f}_{y2} - \overline{f}_{y1}}{\frac{1}{2}\varepsilon_s - \frac{\overline{f}_{y1}}{\overline{E}}}. \tag{6.103}$$

Durch die Gln. 6.93 und 6.100–6.103 sind alle fünf Parameter zur Beschreibung des trilinearen Spannungs-Dehnungs-Diagrammes bei dem Temperatur-Stützwert $\overline{T}$ bestimmt.

Bei den anderen Temperaturen T werden E, E_{t1} und E_{t2} beibehalten und nur f_{y1} und f_{y2} angepasst, indem jeweils die spezifischen Formänderungsenergien analog zu Gln. 6.95 und 6.96 beibehalten werden, sodass außer

$$E(T) = \overline{E}, \tag{6.104}$$

$$E_{t1}(T) = \overline{E}_{t1}, \tag{6.105}$$

$$E_{t2}(T) = \overline{E}_{t2} \tag{6.106}$$

mit den Abkürzungen

$$a_1 = \frac{\mathrm{d}\sigma(\varepsilon = 0, T)}{\mathrm{d}\varepsilon}, \tag{6.107}$$

$$a_2 = 4\frac{\int\limits_{\varepsilon_s/2}^{\varepsilon_s} \sigma(\varepsilon, T)\mathrm{d}\varepsilon}{\varepsilon_s} - \sigma(\varepsilon_s, T), \tag{6.108}$$

$$a_3 = 2\frac{\sigma(\varepsilon_s, T) - a_2}{\varepsilon_s}, \tag{6.109}$$

$$a_4 = \frac{2 \cdot \int\limits_{0}^{\varepsilon_s/2} \sigma(\varepsilon, T)\mathrm{d}\varepsilon - \frac{1}{2}a_2\varepsilon_s}{\frac{1}{2}\varepsilon_s - \frac{a_2}{a_1}}, \tag{6.110}$$

$$a_5 = \frac{a_2 - a_4}{\frac{1}{2}\varepsilon_s - \frac{a_4}{a_1}} \tag{6.111}$$

auch

$$f_{y1}(T) = \overline{E}\frac{\varepsilon_s}{2} - \sqrt{\left(\overline{E}\frac{\varepsilon_s}{2}\right)^2 + \frac{\overline{E}}{\frac{\overline{E}_{t1}}{\overline{E}} - 1}\left[\frac{a_4^2}{a_1} + \frac{a_2^2 - a_4^2}{a_5} - \overline{E}_{t1}\left(\frac{\varepsilon_s}{2}\right)^2\right]} \tag{6.112}$$

und mit den weiteren Abkürzungen

$$a_6 = f_{y1}(T)\left(1 - \frac{\overline{E}_{t1}}{\overline{E}}\right) + \overline{E}_{t1}\frac{\varepsilon_s}{2}, \tag{6.113}$$

$$a_7 = a_6 + \left(\overline{E}_{t2} - a_3\right)\frac{\varepsilon_s}{4} - a_2, \tag{6.114}$$

$$a_8 = \sqrt{\left(\frac{\varepsilon_s}{2}\right)^2 - \frac{\varepsilon_s}{\overline{E}_{t2} - \overline{E}_{t1}}a_7} \tag{6.115}$$

auch

$$f_{y2}(T) = f_{y1}(T)\left(1 - \frac{\overline{E}_{t1}}{\overline{E}}\right) + \overline{E}_{t1}(\varepsilon_s - a_8) \tag{6.116}$$

festgelegt sind.

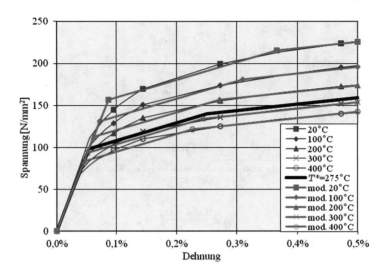

Abb. 6.7 Beispiel für temperaturabhängige trilinearisierte Spannungs-Dehnungs-Kurven

Abb. 6.7 vermittelt einen Eindruck einer solcherart vorgenommenen Trilinearisierung (grüne Kurven) für eine mittlere Temperatur $\overline{T} = 275\,°\mathrm{C}$ bei einer vorab als maximal auftretend abgeschätzten Dehnung $\varepsilon_\mathrm{s} = 0{,}5\,\%$.

Am Ende einer inkrementell oder mit der VFZT durchgeführten Berechnung mit dem so trilinearisierten Spannungs-Dehnungs-Diagramm lässt sich überprüfen, ob die maximal auftretende Dehnung durch ε_s auch tatsächlich einigermaßen zutreffend abgeschätzt worden ist oder grob daneben liegt.

Literatur

1. Mróz, Z.: On the description of anisotropic workhardening. J. Mech. Phys. Solids **15**, 163–175 (1967)
2. Besseling, J.F.: A theory of elastic, plastic, and creep deformations of an initially isotropic material showing anisotropic strain-hardening, creep recovery, and secondary creep. ASME Journal of Applied Mechanics **25**, 529–536 (1958)
3. ANSYS Release 2019R1. ANSYS Inc., Canonsburg, USA (2019)
4. Boller, C., Seeger, T., Vormwald, M.: Materials Database for Cyclic Loading. Fachgebiet Werkstoffmechanik, TU Darmstadt (2008)

VFZT bei multilinearer Verfestigung

7

In Kap. 6 brauchte zur Bestimmung der Materialparameter für die einzelnen Layer des Overlay-Modells nur ein einachsiger Gesamtspannungszustand mit multilinearer Verfestigung betrachtet zu werden, und zwar weitgehend unabhängig von der VFZT. In diesem Kapitel erfolgt nun die Entwicklung der VFZT für das Overlay-Modell unter Berücksichtigung mehrachsiger Spannungszustände.

7.1 Theorie

Wie bereits aus Kap. 3 hervorging, basiert die VFZT wie die Zarka-Methode auf der Proportionalität von Rückspannungsvektor ξ_i und dem plastischen Dehnungsvektor ε_i^{pl}, was einen konstanten Verfestigungsparameter C im Prager-Ziegler-Verfestigungsgesetz verlangt (Abschn. 1.2.6). Im Folgenden wird nun beschrieben, wie eine Erweiterung zur Berücksichtigung mehrerer, bereichsweise konstanter Verfestigungsparameter in den unterschiedlichen Segmenten eines multilinear kinematisch verfestigenden Werkstoffes vorgenommen werden kann, siehe auch [3]. Zarka hat sich mit dieser Frage bereits in [4] beschäftigt.

Ist die Verfestigung begrenzt, weist das Spannungs-Dehnungs-Diagramm im letzten Segment also keine Steigung mehr aus ($C = 0$), so kann dies bei der VFZT nicht ohne Weiteres berücksichtigt werden. Denn dann sind die Anfangsdehnungen nicht mehr als endliche Größen definiert (in Gl. 3.14 steht C im Nenner) und der E-Modul des modifiziert elastischen Werkstoffgesetzes in V_p wird zu $E^* = E_t = 0$. Die Begrenzung der Verfestigung sollte dann bei der Anwendung der VFZT zunächst ignoriert und stattdessen eine Dehngrenze eingeführt werden, die die Gültigkeitsgrenze der Ergebnisse markiert.

Die Berücksichtigung multilinearer gegenüber linearer Verfestigung ist insbesondere bei Ratcheting von Bedeutung. Zum einen erfordern die dabei auftretenden größeren

H. Hübel, *Vereinfachte Fließzonentheorie*, https://doi.org/10.1007/978-3-658-41833-5_7

Abb. 7.1 Prinzipskizze
zum Unterschied zwischen
bilinearer *(blau)* und trilinearer
(rot) Approximation der
Spannungs-Dehnungs-Kurve
(schwarz)

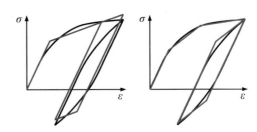

Dehnungen eine bessere Approximation der Spannungs-Dehnungs-Kurve über den gesamten Beanspruchungsbereich, zum anderen gelingt bei plastischem Einspielen auch eine angemessenere Berücksichtigung der Tatsache, dass die Dehnschwingbreiten naturgemäß mit kleineren Dehnungen und somit steileren Tangentenmoduli verbunden sind als die akkumulierten Dehnungen, Abb. 7.1.

Bei einer multilinearen Approximation des Spannungs-Dehnungs-Verhaltens ist die niedrigste Fließgrenze stets kleiner als die Fließgrenze f_y bei bilinearer Approximation, sodass i. Allg. ein größerer Teil der Struktur plastisch wird. So steigt bei der VFZT der Aufwand für die Berechnungen auf lokaler Ebene, nämlich für die Ermittlung der in den plastischen Bereichen als modifizierte Belastung aufzubringenden Anfangsdehnungen.

Außerdem genügt es nun nicht mehr, nur die Geometrie der plastischen Zone V_p zu ermitteln, sondern es muss die Geometrie der zu jedem Segment des multilinearen Spannungs-Dehnungs-Diagramms gehörenden Fließzone einzeln ermittelt werden $(V_{p1}, V_{p2}, V_{p3}, \ldots)$. Zudem wird der Verfestigungsparameter in den einzelnen Layern naturgemäß umso kleiner, je mehr Layer berücksichtigt werden, was der numerischen Stabilität einer Anwendung der VFZT nicht zuträglich ist.

Dies hat zur Folge, dass bei multilinearem Verhalten häufig mehr Iterationen zur Erfüllung der Feldgleichungen, also mehr modifizierte elastische Analysen (meA's), notwendig sein werden als bei bilinearem. Zudem wird es aufgrund der niedrigeren Fließgrenze öfter zu plastischem statt elastischem Einspielen kommen, sodass außer dem akkumulierten elastisch-plastischen Zustand auch die elastisch-plastische Schwingbreite der Beanspruchungen ermittelt werden muss.

Insgesamt ist somit zu erwarten, dass der Berechnungsaufwand für die VFZT bei multi- gegenüber bilinearem Verhalten steigt und bei quadrilinearer Spannungs-Dehnungs-Kurve größer ist als bei einer trilinearen.

7.1.1 Verhalten der einzelnen Layer

Da in den einzelnen Layern nur ein bilineares Spannungs-Dehnungs-Diagramm vorliegt, treffen hierfür dieselben Zusammenhänge zu wie in den vorherigen Kapiteln für einen bilinearen Gesamtzustand beschrieben. Für jeden Layer k $(k = \alpha, \beta, \gamma, \ldots)$ gilt also das modifizierte elastische Werkstoffgesetz

$$\varepsilon_{i,k}^* = \left(E_{ij}\right)_k^{-1} \rho_{j,k} \text{ in } V_{ek}, \tag{7.1}$$

$$\varepsilon_{i,k}^* = \left(E_{ij}^*\right)_k^{-1} \rho_{j,k} + \varepsilon_{i,0k} \text{ in } V_{pk} \tag{7.2}$$

(nur über j addieren, nicht über k) mit der modifizierten Elastizitätsmatrix

$$E_{ij,k}^* = \frac{E_k^*}{\left(1 - 2\nu_k^*\right)\left(1 + \nu_k^*\right)} \cdot \begin{pmatrix} 1 - \nu_k^* & \nu_k^* & \nu_k^* & 0 & 0 & 0 \\ \nu_k^* & 1 - \nu_k^* & \nu_k^* & 0 & 0 & 0 \\ \nu_k^* & \nu_k^* & 1 - \nu_k^* & 0 & 0 & 0 \\ 0 & 0 & 0 & \left(1 - 2\nu_k^*\right) & 0 & 0 \\ 0 & 0 & 0 & 0 & \left(1 - 2\nu_k^*\right) & 0 \\ 0 & 0 & 0 & 0 & 0 & \left(1 - 2\nu_k^*\right) \end{pmatrix}, \tag{7.3}$$

mit

$$E_k^* = E_{tk} \quad ; \quad \nu_k^* = 0{,}5 - (0{,}5 - \nu)\frac{E_{tk}}{E_k} \tag{7.4}$$

und den Anfangsdehnungen

$$\varepsilon_{i,0k} = \frac{3}{2}\frac{1}{E_{tk}}\left(1 - \frac{E_{tk}}{E_k}\right)Y_{i,k}. \tag{7.5}$$

In Kap. 6 wurde erwähnt, dass zur Bestimmung der elastisch-plastischen Materialparameter in den Layern des Overlay-Modells gewisse Freiwerte gewählt werden konnten, und dass in Hinblick auf die Nutzung der VFZT die Freiwerte von Gln. 6.70 bzw. 6.80 zweckmäßig sind. Ein Grund hierfür liegt darin, dass auf diese Weise die Steigungen der einzelnen Segmente des tri- bzw. quadrilinearen Spannungs-Dehnungs-Diagramms für den Gesamtzustand gleichmäßig auf die einzelnen Layer aufgeteilt werden können, was der numerischen Stabilität zugutekommt. Einen weiteren Grund sehen wir gerade an dieser Stelle: Aufgrund

$$\frac{E_{t\alpha}}{E_\alpha} = \frac{E_{t\beta}}{E_\beta} \tag{7.6}$$

bzw.

$$\frac{E_{t\alpha}}{E_\alpha} = \frac{E_{t\beta}}{E_\beta} = \frac{E_{t\gamma}}{E_\gamma} = \dots \tag{7.7}$$

sind die modifizierten Querdehnzahlen, Gl. 7.4 zufolge, in allen plastizierenden Layern gleich und die modifizierten Elastizitätsmatrizen alle proportional zueinander!

7.1.2   Gesamtzustand

Die einzelnen Layer werden nun zu einem Gesamtzustand zusammengesetzt. Ist nur Layer α plastisch, befindet sich die betrachtete Stelle im zweiten, also dem ersten plastischen, Segment des Gesamtzustandes. Die Summe aller dieser Stellen bildet die erste Fließzone, V_{p1}. Entsprechend befinden sich alle Stellen, an denen die Layer α und β plastisch sind, im dritten, also dem zweiten plastischen, Segment des Gesamtzustandes und liegen somit in der zweiten Fließzone, V_{p2}. Die Stellen, an denen die Layer α, β und γ plastisch sind, befinden sich im vierten Segment des Gesamtzustandes und somit in der dritten Fließzone V_{p3} usw.

7.1.2.1 Stellen in V_{p2}

Befindet sich eine Stelle des Tragwerks bei der n-ten Iteration in V_{p2}, also im dritten Segment des Gesamtzustandes eines multilinearen Spannungs-Dehnungs-Diagramms, dann sind Layer α und β plastisch. Für den Gesamtzustand gilt das modifizierte elastische Werkstoffgesetz:

$$\varepsilon_{i,2}^* = \left(E_{ij}^*\right)_2^{-1} \rho_j + \varepsilon_{i,02} \text{ in } V_{p2}, \tag{7.8}$$

$$E_{ij,2}^* = \frac{E_2^*}{\left(1 - 2v_2^*\right)\left(1 + v_2^*\right)} \cdot \begin{pmatrix} 1 - v_2^* & v_2^* & v_2^* & 0 & 0 & 0 \\ v_2^* & 1 - v_2^* & v_2^* & 0 & 0 & 0 \\ v_2^* & v_2^* & 1 - v_2^* & 0 & 0 & 0 \\ 0 & 0 & 0 & \left(1 - 2v_2^*\right) & 0 & 0 \\ 0 & 0 & 0 & 0 & \left(1 - 2v_2^*\right) & 0 \\ 0 & 0 & 0 & 0 & 0 & \left(1 - 2v_2^*\right) \end{pmatrix},$$

$$\tag{7.9}$$

$$E_2^* = E_{t2}, \tag{7.10}$$

$$v_2^* = 0{,}5 - (0{,}5 - v)\frac{E_{t2}}{E}. \tag{7.11}$$

Aufgrund der Wahl des Freiwertes in Gl. 6.70 stellt sich heraus:

$$v_2^* = v_\beta^* = v_\alpha^*, \tag{7.12}$$

wonach nicht nur die modifizierten Querdehnzahlen in allen Layern gleich sind, sondern auch noch identisch sind mit der modifizierten Querdehnzahl des Gesamtzustandes. Daher gilt auch

$$E_{ij,\alpha}^* = E_{ij,2}^* \frac{E_{t\alpha}}{E_{t2}}, \tag{7.13}$$

$$E_{ij,\beta}^* = E_{ij,2}^* \frac{E_{t\beta}}{E_{t2}}.$$
(7.14)

Aufgrund der bereits aus Abschn. 6.3.1 bekannten Kompatibilitätsbedingungen des Overlay-Modells, wonach jeder Layer dieselben Verzerrungen hat wie der Gesamtzustand,

$$\varepsilon_{i,\beta}^* = \varepsilon_{i,\alpha}^* = \varepsilon_{i,2}^*$$
(7.15)

und der Gleichgewichtsbedingung

$$\rho_{i,2} = \rho_{i,\alpha} + \rho_{i,\beta}$$
(7.16)

ergibt sich, dass die Anfangsdehnungen des Gesamtzustandes in Gl. 7.8 aus der Summe der gewichteten Anfangsdehnungen der beiden Layer bestehen:

$$\varepsilon_{i,02} = \frac{E_{t\alpha}}{E_{t2}}\varepsilon_{i,0\alpha} + \frac{E_{t\beta}}{E_{t2}}\varepsilon_{i,0\beta}.$$
(7.17)

Wie gewohnt gilt für die Anfangsdehnungen in den Layern (siehe Gl. 7.5)

$$\varepsilon_{i,0\alpha} = \frac{3}{2}\frac{1}{E_{t\alpha}}\left(1 - \frac{E_{t\alpha}}{E_\alpha}\right)Y_{i,\alpha},$$
(7.18)

$$\varepsilon_{i,0\beta} = \frac{3}{2}\frac{1}{E_{t\beta}}\left(1 - \frac{E_{t\beta}}{E_\beta}\right)Y_{i,\beta},$$
(7.19)

sodass Gl. 7.17 auch geschrieben werden kann als

$$E_{t2}\varepsilon_{i,02} = \frac{3}{2}\left(1 - \frac{E_{t2}}{E}\right)\left(Y_{i,\alpha} + Y_{i,\beta}\right).$$
(7.20)

Die Anfangsdehnungen für den Gesamtzustand können auch in Anfangsspannungen umgerechnet werden:

$$\sigma_{i,02} = -E_{ij,2}^*\varepsilon_{j,02}$$
(7.21)

bzw. für die einzelnen Layer:

$$\sigma_{i,0\alpha} = -\frac{E_\alpha}{E}E_{ij,2}^*\varepsilon_{j,0\alpha},$$
(7.22)

$$\sigma_{i,0\beta} = -\frac{E_\beta}{E}E_{ij,2}^*\varepsilon_{j,0\beta}.$$
(7.23)

Dabei zeigt sich, dass

$$\sigma_{i,02} = \sigma_{i,0\alpha} + \sigma_{i,0\beta}.$$
(7.24)

7.1.2.2 Stellen in V_{px}

Für Stellen des Tragwerks, die sich bei der n-ten Iteration in V_{p3}, V_{p4} usw. befinden, allgemein als V_{px} bezeichnet, also im vierten oder höheren Segment des Gesamtzustandes
eines multilinearen Spannungs-Dehnungs-Diagramms, sodass dann die Layer α, β und
γ usw. plastisch sind, gilt für den Gesamtzustand das modifizierte elastische Werkstoffgesetz analog zu V_{p2} (dabei nicht über den Index x addieren):

$$\varepsilon_{i,x}^* = \left(E_{ij}^*\right)_x^{-1} \rho_j + \varepsilon_{i,0x} \text{ in } V_{px}, \tag{7.25}$$

$$E_{ij,x}^* = \frac{E_x^*}{\left(1 - 2v_x^*\right)\left(1 + v_x^*\right)} \cdot \begin{pmatrix} 1 - v_x^* & v_x^* & v_x^* & 0 & 0 & 0 \\ v_x^* & 1 - v_x^* & v_x^* & 0 & 0 & 0 \\ v_x^* & v_x^* & 1 - v_x^* & 0 & 0 & 0 \\ 0 & 0 & 0 & \left(1 - 2v_x^*\right) & 0 & 0 \\ 0 & 0 & 0 & 0 & \left(1 - 2v_x^*\right) & 0 \\ 0 & 0 & 0 & 0 & 0 & \left(1 - 2v_x^*\right) \end{pmatrix}, \tag{7.26}$$

$$E_x^* = E_{tx}, \tag{7.27}$$

$$v_x^* = 0{,}5 - (0{,}5 - v)\frac{E_{tx}}{E}, \tag{7.28}$$

$$v_x^* = v_\alpha^* = v_\beta^* = v_\gamma^* = \dots, \tag{7.29}$$

$$E_{ij,\alpha}^* = E_{ij,x}^* \frac{E_{t\alpha}}{E_{tx}}, \tag{7.30}$$

$$E_{ij,\beta}^* = E_{ij,x}^* \frac{E_{t\beta}}{E_{tx}}, \tag{7.31}$$

$$E_{ij,\gamma}^* = E_{ij,x}^* \frac{E_{t\gamma}}{E_{tx}} \tag{7.32}$$

usw.

Aufgrund der Kompatibilitäts- und der Gleichgewichtsbedingung des Overlay-
Modells

$$\varepsilon_{i,x}^* = \varepsilon_{i,\alpha}^* = \varepsilon_{i,\beta}^* = \varepsilon_{i,\gamma}^* = \dots, \tag{7.33}$$

$$\rho_{i,x} = \rho_{i,\alpha} + \rho_{i,\beta} + \rho_{i,\gamma} + \dots \tag{7.34}$$

erhält man die Anfangsdehnungen

$$\varepsilon_{i,0x} = \frac{E_{t\alpha}}{E_{tx}}\varepsilon_{i,0\alpha} + \frac{E_{t\beta}}{E_{tx}}\varepsilon_{i,0\beta} + \frac{E_{t\gamma}}{E_{tx}}\varepsilon_{i,0\gamma} + \ldots, \tag{7.35}$$

$$\varepsilon_{i,0\alpha} = \frac{3}{2}\frac{1}{E_{t\alpha}}\left(1 - \frac{E_{t\alpha}}{E_\alpha}\right)Y_{i,\alpha}, \tag{7.36}$$

$$\varepsilon_{i,0\beta} = \frac{3}{2}\frac{1}{E_{t\beta}}\left(1 - \frac{E_{t\beta}}{E_\beta}\right)Y_{i,\beta}, \tag{7.37}$$

$$\varepsilon_{i,0\gamma} = \frac{3}{2}\frac{1}{E_{t\gamma}}\left(1 - \frac{E_{t\gamma}}{E_\gamma}\right)Y_{i,\gamma} \tag{7.38}$$

usw., sodass Gl. 7.35 auch geschrieben werden kann als

$$E_{tx}\varepsilon_{i,0x} = \frac{3}{2}\left(1 - \frac{E_{tx}}{E}\right)\left(Y_{i,\alpha} + Y_{i,\beta} + Y_{i,\gamma} + \ldots\right), \tag{7.39}$$

bzw. die Anfangsspannungen

$$\sigma_{i,0x} = -E_{ij,x}^*\varepsilon_{j,0x} = -\frac{E_{tx}}{1 + \nu_x^*}\varepsilon_{i,0x}, \tag{7.40}$$

$$\sigma_{i,0\alpha} = -\frac{E_\alpha}{E}E_{ij,x}^*\varepsilon_{j,0\alpha} = -\frac{1}{1 + \nu_x^*}E_{t\alpha}\varepsilon_{i,0\alpha} \tag{7.41}$$

$$\sigma_{i,0\beta} = -\frac{E_\beta}{E}E_{ij,x}^*\varepsilon_{j,0\beta} = -\frac{1}{1 + \nu_x^*}E_{t\beta}\varepsilon_{i,0\beta} \tag{7.42}$$

$$\sigma_{i,0\gamma} = -\frac{E_\gamma}{E}E_{ij,x}^*\varepsilon_{j,0\gamma} = -\frac{1}{1 + \nu_x^*}E_{t\gamma}\varepsilon_{i,0\gamma} \tag{7.43}$$

usw.

Für quadrilineares Verhalten (drei plastizierende Layer) ergibt sich somit

$$E_{t3}\varepsilon_{i,03} = E_{t\alpha}\varepsilon_{i,0\alpha} + E_{t\beta}\varepsilon_{i,0\beta} + E_{t\gamma}\varepsilon_{i,0\gamma} \tag{7.44}$$

$$\sigma_{i,03} = \sigma_{i,0\alpha} + \sigma_{i,0\beta} + \sigma_{i,0\gamma} \tag{7.45}$$

7.1.2.3 Modifizierte elastische Analyse

Den vorigen Abschnitten zufolge werden die TIV $Y_{i,\alpha}$, $Y_{i,\beta}$ usw. in den jeweils plastizierenden Layern benötigt. Sie werden in den Layern einzeln und getrennt voneinander nach den üblichen Vorgehensweisen für bilineares Spannungs-Dehnungs-Verhalten ermittelt, wie in Kap. 3 für monotone Belastung und in Kap. 4 für zyklische Belastung, mit der Ergänzung in Kap. 5 für temperaturabhängige Fließgrenzen, beschrieben, sodass hier keine besonderen Ausführungen notwendig erscheinen (siehe aber auch die in den nächsten Abschnitten folgenden Beispiele).

Damit die entsprechenden Projektionen auf die jeweilige Fließfläche vorgenommen werden können, werden die auf die einzelnen Layer entfallenden fiktiv elastischen und elastisch-plastischen Spannungsanteile benötigt.

Für elastisches und damit auch fiktiv elastisches Verhalten ergibt sich mit dem entsprechenden Werkstoffgesetz Gl. 1.3 aus den Gleichgewichts- und Kompatibilitätsbedingungen des Overlay-Modells Gln. 6.16 und 6.19 für den k-ten Layer (in den folgenden Gleichungen weder über x noch über k addieren)

$$\sigma_{i,k}^{\text{fel}} = \frac{E_k}{E}\sigma_i^{\text{fel}} \tag{7.46}$$

und mit dem modifiziert elastischen Werkstoffgesetz Gl. 7.25 für den k-ten Layer, also unter der Voraussetzung, dass dieser Layer auch tatsächlich plastiziert,

$$\rho_{i,k}' = \frac{E_{tk}}{E_{tx}}\rho_i' + \frac{E_{tk}}{E_{tx}}E_{ij,x}^*\left(\varepsilon_{j,0x} - \varepsilon_{j,0k}\right) \text{ in } V_{\text{px}}, \tag{7.47}$$

woraus sich die elastisch-plastischen Spannungen ergeben zu

$$\sigma_i' = \sigma_i'^{\text{fel}} + \rho_i', \tag{7.48}$$

$$\sigma_{i,k}' = \frac{E_k}{E}\left[\sigma_i' + E_{ij,x}^*\left(\varepsilon_{j,0x} - \varepsilon_{j,0k}\right)\right] \text{ in } V_{\text{px}} \tag{7.49}$$

bzw. bei Anfangsspannungen statt Anfangsdehnungen

$$\sigma_{i,k}' = \frac{E_k}{E}\left[\sigma_i' - \sigma_{i,0x}\right] + \sigma_{i,0k} \text{ in } V_{\text{px}}. \tag{7.50}$$

Mit einer meA werden die Restspannungen ρ_i' für den Gesamtzustand ermittelt und können dann nach Gl. 7.47 auf die einzelnen Layer aufgeteilt werden.

Da in den Layern jeweils nur ein bilineares Spannungs-Dehnungs-Diagramm vorliegt, erfolgt die Projektion der jeweiligen negativen deviatorischen Restspannungen des Layers

$$Y_{i,k}^* = -\rho_{i,k}' \tag{7.51}$$

auf den jeweils zugehörigen Mises-Kreis dann nach den aus den vorherigen Kapiteln gewohnten Vorschriften.

Die meA's werden also nur für den Gesamtzustand durchgeführt. Für die einzelnen Layer fallen lediglich lokale Berechnungen zur Ermittlung der Anfangsdehnungen usw. an.

7.1.2.4 Wechsel zwischen den Segmenten

Wie sich bereits aus Abschn. 3.1.2 ergab, gibt es generell zwei Möglichkeiten, das modifizierte elastische Werkstoffgesetz für das nicht plastizierende Teilvolumen V_e zu formulieren: Entweder nach Gl. 3.18 mit denselben modifizierten elastischen Materialparametern E^* und v^* wie in V_p und Anfangsdehnungen nach Gl. 3.19, oder nach Gl. 3.20 mit den tatsächlichen elastischen Materialparametern E und v ohne Anfangsdehnungen. Diese beiden Möglichkeiten stehen auch zur Berücksichtigung der Layer zur Verfügung. Demnach besteht

a) die Möglichkeit, alle entsprechend der vorhandenen Anzahl von Segmenten des Werkstoffverhaltens des Gesamtzustandes existierenden Layer auch direkt zu berücksichtigen, selbst wenn sie sich rein elastisch verhalten (dies entspricht Gln. 3.18 und 3.19), oder

b) die Möglichkeit, an einer Stelle des Tragwerks immer nur so viele Layer zu berücksichtigen, dass diese dann auch alle plastizieren, oder die gesamte Stelle dem elastischen Teilvolumen V_e zuzuweisen (dies entspricht Gl. 3.20).

Möglichkeit a) gestattet, an einer Stelle des Tragwerks über alle meA's hinweg auch immer mit derselben Anzahl von Layern und damit auch immer mit denselben modifiziert elastischen Materialdaten zu rechnen. Wenn im Verlauf des Iterationsprozesses die Zugehörigkeit eines Layers zu V_e oder V_p wechselt, so hat dies keine besonderen Folgen, außer dass die Anfangsdehnungen jeweils unterschiedlich ermittelt werden. Da in jedem Layer ein bilineares Werkstoffmodell vorliegt, genügen zur Bestimmung der TIV in den Layern die in den Kap. 3 bis 5 beschriebenen Vorgehensweisen. Nach einer meA können die Restspannungen in den Layern jedoch nicht immer nach Gl. 7.47 bestimmt werden. Denn wenn dort einzelne Layer elastisch bleiben, werden die Querspannungen des Overlay-Modells nur bei elastisch inkompressiblem Werkstoff korrekt erfasst. Außerdem hat sich gezeigt, dass Möglichkeit a) mit nur mäßigen Konvergenzgeschwindigkeiten verbunden ist.

Dagegen ist Möglichkeit b) zwar effektiver, erfordert jedoch von meA zu meA gegebenenfalls eine wechselnde Anzahl von Layern und damit iterativ wechselnde modifiziert elastische Materialparameter an einer Stelle des Tragwerks, was eine gewisse Verkomplizierung des Berechnungsablaufs nach sich zieht, die im Folgenden beschrieben wird.

Bisher wurde in Abschn. 7.1.1 und 7.1.2 davon ausgegangen, dass die betrachtete Stelle des Tragwerks eindeutig und von vornherein einem bestimmten Segment des Gesamtzustandes zugeordnet werden kann. An dieser Stelle wurden dann so viele Layer vorgesehen, dass diese alle plastizieren, und dafür dann die Materialparameter dieser Layer identifiziert. Dass dadurch an unterschiedlichen Stellen des Tragwerks unterschiedlich viele Layer zugrunde gelegt sind, spielt übrigens keine Rolle. Allerdings wird das für eine bestimmte Stelle des Tragwerks maßgebende Segment des Gesamtzustandes

meist nicht von vornherein bekannt sein, sondern sich erst im Laufe eines Iterationsprozesses nach mehreren meA's heraus kristallisieren.

Für eine Änderung der Segment-Zuweisung von einer meA zur anderen und damit
eine iterative Änderung der an einer Stelle des Tragwerks betrachteten Anzahl von
Layern und der Bestimmung ihrer Restspannungen sind bestimmte Zusammenhänge
zu beachten. Einerseits werden zur Durchführung einer meA nur die Gesamtzustände
benötigt, also an jeder Stelle des Tragwerks nur die Spannungen und Dehnungen für
die Gesamtheit der dort jeweils berücksichtigten Layer. Andererseits ist es für die
anfallenden Projektionen zur Abschätzung der TIV in den Layern notwendig, zu wissen,
wie die bei der vorherigen meA für eine andere Anzahl von Layern ermittelte Restspannung ρ_i des Gesamtzustandes auf die nun existierenden Layer zur Ermittlung der $\rho_{i,k}$
aufzuteilen ist.

Aus dem modifizierten elastischen Werkstoffgesetz für einen plastischen Layer k
nach Gl. 7.2 und dem modifizierten elastischen Werkstoffgesetz für das x-te plastische
Segment des Gesamtzustandes nach Gl. 7.25 ($x \geq 1$) ergibt sich aus der Kompatibilitätsbedingung $\varepsilon_{i,k}^* = \varepsilon_{i,x}^*$

$$\rho_{i,k}' = E_{ij,k}^* \left(E_{ij,x}^*\right)^{-1} \rho_j' + E_{ij,k}^* \left(\varepsilon_{j,0x} - \varepsilon_{j,0k}\right). \tag{7.52}$$

Mit der Umformung

$$E_{ij,k}^* \left(E_{ij,x}^*\right)^{-1} \rho_j' = \frac{E_{tk}}{E_{tx}} \frac{1 + v_x^*}{1 + v_k^*} \rho_i' \tag{7.53}$$

zeigt sich, dass Gl. 7.52 nur dann in Gl. 7.47 übergeht, wenn alle existierenden Layer im
x-ten plastischen Segment auch tatsächlich plastisch sind (nur dann gilt Gl. 7.29).

Bei der letzten meA wurden zur Berechnung des Restgesamtspannungszustandes ρ_i'
des x-ten plastischen Segments in Layer k Anfangsdehnungen $\varepsilon_{i,0k}$ und Materialdaten
$E_{tk}, v_k^*, E_{ij,k}^*$ verwendet. Für ein anderes Segment y, in dem die Materialdaten der einzelnen Layer nicht mit denen in Segment x überein stimmen, ergibt sich die Restspannung
in Layer k dann aus

$$\rho_{i,k}' = \frac{E_{tk}}{E_{ty}} \frac{1 + v_y^*}{1 + v_k^*} \rho_j' + E_{ij,k}^* \left(\varepsilon_{j,0y} - \varepsilon_{j,0k}\right), \tag{7.54}$$

wobei

$$v_k^* = v_x^*, \tag{7.55}$$

$$E_{ij,k}^* = \frac{E_{tk}}{E_{tx}} E_{ij,x}^*. \tag{7.56}$$

Wenn beispielsweise bei der $(n-1)$-ten meA eine Stelle des Tragwerks zu V_{p1} gehörte,
sodass dort also nur ein Layer existierte, aber bei der n-ten meA zu V_{p2}, dann ist vor
der Ermittlung der TIV in den beiden Layern von V_{p2} zunächst die Restspannung bzw.

die elastisch-plastische Spannung des einen Layers von V_{p1} auf die beiden Layer von V_{p2} umzurechnen. Weil in Layer β bei der $(n-1)$-ten meA wegen der Zuordnung zu V_{p1} definitionsgemäß keine Anfangsspannungen existierten, gilt

$$\sigma_{i,01}^{(n-1)} = \sigma_{i,0\alpha}^{(n-1)} = \sigma_{i,02}^{(n-1)}, \qquad (7.57)$$

und man erhält so für Layer α von V_{p2} die zu V_{p1} äquivalente elastisch-plastische Spannung

$$\sigma_{i,\alpha}^{\prime(n-1)} = \frac{E_\alpha}{E}\left[\sigma_i^{\prime \text{fel}} + \frac{E_{t2}}{E_{t1}}\frac{1+v_1^*}{1+v_2^*}\left(-\sigma_i^{\prime \text{fel}} + \sigma_i^{\prime(n-1)} - \sigma_{i,01}^{(n-1)}\right)\right] + \sigma_{i,01}^{(n-1)}. \qquad (7.58)$$

Bei der Ermittlung der elastisch-plastischen Dehnschwingbreiten sind in Gl. 7.58 die Spannungen durch die Spannungsschwingbreiten zu ersetzen. Dies ist nicht nur für die iterative Verbesserung der Ergebnisse einer Schwingbreiten-Berechnung von Bedeutung, sondern auch in Hinblick auf eine darauf aufbauende Berechnung der akkumulierten Dehnungen bei plastischem Einspielen. Denn typischerweise befinden sich die Dehnschwingbreiten in einem niedrigeren Segment als die akkumulierten Dehnungen. Dies wurde bereits in der rechten Skizze von Abb. 7.1 dargestellt, wo sich der akkumulierte Zustand im dritten Segment befindet, die Dehnschwingbreite jedoch im zweiten Segment. Wenn also die Dehnschwingbreite mit einer anderen Anzahl von Layern ermittelt wurde, als für die darauf aufbauenden akkumulierten Dehnungen notwendig ist, muss ein äquivalenter Übergang dazwischen gewährleistet sein.

Ist $\Delta\sigma_{i,\alpha}'$ die elastisch-plastische Spannungsschwingbreite als Ergebnis der letzten Iteration bei der Schwingbreiten-Berechnung, gegebenenfalls nach Gl. 7.58 auf Layer α umgerechnet, und bleibt die betrachtete Stelle des Tragwerks in zwei aufeinander folgenden Iterationsschritten der Ermittlung des mittleren Zustandes im Teilvolumen V_{p2}, dann wird der elastisch-plastische Spannungszustand von Layer α beispielsweise beim minimalen Belastungszustand einer zyklischen Belastung, auf Basis der vorangegangenen meA für den mittleren Belastungszustand, berechnet nach

$$\sigma_{i,\alpha,\min}^{\prime(n-1)} = \frac{E_\alpha}{E}\left[\frac{1}{2}\left(\sigma_{i,\min}^{\prime(n-1)} + \sigma_{i,\max}^{\prime(n-1)}\right) - \sigma_{i,02}^{(n-1)}\right] + \sigma_{i,0\alpha}^{(n-1)} - \frac{1}{2}\Delta\sigma_{i,\alpha}'. \qquad (7.59)$$

Gehörte dagegen die betrachtete Stelle im $(n-1)$-ten Iterationsschritt noch zu V_{p1}, dann wird der elastisch-plastische Spannungszustand von Layer α als Voraussetzung für die anfallenden Projektionen beim n-ten Iterationsschritt gemäß

$$\sigma_{i,\alpha,\min}^{\prime(n-1)} = \frac{E_\alpha}{E}\left[\sigma_{i,\text{m}}^{\prime \text{fel}} + \frac{E_{t2}}{E_{t1}}\frac{1+v_1^*}{1+v_2^*}\left[\frac{1}{2}\left(\sigma_{i,\min}^{\prime\,(n-1)} + \sigma_{i,\max}^{\prime\,(n-1)}\right) - \sigma_{i,\text{m}}^{\prime \text{fel}} - \sigma_{i,01}^{(n-1)}\right]\right] + \sigma_{i,0\alpha}^{(n-1)} - \frac{1}{2}\Delta\sigma_{i,\alpha}'$$

$$\qquad (7.60)$$

ermittelt. Der mittlere fiktiv elastische Spannungszustand ist dabei gegeben durch

$$\sigma_{i,\text{m}}^{\prime \text{fel}} = \frac{1}{2}\left(\sigma_{i,\min}^{\prime \text{fel}} + \sigma_{i,\max}^{\prime \text{fel}}\right). \qquad (7.61)$$

7.1.3   Einachsiger Spannungszustand

Bei einachsigem Spannungszustand ergeben sich erhebliche Vereinfachungen, weil die TIV in den verschiedenen Layern alle kollinear sein müssen und die eigentlich zwischen den verschiedenen Segmenten veränderlichen modifizierten Querdehnzahlen keine Rolle spielen. So ergeben sich beispielsweise die Anfangsdehnungen des Gesamtzustandes aus Gl. 7.39 für monotone Belastung unter Rückgriff auf Gl. 3.77 zu

$$E_{tx}\varepsilon_{0x} = \left(1 - \frac{E_{tx}}{E}\right)\left[\sigma^{\text{fel}} - \left(f_{y\alpha} + f_{y\beta} + f_{y\gamma} + \ldots\right)\text{sgn}(\sigma)\right]. \qquad (7.62)$$

7.2   Beispiele

7.2.1   Zweistab-Modell

Das in diesem Buch schon häufig betrachtete Zweistab-Modell (siehe etwa Abb. 4.4) wird nun bei einem multilinearen Spannungs-Dehnungs-Diagramm mit elf Segmenten untersucht. Die Materialparameter des Gesamtzustandes sind unabhängig von der Temperatur und in Abb. 7.2 dargestellt.

Die Materialparameter der einzelnen Layer können nach Abschn. 6.3.5 bestimmt werden, da wegen der Einachsigkeit des Spannungszustandes Querdehneffekte keine Rolle spielen. Da jeweils eine unterschiedliche Anzahl von Segmenten angesprochen wird, sind sie bei der Berechnung der Schwingbreite anders als bei der Berechnung des akkumulierten Zustandes, im linken Stab anders als im rechten, und variieren von einer meA zur anderen.

Das Belastungsniveau ist gegeben durch die konstant anstehende Primärspannung $\sigma_p = 50$ und die fiktiv elastisch berechnete zyklisch auftretende Sekundärspannung

Segment	Tangentensteigung	Fließgrenze
1	$E = 1\text{e}5$	$f_{y1} = 50$
2	$E_{t1} = E*0{,}5$	$f_{y2} = 80$
3	$E_{t2} = E*0{,}3$	$f_{y3} = 100$
4	$E_{t3} = E*0{,}2$	$f_{y4} = 120$
5	$E_{t4} = E*0{,}1$	$f_{y5} = 130$
6	$E_{t5} = E*0{,}06$	$f_{y6} = 140$
7	$E_{t6} = E*0{,}04$	$f_{y7} = 150$
8	$E_{t7} = E*0{,}03$	$f_{y8} = 160$
9	$E_{t8} = E*0{,}02$	$f_{y9} = 170$
10	$E_{t9} = E*0{,}01$	$f_{y10} = 180$
11	$E_{t10} = E*0{,}005$	beliebig hoch

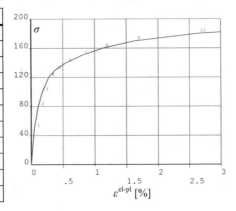

Abb. 7.2 Multilineares Spannungs-Dehnungs-Diagramm

Tab. 7.1 Beanspruchungen im Einspielzustand

	Max.Belastungszustand		Min.Belastungszustand	
	Spannung	Dehnung	Spannung	Dehnung
Linker Stab	−75,556	0,9822 %	169,111	1,5822 %
Rechter Stab	175,556	2,1822 %	−69,111	1,5822 %

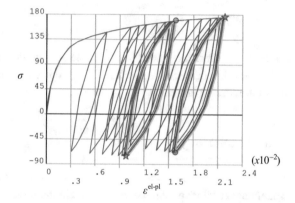

Abb. 7.3 Dehnungsakkumulation beim Zweistab-Modell mit multilinearer kinematischer Ver-festigung (11 Segmente); im plastischen Einspielzustand sind inkrementelle Lösung und VFZT (*Kreise* für minimalen und *Sterne* für maximalen Belastungszustand) identisch

$\sigma_t = 600$ infolge der Temperaturänderung im linken Stab. Es kommt zu plastischem Ein-spielen.

Die Beanspruchungen im Einspielzustand sind in Tab. 7.1 aufgeführt.

Abb. 7.3 zeigt als Ergebnis einer inkrementellen Analyse, wie sich die Spannungen und Dehnungen mit den Belastungszyklen entwickeln. Der Einspielzustand ist in grün hervor gehoben.

Die VFZT liefert die exakten Spannungen und Dehnungen in den Lastumkehrpunkten des Einspielzustandes (Tab. 7.1 und Abb. 7.3). Für die Ermittlung der Schwingbreite werden fünf meA's benötigt, für die nachfolgende, darauf aufbauende exakte Ermittlung der akkumulierten Dehnungen nach Berechnung des mittleren Belastungszustandes weitere vier meA's. Hier zeigt sich die bereits in Abschn. 7.1 geäußerte Erwartung, dass mit zunehmender Anzahl der Layer auch der Berechnungsaufwand steigt. Die Iterations-folge der Restspannungen ist der Tab. 7.2 zu entnehmen.

Aufgrund der Einachsigkeit des Spannungszustandes sowie der Tatsache, dass in jedem der beiden Stäbe die elastisch-plastischen Spannungen in den Lastumkehrpunkten dasselbe Vorzeichen aufweisen wie fiktiv elastisch berechnet, werden diese Iterationen nicht zur Ermittlung der TIV benötigt, sondern nur zur Ermittlung der Fließzonen der

Tab. 7.2 Iterationsfolge der Restspannungen bei der VFZT

	Restspannungsschwingbreite		Restspannung mittlerer Zustand	
	Linker Stab	Rechter Stab	Linker Stab	Rechter Stab
1. meA	−336,73	336,73	252,47	−252,47
2. meA	−286,93	286,93	298,54	−298,54
3. meA	−260,53	260,53	297,00	−297,00
4. meA	−250,80	250,80	296,78 = exakt	−296,78 = exakt
5. meA	−244,67 = exakt	244,67 = exakt		

unterschiedlichen Layer und damit des korrekten Segmentes in der Fließzone des Gesamtzustandes (5. Segment bei der Schwingbreite, 8. Segment im linken, 9. Segment im rechten Stab beim akkumulierten Zustand).

7.2.2 Mehrachsiges Ratcheting

Bisher wurde in diesem Buch als einfaches Beispiel für die Anwendung der VFZT bei mehrachsigen Spannungszuständen bereits mehrfach ein homogen beanspruchtes Materialelement heran gezogen, das in einer Richtung durch eine konstante Spannung, in eine andere Richtung durch eine zyklisch aufgebrachte Dehnung belastet wurde. In Abschn. 2.3.1.1 wurde eine solche Beanspruchung als typisch für ein dünnwandiges Rohr unter konstantem Innendruck und weggesteuerter Axiallast beschrieben. In Abschn. 2.3.1.2 wurde darauf hingewiesen, dass ein ähnliches Verhalten auftritt, wenn ein dünnwandiges Rohr unter Axialkraft einer weggesteuerten Torsion unterworfen wird (Abb. 2.17).

Als illustratives Beispiel für die Anwendung der VFZT bei multilinearem Werkstoffverhalten wird nun auf eine Modifikation hiervon zurück gegriffen, die bereits von Tribout et al. in [1] mit der Zarka-Methode betrachtet worden ist, indem nämlich die Torsion spannungs- statt weggesteuert aufgebracht wird, Abb. 7.4.

In [1] wurde die Zarka-Methode anders angewandt als die VFZT, nämlich im Anschluss einer inkrementellen Analyse für die ersten Zyklen eines Belastungshistogramms mit dem Ziel, eine Extrapolation bis zum Einspielzustand vorzunehmen. Im Folgenden wird jedoch die VFZT wie gewohnt als Ersatz für eine inkrementelle Analyse betrachtet.

Es wird ein ebener Spannungszustand untersucht, bei dem in einer Richtung eine konstante Spannung $\sigma = 9$ und anschließend eine zyklische Schubspannung von

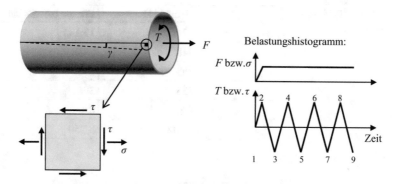

Abb. 7.4 Tribout-Beispiel für mehrachsiges Ratcheting: Dünnwandiges Rohr unter Axialkraft und spannungsgesteuerter Torsion

Abb. 7.5 Statisches System für das Tribout-Beispiel

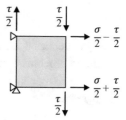

$\tau = \pm 5{,}54$ aufgebracht wird[1]. Das statische System ist bei Verwendung von Einheitslängen in Abb. 7.5 dargestellt.

Beide Belastungen sind also spannungsgesteuert, sodass von vornherein bekannt ist, dass die mit den meA's zu ermittelnden Restspannungen Null sein werden. Dies gilt allerdings nur für den Gesamtzustand, während die Restspannungen in den Layern durchaus ungleich Null sein können und hier tatsächlich auch sind!

Bemerkenswert ist zudem, dass die Hauptspannungsachsen infolge der zyklischen Schubspannungen während eines jeden Belastungszyklus stark rotieren.

Es wird ein trilineares Spannungs-Dehnungs-Diagramm mit reiner kinematischer Verfestigung eingesetzt mit den konstanten, also temperatur*un*abhängigen, Materialdaten für den Gesamtzustand:

---

[1] Wie schon an anderen Stellen dieses Buches, so wird auch hier auf die Angabe von Einheiten verzichtet, da sie für die Vorgehensweise der Berechnung keine Rolle spielen. Die hier verwendeten Zahlen sind in [1] mit der Einheit hbar für die Spannungen versehen.

Tab. 7.3 Materialparameter der Layer α und β

	Gemäß [1]	Für $\nu = 0{,}5$ aus Tab. 6.1
E_α	12.618	13.145
E_β	3485	2958
$E_{t\alpha}$	833	1360
$E_{t\beta}$	833	306
$f_{y\alpha}$	7,836	8,163
$f_{y\beta}$	4,182	3,550

$$
\begin{aligned}
E &= 16.103, \\
E_{t1} &= 4318, \\
E_{t2} &= 1666, \\
f_{y1} &= 10{,}00, \\
f_{y2} &= 12{,}50.
\end{aligned}
\tag{7.63}
$$

Die Querdehnzahl ist in [1] nicht angegeben. Es zeigt sich jedoch, dass die dort aufgeführten Ergebnisse nur für $\nu = 0{,}5$ gültig sind.

Da die fiktiv elastische Vergleichsspannungsschwingbreite kleiner ist als die doppelte Fließgrenze,

$$
\Delta\sigma_v^{\text{fel}} = 2\sqrt{3}\tau_{\max} = 19{,}19 < 2f_{y1} = 20{,}0,
\tag{7.64}
$$

kommt es zu elastischem Einspielen (ES).

Als Ergebnis einer inkrementellen Analyse ist in [1] angegeben, dass nach 20 Zyklen in Richtung der konstant anstehenden Spannung die plastische Dehnung $\varepsilon^{\text{pl}} = 0{,}192\,\%$ beträgt. In der Tat ist der Einspielzustand nach 20 Zyklen nahezu erreicht. Nach weiteren Zyklen erhöhen sich die plastischen Dehnungen aber noch bis auf $\varepsilon^{\text{pl}} = 0{,}1948\,\%$.

Die Dekomposition des gegebenen trilinearen Spannungs-Dehnungs-Diagrammes für den Gesamtzustand in die beiden bilinearen Spannungs-Dehnungs-Diagramme der beiden Layer erfolgt nach Abschn. 6.3.6. Das dort aufgeführte Zahlenbeispiel ist identisch mit den Materialdaten in Gl. 7.64. Tab. 6.1 gibt die daraus abgeleiteten Materialdaten der beiden Layer für unterschiedliche Querdehnzahlen an. Ein Vergleich mit [1] offenbart, dass dort die Materialdaten der Layer auf eine andere Art und Weise aus dem Gesamtzustand gewonnen worden sein müssen (Tab. 7.3), und zwar indem als Freiwert an Stelle von Gl. 6.70 gefordert wird, dass beide Layer denselben Verfestigungsmodul aufweisen sollen. Zudem bestehen die Materialparameter des Gesamtzustandes aus reiner Addition der Materialparameter der Layer, was Abschn. 6.3 zufolge nur bei inkompressiblem Werkstoff, also $\nu = 0{,}5$, zutrifft (Gl. 6.57).

Im Folgenden werden die Daten der rechten Spalte in Tab. 7.3 benutzt. Es sind vier Spannungskomponenten zu betrachten, die aus den drei deviatorischen Normalspannungen und der Schubspannung bestehen. Die auf die beiden Layer entfallenden anteiligen fiktiv elastischen deviatorischen Spannungen des minimalen und des maximalen Belastungszustandes betragen nach Gl. 7.46:

$$\sigma_{i,\min,\alpha}^{\prime fel} = \frac{E_\alpha}{E}\sigma_{i,\min}^{\prime fel} = \begin{pmatrix} +4{,}8978 \\ -2{,}4489 \\ -2{,}4489 \\ -4{,}5223 \end{pmatrix}, \tag{7.65}$$

$$\sigma_{i,\max,\alpha}^{\prime fel} = \frac{E_\alpha}{E}\sigma_{i,\max}^{\prime fel} = \begin{pmatrix} +4{,}8978 \\ -2{,}4489 \\ -2{,}4489 \\ +4{,}5223 \end{pmatrix}, \tag{7.66}$$

$$\sigma_{i,\min,\beta}^{\prime fel} = \frac{E_\beta}{E}\sigma_{i,\min}^{\prime fel} = \begin{pmatrix} +1{,}1022 \\ -0{,}5511 \\ -0{,}5511 \\ -1{,}0177 \end{pmatrix}, \tag{7.67}$$

$$\sigma_{i,\max,\beta}^{\prime fel} = \frac{E_\beta}{E}\sigma_{i,\max}^{\prime fel} = \begin{pmatrix} +1{,}1022 \\ -0{,}5511 \\ -0{,}5511 \\ +1{,}0177 \end{pmatrix}. \tag{7.68}$$

In Abb. 7.6 sind die Y-Räume der beiden Layer dargestellt. Die graphische Darstellung erfolgt hier nicht im vierdimensionalen deviatorischen TIV-Raum, sondern in der

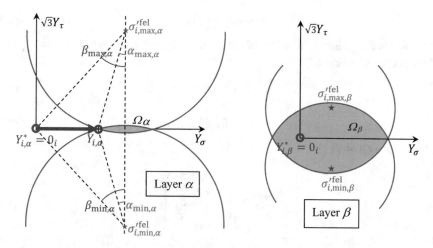

Abb. 7.6 Mises-Fließflächen und Schnittflächen Ω der beiden Layer in den jeweiligen Y-Räumen bei der 1. meA

Y_σ-$\sqrt{3}Y_\tau$-Ebene, ähnlich wie die Fließfläche nach Gl. 2.9 in der σ-$\sqrt{3}\tau$-Ebene dargestellt wurde (Abb. 2.18), wobei

$$Y_\sigma = \frac{3}{2}Y_x \ ; \ \ Y_\tau = Y_{xy}. \tag{7.69}$$

Die Eckpunkte des Schnittbereiches Ω_α in Layer α liegen in Abb. 7.6 unter den Winkeln $\alpha_{\min,\alpha}$ bzw. $\alpha_{\max,\alpha}$ zur Verbindung der beiden Kreis-Mittelpunkte. Da die Fließgrenzen temperatur*un*abhängig sind, sind beide Winkel gleich groß und betragen nach Gl. 4.63

$$\alpha_{\min,\alpha} = \alpha_{\max,\alpha} = 16{,}35°. \tag{7.70}$$

Da vor der 1. meA definitionsgemäß noch keine Restspannungen vorliegen, beträgt die auf den Schnittbereich Ω_α zu projizierende Größe $Y_{i,\alpha}^*$ (Gl. 7.51) in Layer α bei der 1. meA

$$Y_{i,\alpha}^{*(1)} = -\rho_{i,\alpha}'^{(0)} = \begin{pmatrix} 0 \\ 0 \\ 0 \\ 0 \end{pmatrix}. \tag{7.71}$$

Somit sind die elastisch-plastischen Spannungen identisch mit den fiktiv elastischen. Nach Gln. 4.64 und 4.65 ergibt sich, dass die negativen deviatorischen Restspannungen in Abb. 7.6 unter den Winkeln

$$\beta_{\min,\alpha} = \beta_{\max,\alpha} = 43{,}17° \tag{7.72}$$

gegenüber der Verbindung der beiden Kreis-Mittelpunkte geneigt sind. Demnach gilt

$$\beta_{\min,\alpha} > \alpha_{\min,\alpha}, \tag{7.73}$$

$$\beta_{\max,\alpha} > \alpha_{\max,\alpha} \tag{7.74}$$

und somit wird $Y_{i,\alpha}^*$ gemäß Gl. 4.70 auf die nächstgelegene Ecke von Ω_α projiziert. Mit a und b aus Gln. 4.73 und 4.74

$$a = 0{,}31280, \tag{7.75}$$

$$b = 0{,}34360 \tag{7.76}$$

ergibt sich aus Gl. 4.71

$$Y_{i,\alpha}^{(1)} = \begin{pmatrix} +3{,}3658 \\ -1{,}6829 \\ -1{,}6829 \\ 0 \end{pmatrix} \tag{7.77}$$

(siehe Abb. 7.6).

In Layer β liegt, wie aus Abb. 7.6 ersichtlich, $Y_{i,\beta}^*$ nach Gl. 7.51

$$Y_{i,\beta}^{*(1)} = -\rho_{i,\beta}^{\prime(0)} = \begin{pmatrix} 0 \\ 0 \\ 0 \\ 0 \end{pmatrix} \tag{7.78}$$

innerhalb des Bereiches Ω_β, weil

$$\sigma_{\mathrm{v,min},\beta} = 2{,}417 < f_{\mathrm{y}\beta,\mathrm{min}} = 4{,}182 \tag{7.79}$$

und

$$\sigma_{\mathrm{v,max},\beta} = 2{,}417 < f_{\mathrm{y}\beta,\mathrm{max}} = 4{,}182. \tag{7.80}$$

Nach Gl. 4.60 befindet sich Layer β somit bei der 1. meA im Bereich V_e, sodass dort

$$Y_{i,\beta}^{(1)} = \begin{pmatrix} 0 \\ 0 \\ 0 \\ 0 \end{pmatrix} \tag{7.81}$$

und somit keine Anfangsdehnungen aufzubringen sind. Dies ist bemerkenswert, weil die Vergleichsspannungen sowohl beim minimalen, als auch beim maximalen Belastungszustand die zweite Fließgrenze überschreiten,

$$\sigma_{\mathrm{v,min}} = \sigma_{\mathrm{v,max}} = 13{,}16 > f_{\mathrm{y}2} = 12{,}50 \tag{7.82}$$

was eigentlich das Plastizieren beider Layer verlangt.

Die Anfangsdehnungen in Layer α betragen nach Gl. 7.18

$$\varepsilon_{i,0\alpha}^{(1)} = \begin{pmatrix} +0{,}33282\% \\ -0{,}16641\% \\ -0{,}16641\% \\ 0 \end{pmatrix} \tag{7.83}$$

bzw. für den Gesamtzustand beider Layer nach Gl. 7.20

$$\varepsilon_{i,02}^{(1)} = \begin{pmatrix} +0{,}27169\% \\ -0{,}13585\% \\ -0{,}13585\% \\ 0 \end{pmatrix}. \tag{7.84}$$

Für die meA sind die modifizierten elastischen Materialparameter nach Gln. 7.10 und 7.11 für das zweite Segment des Gesamtzustands zu setzen:

$$E_2^* = 1666 \;\; ; \;\; \nu_2^* = 0{,}5. \tag{7.85}$$

Da Layer β in dieser 1. meA noch als elastisch eingestuft wurde, hätten die Anfangsdehnungen für den Gesamtzustand alternativ auch wie bei bilinearem Werkstoffverhalten nach Abschn. 4.4 bestimmt werden können:

$$\varepsilon_{i,01}^{(1)} = \begin{pmatrix} +0{,}10483\% \\ -0{,}05241\% \\ -0{,}05241\% \\ 0 \end{pmatrix}.$$

(7.86)

Die meA wäre dann auch mit den modifiziert elastischen Materialparametern für das erste Segment des Gesamtzustandes

$$E_1^* = 4318 \;\; ; \;\; \nu_1^* = 0{,}5$$

(7.87)

durchzuführen.

In beiden Fällen lautet das Ergebnis der 1. meA:

$$\rho_i^{(1)} = \rho_i'^{(1)} = \begin{pmatrix} 0 \\ 0 \\ 0 \\ 0 \end{pmatrix},$$

(7.88)

was ja voraussehbar war, weil die ursprüngliche tatsächliche Belastung spannungs-gesteuert war. Die Aufteilung der deviatorischen Restspannungen auf die beiden Layer nach Gl. 7.47 ist nur möglich unter der Voraussetzung, dass alle vorhandenen Layer auch plastizieren, im vorliegenden Fall, wo nur Layer α plastiziert, also nur auf Basis der Anfangsdehnungen $\varepsilon_{i,01}$ nach Gl. 7.87. Gleichung 7.47 lautet dann

$$\rho_{i,\alpha}' = \frac{E_{t\alpha}}{E_{t1}}\rho_i' + \frac{E_{t\alpha}}{E_{t1}}E_{ij,1}^*\left(\varepsilon_{j,01} - \varepsilon_{j,0\alpha}\right),$$

(7.89)

während eine Aufteilung der deviatorischen Restspannungen auf die beiden Layer auf Basis der Anfangsdehnungen $\varepsilon_{i,02}$ wegen des Zusammenhangs

$$E_{ij,1}^*\varepsilon_{j,01} = E_{ij,2}^*\varepsilon_{j,02}$$

(7.90)

mit $\nu_1^* = \nu_2^*$ nach

$$\rho_{i,\alpha}' = \frac{E_{t\alpha}}{E_{t2}}\rho_i' + \frac{E_{t\alpha}}{E_{t2}}E_{ij,2}^*\left(\frac{E_{t2}}{E_{t1}}\varepsilon_{j,02} - \varepsilon_{j,0\alpha}\right)$$

(7.91)

mit $E_{ij,2}^*$ nach Gl. 7.9 erfolgt. In beiden Fällen erhält man unter Beachtung der Gleich-gewichtsbedingung $(\rho_{i,\alpha} + \rho_{i,\beta} = 0)$

$$\rho_{i,\alpha}'^{(1)} = \begin{pmatrix} -2{,}0672 \\ +1{,}0336 \\ +1{,}0336 \\ 0 \end{pmatrix} \;\; ; \;\; \rho_{i,\beta}'^{(1)} = \begin{pmatrix} +2{,}0672 \\ -1{,}0336 \\ -1{,}0336 \\ 0 \end{pmatrix}.$$

(7.92)

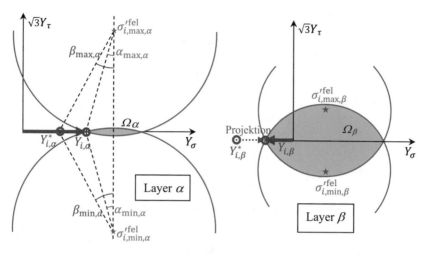

Abb. 7.7 Mises-Fließflächen und Schnittflächen Ω der beiden Layer in den jeweiligen Y-Räumen bei der 2. meA

Damit liegen nun alle Daten vor, die für die 2. meA benötigt werden:

$$Y_{i,\alpha}^{*(2)} = -\rho_{i,\alpha}^{\prime(1)} = \begin{pmatrix} +2{,}0672 \\ -1{,}0336 \\ -1{,}0336 \\ 0 \end{pmatrix} \quad ; \quad Y_{i,\beta}^{*(2)} = -\rho_{i,\beta}^{\prime(1)} = \begin{pmatrix} -2{,}0672 \\ +1{,}0336 \\ +1{,}0336 \\ 0 \end{pmatrix}, \quad (7.93)$$

siehe Abb. 7.7.

Für Layer α ergeben sich bei der 2. meA nun die Winkel

$$\beta_{\min,\alpha} = \beta_{\max,\alpha} = 28{,}46°. \quad (7.94)$$

Es bleibt demnach auch bei der 2. meA bei der bereits für die 1. meA vorgenommenen Projektion auf die Ecke des Bereiches Ω_α (siehe Abb. 7.7):

$$Y_{i,\alpha}^{(2)} = \begin{pmatrix} +3{,}3658 \\ -1{,}6829 \\ -1{,}6829 \\ 0 \end{pmatrix}. \quad (7.95)$$

Dagegen ist aus Abb. 7.7 ersichtlich, dass $Y_{i,\beta}^{*}$ für Layer β nun nicht mehr innerhalb von Ω_β liegt, sodass nun auch Layer β plastisch wird und eine Projektion von $Y_{i,\beta}^{*}$ auf Ω_β vorzunehmen ist:

$$\alpha_{\min,\beta} = \alpha_{\max,\beta} = 60{,}23°, \quad (7.96)$$

$$\beta_{\min,\beta} = \beta_{\max,\beta} = 69{,}66°. \quad (7.97)$$

Mit a und b aus Gln. 4.73 und 4.74

$$a = 0{,}64807, \tag{7.98}$$

$$b = 0{,}17596 \tag{7.99}$$

ergibt sich aus Gl. 4.71

$$Y_{i,\beta}^{(2)} = \begin{pmatrix} -0{,}9518 \\ +0{,}4759 \\ +0{,}4759 \\ 0 \end{pmatrix}. \tag{7.100}$$

Es sind nun also auch in Layer β Anfangsdehnungen aufzubringen. Diese betragen nach Gl. 7.19

$$\varepsilon_{i,0\beta}^{(2)} = \begin{pmatrix} +0{,}41830\% \\ -0{,}20915\% \\ -0{,}20915\% \\ 0 \end{pmatrix} \tag{7.101}$$

und die Anfangsdehnungen des Gesamtzustandes nach Gl. 7.20

$$\varepsilon_{i,02}^{(2)} = \begin{pmatrix} +0{,}1948\% \\ -0{,}0974\% \\ -0{,}0974\% \\ 0 \end{pmatrix}. \tag{7.102}$$

Die zweite meA, durchgeführt mit den modifizierten elastischen Materialparametern wie in Gl. 7.85 für das zweite Segment des Gesamtzustands, liefert natürlich wieder verschwindende Restspannungen für den Gesamtzustand und somit die Restspannungen in den Layern nach Gl. 7.47

$$\rho_{i,\alpha}^{\prime(2)} = \begin{pmatrix} -1{,}2510 \\ +0{,}6255 \\ +0{,}6255 \\ 0 \end{pmatrix} \;;\; \rho_{i,\beta}^{\prime(2)} = \begin{pmatrix} +1{,}2510 \\ -0{,}6255 \\ -0{,}6255 \\ 0 \end{pmatrix}. \tag{7.103}$$

In der Darstellung von Abb. 7.7 rückt $Y_{i,\alpha}^{*}$ damit wieder etwas weiter nach links und $Y_{i,\beta}^{*}$ etwas weiter nach rechts, ohne dass sich die Projektionen auf die Ecken der Bereiche Ω_{α} bzw. Ω_{β} ändern. Somit ist eine weitere meA nicht erforderlich, also das Ende der iterativen Verbesserung erreicht.

Die zugehörigen plastischen Dehnungen des Gesamtzustandes sind hier identisch mit seinen Anfangsdehnungen, da die Restspannungen des Gesamtzustandes Null sind. Die plastischen Dehnungen betragen in Richtung der konstant anstehenden Spannung also

$$\varepsilon^{\mathrm{pl}} = 0{,}1948\%, \tag{7.104}$$

Abb. 7.8 Schubspannungs-Axialdehnungs-Entwicklung für das Tribout-Beispiel aufgrund der inkrementellen Analyse und VFZT-Ergebnisse für die Extremalzustände nach dem Einspielen (*Kreuz* und *Raute*)

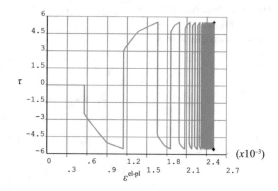

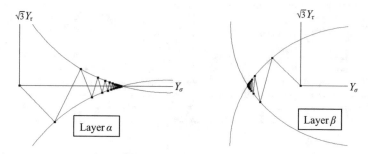

Abb. 7.9 Trajektorien der TIV in den beiden Layern (die beiden Layer sind nicht im selben Maßstab dargestellt)

was identisch ist mit dem oben aufgeführten Ergebnis der inkrementellen Analyse für den Einspielzustand. Abb. 7.8 zeigt, wie sich die Axialdehnung, also die in Richtung der konstant anstehenden Normalspannung, in Abhängigkeit von der zyklischen Schubspannung bis zum Einspielen entwickelt, zusammen mit dem Ergebnis der VFZT im Einspielzustand.

Wie sich bei der inkrementellen Analyse die TIV in den beiden Layern entwickeln, ist in Abb. 7.9 dargestellt (beschränkt auf die Lastumkehrpunkte).

Der Endzustand wurde also mit der VFZT nach zwei meA's zutreffend ermittelt. Das Ergebnis ist auch dasselbe wie mit der Zarka-Methode in [1], wurde jedoch auf andere Weise, mit anderen Materialdaten der Layer und zudem wesentlich schneller erreicht.

7.2.3 Bree-Rohr

Das zuletzt in Abschn. 5.9.3 behandelte rotationssymmetrische Modell des dünnwandigen Bree-Rohrs unter konstantem Innendruck und zyklischem Temperatur-Gradienten über die Wanddicke wird nun mit einem trilinearen Werkstoffmodell

Tab. 7.4 Materialparameter des trilinearen Werkstoffmodells für das Bree-Rohr	Materialdaten	
	E	$1 * 10^5$ N/mm^2
	ν	0,3
	E_{t1}	$0,1 * 10^5$ N/mm^2
	E_{t2}	$0,02 * 10^5$ N/mm^2
	f_{y1}	75 N/mm^2
	f_{y2}	120 N/mm^2

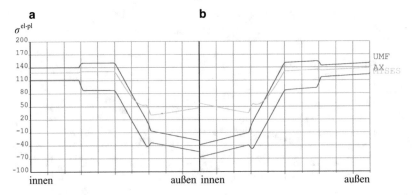

Abb. 7.10 Verteilung der Spannungen über die Wanddicke im plastischen Einspielzustand (inkrementelle zyklische Analyse) für minimalen (*links*) und maximalen (*rechts*) Belastungszustand

analysiert. Die elastisch-plastischen Materialparameter sind temperatur*un*abhängig und in Tab. 7.4 angegeben.

Die Belastung besteht aus einem konstant anstehenden Innendruck p, der unter Berücksichtigung der Deckelkraft zu einer Vergleichsspannung

$$\sigma_p = 72 \frac{N}{mm^2} \tag{7.105}$$

führt. Beim minimalen Belastungszustand sind alle Temperaturen gleich Null. Es wird eine zyklische lineare Temperaturverteilung über die Wanddicke aufgebracht, sodass die Innenoberfläche wärmer ist als die Außenoberfläche und die fiktiv elastische Berechnung zu einer zyklischen Vergleichsspannungsschwingbreite

$$\sigma_t = 360 \frac{N}{mm^2} \tag{7.106}$$

an der Innen- und der Außenoberfläche führt.

Abb. 7.10 stellt die Ergebnisse einer inkrementellen Analyse in Form der Spannungsverteilung über die Wanddicke bei den beiden extremalen Belastungszeitpunkten im eingespielten Zustand dar. Für eine gute Näherung an den Einspielzustand waren etwa 50 Zyklen zu berechnen.

Der Vergleich mit den in Abb. 7.11 dargestellten Ergebnissen der VFZT zeigt, dass bereits nach wenigen linearen Analysen eine gute Näherung an das Ergebnis der inkrementellen Analyse erreicht ist.

Die Abb. 7.12 und 7.13 stellen die mit der VFZT für den Einspielzustand ermittelten Beanspruchungen dem mit einer inkrementellen Analyse ermittelten Dehnungshistogramm für die Umfangs- und Axialrichtung an der Innen- und der Außenoberfläche und dem Spannungs-Dehnungs-Diagramm für die Umfangsrichtung gegenüber.

Man erkennt, dass die Schwingbreite durch bilineares Verhalten gekennzeichnet ist, während die Dehnungsakkumulation stark durch das trilineare Segment des Werkstoffverhaltens geprägt ist. Die Schwingbreite wird durch die VFZT in sehr guter Qualität abgebildet, während die akkumulierten Dehnungen etwas überschätzt werden.

Wie sich die Umfangsdehnungen an der Außenoberfläche bei der VFZT mit der Anzahl der meA's entwickeln, kann der Tab. 7.5 entnommen werden.

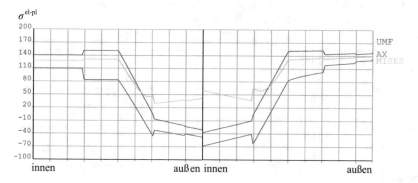

Abb. 7.11 Verteilung der Spannungen über die Wanddicke aufgrund der 5. meA der VFZT für minimalen (*links*) und maximalen (*rechts*) Belastungszustand

Abb. 7.12 Histogramm der Umfangs- und Axialdehnungen an der Innen- und Außenoberfläche aufgrund inkrementeller Berechnung; sowie Ergebnisse der 5. meA der VFZT für den plastischen Einspielzustand (*Rauten* für minimalen, *Kreuze* für maximalen Belastungszustand)

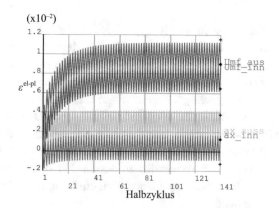

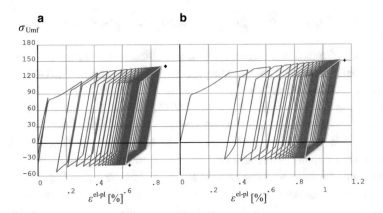

Abb. 7.13 Spannungs-Dehnungs-Diagramm für die Umfangsrichtung aufgrund einer inkrementellen Analyse sowie Spannungs-Dehnungs-Paare der 5. meA der VFZT für den plastischen Einspielzustand (*Raute* und *Kreuz*). **a** Innenoberfläche, **b** Außenoberfläche; Hysterese im Einspielzustand in *grün* hervor gehoben

Tab. 7.5 Umfangsdehnung über die meA's im Vergleich mit einer inkrementellen Analyse im Einspielzustand für die beiden extremalen Belastungszustände

VFZT, meA	ε_z [%] min. Belastungszustand	ε_z [%] max. Belastungszustand
1	0,145	0,397
2	0,501	0,753
3	0,894	1,146
4	0,890	1,142
5	0,901	1,153
6	0,902	1,154
Inkrementell	0,872	1,123

7.2.4 Stutzen

7.2.4.1 Geometrie

Bereits in [2] wurden mehrere Methoden zur vereinfachten Ermittlung elastisch-plastischer Dehnungsschwingbreiten anhand praxisrelevanter Beispiele aus der Kraftwerktechnik in Hinblick auf die Ermüdungsausnutzung untersucht, wobei die VFZT durchweg sehr gut abgeschnitten hat.

Im Folgenden wird ebenfalls ein praxisnahes Beispiel aus der Kraftwerkstechnik behandelt, dessen ursprüngliche Spezifikation von der Firma AREVA NP GmbH in Erlangen zur Verfügung gestellt wurde. Der Autor bedankt sich für die Erlaubnis, dieses Beispiel hier verwenden zu dürfen. Für das vorliegende Buch wird jedoch eine Reihe von Vereinfachungen eingeführt, die Geometrie, das Materialverhalten und die Belastung betreffend.

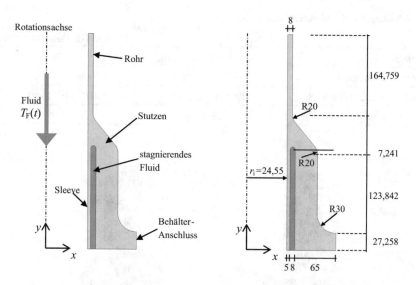

Abb. 7.14 Stutzen als Übergang zwischen Rohr und Behälter

Ein flüssiges Medium fließt durch ein Rohr in einen großen Behälter. Die Verbindung zwischen Rohr und Behälter wird durch einen rotationssymmetrischen Stutzen hergestellt (Abb. 7.14). Rohr und Stutzen bestehen aus einem austenitischen Stahl (in Abb. 7.14 grau dargestellt). Wie schon im Beispiel des dickwandigen Zylinders in Abschn. 4.3.4 besteht die Belastung aus einer Änderung der Fluidtemperatur, und zwar einer Down-Transiente von 350°C auf 50°C, nach einer Haltezeit gefolgt von einer schnelleren Up-Transiente zurück auf 350°C, wie bereits in Abb. 4.7 dargestellt. Aufgrund der gedrungenen Geometrie begründet ein evtl. vorhandener Innendruck hier jedoch keinen Ratcheting-Mechanismus und wird daher im Folgenden außer Acht gelassen, ebenso wie Schnittkräfte, die aus der angeschlossenen Rohrleitung eingeleitet werden.

7.2.4.2 Thermische Analyse

Wenn das Fluid seine Temperatur ändert, erfolgt ein konvektiver Wärmeübergang auf die Innenoberfläche des Austenits. Durch Wärmeleitung kommt es nun nicht nur, wie in Abschn. 4.3.4, zu einem radialen, sondern auch zu einem axialen Temperaturgradienten.

Um die thermischen Spannungen im dicken Tragwerksteil zu reduzieren, ist dieses durch ein Sleeve geschützt, durch den ein Bereich nahezu stagnierenden Fluids entsteht (in Abb. 7.14 blau dargestellt), der dämpfend auf die Temperatur an der Behälteroberfläche wirkt. Um die geringe Konvektion in diesem Bereich zu berücksichtigen, wurde eine erhöhte Wärmeleitfähigkeit des Fluides bei der Berechnung der Temperaturfelder angesetzt. Die thermischen Materialdaten sind temperaturunabhängig und der Tab. 7.6 zu entnehmen.

Tab. 7.6 Thermische Materialdaten

	Stahl	Fluid (stagnierender Bereich)
Dichte ρ	$7{,}93 * 10^{-9}$ N s^2/mm^4	$0{,}80 * 10^{-9}$ N s^2/mm^4
Wärmeleitfähigkeit k	17 N/(s K)	9 N/(s K)
Spezifische Wärmekapazität c	$0{,}49 * 10^9$ mm^2/(K s^2)	$5 * 10^9$ mm^2/(K s^2)
Wärmeübergangskoeffizient h_f	30 N/(K s mm)	

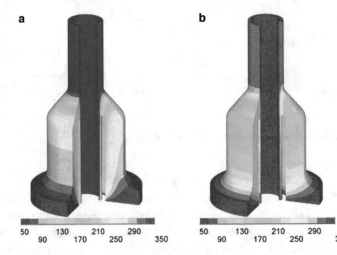

Abb. 7.15 Temperatur-Verteilungen. **a** am Ende der Down-Transiente (Zeitpunkt 330 s), **b** am Ende der Up-Transiente (525 s)

An der Innenoberfläche des Rohres und des Sleeve erfolgt ein konvektiver Wärme-übergang. Die Unterseite des Behälteranschlusses ($y=0$) wird bei konstant 350°C gehalten. Die Oberkante des Rohres sowie die gesamte rechte Außenkontur (am Rohr, am Stutzen, der Behälter-Anschluss) weisen adiabate Randbedingungen auf.

Beispielhaft für das Ergebnis der thermischen Analyse für die Temperaturtransiente von Abb. 4.7 sind in Abb. 7.15 die Temperatur-Verteilungen am Ende der Down-Transiente (Zeitpunkt 330 s) und am Ende der Up-Transiente (Zeitpunkt 525 s) dargestellt. Radiale und axiale Temperatur-Gradienten sind jeweils deutlich zu erkennen.

7.2.4.3 Fiktiv elastische Analyse

Die fiktiv elastischen Berechnungen erfolgen mit folgenden Materialdaten:

$$
\begin{aligned}
E &= 180.750 \text{ N/mm}^2 \\
\nu &= 0{,}3 \\
\alpha_T &= 2{,}5 \cdot 10^{-5}/\text{K}.
\end{aligned}
$$

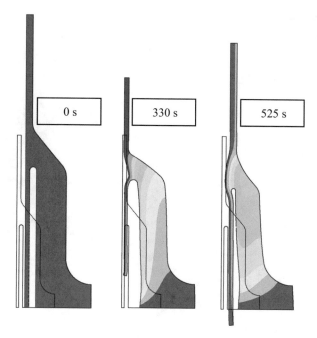

Abb. 7.16 Verformungsfiguren für unterschiedliche Transienten-Zeitpunkte (Farbskalierung wie in Abb. 7.15)

Die Unterseite des Behälteranschlusses ($y = 0$), nicht jedoch das Sleeve, sind gegen Vertikalverschiebung gehalten.

Abb. 7.16 zeigt die Temperaturen auf den Verformungsfiguren in 80-facher Überhöhung für die Transienten-Zeitpunkte 0 s, 330 s und 525 s. Aus diesen ist bereits ersichtlich, dass, hauptsächlich als Folge des axialen Temperaturgradienten, axiale Biegespannungen sowie Umfangs-Membran- und auf Grund der behinderten Querdehnung auch Umfangs-Biegespannungen auftreten, und an welchen Stellen die höchsten Beanspruchungen zu erwarten sind. Außerdem treten, anders als beim dickwandigen Zylinder in Abschn. 4.3.4, außer den drei Normalspannungen nun auch Schubspannungen auf.

Die maximalen Vergleichsspannungsschwingbreiten sind im Stutzenbereich zu finden, und zwar für die Zeitpunkte kurz nach jeweiligem Ende der Down- und der Up-Transiente. Abb. 7.17 zeigt die Verteilung der fiktiv elastisch berechneten Vergleichsspannungsschwingbreite für den maßgebenden Stutzenbereich, die aus den Zeitpunkten 330 s und 525 s gebildet wurde. Ihr Maximalwert beträgt 1435 N/mm² und befindet sich an der Innenoberfläche etwa in Höhe der durch den Sleeve-Anschluss bedingten Kerbe an der Stelle S. Aber auch in der Kerbe selbst, Stelle W, sowie am Übergang des Stutzens zum Rohr, Stellen A_i und A_a, sind Spannungskonzentrationen auszumachen.

Abb. 7.17 Fiktiv elastisch berechnete Vergleichsspa nnungsschwingbreite (der Übersichtlichkeit halber begrenzt auf Werte >200 N/mm²)

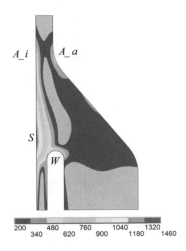

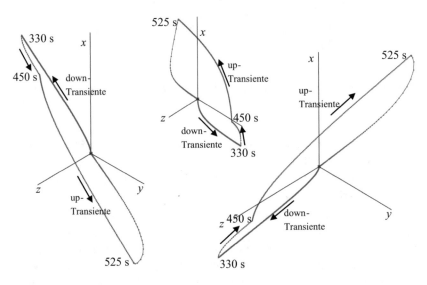

Abb. 7.18 Trajektorien der fiktiv elastisch berechneten Spannungen im deviatorischen Spannungsraum an den Stellen W, A_i und S

Die extremalen Beanspruchungen treten an den unterschiedlichen Orten zu unterschiedlichen Zeitpunkten auf. Zudem entwickeln sich die Spannungskomponenten an einem festen Ort nicht synchron zueinander, sodass nichtradiale Belastung vorliegt. Die Entwicklung der fiktiv elastisch berechneten Spannungen im deviatorischen Spannungsraum ist in Abb. 7.18 für die Stellen W, A_i und S für einen vollen Belastungszyklus dargestellt. An diesen Stellen existieren nur Normal-, keine Schubspannungen. Da nach 2000 s ein vollständiger Temperaturausgleich auf 350°C erzwungen wurde, endet die Trajektorie wieder im Koordinatenursprung.

7.2.4.4 Inkrementelle elastisch-plastische Analyse (transient)

Die inkrementelle Analyse wird mit dem Besseling-Modell für ein trilineares Spannungs-Dehnungs-Diagramm mit temperaturabhängigen Fließgrenzen durchgeführt. Die Materialdaten sind in Abb. 6.7 dargestellt. Die dort ebenfalls eingetragene Trilinearisierung führt zu den Materialparametern von Tab. 7.7.

Wird eine transiente Analyse durchgeführt, bei der die Temperaturtransiente detailliert mit mehreren hundert Lastschritten pro Zyklus durchfahren wird, dann erhält man die in Abb. 7.19 dargestellten Trajektorien des Spannungspfades im deviatorischen Spannungsraum für die Stellen W, A_i und S. Obwohl, wie bei der fiktiv elastischen Analyse, an jedem Zyklusende, also alle 2000 s, ein vollständiger Temperaturausgleich erzwungen wird auf überall 350 °C, kehrt die Trajektorie nicht wieder in den Koordinatenursprung zurück, weil Restspannungen entstanden sind. Da Ratcheting keine Rolle spielt, genügen

Tab. 7.7 Materialparameter des trilinearen Werkstoffmodells für den Stutzen

Materialparameter					
E [N/mm^2]	180.750				
ν	0,3				
α_T [K^{-1}]	$2,5 \times 10^{-5}$				
E_{t1} [N/mm^2]	21.168				
E_{t2} [N/mm^2]	7551				
	20 °C	100 °C	200 °C	300 °C	400 °C
f_{y1} [N/mm^2]	156,40	131,10	112,55	93,81	83,65
f_{y2} [N/mm^2]	215,61	181,27	156,73	134,18	121,72

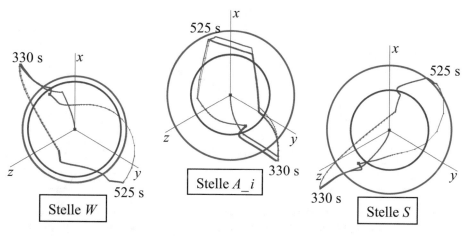

Abb. 7.19 Trajektorien der inkrementell elastisch-plastisch berechneten Spannungen im deviatorischen Spannungsraum an den Stellen W, A_i und S für komplette Temperaturtransiente

wenige Zyklen, bis die Trajektorien geschlossen sind (dargestellt sind zwei Zyklen). In Abb. 7.19 mit eingetragen sind die zur niedrigeren der beiden Fließgrenzen gehörenden Fließflächen (Radius f_{y1}) bei den Temperaturen zu den Zeitpunkten 330 s und 525 s des jeweiligen Ortes. Man erkennt, dass die Unterschiede der beiden Fließflächen an den Stellen, die sich an der Innenoberfläche befinden, wesentlich größer sind als an der Stelle W, welche die Temperaturtransiente nur gedämpft erfährt.

7.2.4.5 Inkrementelle elastisch-plastische Analyse (Lastpaar)

Als Vergleichsgrundlage für die VFZT wird eine weitere inkrementelle Analyse durchgeführt, bei der ein Belastungszyklus nicht aus der gesamten schrittweise durchlaufenen Temperaturtransiente besteht, sondern nur aus dem Lastpaar, das durch die in Abschn. 7.2.4.2 ermittelten Temperatur-Verteilungen zu den Transienten-Zeitpunkten 330 s und 525 s gebildet wird, also aus den Zeitpunkten am Ende der Down- und am Ende der Up-Transiente.

Die zugehörigen Trajektorien der deviatorischen Spannungen sind in Abb. 7.20 dargestellt, auch wieder zu Vergleichszwecken mit den zur niedrigeren der beiden Fließgrenzen gehörenden Fließflächen (Radius f_{y1}) bei den Temperaturen zu den Zeitpunkten 330 s und 525 s des jeweiligen Ortes. Im Vergleich zu Abb. 7.19 sind die Trajektorien weniger füllig.

Die Beanspruchungen in den Lastumkehrpunkten unterscheiden sich jedoch kaum. Beispielhaft sind in Tab. 7.8 die Dehnungskomponenten beim Transienten-Zeitpunkt 525 s im 10. Zyklus gegenüber gestellt.

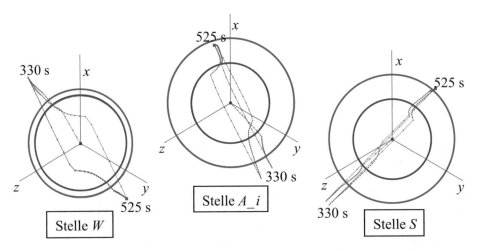

Abb. 7.20 Trajektorien der inkrementell elastisch-plastisch berechneten Spannungen im deviatorischen Spannungsraum an den Stellen W, A_i und S (für das Lastpaar 330 s und 525 s)

Tab. 7.8 Dehnungskomponenten bei inkrementeller elastisch-plastischer Analyse: Berechnung der vollständigen Transiente bzw. nur des Lastpaares von 330 s und 525 s

		ε_x [%]	ε_y [%]	ε_z [%]
Stelle W	Transient	−0,370	+0,386	−0,087
	Lastpaar	−0,368	+0,383	−0,084
Stelle A_i	Transient	+0,311	−0,235	−0,132
	Lastpaar	+0,312	−0,243	−0,128
Stelle S	Transient	+0,427	+0,048	−0,523
	Lastpaar	+0,413	+0,056	−0,520

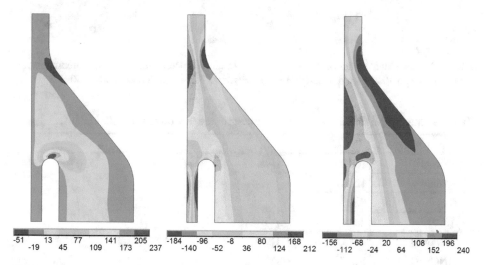

Abb. 7.21 Spannungskomponenten σ_x, σ_y, σ_z für einen Stutzen-Ausschnitt nach inkrementeller Berechnung von 10 Zyklen des Lastpaares von 330 s und 525 s (für den Zeitpunkt 330 s)

Für den relevanten Bereich des Stutzens sind in Abb. 7.21 die Normalspannungs- und in Abb. 7.22 die Dehnungskomponenten beispielhaft für den Zeitpunkt 330 s im 10. Zyklus dargestellt.

Die Entwicklung der TIV lässt sich bei trilinearem Werkstoffverhalten nicht für den Gesamtzustand, sondern nur für jeden Layer einzeln untersuchen. Die zugehörigen, nach Abschn. 6.3.6 aus Tab. 7.7 ermittelten Materialparameter der einzelnen Layer sind der Tab. 7.9 zu entnehmen.

Zunächst werden die Trajektorien der deviatorischen Spannungen getrennt für die beiden Layer exemplarisch für die Stelle W bis zum erstmaligen Erreichen des Belastungszustandes bei 525 s in Abb. 7.23 dargestellt, allerdings in unterschiedlichen Maßstäben. Im Gegensatz zu Abb. 7.20 lässt sich hierfür nun auch die Position der

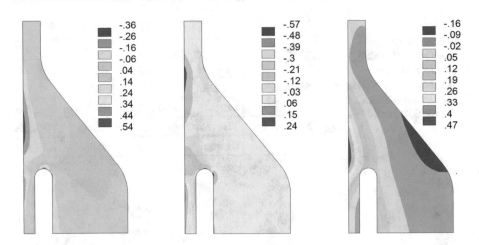

Abb. 7.22 Dehnungskomponenten ε_x, ε_y, ε_z [%] für einen Stutzen-Ausschnitt nach inkrementeller Berechnung von 10 Zyklen des Lastpaares von 330 s und 525 s (für den Zeitpunkt 330 s)

Tab. 7.9 Materialparameter der beiden Layer des trilinearen Werkstoffmodells

Materialparameter					
E_α [N/mm^2]	168.239				
E_β [N/mm^2]	12.511				
ν	0,3				
α_T [K^{-1}]	$2,5 \times 10^{-5}$				
$E_{t\alpha}$ [N/mm^2]	7028,3				
$E_{t\beta}$ [N/mm^2]	522,7				
	20°C	100°C	200°C	300°C	400°C
$f_{y\alpha}$ [N/mm^2]	145,57	122,03	104,76	87,32	77,86
$f_{y\beta}$ [N/mm^2]	50,58	42,76	37,45	33,59	31,35

Mises-Fließflächen beim minimalen (330 s, rot) und beim maximalen (525 s, violett) Belastungszustand angeben.

Für einen Vergleich mit Abb. 7.21 sind in Abb. 7.24 die Normalspannungskomponenten in beiden Layern zum Zeitpunkt 330 s dargestellt. Am Beispiel der radialen und axialen Spannungskomponenten sieht man, dass sich die extremalen Beanspruchungen der beiden Layer teilweise an unterschiedlichen Orten befinden können. In der Darstellung der Radialspannungen σ_x erkennt man, dass nur die Summe in beiden Layern an der freien Innenoberfläche verschwindet, in den einzelnen Layern jedoch nicht.

Abb. 7.23 Trajektorien der inkrementell elastisch-plastisch berechneten Spannungen im deviatorischen Spannungsraum der beiden Layer an der Stelle W (für das Lastpaar 330 s und 525 s)

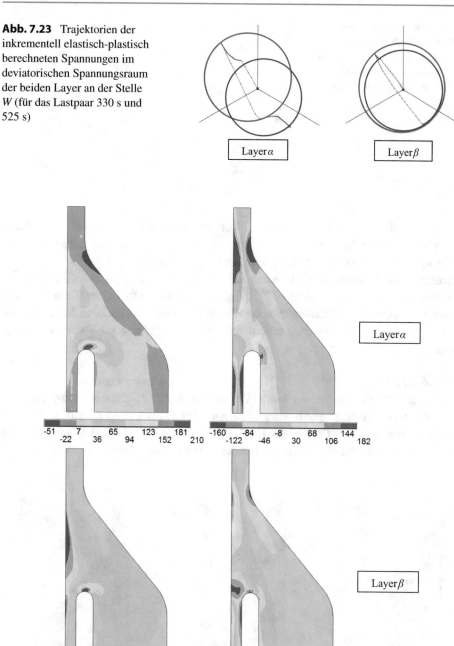

Abb. 7.24 Spannungskomponenten σ_x, σ_y in beiden Layern für einen Stutzen-Ausschnitt nach inkrementeller Berechnung von 10 Zyklen des Lastpaares von 330 s und 525 s (für den Zeitpunkt 330 s)

Abb. 7.25 Trajektorien der inkrementell elastisch-plastisch berechneten TIV im TIV-Raum der beiden Layer an der Stelle *W* (für das Lastpaar 330 s und 525 s)

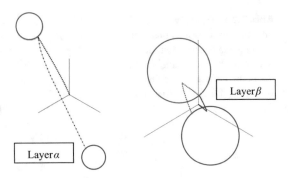

Am Beispiel der Stelle *W* in Abb. 7.25 erkennt man zudem, dass die Entwicklung der TIV in beiden Layern, die allerdings nicht im selben Maßstab dargestellt sind, nicht synchron verläuft, sondern teilweise sogar gegenläufig sein kann. So können die extremalen Beanspruchungen in beiden Layern nicht nur an unterschiedlichen Orten, sondern auch zu unterschiedlichen Zeitpunkten auftreten. Auch diese Tatsache hängt damit zusammen, dass Spannungen normal zu einer freien Oberfläche in beiden Layern nicht unbedingt verschwinden, sondern lediglich entgegengesetzte Vorzeichen haben müssen.

7.2.4.6 VFZT

Beispielhaft für die Ergebnisse der VFZT sind in Abb. 7.26 die elastisch-plastischen Dehnungen zum Belastungszeitpunkt 330 s nach der 5. meA dargestellt (die schwarze gezackte Linie zeigt die Grenze der Fließzone an). Visuell sind kaum Unterschiede zu den in Abb. 7.22 dargestellten Ergebnissen der inkrementellen Berechnung festzustellen.

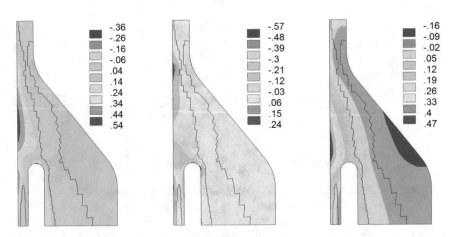

Abb. 7.26 Dehnungskomponenten ε_x, ε_y, ε_z [%] für einen Stutzen-Ausschnitt nach der 5. meA einer VFZT-Berechnung (für den Zeitpunkt 330 s)

Abb. 7.27 Spannungs-Dehnungs-Hysterese der inkrementellen Analyse für das Lastpaar 330 s und 525 s an der Stelle *W* und Spannungs-Dehnungs-Paare für die Lastumkehrpunkte nach der 5. meA einer VFZT-Berechnung

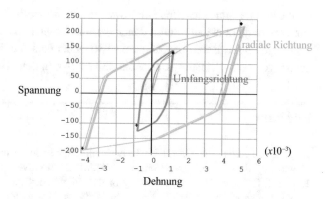

Tab. 7.10 Entwicklung der extremalen Dehnungen über die meA's der VFZT im Vergleich mit dem 10. Zyklus einer inkrementellen Analyse (für das Lastpaar 330 s und 525 s)

VFZT, meA	Min. Belastungszustand (330 s)			Schwingbreite 525 s -330 s		
	ε_x [%]	ε_y [%]	ε_z [%]	$\Delta\varepsilon_x$ [%]	$\Delta\varepsilon_y$ [%]	$\Delta\varepsilon_z$ [%]
1	0,617	−0,705	0,544	−1,117	1,259	−1,087
2	0,522	−0,561	0,468	−0,942	1,009	−0,983
3	0,502	−0,541	0,467	−0,895	0,957	−0,977
4	0,505	−0,543	0,468	−0,897	0,956	−0,979
5	0,511	−0,545	0,468	−0,905	0,958	−0,978
6	0,512	−0,547	0,468	−0,905	0,961	−0,978
7	0,512	−0,546	0,468	−0,906	0,960	−0,978
8	0,513	−0,547	0,468	−0,906	0,959	−0,978
Inkrementell	0,532	−0,564	0,463	−0,899	0,942	−0,977

Sie treten erst bei detaillierterer Betrachtung zutage, etwa wenn man die mit der VFZT ermittelten Spannungen und Dehnungen in den Lastumkehrpunkten mit der Spannungs-Dehnungs-Hysteresen der inkrementellen Analyse vergleicht, wie in Abb. 7.27 für die Stelle *W*. Da diese im Kerbgrund mit horizontaler Tangente liegt, verschwinden dort die Normalspannungskomponente in *y*-Richtung sowie die Schubspannung.

Der Tab. 7.10 kann entnommen werden, wie sich die extremalen Dehnungen beim Belastungszeitpunkt 330 s bzw. die extremalen Dehnungsschwingbreiten der Struktur mit den meA's entwickeln.

Nachdem zunächst vier meA's zur Berechnung der Schwingbreite angefallen sind, gibt es ab der 4. weiteren meA zur Berechnung der Dehnungszustände in den Lastumkehrpunkten nur noch geringe Änderungen. Spätestens mit der 2. meA wird durch die VFZT auch die richtige Stelle dieser extremalen Beanspruchungen innerhalb einer

Elementbreite um die Stelle W bzw. S identifiziert. Die Dehnungsschwingbreiten stimmen in guter Näherung mit denen der inkrementellen Analyse überein, die Umfangs-dehnungen beim Belastungszeitpunkt 330 s ebenfalls. Lediglich die Radial- und Axial-dehnungen beim Belastungszeitpunkt 330 s fallen in ihrer Genauigkeit etwas ab

Literatur

1. Tribout, J., Inglebert, G., Casier, J.: A simplified method for the inelastic analysis of structures under cyclic loading, transactions of the ASME. J. Press. Vessel Technol. **105**, 222–226 (1983)
2. Hübel, H., et al.: Performance study of the simplified theory of plastic zones and the Twice-Yield method for the fatigue check. Int. J. Press. Vessels Pip. **116**, 10–19 (2014). https://doi.org/10.1016/j.ijpvp.2014.01.003
3. Hübel, H.: Simplified theory of plastic zones for cyclic loading and multilinear hardening. Int. J. Press. Vessels Pip. **129–130**, 19–31 (2015). https://doi.org/10.1016/j.ijpvp.2015.03.002
4. Zarka, J.: Direct analysis of elastic-plastic structures with ‚overlay' materials during cyclic loading. Int. J. Num. Methods Eng. **15**, 225–235 (1980)

Traglastberechnung

8

Viele der in Abschn. 2.9.4 erwähnten Berechnungsmethoden für Shakedown- und Ratcheting-Analysen lassen sich auch zur Ermittlung der Traglast einsetzen, etwa die Generalized Local Stress–Strain (GLOSS-) Method [1], die Elastic Compensation Method (ECM), sowie die Linear Matching Method (LMM). Dies gilt ebenso für die Zarka-Methode (siehe beispielsweise die Anwendung auf Rohrbögen in [2]) und somit auch die VFZT.

Das Einsatzpotenzial der Vereinfachten Fließzonentheorie (VFZT) wird hauptsächlich bei der vereinfachten Ermittlung von Dehnschwingbreiten und akkumulierten Dehnungen in Hinblick auf Lebensdaueranalysen gesehen, was auch der Hauptgegenstand der Betrachtungen in den vorigen Kapiteln war. Im Folgenden wird untersucht, in wie weit sich die VFZT aber auch zur Ermittlung der plastischen Traglast einsetzen lässt. Dabei wird auf Vorarbeiten von Zarka [3], Maier et al. [4] und Borhani [5] zurück gegriffen.

8.1 Berechnungsschritte

Bei einer Traglastanalyse wird untersucht, bis auf welches Niveau eine Belastung monoton gesteigert werden kann, bis das Tragwerk eine bestimmte Reaktion zeigt, nämlich kinematisch wird. Diese Aufgabenstellung ist eine Invertierung von derjenigen in Kap. 3, wo die Reaktion des Tragwerks für eine monotone Belastungssteigerung auf ein vorgegebenes Belastungsniveau zu ermitteln war.

Obwohl das Versagen eines Tragwerks durch Ausbildung einer kinematischen Kette häufig mit großen Verschiebungen und Verdrehungen einher geht, werden im Folgenden kleine Verschiebungen und kleine Verdrehungen, oft als Theorie I. Ordnung bezeichnet, vorausgesetzt. Wie aus den vorangehenden Kapiteln hervor geht, erfordert die VFZT multilineares Spannungs-Dehnungs-Verhalten mit kinematischer Verfestigung. Bei

© Springer Fachmedien Wiesbaden GmbH, ein Teil von Springer Nature 2023
H. Hübel, *Vereinfachte Fließzonentheorie*, https://doi.org/10.1007/978-3-658-41833-5_8

unbegrenzter Verfestigung kann ein Tragwerk aber nicht kinematisch werden, sodass in Hinblick auf eine Ermittlung der Traglast im letzten Segment eines multilinearen Spannungs-Dehnungs-Diagramms die Steigung verschwinden muss. Im Folgenden wird nur linear elastisch – linear kinematisch verfestigendes Verhalten angenommen, was im Grenzübergang $E_t \to 0$ zu einem linear elastisch – ideal plastischen Verhalten führt. Die Fließgrenze f_y darf dabei örtlich variieren, etwa aufgrund einer im Traglast-Zustand vorhandenen Temperaturverteilung.

Eine Traglastanalyse mit der VFZT erfolgt in mehreren Schritten, die im Folgenden dargelegt werden. Dazu wird zunächst ein asymptotischer Zustand ermittelt (Abschn. 8.2), der eine Abschätzung für die Richtung des Spannungsinkrementes bei unendlich hoher Belastung liefert. Dies gestattet eine Abschätzung der TIV, mit der eine erste Abschätzung der Traglast unter Annahme eines in seinem gesamten Volumen plastizierenden Tragwerks vorgenommen wird (Abschn. 8.4), die dann anschließend schrittweise verbessert werden kann (Abschn. 8.6).

Die VFZT ist auch für Traglastanalysen als User-Subroutine in ANSYS [6] implementiert.

8.2   Asymptotischer Zustand

Zarka hat schon in [3] beschrieben, wie eine Abschätzung der Traglast gewonnen werden kann. Der erste Schritt hierfür besteht darin, die maximal mögliche direktionale Spannungsumlagerung infolge Plastizierens zu ermitteln. Dazu wird angenommen, das Belastungsniveau sei unendlich hoch. Aufgrund der Annahme unbeschränkter kinematischer Verfestigung bedeutet dies, dass jede Stelle der Struktur plastisch beansprucht wird, also die Fließzone V_p identisch ist mit dem Gesamtvolumen V der Struktur:

$$V_p = \left\{ \underline{x} | \sigma_v \geq f_y \right\} \; ; \; \sigma_v \to \infty \Rightarrow V_p = V \; ; \; V_e \not\subset V. \tag{8.1}$$

Die dabei auftretenden Beanspruchungsgeschwindigkeiten bzw. -inkremente lassen sich durch Betrachtung des asymptotischen Zustandes ermitteln. Aus der Darstellung im Raum der transformierten internen Variablen (TIV) in Abb. 8.1 ist ersichtlich, dass bei asymptotischer Näherung an ein unendlich hohes Belastungsniveau Richtung und Betrag der TIV Y_i bekannt sind:

$$Y_i^\infty \to \sigma_i'^{\,\text{fel},\infty}. \tag{8.2}$$

Die Richtung des plastischen Dehnungsinkrementes $d\varepsilon_i^{\text{pl},\infty}$, also die innere Normale an den Mises-Kreis an der Stelle Y_i^∞, bleibt dabei zunächst unbekannt. Sie kann jedoch nach der üblichen Vorgehensweise der VFZT, wie in den vorigen Kapiteln beschrieben, ermittelt werden, wenn an Stelle der Spannungen, Dehnungen usw. deren Inkremente bei asymptotischer Näherung an ein unendlich hohes Belastungsniveau betrachtet werden. Für diesen quasi stationären Zustand gilt dann an Stelle von Gln. 3.76 bzw. 3.117

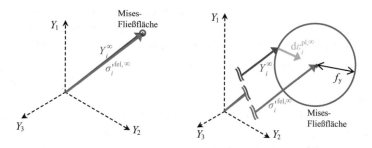

Abb. 8.1 Asymptotischer Zustand an einer Stelle der Struktur bei sehr hoher Belastung im TIV-Raum

$$dY_i^\infty = d\sigma_i^{'\text{fel},\infty}.$$
(8.3)

Die inkrementellen Anfangsdehnungen werden damit an Stelle von Gl. 3.14

$$d\varepsilon_{i,0}^\infty = \frac{3}{2C}dY_i^\infty = \frac{3}{2C}d\sigma_i^{'\text{fel},\infty}$$
(8.4)

bzw. die inkrementellen Anfangsspannungen an Stelle von Gl. 3.23

$$d\sigma_{i,0}^\infty = -E_{ij}^* d\varepsilon_{j,0}^\infty = -\frac{3}{2}\frac{1-\frac{E_\text{t}}{E}}{1+v^*}d\sigma_i^{'\text{fel},\infty},$$
(8.5)

wobei die modifizierten elastischen Materialparameter E^* und v^* in der modifizierten Elastizitätsmatrix E_{ij}^* gegeben sind durch Gln. 3.15 und 3.16.

Mit der so durch die Anfangsdehnungen bzw. Anfangsspannungen definierten modifizierten Belastung und den modifizierten elastischen Materialparametern wird eine modifizierte elastische Analyse (meA) durchgeführt, die die Restspannungsinkremente $d\rho_i^\infty$ liefert. Aus den Definitionsgleichungen Gln. 2.36 und 2.37, der Additivität elastischer und plastischer Verzerrungen, Gl. 1.21, sowie dem elastischen und dem modifiziert elastischen Werkstoffgesetz, Gln. 1.3 und 3.12, jeweils nach Umformulierung für die Inkremente, ergibt sich

$$d\varepsilon_i^{\text{pl},\infty} = \frac{3}{2C}d\sigma_i^{'\infty}.$$
(8.6)

Das plastische Dehnungsinkrement hat also im asymptotischen Zustand unendlich hoher Belastung dieselbe Richtung wie das elastisch-plastische deviatorische Spannungsinkrement, während bei endlicher Belastung das plastische Dehnungsinkrement aufgrund der Normalenregel, Gl. 1.27, in Richtung der reduzierten deviatorischen Spannung weist. Dies ist unmittelbar plausibel, denn bei unendlich hoher Belastung wird das Inkrement der Rückspannung $d\xi_i^\infty$ proportional zum Inkrement der deviatorischen Spannung $d\sigma_i^{'\infty}$.

Weitere meA's zur iterativen Verbesserung dieses Ergebnisses sind vorerst nicht möglich, denn zum einen steht die plastische Zone fest, weil sie sich nach Gl. 8.1

wegen $V_p = V$ über das gesamte Tragwerk erstreckt, zum anderen lässt sich auch die inkrementelle TIV dY_i^∞, im Gegensatz zur Betrachtung endlicher Belastungsniveaus, nicht durch Projektion der inkrementellen Rückspannungen auf die Mises-Fließfläche verbessern. Denn diese ist im quasi-stationären Zustand asymptotischer Annäherung an unendlich hohe Belastung zu einem Punkt zusammengeschrumpft, was dem Übergang $f_y \to 0$ gleich kommt.

Wie später zu sehen sein wird, spielen die Vorzeichen der inkrementellen deviatorischen Spannungskomponenten $d\sigma_i'^\infty$ eine überaus wichtige Rolle, können jedoch mit der beschriebenen Vorgehensweise nicht sicher korrekt identifiziert werden. Für einachsige Spannungszustände ergibt sich damit beispielsweise, dass die plastischen Dehnungsinkremente im vollplastischen Zustand dieselben Vorzeichen haben wie die fiktiv elastischen Spannungen, was jedoch nicht immer zutrifft. Denn selbst wenn tatsächlich jede Stelle eines Tragwerks plastiziert, können infolge örtlicher Spannungsumlagerungen Zugspannungen an Stellen auftreten, die bei fiktiv elastischer Beanspruchung Druckspannungen erfahren, und umgekehrt. Dies trifft beispielsweise auf einen Balken-Querschnitt unter Biegebeanspruchung zu, dessen neutrale Faser sich infolge Plastizierens verschiebt, wie in Abb. 1.10 für einen T-förmigen Balkenquerschnitt dargestellt, oder verdreht.

An dieser Stelle sei bereits darauf hingewiesen, dass die meA's mitunter zu verschwindenden Restspannungsinkrementen führen. Eine Begründung hierfür ist [7] zu entnehmen. Schimmöller weist hier nach, dass die Restspannungen dann verschwinden, wenn Eigenverzerrungszustände vorliegen, die die Kompatibilitätsbedingungen

$$\left.\begin{aligned}
\frac{\partial^2 \varepsilon_x}{\partial y^2} + \frac{\partial^2 \varepsilon_y}{\partial x^2} - \frac{\partial^2 \gamma_{xy}}{\partial x \partial y} &= 0 \\
\frac{\partial^2 \varepsilon_y}{\partial z^2} + \frac{\partial^2 \varepsilon_z}{\partial y^2} - \frac{\partial^2 \gamma_{yz}}{\partial y \partial z} &= 0 \\
\frac{\partial^2 \varepsilon_z}{\partial x^2} + \frac{\partial^2 \varepsilon_x}{\partial z^2} - \frac{\partial^2 \gamma_{xz}}{\partial x \partial z} &= 0 \\
\frac{\partial^2 \varepsilon_x}{\partial y \partial z} - \frac{\partial}{\partial x}\left(-\frac{\partial \gamma_{yz}}{\partial x} + \frac{\partial \gamma_{xz}}{\partial y} + \frac{\partial \gamma_{xy}}{\partial z}\right) &= 0 \\
\frac{\partial^2 \varepsilon_y}{\partial x \partial z} - \frac{\partial}{\partial y}\left(-\frac{\partial \gamma_{xz}}{\partial y} + \frac{\partial \gamma_{xy}}{\partial z} + \frac{\partial \gamma_{yz}}{\partial x}\right) &= 0 \\
\frac{\partial^2 \varepsilon_z}{\partial x \partial y} - \frac{\partial}{\partial z}\left(-\frac{\partial \gamma_{xy}}{\partial z} + \frac{\partial \gamma_{yz}}{\partial x} + \frac{\partial \gamma_{xz}}{\partial y}\right) &= 0
\end{aligned}\right\}
\tag{8.7}$$

erfüllen. Solange jede Stelle des Tragwerks als plastisch angenommen wird (Gl. 8.1, $V_p = V$), erfüllen die inkrementellen Anfangsdehnungen nach Gl. 8.4 immer die Kompatibilitätsbedingungen. Die Nachweisführung in [7] gilt allerdings nur für den Fall, dass ausschließlich „natürliche" Randbedingungen, also keine Verschiebungs-Randbedingungen vorliegen. Falls auch „wesentliche" Randbedingungen vorliegen, verschwinden die Restspannungen aufgrund kompatibler Eigenverzerrungszustände nur, wenn die zugehörigen Reaktionskräfte Null sind.

8.3 Beispiele für asymptotische Zustände

8.3.1 Ein Element mit zweiachsigem Spannungszustand

Ein einzelnes Materialelement, welches als Finites Element mit vier Knoten betrachtet werden kann, wird einem zweiachsigen homogenen Spannungszustand unterworfen. Die Belastung erfolgt durch eine Zugspannung in x-Richtung. Infolge Behinderung der Querdehnung kann auch eine Spannung in y-Richtung entstehen, Abb. 8.2.

Bei einer Querdehnzahl $\nu = 0$ treten jedoch bei elastischem bzw. fiktiv elastischem Verhalten keine Querspannungen auf:

$$\sigma_i^{\text{fel}} = \begin{pmatrix} \sigma_x \\ 0 \\ 0 \end{pmatrix} \quad ; \quad \sigma_i^{'\text{fel}} = \begin{pmatrix} \frac{2}{3}\sigma_x \\ -\frac{1}{3}\sigma_x \\ -\frac{1}{3}\sigma_x \end{pmatrix} \tag{8.8}$$

bzw. im asymptotischen Zustand

$$d\sigma_i^{\text{fel},\infty} = \begin{pmatrix} d\sigma_x^\infty \\ 0 \\ 0 \end{pmatrix} \quad ; \quad d\sigma_i^{'\text{fel},\infty} = \begin{pmatrix} \frac{2}{3}d\sigma_x^\infty \\ -\frac{1}{3}d\sigma_x^\infty \\ -\frac{1}{3}d\sigma_x^\infty \end{pmatrix}. \tag{8.9}$$

Die inkrementellen Anfangsspannungen ergeben sich aus Gl. 3.16 mit $\nu = 0$, also

$$\nu^* = \frac{1}{2}\left(1 - \frac{E_{\text{t}}}{E}\right) \tag{8.10}$$

aus Gl. 8.5 zu

$$d\sigma_{0,i}^\infty = -3\frac{1 - \frac{E_{\text{t}}}{E}}{3 - \frac{E_{\text{t}}}{E}}d\sigma_i^{'\text{fel},\infty}. \tag{8.11}$$

Für die „natürlichen" Randbedingungen in x- und z-Richtung

$$d\rho_x^\infty = d\rho_z^\infty = 0 \tag{8.12}$$

und die „wesentliche" Randbedingung in y-Richtung

$$d\varepsilon_y^{*,\infty} = 0 \tag{8.13}$$

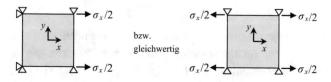

Abb. 8.2 Ein Element unter ebenem Spannungszustand

liefert die meA die inkrementellen Restdehnungen

$$d\varepsilon_i^{*,\infty} = \frac{1}{4}\begin{pmatrix} 3 - 2\frac{E_t}{E} - \left(\frac{E_t}{E}\right)^2 \\ 0 \\ -3 + 4\frac{E_t}{E} - \left(\frac{E_t}{E}\right)^2 \end{pmatrix}\frac{d\sigma_x^{\infty}}{E_t} \tag{8.14}$$

und die inkrementellen Restspannungen

$$d\rho_i^{\infty} = \frac{1}{2}\left(1 - \frac{E_t}{E}\right)\begin{pmatrix} 0 \\ 1 \\ 0 \end{pmatrix}d\sigma_x^{\infty}. \tag{8.15}$$

Diese sind nicht Null, weil zwar die Anfangsdehnungen konstant verteilt sind und so die Kompatibilitätsbedingungen Gl. 8.7 erfüllen, sich die Auflagerreaktionen in y-Richtung aber nicht allein durch Gleichgewichtsbedingungen ermitteln lassen und daher im Restspannungszustand auch nicht verschwinden. Dies erscheint sofort einleuchtend, wenn man sich die Anfangsdehnungen als freie thermische Dehnungen vorstellt.

Für den elastisch-plastischen Gesamtzustand ergibt sich

$$d\varepsilon_i^{\text{el-pl},\infty} = \frac{1}{4}\begin{pmatrix} 3 + 2\frac{E_t}{E} - \left(\frac{E_t}{E}\right)^2 \\ 0 \\ -3 + 4\frac{E_t}{E} - \left(\frac{E_t}{E}\right)^2 \end{pmatrix}\frac{d\sigma_x^{\infty}}{E_t}, \tag{8.16}$$

$$d\sigma_i^{\infty} = \begin{pmatrix} 1 \\ \frac{1}{2}\left(1 - \frac{E_t}{E}\right) \\ 0 \end{pmatrix}d\sigma_x^{\infty} \quad ; \quad d\sigma_i^{'\infty} = \frac{1}{6}\begin{pmatrix} 3 + \frac{E_t}{E} \\ -2\frac{E_t}{E} \\ -3 + \frac{E_t}{E} \end{pmatrix}d\sigma_x^{\infty}. \tag{8.17}$$

Das plastische Dehnungsinkrement wirkt im asymptotischen Zustand nach Gl. 8.6 in Richtung des inkrementellen deviatorischen Spannungsvektors:

$$d\varepsilon_i^{\text{pl},\infty} = \frac{1}{4}\left(1 - \frac{E_t}{E}\right)\begin{pmatrix} +3 + \frac{E_t}{E} \\ -2\frac{E_t}{E} \\ -3 + \frac{E_t}{E} \end{pmatrix}\frac{d\sigma_x^{\infty}}{E_t}, \tag{8.18}$$

im Grenzübergang $E_t \to 0$ also

$$d\varepsilon_i^{\text{pl},\infty} \propto \begin{pmatrix} +1 \\ 0 \\ -1 \end{pmatrix}, \tag{8.19}$$

was wegen der im asymptotischen Zustand verschwindenden elastischen Dehnungsinkremente aufgrund der Inkompressibilität plastischer Verzerrungen sofort plausibel erscheint. Die oben vorgenommene Wahl der Querdehnzahl ($\nu = 0$) ist dabei unerheblich, sodass die plastischen Dehnungsinkremente für $E_t \to 0$ unabhängig von ν stets dieselbe Richtung aufweisen.

In diesem Beispiel findet infolge Plastizierens zwar keine örtliche Umlagerung der Spannungen statt, wohl aber eine direktionale Umlagerung, da sich das Verhältnis der Dehnungskomponenten zueinander bzw. das Verhältnis der Spannungskomponenten zueinander gegenüber rein elastischem Verhalten ändert.

8.3.2 Biegebalken und Fachwerkstäbe

Bei Biegebalken und Fachwerkstäben sind wegen des einachsigen Spannungszustandes direktionale Umlagerungen von vornherein ausgeschlossen. Unter Umständen treten jedoch örtliche Umlagerungen auf.

Da bei der Analyse des asymptotischen Zustandes das gesamte Tragwerk als plastisch betrachtet wird, liegt bei der modifizierten elastischen Analyse dieselbe Steifigkeitsverteilung vor wie bei der fiktiv elastischen Analyse, jedenfalls sofern E und E_t ortsunabhängig sind. Bei der meA entstehen dann wegen des einachsigen Spannungszustandes aufgrund der zu den fiktiv elastischen Spannungen proportionalen inkrementellen Anfangsspannungen $d\sigma_{i,0}^{\infty}$ zwar inkrementelle Restdehnungen $d\varepsilon_i^{*,\infty}$, die mit den inkrementellen Anfangsdehnungen identisch sind, aber keine inkrementellen Restspannungen $d\rho_i^{\infty}$, da sich die inkrementellen Anfangsdehnungen ungehindert in Verformungen umsetzen können. Der inkrementelle Spannungsvektor $d\sigma_i^{\infty}$ ist daher an jeder Stelle des Tragwerks identisch mit dem jeweiligen inkrementellen fiktiv elastischen Spannungsvektor $d\sigma_i^{fel,\infty}$. Die Richtung des plastischen Dehnungsinkrementes ist damit, bei in x-Richtung gehender Stabachse, gegeben durch den Vektor

$$d\varepsilon_{i(x,y,z)}^{pl,\infty} \propto d\sigma_{i(x,y,z)}'^{\infty} \left[= d\sigma_{i(x,y,z)}'^{fel,\infty}\right] \propto \sigma_{x(x,y,z)}^{fel} \begin{pmatrix} +1 \\ -0{,}5 \\ -0{,}5 \end{pmatrix}. \tag{8.20}$$

Wie bereits in Abschn. 8.2 erwähnt, ist der Proportionalitätsfaktor zwischen $d\sigma_{x(x,y,z)}^{\infty}$ und $\sigma_{x(x,y,z)}^{fel}$ im Rahmen der hier besprochenen Vorgehensweise stets positiv, kann in Wirklichkeit allerdings u. U. auch negativ sein, sodass Gl. 8.20 nur eine erste Abschätzung darstellt.

8.3.3 Dickwandiges Rohr unter Innendruck

Für einen wie bereits in Abschn. 3.6.4 betrachteten dickwandigen Zylinder unter Innendruck lauten die fiktiv elastischen Spannungsinkremente im asymptotischen Zustand

$$d\sigma_i^{fel,\infty} = dp\frac{r_i^2}{r_a^2 - r_i^2} \begin{pmatrix} 1 - \left(\frac{r_a}{x}\right)^2 \\ 1 \\ 1 + \left(\frac{r_a}{x}\right)^2 \end{pmatrix} \; ; \; d\sigma_i'^{fel,\infty} = dp\frac{r_i^2 r_a^2}{(r_a^2 - r_i^2)x^2} \begin{pmatrix} -1 \\ 0 \\ +1 \end{pmatrix}. \tag{8.21}$$

Da diese unabhängig sind von der Querdehnzahl, und da bei der meA keine Steifigkeitsunterschiede auftreten, weil die gesamte Struktur den modifizierten E-Modul $E^* = E_t$ aufweist, können sich die nach Gl. 8.4 zu ermittelnden Inkremente der Anfangsdehnungen
ungehindert einstellen. Bei der meA entstehen dann keine Restspannungsinkremente,
denn das inkrementelle Anfangsdehnungsfeld nach Gl. 8.4 erfüllt die Kompatibilitätsbedingungen Gl. 8.7 und es liegen nur „natürliche" Randbedingungen vor.

Ähnlich wie beim einachsigen Spannungszustand wirken also auch hier die
plastischen Verzerrungsinkremente im asymptotischen Zustand unabhängig vom
Verfestigungsmodul E_t an jeder Stelle x des Tragwerks in Richtung der jeweiligen
deviatorischen fiktiv elastischen Spannungen:

$$
d\varepsilon_{i(x)}^{\mathrm{pl},\infty} \propto d\sigma_{i(x)}^{'\infty} \propto dp \frac{r_\mathrm{i}^2 r_\mathrm{a}^2}{(r_\mathrm{a}^2 - r_\mathrm{i}^2)x^2}
\begin{pmatrix} -1 \\ 0 \\ +1 \end{pmatrix}. \tag{8.22}
$$

Es gibt bei der asymptotischen Analyse also keine direktionalen Spannungsumlagerungen.

8.3.4 Lochscheibe

Für die bereits in Abschn. 3.6.3 vorgestellte Lochscheibe werden zwei Varianten untersucht, die sich hinsichtlich der Lagerung entlang der Längsränder unterscheiden.

8.3.4.1 Längsränder frei

Die inkrementellen Anfangsspannungen sind Gl. 8.5 zufolge proportional zu den
deviatorischen fiktiv elastisch berechneten Spannungen und sind in Abb. 8.3 für das in
Abb. 3.18 gegebene System für das Inkrement der Zugbelastung $dp = 100$ dargestellt.

Sie rufen bei der meA des asymptotischen Zustandes keinerlei Restspannungen
hervor, weil das zugehörige Anfangsdehnungsfeld die Kompatibilitätsbedingungen
Gl. 8.7 erfüllt und nur „natürliche" Randbedingungen existieren.

Somit haben die deviatorischen Spannungs- und die plastischen Verzerrungsinkremente im asymptotischen Zustand dieselbe Richtung wie die fiktiv elastischen
deviatorischen Spannungen.

8.3.4.2 Längsränder gehalten

Auch wenn sich der Rand $y = $ const. infolge einer Versteifung des Randes nur parallel
verschieben kann, wie etwa bei einem I-Profil mit Loch im Steg aufgrund biegesteifer
Flansche, liegen nur „natürliche" Randbedingungen vor, sodass auch dabei infolge einer
meA des asymptotischen Zustandes keine Zwängungen auftreten.

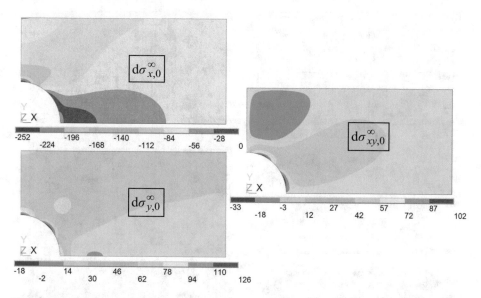

Abb. 8.3 Inkremente der Anfangsspannungen im asymptotischen Zustand für das Belastungsinkrement $dp = 100$, $E_t/E = 10^{-6}$, $v = 0{,}3$

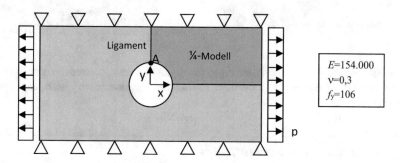

Abb. 8.4 Lochscheibe mit gehaltenen Längsrändern

Dies gilt jedoch nicht, wenn eine Verschiebung der Längsränder in Querrichtung verhindert wird, wie in Abb. 8.4 dargestellt, da in einem solchen Fall die den „wesentlichen" Randbedingungen entsprechenden Reaktionskräfte nicht Null sind und so Zwängungen bei der meA des asymptotischen Zustandes entstehen.

Die inkrementellen Anfangsspannungen im asymptotischen Zustand sind zusammen mit den durch sie hervor gerufenen inkrementellen Restspannungen des asymptotischen Zustandes in Abb. 8.5 dargestellt.

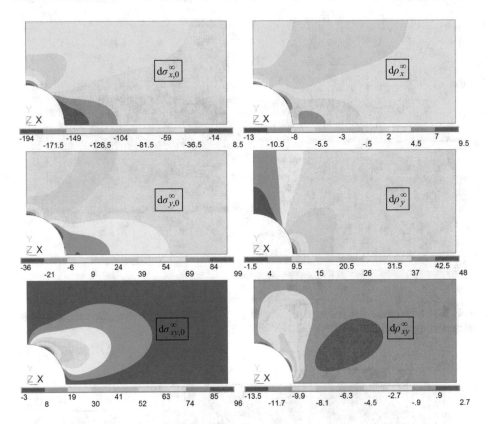

Abb. 8.5 Inkremente der Anfangsspannungen im asymptotischen Zustand für das Belastungsinkrement $dp = 100$, $E_t/E = 10^{-6}$, $\nu = 0{,}3$; sowie die inkrementellen Restspannungen im asymptotischen Zustand

8.4   Durchplastiziertes Tragwerk

Die gemäß Abschn. 8.2 für eine unendlich hohe Belastung ermittelte extremale Richtung des plastischen Dehnungsinkrementes $\left(d\varepsilon_i^{pl,\infty} \propto d\sigma_i'^{\infty} \right)$ wird benutzt, um für ein endliches Belastungsniveau die TIV Y_i abzuschätzen. Das Belastungsniveau wird vorerst beliebig gewählt und durch einen skalaren und ortsunabhängigen Lastfaktor α auf ein willkürlich definiertes Ausgangs-Belastungsniveau, das die fiktiv elastisch berechneten Spannungen $\overline{\sigma}_i^{fel}$ verursacht, festgelegt ($-\infty < \alpha < +\infty$). Wie schon aus Abb. 3.1 bekannt, ist Y_i im Y-Raum zu dem Punkt der Mises-Fließfläche gerichtet, in dem das plastische Dehnungsinkrement die innere Normale an die Fließfläche bildet, siehe Abb. 8.6.

Daraus ergibt sich

$$Y_i = \alpha\overline{\sigma}_i'^{fel} - d\sigma_i'^{\infty} \frac{f_y}{\left| d\sigma_i'^{\infty} \right|}, \tag{8.23}$$

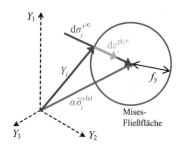

Abb. 8.6 TIV-Raum bei endlichem Belastungsniveau (Lastfaktor α)

wobei $\left|\mathrm{d}\sigma_i'^\infty\right|$ die Norm bzw. den Mises-Vergleichswert der inkrementellen Spannung $\mathrm{d}\sigma_v^\infty$ und damit die Länge ihres Vektors in Abb. 8.6 bedeutet:

$$\left|\mathrm{d}\sigma_i'^\infty\right| = \sqrt{\frac{3}{2}}\sqrt{\left(\mathrm{d}\sigma_x'^\infty\right)^2 + \left(\mathrm{d}\sigma_y'^\infty\right)^2 + \left(\mathrm{d}\sigma_z'^\infty\right)^2 + 2\left[\left(\mathrm{d}\sigma_{xy}^\infty\right)^2 + \left(\mathrm{d}\sigma_{xz}^\infty\right)^2 + \left(\mathrm{d}\sigma_{yz}^\infty\right)^2\right]}.$$
(8.24)

Im Sonderfall eines einachsigen Spannungszustandes $\mathrm{d}\sigma^\infty(= \frac{3}{2}\mathrm{d}\sigma_x'^\infty)$ wird daraus

$$\left|\mathrm{d}\sigma_i'^\infty\right| = \mathrm{abs}\left(\mathrm{d}\sigma^\infty\right),$$
(8.25)

sodass sich Gl. 8.23 mit $Y = \frac{3}{2}Y_x$ schreiben lässt als

$$Y = \alpha\overline{\sigma}'^{\mathrm{fel}} - f_y\mathrm{sgn}(\mathrm{d}\sigma^\infty).$$
(8.26)

Unter der Annahme, dass auch hier wieder das gesamte Tragwerk durchplastiziert ist (Gl. 8.1), lassen sich für jede Stelle des Tragwerks die Anfangsdehnungen nach Gl. 3.14 bzw. die Anfangsspannungen nach Gl. 3.23 bestimmen und, wie in Abschn. 3.1.3 beschrieben, eine meA durchführen.

Die Steifigkeiten sind wegen $V_p = V$ bei der modifizierten elastischen Analyse genauso in der Struktur verteilt wie bei der fiktiv elastischen Analyse. Die modifizierte Belastung $\sigma_{i,0}$ ist proportional zu Y_i und besteht aus zwei additiven Anteilen. Einer davon ist unabhängig vom tatsächlichen Belastungsniveau, während der andere linear vom Lastfaktor α abhängt. Daher besteht auch das Ergebnis der meA, in Form der Restspannungen bzw. Restdehnungen bzw. Verschiebungen usw., aus einem belastungsunabhängigen Term und einem zum tatsächlichen Belastungsniveau proportionalen Term. So besteht letztlich ein linearer Zusammenhang zwischen Restspannungen und Lastfaktor. Aber auch die Dehnungen, die plastischen Dehnungsanteile, die Spannungen usw. hängen aufgrund der linearen Superposition nach den bereits aus Gln. 3.24 und 3.25 bekannten Definitionsgleichungen

$$\sigma_i = \sigma_i^{\mathrm{fel}} + \rho_i = \alpha\overline{\sigma}_i^{\mathrm{fel}} + \rho_i,$$
(8.27)

$$\varepsilon_i^{\mathrm{el\text{-}pl}} = \varepsilon_i^{\mathrm{fel}} + \varepsilon_i^*$$
(8.28)

Abb. 8.7 Lineare Abhängigkeit der Strukturantwort vom Belastungsniveau (Lastfaktor α) für unterschiedliche Verfestigungsmodule

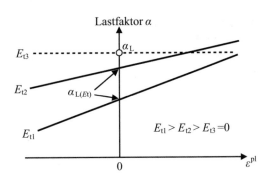

linear vom Lastfaktor ab. Dies ist beispielhaft für den plastischen Verzerrungsanteil an beliebiger Stelle eines Tragwerks in Abb. 8.7 dargestellt.

Sowohl die Ordinate bei $\varepsilon^{\mathrm{pl}} = 0$, als auch die Steigung der in Abb. 8.7 dargestellten Gerade hängen ab vom Verfestigungsparameter E_{t}. Im Grenzfall $E_{\mathrm{t}} \rightarrow 0$ muss die Steigung verschwinden, sodass der Lastfaktor $\alpha = \alpha_{\mathrm{L}}$ bei $\varepsilon^{\mathrm{pl}} = 0$ der Traglast-Faktor ist bzw. zumindest eine erste Abschätzung des Traglast-Faktors, wie später zu diskutieren sein wird. Somit lautet die Forderung zur Bestimmung des Traglast-Faktors[1]

$$\varepsilon^{\mathrm{pl}}_{(E_{\mathrm{t}}=0)} \overset{!}{=} 0 \rightarrow \alpha_{\mathrm{L}}. \tag{8.29}$$

Diese Forderung ist im Falle $E_{\mathrm{t}}/E = 0$ gleichbedeutend mit den Forderungen

$$\varepsilon^{*}_{(E_{\mathrm{t}}=0)} \overset{!}{=} 0 \text{ bzw. } \varepsilon^{\mathrm{el\text{-}pl}}_{(E_{\mathrm{t}}=0)} \overset{!}{=} 0. \tag{8.30}$$

Dass auch der Lastfaktor bei $\varepsilon^{\mathrm{pl}} = 0$ von E_{t} und damit vom plastischen Werkstoffverhalten abhängt, mag erstaunen. Jedoch ist $\varepsilon^{\mathrm{pl}} = 0$ im hier beschriebenen Zusammenhang nicht ohne Weiteres mit rein elastischem Verhalten gleichzusetzen, weil Plastizieren an jeder Stelle des Tragwerks vorausgesetzt war ($V_{\mathrm{p}} = V$). Stattdessen geht die Fließgrenze f_{y} nur in die Ermittlung der Anfangsspannungen ein. Entsprechend erhält man formal auch für den Lastfaktor $\alpha = 0$, also für das unbelastete Tragwerk, plastische Beanspruchungen, also etwa plastische Dehnungen, Spannungen und Restspannungen!

Wird bei beliebigem Wert E_{t}/E für zwei beliebige unterschiedliche Lastfaktoren jeweils eine meA durchgeführt, so lässt sich $\alpha_{\mathrm{L}(E_{\mathrm{t}})}$ durch Inter- bzw. Extrapolation zu $\varepsilon^{\mathrm{pl}} = 0$ ermitteln (wenn dabei infolge der frei gewählten Lastfaktoren Verschiebungen astronomischen Ausmaßes auftreten, so braucht uns das nicht zu irritieren). $\alpha_{\mathrm{L}(E_{\mathrm{t}})}$ kann dabei größer oder kleiner sein als α_{L}.

---

[1] Bei Zarka wurde in [3] ein anderes Kriterium verwendet, das nach Erfahrungen des Autors zu weniger guten Ergebnissen führt.

Am besten wird jedoch ein Wert E_t/E gewählt, der nur geringfügig größer ist als 0. E_t/E kann nicht genau $=0$ gewählt werden, weil das System bei der meA dann keine Steifigkeit mehr besitzt. Ein allzu kleiner Wert für E_t, der um viele Zehnerpotenzen kleiner ist als E, z. B. $E_t/E = 10^{-8}$, kann bei einer Anwendung in einer Finite-Elemente-Umgebung allerdings zu Problemen führen. Zwar gibt es wegen $V_p = V$ keine Steifigkeitsunterschiede im Tragwerk, die zu einem schlecht konditionierten Gleichungssystem führen könnten. Insoweit ist ein kleiner Wert des modifizierten E-Moduls $E^* = E_t$ unproblematisch. Jedoch liegt die modifizierte Querdehnzahl v^* dann sehr nahe bei 0,5, was einem inkompressiblen elastischen Werkstoff entspricht, und besondere Elementformulierungen erfordert. Hierfür stehen etwa u-P-Elemente zur Verfügung, deren Freiheitsgrade nicht nur aus Verschiebungen bestehen, sondern auch aus dem hydrostatischen Druck.

Für praktische Anwendungen dürfte meist $E_t/E = 10^{-3}$ bis 10^{-5} (statt 0) für eine gute Näherung

$$\alpha_L \approx \alpha_{L(E_t)} \tag{8.31}$$

genügen.

Somit lässt sich α_L über die eine meA zur Ermittlung des asymptotischen Zustandes hinaus nach zwei weiteren meA's mit unterschiedlichen Lastfaktoren α_1 und α_2 durch Inter- bzw. Extrapolation ermitteln:

$$\alpha_L = \frac{\alpha_1 \varepsilon^{pl}_{(\alpha_2)} - \alpha_2 \varepsilon^{pl}_{(\alpha_1)}}{\varepsilon^{pl}_{(\alpha_2)} - \varepsilon^{pl}_{(\alpha_1)}}, \tag{8.32}$$

bzw. nach Umformulierung durch

$$\alpha_L = \frac{\alpha_1 \rho'_{(\alpha_2)} - \alpha_2 \rho'_{(\alpha_1)} - (\alpha_1 - \alpha_2)f_y \frac{d\sigma'^\infty}{d\sigma_v^\infty}}{\rho'_{(\alpha_2)} - \rho'_{(\alpha_1)} - (\alpha_1 - \alpha_2)\overline{\sigma}'^{fel}}. \tag{8.33}$$

Gln. 8.32 und 8.33 gelten im Prinzip für jede Komponente des plastischen Dehnungs- bzw. Restspannungsvektors, Gl. 8.32 darüber hinaus auch für die plastische Vergleichsdehnung. Jedoch erhält man i. Allg. für jede Komponente ein anderes Ergebnis. Maßgebend ist die Komponente, die zur im Traglast-Zustand entstehenden kinematischen Kette führt.

In Fällen, in denen die auf dem TIV-Inkrement dY_i^∞ nach Gl. 8.3 beruhenden inkrementellen Anfangsdehnungen (Gl. 8.4) bzw. inkrementellen Anfangsspannungen (Gl. 8.5) keine Restspannungsinkremente $d\rho_i^\infty$ hervorrufen (wie am Ende von Abschn. 8.2 erläutert), bewirkt auch der Anteil $\alpha\overline{\sigma}_i^{fel}$ in Gl. 8.23 keine Restspannungen (wohl aber Restdehnungen und Restverformungen) im als durchplastiziert angenommenen Tragwerk ($V_p = V$). Die Restspannungen hängen dann nur von dem zweiten Term in Gl. 8.23 ab und sind somit unabhängig vom Lastfaktor α. In diesen Fällen genügt zur Bestimmung der Traglast die Berechnung der Restspannungen mit nur einem Lastfaktor, der beliebig gewählt und damit auch Null sein kann. Gl. 8.33 reduziert sich dann mit $\alpha_1 = 1, \alpha_2 = 0$ und $\rho'_{\alpha_2} = \rho'_{\alpha_1}$ für eine beliebige Komponente zu

$$\alpha_{\mathrm{L}} = \frac{f_{\mathrm{y}} \frac{\mathrm{d}\sigma'^{\infty}}{\mathrm{d}\sigma_{\mathrm{v}}^{\infty}} - \rho'}{\overline{\sigma}'^{\mathrm{fel}}}. \tag{8.34}$$

Ist der Spannungszustand darüber hinaus auch noch einachsig, ergibt sich

$$\alpha_{\mathrm{L}} = \frac{f_{\mathrm{y}}\mathrm{sgn}(\mathrm{d}\sigma^{\infty}) - \rho}{\overline{\sigma}^{\mathrm{fel}}}. \tag{8.35}$$

Notfalls könnte aus den $\alpha_{\mathrm{L}(E_{\mathrm{t}})}$-Werten aufgrund von zwei unterschiedlichen, aber kleinen, E_{t}-Werten eine Extrapolation zu $E_{\mathrm{t}}=0$ vorgenommen werden, da im Bereich $E_{\mathrm{t}} \approx 0$ $\alpha_{\mathrm{L}(E_{\mathrm{t}})}$ stets näherungsweise linear von E_{t} abhängt. Dies verdoppelt allerdings gleich den Berechnungsaufwand, da nun insgesamt sechs bzw. vier statt nur drei bzw. zwei meA's erforderlich sind.

8.5 Beispiele für Traglast durchplastizierter Tragwerke

8.5.1 Ein Element mit zweiachsigem Spannungszustand

Für den in Abschn. 8.3.1 angegebenen asymptotischen Zustand (für $\nu=0$) ergibt sich die Norm der inkrementellen deviatorischen Spannungen nach Gl. 8.24 zu

$$\left|\mathrm{d}\sigma_i'^{\infty}\right| = \frac{1}{2}\sqrt{3 + \left(\frac{E_{\mathrm{t}}}{E}\right)^2}\,\mathrm{d}\sigma_x^{\infty} \tag{8.36}$$

und somit die TIV für einen endlichen Belastungszustand nach Gl. 8.23 zu

$$Y_i = \alpha\overline{\sigma}_x \begin{pmatrix} \frac{2}{3} \\ -\frac{1}{3} \\ -\frac{1}{3} \end{pmatrix} - \frac{f_{\mathrm{y}}}{\sqrt{3 + \left(\frac{E_{\mathrm{t}}}{E}\right)^2}} \begin{pmatrix} 1 + \frac{1}{3}\frac{E_{\mathrm{t}}}{E} \\ -\frac{2}{3}\frac{E_{\mathrm{t}}}{E} \\ -1 + \frac{1}{3}\frac{E_{\mathrm{t}}}{E} \end{pmatrix}. \tag{8.37}$$

Eine meA für die nach Gl. 3.23 ermittelten Anfangsspannungen

$$\sigma_{i,0} = \frac{1 - \frac{E_{\mathrm{t}}}{E}}{1 + \nu^*}\left[-\alpha\overline{\sigma}_x \begin{pmatrix} 1 \\ -\frac{1}{2} \\ -\frac{1}{2} \end{pmatrix} + \frac{f_{\mathrm{y}}}{\sqrt{3 + \left(\frac{E_{\mathrm{t}}}{E}\right)^2}} \begin{pmatrix} \frac{3}{2} + \frac{1}{2}\frac{E_{\mathrm{t}}}{E} \\ -\frac{E_{\mathrm{t}}}{E} \\ -\frac{3}{2} + \frac{1}{2}\frac{E_{\mathrm{t}}}{E} \end{pmatrix}\right] \tag{8.38}$$

mit den modifizierten elastischen Materialparametern E^* und ν^* nach Gln. 3.15 und 3.16 und den Randbedingungen

$$\rho_x = \rho_z = 0 \;\; ; \;\; \varepsilon_y^* = 0 \tag{8.39}$$

liefert die Restdehnung in x-Richtung, die hier auch gleichzeitig die plastische Dehnungskomponente in x-Richtung ist, da der elastische Dehnungsanteil an der gesamten elastisch-plastischen Dehnung wegen der spannungsgesteuerten Belastung in x-Richtung identisch mit der fiktiv elastischen Dehnung in x-Richtung ist:

$$\varepsilon_x^* = \varepsilon_x^{\mathrm{pl}} = \frac{1 - \frac{E_t}{E}}{E_t}\left[\frac{1}{4}\alpha\overline{\sigma}_x\left(3 + \frac{E_t}{E}\right) - \frac{1}{2}f_y\sqrt{3 + \left(\frac{E_t}{E}\right)^2}\right],\qquad (8.40)$$

bzw. die elastisch-plastische Dehnung

$$\varepsilon_x^{\mathrm{el\text{-}pl}} = \varepsilon_x^{\mathrm{pl}} + \varepsilon_x^{\mathrm{el}} = \frac{1}{4}\frac{\alpha\overline{\sigma}_x}{E_t}\left[3 + 2\frac{E_t}{E} - \left(\frac{E_t}{E}\right)^2\right] - \frac{1}{2}\left(1 - \frac{E_t}{E}\right)\frac{f_y}{E_t}\sqrt{3 + \left(\frac{E_t}{E}\right)^2},\qquad (8.41)$$

sowie die Restspannung in y-Richtung

$$\rho_y = \left(1 - \frac{E_t}{E}\right)\left[\frac{1}{2}\alpha\overline{\sigma}_x - f_y\frac{\frac{E_t}{E}}{\sqrt{3 + \left(\frac{E_t}{E}\right)^2}}\right].\qquad (8.42)$$

Anwendung von Gln. 8.32 bzw. 8.33 für die x-Komponente, bzw. unmittelbares Einsetzen der Forderung $\varepsilon_x^{\mathrm{pl}} = 0$ in Gl. 8.40, führt zu

$$\alpha_{\mathrm{L}(E_t)}\overline{\sigma}_x = 2f_y\frac{\sqrt{3 + \left(\frac{E_t}{E}\right)^2}}{3 + \left(\frac{E_t}{E}\right)}.\qquad (8.43)$$

Wird als Referenzniveau für die Belastung die elastische Grenzlast und damit

$$\overline{\sigma}_x = f_y \qquad (8.44)$$

gewählt, dann gibt $\alpha_{\mathrm{L}(E_t)}$ den Lastfaktor bezogen auf die elastische Grenzlast an:

$$\alpha_{\mathrm{L}(E_t)} = 2\frac{\sqrt{3 + \left(\frac{E_t}{E}\right)^2}}{3 + \left(\frac{E_t}{E}\right)}.\qquad (8.45)$$

Abb. 8.8 stellt die Abhängigkeit dieses Lastfaktors vom Verfestigungsmodul dar.

Abb. 8.8 Abhängigkeit des Lastfaktors $\alpha_{\mathrm{L}(E_t)}$ vom Verfestigungsgrad E_t/E

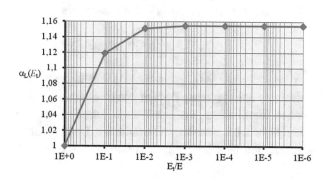

Mit fallendem E_t/E strebt $\alpha_{L(E_t)}$ asymptotisch für $E_t/E \to 0$ gegen den exakten Traglast-Faktor

$$\alpha_L = \frac{2}{\sqrt{3}} = 1{,}1547\ldots, \tag{8.46}$$

der bereits bei $E_t/E = 10^{-3}$ in guter Näherung ($\alpha_{L(E_t)} = 1{,}1543\ldots$) und bei $E_t/E = 10^{-5}$ bereits auf sechs Stellen genau erreicht wird.

Die theoretisch exakte Traglast konnte in diesem Beispiel mit relativ geringem Berechnungsaufwand in nahezu beliebiger Genauigkeit gewonnen werden, nämlich mit zwei linearen Analysen: eine meA für den asymptotischen Zustand und eine weitere meA für einen endlichen Belastungszustand. Dies ist darauf zurück zu führen, dass die Struktur bei Erreichen der Traglast vollständig durchplastiziert ist, also die bei allen meA's getroffene Annahme $V_p = V$ hier exakt erfüllt ist.

8.5.2 Biegebalken

Wegen des einachsigen Spannungszustandes beträgt die Anfangsspannung bei einem Biegebalken in der x-y-Ebene mit Biegung um die z-Achse

$$\sigma_{0(x,y)} = -\left(1 - \frac{E_t}{E}\right)\left[\alpha \overline{\sigma}^{\text{fel}}_{(x,y)} - \text{sgn}\left(\overline{\sigma}^{\text{fel}}_{(x,y)}\right)f_y\right]. \tag{8.47}$$

Demnach besteht die Anfangsspannung aus zwei Teilen, von denen der erste nach Betrag und Vorzeichen in y-Richtung veränderlich ist und auch in x-Richtung veränderlich sein kann, während der zweite in Längsrichtung zumindest bereichsweise unveränderlich ist und sowohl oberhalb als auch unterhalb der neutralen Faser über die Balkenhöhe jeweils konstant verläuft.

Die Anfangsspannungen von Gl. 8.47 bewirken in jedem Querschnitt ein Anfangsmoment

$$M_{0(x)} = -\left(1 - \frac{E_t}{E}\right)\left[\alpha \overline{M}^{\text{fel}}_{(x)} - \text{sgn}\left(\overline{M}^{\text{fel}}_{(x)}\right)M_{\text{pl}}\right], \tag{8.48}$$

wobei M_{pl} das vollplastische Moment des Querschnitts bei unverfestigendem Material ($E_t = 0$) ist, also im Falle eines Rechteckquerschnitts mit den Abmessungen b und h

$$M_{\text{pl}} = \frac{1}{4}f_y b h^2. \tag{8.49}$$

Der zu $\overline{\sigma}^{\text{fel}}_{(x,y)}$ bzw. $\overline{M}^{\text{fel}}_{(x)}$ proportionale Anteil der Anfangsspannung bzw. des Anfangsmomentes erzeugt keine Zwängungen, während der jeweils zweite Anteil sich nur bei statisch bestimmten Systemen zwängungsfrei in Biegedehnungen umsetzen kann, nicht jedoch bei statisch unbestimmten. Darüber hinaus kann durch den wegen der sgn-Funktion blockartig mit dem Betrag f_y über die Balkenhöhe verteilten Anteil des

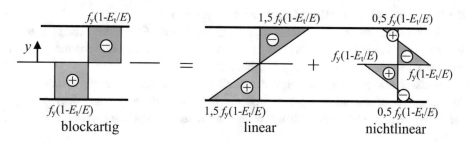

Abb. 8.9 Zerlegung der über die Balkenhöhe blockartig verteilten Anfangsspannungen

Anfangsspannungszustandes ein Ebenbleiben des Querschnittes nicht gewährleistet werden, sodass zur Erfüllung der Bernoulli-Hypothese auf jeden Fall auch noch weitere Restspannungen hervor gerufen werden.

Da der Term $\alpha \overline{\sigma}^{\text{fel}}_{(x,y)}$ also keine Restspannungen hervorruft, sind diese unabhängig vom Lastfaktor α. Der auf der Forderung $\varepsilon^{\text{pl}} = 0$ beruhende Traglastfaktor α_{L} reduziert sich dann wegen der Einachsigkeit der Spannungen entsprechend Gl. 8.35 auf

$$\alpha_{\text{L}(x,y)} = \frac{\text{sgn}\left(\overline{\sigma}^{\text{fel}}_{(x,y)}\right) f_{\text{y}} - \rho_{(x,y)}}{\overline{\sigma}^{\text{fel}}_{(x,y)}}. \tag{8.50}$$

Im Falle $E_{\text{t}} = 0$ entspricht der Zähler der linearisierten Form der blockartig über die Balkenhöhe verteilten Anfangsspannungen (Abb. 8.9) bei statisch bestimmten Systemen. Bei statisch unbestimmten Systemen enthält der Zähler auch noch Biege-Restspannungen infolge von Zwängungen. Jedenfalls ist der Zähler ebenso wie der Nenner proportional zur Querschnittskoordinate y, wodurch der Traglastfaktor bei $E_{\text{t}} = 0$ konstant über die Balkenhöhe h ist. Wäre der Traglastfaktor α_{L} auf Basis der Forderung $\varepsilon^{\text{el-pl}} = 0$ bestimmt worden an Stelle von $\varepsilon^{\text{pl}} = 0$, wäre er unabhängig von E_{t} stets konstant über die Balkenhöhe.

Im Falle eines Linienmodells des Biegebalkens kann Gl. 8.50 auch durch die fiktiv elastischen sowie die Rest-Biegemomente ausgedrückt werden:

$$\alpha_{\text{L}(x)} = \frac{\text{sgn}\left(\overline{M}^{\text{fel}}_{(x)}\right) M_{\text{pl}} - M^{\rho}_{(x)}}{\overline{M}^{\text{fel}}_{(x)}}. \tag{8.51}$$

Über die Restspannungen hängt α_{L} von E_{t} ab, sodass für die der meA zugrunde liegenden Anfangsspannungen σ_0 und für den modifizierten E-Modul E^* ein numerisch sehr kleiner Wert für E_{t} verwendet werden sollte.

Somit genügt hier insgesamt eine meA mit beliebigem Lastfaktor, beispielsweise auch mit $\alpha = 0$, zur Ermittlung der Traglast (bzw. zumindest ihrer ersten, auf der Annahme einer durchplastizierten Struktur beruhenden Abschätzung), da der asymptotische Zustand ohne meA ermittelt werden konnte.

8.5.2.1 Beispiel für statisch bestimmte Lagerung

Ein Balken mit vollem Rechteck-Querschnitt wird einer Gleichstreckenlast q unterworfen. Die Abmessungen werden so gewählt, dass Schubbeanspruchungen vernachlässigt werden können ($L \gg b,h$), Abb. 8.10.

Da das Anfangsmoment infolge der statisch bestimmten Lagerung durch Biegedehnungen abgebaut wird, ergeben sich die Restspannungen nur aus dem Anfangsspannungsverlauf, der nach Abzug einer linearisierten Spannungsverteilung   noch verbleibt:

$$\rho_{(y)} = \left(1 - \frac{E_t}{E}\right) f_y \left[\frac{3}{2}\frac{y}{h/2}\mathrm{sgn}\left(\overline{M}_{(x)}^{fel}\right) + \mathrm{sgn}\left(\overline{\sigma}_{(x,y)}^{fel}\right)\right]. \tag{8.52}$$

Die Restspannungen sind demnach unabhängig vom Lastfaktor α, d. h. sie existieren sogar auch im unbelasteten Zustand, $\alpha = 0$, und verlaufen in Längsrichtung konstant, da das fiktiv elastische Biegemoment überall dasselbe Vorzeichen hat und das Vorzeichen von $\overline{\sigma}_{(x,y)}^{fel}$ zwar von y, aber nicht von x abhängt.

Die Restdehnungen ergeben sich aus dem modifizierten elastischen Werkstoffgesetz für den einachsigen Spannungszustand

$$\varepsilon_{(x,y)}^{*} = \frac{\rho_{(y)}}{E_t} + \varepsilon_{0(x,y)} = \frac{\rho_{(y)}}{E_t} - \frac{\sigma_{0(x,y)}}{E_t} \tag{8.53}$$

mit Gln. 8.47 und 8.52 zu

$$\varepsilon_{(x,y)}^{*} = \frac{1 - \frac{E_t}{E}}{E_t}\left[\frac{3}{2}\frac{y}{h/2}f_y + \alpha\overline{\sigma}_{(x,y)}^{fel}\right]. \tag{8.54}$$

Daraus lassen sich die elastisch-plastischen bzw. plastischen Dehnungen ermitteln:

$$\varepsilon_{(x,y)}^{el\text{-}pl} = \varepsilon_{(x,y)}^{*} + \alpha\overline{\varepsilon}_{(x,y)}^{fel} = \frac{1}{E_t}\left[\left(1 - \frac{E_t}{E}\right)\frac{3}{2}\frac{y}{h/2}f_y + \alpha\overline{\sigma}_{(x,y)}^{fel}\right], \tag{8.55}$$

$$\varepsilon_{(x,y)}^{pl} = \varepsilon_{(x,y)}^{el\text{-}pl} - \varepsilon_{(x,y)}^{el} = \varepsilon_{(x,y)}^{*} - \frac{\rho_{(y)}}{E}, \tag{8.56}$$

$$= \frac{1 - \frac{E_t}{E}}{E_t}\left\{\left[\left(1 - \frac{E_t}{E}\right)\frac{3}{2}\frac{y}{h/2} + \frac{E_t}{E}\mathrm{sgn}\left(\overline{\sigma}_{(x,y)}^{fel}\right)\right]f_y + \alpha\overline{\sigma}_{(x,y)}^{fel}\right\}. \tag{8.57}$$

Abb. 8.10 Statisch bestimmter Biegebalken mit vollem Rechteck-Querschnitt

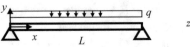

Die Traglast bzw. der Traglast-Faktor $\alpha_{L(E_t)}$ aufgrund der Forderung $\varepsilon^{pl} = 0$ wird

$$\alpha_{L(E_t)} = -\left[\left(1 - \frac{E_t}{E}\right)\frac{3}{2}\frac{y}{h/2} - \frac{E_t}{E}\,\mathrm{sgn}\big(\overline{\sigma}^{fel}_{(x,y)}\big)\right]\frac{f_y}{\overline{\sigma}^{fel}_{(x,y)}}. \qquad (8.58)$$

Nach Übergang $E_t \to 0$ (wie in Gl. 8.29) hängt α_L nur noch von der x-Koordinate ab:

$$\alpha_L = -\frac{3}{2}\frac{f_y}{\overline{\sigma}^{fel}_{(x,y=+h/2)}}. \qquad (8.59)$$

Dasselbe Ergebnis erhält man auch für das Kriterium Gl. 8.30.

In einem Querschnitt $x = \text{const.}$, in dem der elastische Grenzzustand erreicht ist, also die fiktiv elastische Spannung an der Balkenoberseite den Wert der negativen Fließgrenze annimmt, ergibt sich der Traglast-Faktor somit als der plastische Stützfaktor für den Rechteckquerschnitt unter Biegebeanspruchung:

$$\min \alpha_L = \frac{3}{2} \qquad (8.60)$$

und liefert somit den exakten Traglast-Faktor für das System. Für alle anderen Querschnitte dieses Balkens sind die α_L-Werte größer, stellen also jeweils eine obere Schranke dar. Somit ist der kleinste Wert aller oberen Schranken hier die tatsächliche Traglast.

Nun ist bei diesem Beispiel allein schon durch die Anschauung offenkundig, wo sich der höchstbeanspruchte Querschnitt befindet, und dass bei Erreichen von α_L in diesem Querschnitt auch schon die Traglast des gesamten Systems erreicht ist. Aus den hier wieder gegebenen Gleichungen ist dies jedoch nicht ohne Weiteres ablesbar, denn für einen beliebigen Lastfaktor α müssen in Feldmitte nicht unbedingt die größten Spannungen und auch nicht unbedingt die größten Dehnungen auftreten!

Als Beispiel sind in Abb. 8.11 Anfangsspannungen und elastisch-plastische Spannungen eines statisch bestimmt gelagerten Balkens mit vollem Rechteckquerschnitt für die Lastfaktoren $\alpha = 0 / 1 / 2$ bei $E_t \to 0$ ($E_t/E = 10^{-7}$) dargestellt (Querschnitt überhöht). Grundlage und damit den Lastfaktor $\alpha = 1$ definierend ist ein der elastischen Grenzlast entsprechendes Belastungsniveau. Wegen numerischer Unsauberkeiten im Bereich sehr kleiner Normalspannungen in der neutralen Faser und an den Auflagern wurde die Darstellung in der näheren Umgebung der neutralen Faser ausgespart.

Die Restspannungen und die Verteilung des Traglastfaktors sind jeweils bei allen Lastfaktoren gleich und in Abb. 8.12 dargestellt. Traglastfaktoren über 6 wurden nicht mit dargestellt (graue Farbe).

Die elastisch-plastische Spannungsverteilung für den Traglastzustand ist in Abb. 8.13 dargestellt. Dort ist die bei diesem speziellen Belastungsniveau vorhandene blockartige Verteilung der Spannungen ober- und unterhalb der neutralen Faser in Feldmitte vom Betrag $f_y = 100$ ersichtlich, während Abb. 8.11 zufolge bei $\alpha > \min \alpha_L$ Spannungen oberhalb der Fließgrenze auftreten, was jedoch bei $E_t/E \to 0$ nicht zulässig ist. Abb. 8.13

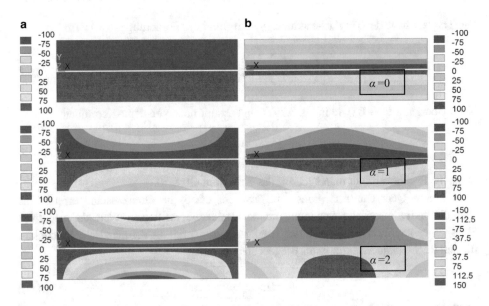

Abb. 8.11 Anfangsspannungen (**a**) und elastisch-plastische Spannungen (**b**) für unterschiedliche Lastfaktoren α, $E_t/E \to 0$, $f_y = 100$ bei statisch bestimmter Lagerung

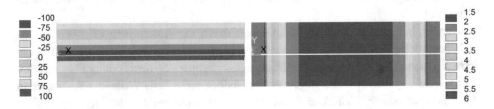

Abb. 8.12 Restspannungen (bei $E_t/E \to 0$, $f_y = 100$) und Verteilung des Traglastfaktors beim statisch bestimmt gelagerten Balken

Abb. 8.13 Elastisch-
plastische Spannungsverteilung
des statisch bestimmt
gelagerten Balkens für
$E_t/E \to 0$, $f_y = 100$, $\alpha = \min$
$\alpha_L = 1{,}5$

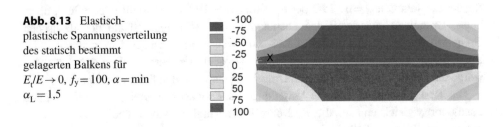

zeigt außerdem, dass die Spannungsverteilung außerhalb des Querschnittes mit Fließgelenk nicht korrekt ist, was eine Auswirkung der Annahme $V_p = V$ ist, die nicht zutreffend ist, auch wenn in diesem Fall trotzdem die exakte Traglast gefunden wurde.

8.5.2.2 Beispiel für statisch unbestimmte Lagerung

Beim einseitig eingespannten und am anderen Ende gelenkig gelagerten Biegebalken (Abb. 8.14) wird die Traglast nach Ausbildung von zwei Fließgelenken erreicht: an der Einspannstelle und im Feld. Die Position des Fließgelenkes im Feld ist allerdings nicht von vornherein bekannt. Aufgrund örtlicher Umlagerung wird es jedenfalls eine andere Stelle sein als die, die aufgrund der fiktiv elastischen Analyse die maximalen Beanspruchungen im Feld erfährt.

Während die zu dem Anfangsmoment von Gl. 8.48 gehörende Anfangskrümmung beim statisch bestimmt gelagerten Balken zwanglos Verformungen hervorruft, entstehen durch den Anteil $\left(1 - \frac{E_t}{E}\right)M_{pl}$ bei statisch unbestimmten Balken Schnittgrößen. Der zu Zwängungen führende Anteil der Anfangskrümmung w_0'' beträgt bei vollem Rechteckquerschnitt

$$w_{0(x)}'' = -\text{sgn}\left(\overline{M}_{(x)}^{\text{fel}}\right)\left(1 - \frac{E_t}{E}\right)\frac{3f_y}{E_t h}. \tag{8.61}$$

Er ist demnach in Längsrichtung bereichsweise konstant. Der Vorzeichenwechsel befindet sich an der Nullstelle der fiktiv elastischen Momentenlinie

$$M_{(x)}^{\text{fel}} = -\frac{qL^2}{8}\left[1 - 5\frac{x}{L} + 4\left(\frac{x}{L}\right)^2\right], \tag{8.62}$$

also bei

$$\frac{x_N}{L} = \frac{1}{4}. \tag{8.63}$$

Das durch die Anfangskrümmung verursachte Zwangsmoment verläuft aus Gleichgewichtsgründen linear veränderlich. Es kann etwa mithilfe des Kraftgrößenverfahrens als statische Überzählige X ermittelt werden und beträgt an der Einspannstelle

$$X = \frac{3}{64}\left(1 - \frac{E_t}{E}\right)f_y b h^2. \tag{8.64}$$

Die durch dieses Moment entstehenden zusätzlichen Restspannungen, also über die in Gl. 8.52 für das statisch bestimmte System angegebenen hinaus, sind nach

$$\rho_{X(x,y)} = -\frac{X\left(1 - \frac{x}{L}\right)y}{\frac{bh^3}{12}} \tag{8.65}$$

Abb. 8.14 Einseitig eingespannter und auf der anderen Seite gelenkig gelagerter Biegebalken

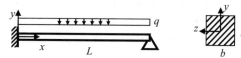

über die Balkenhöhe linear verteilt und auch in Längsrichtung linear veränderlich. Die Restspannungen sind damit insgesamt gegeben durch

$$\rho_{(x,y)} = \left(1 - \frac{E_t}{E}\right)f_y\left\{\frac{3}{2}\frac{y}{h/2}\left[\text{sgn}\left(\overline{M}_{(x)}^{\text{fel}}\right) - \frac{3}{16}\left(1 - \frac{x}{L}\right)\right] + \text{sgn}\left(\overline{\sigma}_{(x,y)}^{\text{fel}}\right)\right\}. \quad (8.66)$$

Aus Gl. 8.51 ergibt sich somit der Traglastfaktor

$$\alpha_{L(E_t)} = -\left\{\left(1 - \frac{E_t}{E}\right)\frac{3}{2}\frac{y}{h/2}\left[\text{sgn}\left(\overline{M}_{(x)}^{\text{fel}}\right) - \frac{3}{16}\left(1 - \frac{x}{L}\right)\right] - \frac{E_t}{E}\text{sgn}\left(\overline{\sigma}_{(x,y)}^{\text{fel}}\right)\right\}\frac{f_y}{\overline{\sigma}_{(x,y)}^{\text{fel}}}.$$
$$(8.67)$$

Für $E_t/E \to 0$ wird dieser Traglastfaktor konstant über die Höhe:

$$\alpha_L = -\frac{3}{2}\left[\text{sgn}\left(\overline{M}_{(x)}^{\text{fel}}\right) - \frac{3}{16}\left(1 - \frac{x}{L}\right)\right]\frac{f_y}{\overline{\sigma}_{(x,y=+h/2)}^{\text{fel}}}. \quad (8.68)$$

Der kleinste Wert ergibt sich an der Einspannstelle ($x=0$). Bezogen auf die elastische Grenzlast $\left(\overline{\sigma}_{(x=0,y=h/2)}^{\text{fel}} = f_y\right)$ ergibt sich

$$\min \alpha_L = \frac{57}{32} \approx 1{,}781 \quad (8.69)$$

bzw. als zweites Minimum im Feld

$$\min \alpha_{L,\text{Feld}} = \frac{27}{32}\frac{1}{119 - 16\sqrt{55}} \approx 2{,}476 \quad (8.70)$$

bei

$$\frac{x_m}{L} = \frac{1}{3}\left(\sqrt{220} - 13\right) \approx 0{,}6108. \quad (8.71)$$

Somit hat sich die Position der maximalen Beanspruchung im Feld gegenüber der fiktiv elastischen Berechnung ($x_m/L = 0{,}625$) etwas verschoben.

Dieses Ergebnis wurde mit nur einer meA erzielt, weil die asymptotische Lösung wegen des einachsigen Spannungszustandes von vornherein bekannt ist (Gl. 8.20) und die Restspannungen, der Gl. 8.66 zufolge, unabhängig sind vom Lastfaktor α.

Da beim Lastfaktor von Gl. 8.69 nur die Einspannstelle durchplastiziert ist, im Feldbereich dann aber wg. Gl. 8.70 noch kein Fließgelenk entstanden ist, liegt noch keine kinematische Kette vor und die Traglast ist noch nicht erreicht. Der tatsächliche Traglastfaktor wird also zwischen 1,781 und 2,476 liegen. Später wird eine weitere Eingrenzung vorgenommen werden.

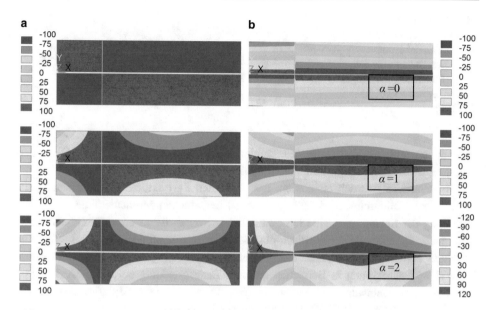

Abb. 8.15 Anfangsspannungen (**a**) und elastisch-plastische Spannungen (**b**) für unterschiedliche Lastfaktoren α, $E_\mathrm{t}/E \to 0$, $f_\mathrm{y} = 100$ bei statisch unbestimmter Lagerung

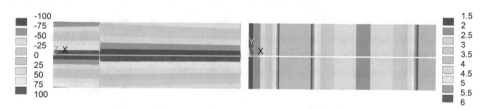

Abb. 8.16 Restspannungen (bei $E_\mathrm{t}/E \to 0$, $f_\mathrm{y} = 100$; *links*) und Verteilung der ersten Abschätzung des Traglastfaktors (*rechts*) beim statisch unbestimmt gelagerten Balken

Zum Vergleich: mit anderen Methoden lässt sich der tatsächliche Traglastfaktor ermitteln zu

$$\alpha_{\mathrm{L,tatsächlich}} = \frac{3}{8}\left(3 + 2\sqrt{2}\right) \approx 2{,}184. \tag{8.72}$$

Das zugehörige Fließgelenk im Feld befindet sich bei

$$\left(\frac{x_\mathrm{m}}{L}\right)_{\mathrm{tatsächlich}} = \frac{2 + \sqrt{2}}{3 + 2\sqrt{2}} \approx 0{,}5858. \tag{8.73}$$

Abb. 8.15 zeigt die Anfangsspannungen und elastisch-plastischen Spannungen bei drei unterschiedlichen Lastfaktoren, Abb. 8.16 die bei allen Lastfaktoren gleichen Rest-

Abb. 8.17 Elastisch-
plastische Spannungsverteilung
des statisch unbestimmt
gelagerten Balkens für die
erste Abschätzung der Traglast,
$\alpha = \min \alpha_L = 57/32$ ($E_t/E \to 0$,
$f_y = 100$)

spannungen und die Verteilung des Traglastfaktors, jeweils für $E_t/E \to 0$. Die Querschnitte sind überhöht dargestellt und Werte über 6 ausgegraut.

Aus Abb. 8.15 ist auch ersichtlich, dass bei allen Lastfaktoren an derselben Stelle,
nämlich am Nulldurchgang der fiktiv elastisch berechneten Momentenlinie, die axiale
Verteilung der Spannungen eine Diskontinuität aufweist, die zu einer fälschlicherweise
sprunghaften Änderung der elastisch-plastischen Momentenlinie führt. Diese Tatsache
ist darauf zurück zu führen, dass das gesamte Tragwerk als plastisch angesehen wurde
($V_p = V$) und daher auch in Bereichen geringer Beanspruchung bei der meA Anfangsspannungen als Belastung aufgebracht wurden. Dies ist der Grund dafür, dass die tatsächliche Traglast mit der VFZT noch nicht gefunden wurde.

Zudem erkennt man, dass bei den in Abb. 8.15 betrachteten Lastfaktoren in keinem
Querschnitt die elastisch-plastischen Spannungen die im Falle $E_t/E = 0$ eigentlich zu
erwartende blockartige Verteilung über die Balkenhöhe aufweisen. Dies ist allerdings
beim Lastfaktor von Gl. 8.69 an der Einspannstelle der Fall, nicht jedoch im Feld
(Abb. 8.17). Umgekehrt liegt bei einer Berechnung mit einem Lastfaktor in Höhe der in
Gl. 8.70 angegebenen Traglast eine blockartige Spannungsverteilung im durch Gl. 8.71
gegebenen Querschnitt vor, dann aber nicht an der Einspannstelle. Zudem ist ersichtlich, dass bei Lastfaktoren $\alpha > \min \alpha_L$ die Fließgrenze ($f_y = 100$) überschritten wird, was
bei unverfestigendem Werkstoff aber nicht zulässig ist. Diese Widersprüche sind darauf
zurück zu führen, dass bisher nur eine erste Abschätzung der Traglast vorgenommen
wurde, die später noch zu verbessern sein wird.

Wird der statisch unbestimmte Balken nicht mehr, wie bisher, als zweidimensionales
Kontinuum betrachtet, sondern als Linienmodell, bei dem an Stelle der horizontal und
vertikal verteilten Spannungen nur der Verlauf der Biegemomente entlang der Stabachse
betrachtet wird, so ergeben sich für unterschiedliche Lastfaktoren die in Abb. 8.18 dargestellten, auf das plastische Moment von Gl. 8.49 normierten Anfangsmomente nach
Gl. 8.48 und die entsprechenden normierten elastisch-plastischen Momentenlinien. Die
dabei entstehenden Restmomente und der Verlauf der ersten Abschätzung der Traglastfaktoren sind unabhängig vom gewählten Lastfaktor und in Abb. 8.19 dargestellt.
Die Traglastfaktoren sind nahezu identisch mit dem in Abb. 8.16 dargestellten Verlauf
für das Kontinuumsmodell. Daher gelten auch hierfür die minimalen Traglastfaktoren
für die Einspannstelle und das Feld nach Gln. 8.69–8.71, zumindest auf vier Stellen
genau. Abb. 8.20 zeigt die auf das plastische Moment normierte Momentenlinie beim
minimalen Traglastfaktor.

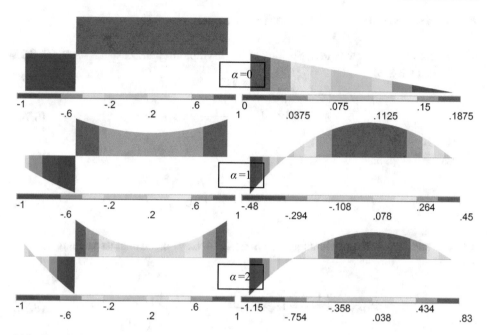

Abb. 8.18 Normierte Anfangsmomente *(links)* und elastisch-plastische Momente *(rechts)* beim Linienmodell des statisch unbestimmt gelagerten Balkens für unterschiedliche Lastfaktoren α

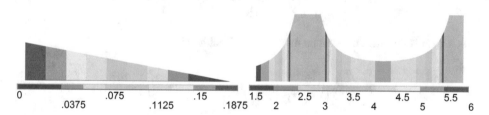

Abb. 8.19 Normierte Restmomente *(links)* und Verteilung der ersten Abschätzung des Traglastfaktors *(rechts)* beim Linienmodell des statisch unbestimmt gelagerten Balkens

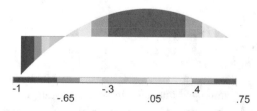

Abb. 8.20 Normierte elastisch-plastische Momentenlinie beim Linienmodell des statisch unbestimmt gelagerten Balkens für die erste Abschätzung der Traglast, $\alpha = \min \alpha_{\mathrm{L}} = 1{,}784$

8.5.3 Dickwandiges Rohr unter Innendruck

Die Norm der inkrementellen Spannung im asymptotischen Zustand nach Gl. 8.22 beträgt laut Gl. 8.24

$$\left| d\sigma_{i(x)}'^{\infty} \right| \propto dp \frac{r_i^2 r_a^2}{(r_a^2 - r_i^2)x^2} \sqrt{3}, \tag{8.74}$$

sodass die TIV gemäß Gl. 8.23 zu

$$Y_{i(x)} = \alpha \overline{\sigma}_{i(x)}'^{\,f.el} - \frac{f_y}{\sqrt{3}} \begin{pmatrix} -1 \\ 0 \\ +1 \end{pmatrix} \tag{8.75}$$

werden und die Anfangsdehnungen nach Gl. 3.14 bzw. die Anfangsspannungen nach Gl. 3.23 zu

$$\varepsilon_{0,i(x)} = \frac{3}{2} \frac{1 - \frac{E_t}{E}}{E_t} \left[\alpha \overline{p} \frac{r_i^2 r_a^2}{(r_a^2 - r_i^2)x^2} - \frac{f_y}{\sqrt{3}} \right] \begin{pmatrix} -1 \\ 0 \\ +1 \end{pmatrix}, \tag{8.76}$$

$$\sigma_{0,i(x)} = -\frac{3}{2} \frac{1 - \frac{E_t}{E}}{1 + v^*} \left[\alpha \overline{p} \frac{r_i^2 r_a^2}{(r_a^2 - r_i^2)x^2} - \frac{f_y}{\sqrt{3}} \right] \begin{pmatrix} -1 \\ 0 \\ +1 \end{pmatrix}. \tag{8.77}$$

Als Ergebnis der meA erhält man nach einiger Rechnerei

$$\rho_x = \frac{\sqrt{3}}{2} f_y \frac{1 - \frac{E_t}{E}}{1 - (v^*)^2} \left[\ln \frac{x}{r_i} + \frac{r_a^2}{r_a^2 - r_i^2} \left(1 - \frac{r_i^2}{x^2} \right) \ln \frac{r_i}{r_a} \right], \tag{8.78}$$

$$\rho_y = \frac{\sqrt{3}}{2} f_y \frac{1 - \frac{E_t}{E}}{1 - (v^*)^2} v^* \left[1 + 2\ln \frac{x}{r_i} + 2\frac{r_a^2}{r_a^2 - r_i^2} \ln \frac{r_i}{r_a} \right], \tag{8.79}$$

$$\rho_z = \frac{\sqrt{3}}{2} f_y \frac{1 - \frac{E_t}{E}}{1 - (v^*)^2} \left[1 + \ln \frac{x}{r_i} + \frac{r_a^2}{r_a^2 - r_i^2} \left(1 + \frac{r_i^2}{x^2} \right) \ln \frac{r_i}{r_a} \right]. \tag{8.80}$$

Demnach sind die Restspannungen unabhängig vom Belastungsniveau, also unabhängig vom Lastfaktor α, und somit nur auf den rechten Term in der eckigen Klammer der Anfangsdehnungen von Gl. 8.76 zurück zu führen. Dies steht nach dem in Abschn. 8.4 besprochenen Zusammenhang in Einklang mit der Tatsache, dass beim asymptotischen Zustand (Abschn. 8.3.3) keine inkrementellen Restspannungen auftraten.

Die Materialdaten $(E_t/E, v)$ wirken sich bei den Restspannungen nur in einem Proportionalitätsfaktor aus, der bei unverfestigendem Werkstoff $(E_t/E = 0, v^* = 0,5)$

$$\frac{\sqrt{3}}{2} f_y \frac{1 - \frac{E_t}{E}}{1 - (\nu^*)^2} = \frac{2}{\sqrt{3}} f_y \tag{8.81}$$

beträgt.

Die Traglast wird nach Gl. 8.33 gebildet. Als Bezugsgröße wird die Restspannungskomponente in radialer Richtung gewählt. Da die Restspannungen nach Gln. 8.78–8.80 jedoch nicht vom Lastfaktor α abhängen, lässt sich Gl. 8.33 auch als

$$\alpha_{L(E_t)} = \frac{\rho_x - \frac{1}{2}(\rho_y + \rho_z) + \frac{\sqrt{3}}{2} f_y}{-\frac{3}{2} \overline{\sigma}_x'^{\text{fel}}} \tag{8.82}$$

schreiben, wo nur noch Gln. 8.78–8.80 eingesetzt werden müssen. Demnach hängt der Traglastfaktor ab von den Materialparametern E_t/E und ν und ist zudem in radialer Richtung veränderlich. Bei geringer Verfestigung ($E_t/E \approx 0$) wird $\nu^* \to 0{,}5$, und die Restspannungen und daher auch der Traglastfaktor nach Gl. 8.82 hängen näherungsweise linear von E_t/E ab. Bei unverfestigendem Werkstoff ($E_t/E = 0$ und daher $\nu^* = 0{,}5$) stellt sich der Traglastfaktor als unabhängig von der elastischen Querdehnzahl und der x-Koordinate heraus, ist also konstant für das gesamte Tragwerk:

$$\alpha_L = \frac{2}{\sqrt{3}} \frac{f_y}{\overline{p}} \ln \frac{r_a}{r_i}. \tag{8.83}$$

Bei Normierung auf die elastische Grenzlast

$$\overline{p} = p_{\text{el Grenz}} = \frac{f_y}{\sqrt{3}} \left(1 - \frac{r_i^2}{r_a^2}\right) \tag{8.84}$$

wird Gl. 8.83 zu

$$\alpha_L = 2 \frac{\ln \frac{r_a}{r_i}}{1 - \frac{r_i^2}{r_a^2}}. \tag{8.85}$$

Der Traglastfaktor mit Verfestigung nach Gl. 8.82 ist ortsabhängig. Er steigt von innen nach außen an und ist an der maßgebenden Stelle, der Innenoberfläche, kleiner als ohne Verfestigung nach Gln. 8.83–8.85.

Das Ergebnis von Gl. 8.85 ist identisch mit in der Literatur hergeleiteten Traglasten, z. B. in [8]. Die Annahme eines durchplastizierten Tragwerks ($V_p = V$) hat hier also zum exakten Ergebnis geführt, da sie sich als tatsächlich auch zutreffend heraus gestellt hat, was sich im ortsunabhängigen Traglastfaktor manifestiert.

Obwohl infolge des Plastizierens direktionale Spannungsumlagerungen auftreten, die zudem ortsabhängig sind, war eine einzige meA, über die meA für den asymptotischen Zustand hinaus, für das exakte Ergebnis ausreichend, da die Restspannungen nicht vom Lastfaktor abhängen.

8.5.4 Lochscheibe

8.5.4.1 Längsränder frei

In Abschn. 8.3.4.1 wurde der asymptotische Zustand für eine Lochscheibe mit freien Längsrändern ermittelt.

Die Anfangsspannungen nach Gl. 3.23 aufgrund der TIV Y_i nach Gl. 8.23 für einen willkürlich gewählten Lastfaktor $\alpha = 1$ und die Restspannungen aufgrund der zugehörigen meA sind in Abb. 8.21 wieder gegeben.

Die Restspannungen sind bei diesem Tragwerk unabhängig vom Lastfaktor (siehe Abschn. 8.4), weil schon die Restspannungsinkremente des asymptotischen Zustandes in Abschn. 8.3.4.1 Null waren. So kann nach dieser meA bereits die Verteilung der Traglastfaktoren nach Gl. 8.34 ermittelt werden. Deren Darstellung in Abb. 8.22 liegt die Richtung der aufgebrachten Kraft zugrunde, also die x-Richtung. Der kleinste und damit maßgebende Traglastfaktor beträgt

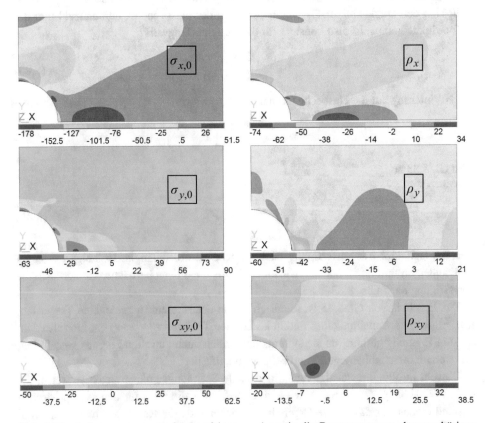

Abb. 8.21 Anfangsspannungen für Lastfaktor $\alpha = 1$ sowie die Restspannungen der zugehörigen meA ($E_i/E = 10^{-6}$, $\nu = 0{,}3$) für Lochscheibe mit freien Längsrändern

Abb. 8.22 Erste
Abschätzung der Verteilung
der Traglastfaktoren (in
x-Richtung, bezogen
auf $p = 100$) bei freien
Längsrändern

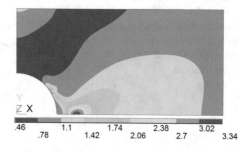

Abb. 8.23 Vergleichsspannungen
für erste Abschätzung der Traglast,
$\alpha_L = 0{,}4807$

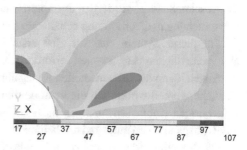

$$\min \ \alpha_L = 0{,}4807 \tag{8.86}$$

und liegt im Ligament vor, ein wenig oberhalb des Lochrandes, also nicht an der fiktiv
elastisch maximal beanspruchten Stelle, die sich genau am Lochrand befindet. Abb. 8.23
zeigt die Verteilung der Vergleichsspannungen für das Belastungsniveau von Gl. 8.86.

Eine kinematische Kette wäre etwa daran zu erkennen, dass in Abb. 8.22 der kleinste
Traglastfaktor des Systems konstant entlang einer Fließlinie über die Breite der Loch-
scheibe verläuft. Dies ist jedoch nicht der Fall, auch wenn der dunkelblau eingefärbte
Bereich in Abb. 8.22 andeutet, dass ein solcher Bereich im Entstehen begriffen ist.
Die tatsächliche Traglast ist also noch nicht gefunden. Grund hierfür ist wiederum die
Annahme $V_p = V$, die bei diesem Tragwerk nicht genau zutrifft, sowie die Tatsache,
dass die TIV Y_i in Gl. 8.23 nicht für den jeweiligen Lastfaktor, sondern auf Basis des
plastischen Dehnungsinkrementes bei unendlich hoher Belastung zugrunde gelegt
wurde. Später wird eine verbesserte Abschätzung der Traglast vorgenommen.

Einer mit ANSYS durchgeführten inkrementellen Analyse zufolge beträgt der tatsächliche Traglastfaktor, bezogen auf die Belastung $p = 100$:

$$\alpha_{L,\text{tatsächlich}} = 0{,}6478. \tag{8.87}$$

Die dazu gehörige Fließlinie ist in Abb. 8.24 zu sehen (siehe auch [9]).

Abb. 8.24 Fließlinie im
tatsächlichen Traglastzustand
aufgrund inkrementeller
Analyse bei freien
Längsrändern

8.5.4.2 Längsränder gehalten

In Abschn. 8.3.4.2 wurde der asymptotische Zustand für eine Lochscheibe mit gegen Verschiebung in Querrichtung gehaltenen Längsrändern ermittelt.

Für dieses System sind für eine erste Abschätzung der Traglast zwei meA's mit unterschiedlichen Lastfaktoren erforderlich, da die Restspannungen vom Lastfaktor abhängen, denn die inkrementellen Restspannungen in Abschn. 8.3.4.2 waren nicht Null. Gewählt werden willkürlich die Lastfaktoren $\alpha_1 = 1$ und $\alpha_2 = 2$. Auf die Darstellung der zugehörigen Anfangsspannungen nach Gl. 3.23 aufgrund der TIV Y_i nach Gl. 8.23 und der Restspannungen aufgrund der beiden zugehörigen meA's wird hier verzichtet.

Die Verteilung der zugehörigen Traglastfaktoren nach Gl. 8.33 in x-Richtung ist in Abb. 8.25 dargestellt. Der kleinste und damit maßgebende Traglastfaktor befindet sich im Ligament (abgesehen von einer Art Polstelle, wie in Abb. 8.25 ersichtlich, die auf Rechenschmutz zurück zu führen ist). Bezogen auf $p = 100$ beträgt er

$$\min\ \alpha_\mathrm{L} = 0{,}6518. \qquad (8.88)$$

Eine kinematische Kette ist hiermit noch nicht entstanden, sodass die tatsächliche Traglast mit der VFZT noch nicht gefunden ist, sondern erst eine erste Abschätzung. Einer inkrementellen Analyse mit ANSYS zufolge beträgt der tatsächliche Traglastfaktor, bezogen auf die Belastung $p = 100$:

$$\alpha_\mathrm{L,tatsächlich} = 0{,}7311. \qquad (8.89)$$

Die dazu gehörige Fließlinie ist in Abb. 8.26 zu sehen.

Abb. 8.25 Erste
Abschätzung der Verteilung
der Traglastfaktoren (in
x-Richtung, bezogen auf
$p = 100$) bei gehaltenen
Längsrändern

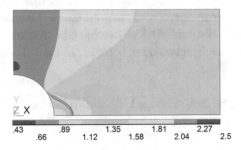

Abb. 8.26 Fließlinie im
tatsächlichen Traglastzustand
aufgrund inkrementeller
Analyse bei gehaltenen
Längsrändern

8.6   Nicht durchplastiziertes Tragwerk

In Abschn. 8.4 wurden die Tragwerke ebenso wie schon bei der asymptotischen Lösung in Abschn. 8.2 als im Traglast-Zustand vollständig durchplastiziert betrachtet ($V_p = V$). Für eine erste Abschätzung des Traglast-Faktors waren dann über die asymptotische Lösung hinaus eine oder zwei weitere modifizierte elastische Analysen erforderlich, sodass insgesamt zwei oder drei linear elastische Analysen zuzüglich der obligatorischen fiktiv elastischen Analyse anfielen. In einigen Beispielen wurde damit bereits die korrekte Lösung gefunden, z. B. für das Ein-Element-Modell in Abschn. 8.5.1 und das dickwandige Rohr in Abschn. 8.5.3.

In Fällen, bei denen das Tragwerk im Traglast-Zustand nicht vollständig plastisch ist, hat sich diese erste Abschätzung des Traglast-Faktors als untere Schranke für die tatsächliche Traglast und damit auf der sicheren Seite liegend heraus gestellt (siehe Tab. 8.1). Weiteren, hier nicht dargestellten Anwendungsbeispielen zufolge ist diese Eigenschaft einer unteren Schranke zumindest sehr häufig zu beobachten. Ein Beweis, dass dies generell zutrifft, ist jedoch bisher nicht bekannt.

Diese erste Abschätzung kann nun iterativ verbessert werden, indem eine verbesserte Abschätzung der plastischen Zone V_p an Stelle der Annahme $V_p = V$ vorgenommen wird.

Bei jedem dieser Iterationsschritte sind drei meA's erforderlich, nämlich eine für den asymptotischen Zustand und zwei weitere für die Ermittlung der Restspannungen bei den zwei unterschiedlichen Lastfaktoren α_1 und α_2 zur Ermittlung des Traglastfaktors nach Gl. 8.33. Dabei muss stets dieselbe plastische Zone zugrunde gelegt werden. Andernfalls würden die jeweils ermittelten plastischen Dehnungen nicht mehr wie in Abb. 8.7 dargestellt linear vom Lastfaktor abhängen, und somit wäre eine lineare Interpolation zum Auffinden des Traglastfaktors wie in Gl. 8.32 aufgrund des Kriteriums Gl. 8.29 nicht mehr statthaft.

Nachdem eine Aufteilung des Tragwerkvolumens V in den elastisch bleibenden Bereich V_e und die Fließzone V_p vorgenommen wurde, gilt für die darauf folgende meA auch wieder, wie seit Kap. 3 gewohnt, das modifizierte elastische Werkstoffgesetz (Gl. 3.20), wonach nur in V_p der modifizierte Elastizitätsmodul E^* nach Gl. 3.15 und die modifizierte Querdehnzahl ν^* nach Gl. 3.16 angesetzt werden, während in V_e die elastischen Materialparameter E und ν unverändert bleiben. Entsprechend werden auch

Tab. 8.1 Überblick über die in bisher (in Abschn. 8.3 und 8.5) betrachteten Beispiele

Beispiel	Spannungszustand		Spannungsumlagerung		$V_p = V$ zutreffend?	Restspannung: $\rho_{asympt} = 0,$ $\rho \neq \rho(\alpha)$	Erste Abschätzung der Traglast
	Mehrachsig	Homogen	Örtlich	Direktional			
1 Element (Abschn. 8.5.1)	Ja	Ja	Nein	Ja	Ja	Nein	Exakt (nach 3. meA)
Biegebalken stat. best. (Abschn. 8.5.2.1)	1-achsig	Nein	Ja	Nein	Nein	Ja	Exakt (nach 1. meA)
Biegebalken stat. unbest. (Abschn. 8.5.2.2)	1-achsig	Nein	Ja	Nein	Nein	Ja	Konservativ (nach 1. meA)
Rohr (Abschn. 8.5.3)	Ja	Nein	Ja	Ja	Ja	Ja	Exakt (nach 2. meA)
Lochscheibe seitlich frei (Abschn. 8.5.4.1)	Ja	Nein	Ja	Ja	Nein	Ja	Konservativ (nach 2. meA)
Lochscheibe seitl. gehalt. (Abschn. 8.5.4.2)	Ja	Nein	Ja	Ja	Nein	Nein	Konservativ (nach 3. meA)

in V_e keine Anfangsdehnungen oder Anfangsspannungen aufgebracht, sondern nur in V_p. Somit lauten die modifizierten elastischen Werkstoffgesetze für den asymptotischen Restzustand bzw. für die Restzustände für die Traglastabschätzung nun

$$d\varepsilon_i^{*,\infty} = \begin{cases} \left(E_{ij}^*\right)^{-1} d\rho_j^\infty + d\varepsilon_{i,0}^\infty & \forall \underline{x} \in V_p, \\ \left(E_{ij}\right)^{-1} d\rho_j^\infty & \forall \underline{x} \in V_e, \end{cases} \tag{8.90}$$

$$\varepsilon_i^* = \begin{cases} \left(E_{ij}^*\right)^{-1} \rho_j + \varepsilon_{i,0} & \forall \underline{x} \in V_p, \\ \left(E_{ij}\right)^{-1} \rho_j & \forall \underline{x} \in V_e, \end{cases} \tag{8.91}$$

mit den Anfangsdehnungen, wobei stattdessen natürlich auch wieder die entsprechenden Anfangsspannungen gesetzt werden können,

$$d\varepsilon_{i,0}^\infty = \begin{cases} \frac{3}{2} \frac{1 - \frac{E_t}{E}}{E_t} d\sigma_i^{'fel,\infty} & \forall \underline{x} \in V_p, \\ 0 & \forall \underline{x} \in V_e, \end{cases} \tag{8.92}$$

$$\varepsilon_{i,0} = \begin{cases} \frac{3}{2} \frac{1 - \frac{E_t}{E}}{E_t} Y_i & \forall \underline{x} \in V_p, \\ 0 & \forall \underline{x} \in V_e. \end{cases} \tag{8.93}$$

Die TIV Y_i kann unverändert nach Gl. 8.23 bestimmt werden, jedoch beschränkt auf den Bereich V_p.

Aus Gln. 8.92 und 8.93 ist sofort ersichtlich, dass nach einer Partition des gesamten Tragwerkvolumens in V_p und V_e wegen der Diskontinuitäten an der Grenze zwischen diesen beiden Bereichen die Anfangsverzerrungen nun nicht mehr über das gesamte Tragwerk hinweg die Kompatibilitätsbedingungen Gl. 8.7 erfüllen können. Somit ist generell zu erwarten, dass die asymptotischen Restspannungsinkremente nicht mehr verschwinden und die Restspannungen von den endlichen Lastfaktoren α_1 und α_2 abhängen werden, also prinzipiell in jedem Iterationsschritt drei meA's erforderlich sein werden.

Da nun in einem Tragwerk mehrere Bereiche mit stark unterschiedlichen Steifigkeiten existieren, besteht die Gefahr, dass bei einer FEM-Lösung schlecht konditionierte Gleichungssysteme entstehen, deren Lösung entsprechend unsauber ist. Der Tangentenmodul E_t sollte daher nicht allzu klein gewählt werden.

Das Hauptproblem lautet nun, wie eine geeignete Partitionierung von V in V_e und V_p vorgenommen werden kann. Dafür gibt es mehrere Möglichkeiten, aber keine davon, das sei schon vorweg genommen, liefert generell gute Ergebnisse. So hat Zarka in [3, Abschn. 6.3.2] einen Vorschlag unterbreitet, aber gleichzeitig darauf hingewiesen, dass zumindest für Fachwerkstäbe und Balken Borhani in [5] eine bessere Methode vorgeschlagen habe, allerdings auch nur für linear verlaufende Momentenlinien und daher abzählbare Möglichkeiten für die Position von Fließgelenken.

Im Folgenden werden weitere Vorschläge unterbreitet, die nach Ansicht des Autors zwar eine gewisse Verbesserung darstellen, aber auch noch nicht voll befriedigen.

Während für eine erste Abschätzung der Traglast nach Abschn. 8.4 das elastische Teil-volumen genau 0 % vom Gesamtvolumen ausmachte, ist dieser Anteil nun sinnvoll zu erhöhen.

Eine Möglichkeit hierfür ist, diejenigen Stellen des Tragwerks, entweder Knoten- oder Gauß-Punkte, dem Teilvolumen V_e zuzuweisen, deren Vergleichsspannung im Zustand der ersten Abschätzung der Traglast einen bestimmten Bruchteil der Fließgrenze, beispielsweise 40 %, nicht überschreitet:

$$\underline{x} \in V \; ; \; V_p \bigcup V_e = V \; ; \; V_p = \left\{ \underline{x} | \sigma_{v(\underline{x})}^{\text{1.AbschÄ¤tzung}} \geq 0{,}4 f_y \right\}. \tag{8.94}$$

Die zur Bildung der Vergleichsspannung erforderlichen Spannungskomponenten lassen sich aus Gl. 8.27 bestimmen, wobei für den Lastfaktor α der nach Abschn. 8.4, also unter Annahme von $V_p = V$, ermittelte minimale Traglast-Faktor und für ρ_i die zugehörigen Rest-spannungen einzusetzen sind. Da die Restspannungen linear vom Lastfaktor abhängen, sind sie für die nach Abschn. 8.4 ermittelte erste Abschätzung des Traglast-Zustandes aus den dort i. Allg. für zwei beliebige Lastfaktoren bereits vorliegenden Restspannungs-Berechnungen ohne erneute Analyse einfach durch Inter- bzw. Extrapolation zu gewinnen.

Auf der Grundlage von Gl. 8.94 wird dann der in Abschn. 8.2 und 8.4 beschriebene Berechnungsablauf wiederholt, also sowohl eine neue asymptotische Lösung gewonnen, als auch zwei weitere meA's für zwei beliebige Lastfaktoren durchgeführt, und dafür dann eine neue Abschätzung der Traglast nach Gl. 8.33 vorgenommen. Diese Vorgehens-weise könnte mehrfach wiederholt, also iterativ angewendet werden.

Stattdessen käme auch infrage, eine elastisch-plastische Analyse monotoner Belastung durch eine herkömmliche inkrementelle Berechnung oder mit der VFZT entsprechend Kap. 3 für das Belastungsniveau der in Abschn. 8.4 gewonnenen ersten Abschätzung der Traglast durchzuführen (siehe Borhani [5] für Fachwerke und Balken). Hierfür sind gewöhnlich mehrere meA's notwendig. Dabei ist es möglich, dass die Ergebnisse dieser meA's wegen der, eigentlich für den Einsatz der VFZT eher untypischen, geringen Verfestigung in den plastischen Bereichen unsauber sind sowie oszillieren statt zu konvergieren. Liegt jedoch eine akzeptable Lösung vor, kann die zugehörige Spannungsverteilung an Stelle der inkrementellen Spannungen aus einer asymptotischen Lösung für ein unendlich hohes Belastungsniveau benutzt werden, also als neue Grundlage für eine Traglastanalyse mit zwei beliebigen Lastfaktoren, wofür zwei weitere meA's anfallen.

Der Vorteil einer solchen monotonen Analyse ist, dass, sofern das Belastungsniveau nicht allzu weit von der Traglast entfernt ist, eine gute Näherung für die Geometrie der plastischen Zone und den Spannungszustand im Traglastzustand gewonnen werden kann. Dabei sollte das Belastungsniveau so abgeschätzt werden, dass es auf jeden Fall oberhalb der allerdings noch unbekannten Traglast liegt, was aufgrund der Verfestigung möglich ist, weil bei der anschließenden Traglast-Analyse eine Unterschätzung von V_p gravierendere Folgen hat als eine Überschätzung.

8.7 Beispiele für Traglast nicht durchplastizierter Tragwerke

Die beiden im vorangehenden Abschnitt erwähnten Möglichkeiten zur Verbesserung der nach Abschn. 8.4 gewonnenen ersten Abschätzung der Traglast sollen exemplarisch auf zwei der bereits in Abschn. 8.5 betrachteten Beispiele angewendet werden, die dort noch nicht zur exakten Traglast geführt haben (vgl. Tab. 8.1).

8.7.1 Statisch unbestimmter Biegebalken

Es wird der in Abschn. 8.5.2.2 behandelte Einfeldträger mit Einspannung am einen und gelenkiger Lagerung am anderen Ende betrachtet, beschränkt auf das Linienmodell.

Das Kriterium Gl. 8.94 hat zur Folge, dass die Vorzeichen der Momentenlinie der darauf aufbauenden asymptotischen Lösung $dM_{(x)}^{\infty}$ nun nicht mehr identisch sind mit den Vorzeichen der fiktiv elastischen Lösung $M_{(x)}^{\text{fel}}$, sondern erst mithilfe einer meA für den asymptotischen Zustand gefunden werden müssen. Ferner sind in den sgn-Termen von Gln. 8.47, 8.48, 8.50 und 8.51 dann $\overline{\sigma}_{(x,y)}^{\text{fel}}$ bzw. $\overline{M}_{(x)}^{\text{fel}}$ zu ersetzen durch $d\sigma_{(x,y)}^{\infty}$ bzw. $dM_{(x)}^{\infty}$. Zudem hängen die Restmomente nun, anders als bei den Berechnungen in Abschn. 8.5.2.2, von den gewählten Lastfaktoren α_1 und α_2 ab.

Die für das $0{,}4f_y$-Kriterium von Gl. 8.94 auf Basis der Momentenlinie für die erste Abschätzung des minimalen Lastfaktors aus Abb. 8.20 gewonnenen und auf das vollplastische Moment M_{pl} normierten Anfangsmomente für die Berechnung des asymptotischen Zustands $dM_{0(x)}^{\infty}$ und die sich damit ergebende normierte inkrementelle Momentenlinie $dM_{(x)}^{\infty}$ sind in Abb. 8.27 dargestellt.

Für die beliebig gewählten Lastfaktoren $\alpha_1 = 1$ und $\alpha_2 = 2$ erhält man aus Gl. 8.48 mit den Vorzeichen von $dM_{(x)}^{\infty}$ die in Abb. 8.28 dargestellten normierten Anfangsmomente.

Statt nach Gl. 8.51 wird die neue Verteilung des Traglastfaktors nun auf Basis von Gl. 8.33 gewonnen, wo die deviatorischen Restspannungen durch die Restmomente und f_y durch M_{pl} zu ersetzen sind. Das Ergebnis ist in Abb. 8.29 dargestellt.

Der minimale Wert findet sich an der Einspannstelle und beträgt

$$\min \, \alpha_{\text{L}} = 2{,}103. \tag{8.95}$$

Das zweite Minimum liegt im Feld bei

$$\frac{x_{\text{m}}}{L} = 0{,}593 \tag{8.96}$$

und beträgt

$$\min \, \alpha_{\text{L,Feld}} = 2{,}259. \tag{8.97}$$

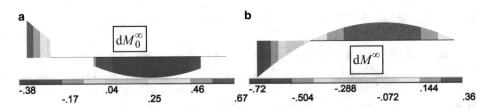

Abb. 8.27   Verteilung der Anfangsmomente für den asymptotischen Zustand (**a**); inkrementelle Momentenlinie aufgrund des $0,4f_y$-Kriteriums von Gl. 8.94 (**b**)

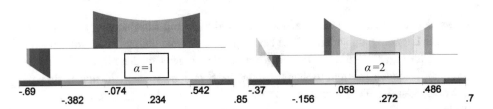

Abb. 8.28   Verteilung der normierten Anfangsmomente für zwei gewählte Lastfaktoren aufgrund des $0,4f_y$-Kriteriums von Gl. 8.94

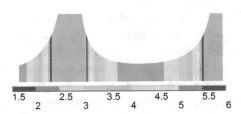

Abb. 8.29   Verteilung der verbesserten Abschätzung des Traglastfaktors beim Linienmodell des statisch unbestimmt gelagerten Balkens aufgrund des $0,4f_y$-Kriteriums von Gl. 8.94

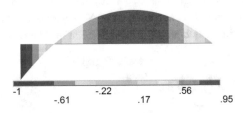

Abb. 8.30   Normierte elastisch-plastische Momentenlinie beim Linienmodell des statisch unbestimmt gelagerten Balkens für die zweite Abschätzung der Traglast, $\alpha = \min \alpha_L = 2{,}103$

Somit hat eine weitere Annäherung an das exakte Ergebnis (Gln. 8.72 und 8.73) stattgefunden, was sich auch in der elastisch-plastischen Momentenlinie von Abb. 8.30 manifestiert. Im Feld beträgt das Moment nun etwa 95 % von M_{pl}.

Das arithmetische Mittel der für die Einspannstelle und das Feld ermittelten Traglastfaktoren (Gln. 8.95 und 8.97) liegt mit 2,180 bereits sehr nahe am exakten Wert 2,184 (Gl. 8.72).

In Abschn. 8.6 wurde die Möglichkeit erwähnt, an Stelle einer Berechnung der inkrementellen Spannungen für ein unendlich hohes Belastungsniveau, die endlichen Spannungen für ein endliches Belastungsniveau, ein wenig oberhalb der mutmaßlichen Traglast gewählt, zu ermitteln. Auch diese Vorgehensweise führt hier mittels einer Berechnung für monotone Laststeigerung mit der VFZT zu guten Ergebnissen. Für eine monotone Analyse des Belastungsniveaus aus Gl. 8.97 beispielsweise werden bei einem Verfestigungsmodul $E_t/E = 10^{-5}$ etwa 5 meA's benötigt. Für den Traglastfaktor erhält man dann an der Einspannstelle 2,177, im Feld 2,199 und somit eine noch bessere Eingrenzung der tatsächlichen Traglast.

8.7.2   Lochscheibe mit freien Längsrändern

Zur Verbesserung der ersten Traglast-Abschätzung Gl. 8.86 wird ein Teil der Lochscheibe als elastisch bleibend (V_e) definiert. Dazu wird das Kriterium von Gl. 8.94 auf die in Abb. 8.23 dargestellte Verteilung der Vergleichsspannungen für den Lastfaktor $\alpha = 0{,}4807$ aus Gl. 8.86 angewendet. Hierfür fallen eine neue asymptotische Berechnung und zwei meA's mit beliebigen Lastfaktoren an.

Die so gewonnene Verteilung der Traglastfaktoren ist in Abb. 8.31 auf der rechten Seite unter Aussparung von V_e dargestellt. Dabei wurden die Werte oberhalb von 0,685 gekappt, sodass sich der schon in Abschn. 8.5.4.1 angesprochene Versagensmodus durch eine vom Lochrand schräg nach oben verlaufende Fließlinie andeutet. Durch Vergleich mit dem auf der linken Seite von Abb. 8.31 dargestellten Verlauf nach der ersten Abschätzung (identisch mit Abb. 8.22, nur anders skaliert) ist ersichtlich, dass durch die verbesserte Abschätzung eine Vergleichmäßigung des Traglastfaktors eingetreten ist. Der Minimalwert beträgt nun

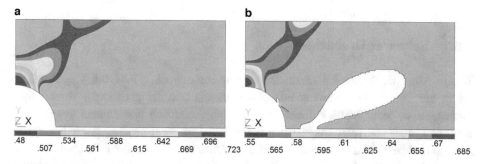

Abb. 8.31 Vergleich der ersten (**a**) und der zweiten (**b**) Abschätzung (aufgrund des Kriteriums Gl. 8.94) der Verteilung der Traglastfaktoren

$$\min\ \alpha_{\mathrm{L}} = 0{,}5552 \tag{8.98}$$

und hat sich somit dem tatsächlichen Traglastfaktor (0,6478 laut Gl. 8.87) angenähert. Zudem hat sich die Bandbreite der Traglastfaktoren im maßgebenden Bereich etwa halbiert, was als Ergebnisverbesserung anzusehen ist, denn ein kinematischer Mechanismus verlangt einen konstanten Traglastfaktor in seinem Bereich. Lag der Traglastfaktor nach der ersten Abschätzung noch zwischen 0,4807 und 0,7146 (Abb. 8.31a), befindet er sich nach der zweiten Abschätzung noch zwischen 0,5552 und 0,6707 (Abb. 8.31b). Der jeweils höhere Wert ist als Sattelpunkt in der graphischen Darstellung vorstellbar.

Wählt man als Kriterium für die Abschätzung der Fließzone beispielsweise $0{,}55 f_{\mathrm{y}}$ statt $0{,}4 f_{\mathrm{y}}$ in Gl. 8.94, so ließe sich die Traglast noch enger eingrenzen. In dem gesamten Band vom Lochrand nach rechts oben liegt er dann zwischen 0,6133 und 0,6558.

Mit der VFZT lässt sich also die Traglast im Prinzip ganz gut eingrenzen. Das Problem ist nur, ein geeignetes Kriterium für die iterative Verbesserung der ersten Abschätzung zu finden, das allgemein verwendet werden kann.

So bewährt sich etwa die in Abschn. 8.6 erwähnte Möglichkeit, die asymptotische Lösung für ein unendlich hohes Belastungsniveau durch eine monotone Belastungssteigerung auf ein endliches Belastungsniveau oberhalb der Traglast zu ersetzen, hier nicht, weil bei geringer Verfestigung mit nur wenigen meA's kein gutes Ergebnis erzielbar ist.

8.8   Querschnitts-Tragfähigkeit

Bisher wurde in Kap. 8 nur die Tragfähigkeit eines ganzen statischen Systems betrachtet. Nun soll untersucht werden, in wieweit die VFZT auch zur Ermittlung der Tragfähigkeit eines Stab-Querschnitts verwendet werden kann.

Die Querschnitts-Tragfähigkeit in einem Stabtragwerk ist dann erschöpft, wenn der Querschnitt infolge einer gegebenen Schnittgrößen-Kombination voll durchplastiziert ist. Es gilt also a priori $V_{\mathrm{p}} = V$ (Gl. 8.1), was zur Folge hat, dass der ortsabhängige Traglastfaktor α_{L} konstant über den Querschnitt verteilt ist.

8.8.1   Bekannte Drehachse

Wie in Abschn. 8.2 und 8.4 diskutiert, vereinfacht sich die VFZT bei $V_{\mathrm{p}} = V$ weiter, sofern nur „natürliche" Randbedingungen vorliegen und die plastischen Verzerrungsinkremente an jeder Stelle kollinear mit den fiktiv elastisch berechneten Spannungen sind und auch dasselbe Vorzeichen besitzen. Die Restspannungsinkremente des asymptotischen Zustandes verschwinden dann (Abschn. 8.2), und der Traglastfaktor α_{L} ergibt sich aufgrund einer einzigen meA, die mit beliebigem Lastfaktor α durchgeführt werden kann (Abschn. 8.4). Für einen einachsigen Spannungszustand genügt hierfür Gl. 8.35.

Diese drei Bedingungen, also $V_p = V$, nur „natürliche" Randbedingungen, Kollinearität mit selbem Vorzeichen, sind erfüllt, wenn sich die neutrale Faser bei einachsigen Spannungszuständen weder infolge örtlicher noch infolge direktionaler Spannungsumlagerung verschieben oder verdrehen kann, also wenn bei elastischem Verhalten dieselbe Drehachse vorliegt wie bei elastisch-plastischem Verhalten. Dies ist in folgenden Situationen der Fall:

- Wenn sich ganz ohne Zwängungen dieselbe Drehachse einstellt. Der mit der VFZT berechnete Traglastfaktor gibt dann das Vielfache des bei der fiktiv elastischen Berechnung aufgebrachten Lastniveaus an.
- Wenn bei der einen notwendigen meA dieselbe Drehachse erzwungen wird wie bei der fiktiv elastischen Berechnung. Infolge der Zwängungen ist dann allerdings das Verhältnis der aufgebrachten Schnittgrößen zueinander im Traglastzustand ein anderes als bei der fiktiv elastischen Berechnung vorgegeben. Der so ermittelte Traglastfaktor kann dann nicht mehr als Vielfaches der ursprünglich aufgebrachten Schnittgrößenkombination interpretiert werden, sondern stellt eigentlich nur noch eine Hilfsgröße dar zur Ermittlung der Spannungsverteilung im Traglastzustand. Daher ist die der fiktiv elastischen Berechnung zugrunde gelegte Schnittgrößenkombination auch unerheblich. Eigentlich würde jeder Schnittgröße dann ein eigener Traglastfaktor zukommen.

Abb. 8.33 zeigt exemplarisch anhand eines Rechteckquerschnitts (Breite B, Höhe H) die Verteilung des Traglastfaktors (Gl. 8.35), ermittelt mit $E_t/E = 10^{-5}$, und der Spannungsverteilung im Traglastzustand (Gl. 8.27 mit α_L für α) für unterschiedliche Konfigurationen a bis d der in Abb. 8.32 gezeigten Schnittgrößen

$$m_y = \frac{M_y}{M_{y,\text{elgr}}} \quad ; \quad m_z = \frac{M_z}{M_{z,\text{elgr}}}, \tag{8.99}$$

$$M_{y,\text{elgr}} = f_y \frac{BH^2}{6} \quad ; \quad M_{z,\text{elgr}} = f_y \frac{B^2H}{6}. \tag{8.100}$$

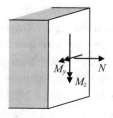

Abb. 8.32 Rechteckquerschnitt unter zweiachsiger Biegung mit Normalkraft

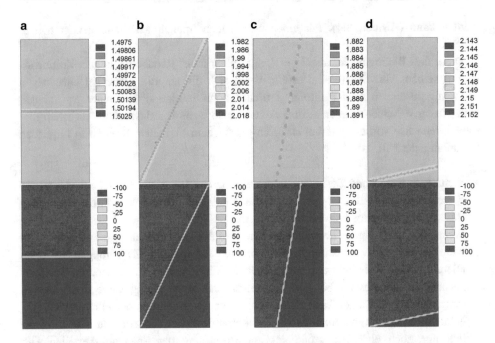

Abb. 8.33 Verteilung des Traglastfaktors (*obere Reihe*) und der Spannungsverteilung (*untere Reihe*, $f_y = 100$) im Traglastzustand. **a** einachsige Biegung, **b** zweiachsige Biegung $m_y = m_z$, **c** zweiachsige Biegung mit Drehachse unter 1: 5,5 geneigt, **d** Drehachse keine Flächenhalbierende

Für die einachsige Biegung in Fall a mit der elastischen Grenzlast $m_y = 1$ ergibt sich $\alpha_L = 1,5$, für die zweiachsige Biegung im Fall b mit elastischer Grenzlast $m_y = m_z = 0,5$ ergibt sich $\alpha_L = 2,0$. In beiden Fällen stellt sich im elastischen wie im elastisch-plastischen Zustand zwängungsfrei dieselbe Drehachse ein. Der Traglastfaktor ist hier das Vielfache der elastischen Grenzlast.

In den Fällen c und d dagegen sind die gewählten Drehachsen im Traglastzustand mit Zwängungen verbunden. Der Fall c entspricht dem Fall, dass auch im elastisch-plastischen Zustand dieselbe Drehachse beibehalten wird (Steigung 1: 5,5), die sich bei elastischem Grenzverhalten mit $m_y = 4/15$, $m_z = 11/15$ einstellt. Hierzu gehören im Traglastzustand die Schnittgrößen $m_y = 0,3635$, $m_z = 1,4340$, sodass sich ihr Verhältnis zueinander geändert hat. Bei Fall d ist die erzwungene Drehachse keine Flächenhalbierende, wodurch außer den beiden Biegemomenten auch eine Normalkraft geweckt wird. Die drei Schnittgrößen stehen dann bei der Traglast in einem anderen Verhältnis als bei einer fiktiv elastischen Berechnung mit derselben Drehachse.

Diese Ergebnisse der VFZT wurden unter Nutzung der FEM erzielt, was jedoch nicht unbedingt notwendig gewesen wäre. Abgesehen von numerischen Unsauberkeiten, die dadurch in unmittelbarer Nähe des Nulldurchgangs der Spannungen auftreten, wird die exakte Traglast bei bekannter Drehachse durch die VFZT mit nur einer meA korrekt identifiziert. Allerdings ist in diesen Fällen die Anwendung der VFZT gar nicht notwendig, weil sich die Querschnitts-Tragfähigkeit nämlich aus elementaren Betrachtungen noch einfacher ermitteln lässt.

8.8.2 Drehachse nicht bekannt

Anders sieht es aus bei einem beliebig geformten Querschnitt, der einer beliebigen Schnittgrößenkombination ausgesetzt ist, sodass die Lage der Drehachse im Traglast-zustand nicht mit der fiktiv elastisch berechneten übereinstimmt.

Als Beispiel hierfür wird aus Gründen der Übersichtlichkeit wieder der Rechteck-querschnitt unter schiefer Biegung ohne oder mit Normalkraft betrachtet. In Abwesen-heit von Schubbeanspruchungen gilt die Bernoulli-Hypothese vom Ebenbleiben des Querschnittes, sodass nur einachsige Normalspannungen existieren, die zwar örtliche, aber keine direktionalen Spannungsumlagerungen gestatten.

Da aufgrund der Einachsigkeit des Spannungszustandes im asymptotischen Zustand keine Restspannungen auftreten, genügt auch wieder nur eine meA mit beliebigem Last-faktor, um den Traglastfaktor zu ermitteln. Da nun aber, im Gegensatz zu Abschn. 8.8.1, die Drehachse nicht gebunden ist, stellt der so ermittelte Traglastfaktor noch nicht die korrekte Lösung dar, sondern nur eine erste Abschätzung.

So erhält man beispielsweise für die Belastungskonstellation von Fall c aus Abb. 8.33 ($m_y = 4/15$, $m_z = 11/15$), nun aber ohne die zugehörige Drehachse mit der Neigung 1: 5,5 auch bei elastisch-plastischem Verhalten zu erzwingen, die in Abb. 8.34 dar-gestellte Verteilung des Traglastfaktors.

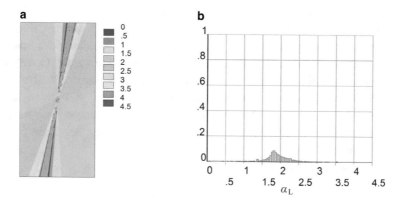

Abb. 8.34 Rechteckquerschnitt unter zweiachsiger Biegung (Belastungsniveaus $m_y = 4/15$, $m_z = 11/15$). **a** Verteilung der ersten Abschätzung des Traglastfaktors, **b** Flächenanteile der Abstufungen des Traglastfaktors

Demnach ist der Traglastfaktor also nicht annähernd konstant verteilt – ein Indiz dafür, dass die in Abschn. 8.8.1 erwähnten Bedingungen, die mit einer einzigen meA zum korrekten Ergebnis führen, hier nicht erfüllt sind. In Anbetracht des einachsigen Spannungszustandes kann dies nur bedeuten, dass die plastischen Verzerrungsinkremente nicht an jeder Stelle dasselbe Vorzeichen aufweisen wie die fiktiv elastisch berechneten Spannungen, also die Linie des Spannungsnulldurchgangs im Traglastzustand nicht identisch ist wie fiktiv elastisch berechnet.

Da das Ziel eine konstante Verteilung des Traglastfaktors ist, kommt dem Flächen-anteil, den die jeweiligen Abstufungen des Traglastfaktors einnehmen, eine gewisse Bedeutung zu. Der entsprechenden Darstellung auf der rechten Seite von Abb. 8.34 ist zu entnehmen, dass der richtige Traglastfaktor sicher irgendwo zwischen 1,5 und 2,5 liegen wird, und dass etwa um den Wert $\alpha_L = 1,8$ herum ein gewisser Schwerpunkt vorliegt.

Mit nur einer meA konnte also noch kein befriedigendes Ergebnis erzielt werden. Eine Verbesserung durch Identifikation elastischer Teilbereiche, wie in Abschn. 8.6 erwähnt und in Abschn. 8.7 auf einen statisch unbestimmten Balken und eine Loch-scheibe angewandt, macht hier keinen Sinn, da es ja keinen elastischen Bereich geben kann.

Stattdessen wird die andere, bereits in Abschn. 8.6 erwähnte Möglichkeit zur Ergeb-nisverbesserung genutzt, indem eine Analyse monotoner Belastung bei bilinearem Werkstoffgesetz mit geringer kinematischer Verfestigung durchgeführt wird, um eine bessere Vorstellung davon zu erhalten, wie die Vorzeichen der Spannungen bei elastisch-plastischem Verhalten verteilt sind. Diese sind dann an Stelle des Terms $\mathrm{sgn}(d\sigma^\infty)$ in Gl. 8.35 einzusetzen.

Für die monotone Belastung wird als Belastungsniveau ein Lastfaktor aus Abb. 8.34 ausgewählt. Welcher genau, ist nicht so entscheidend. Denn für den weiteren Berechnungsablauf kommt es nicht auf eine möglichst korrekte Ermittlung der Spannungsbeträge in jedem Querschnittspunkt an, sondern lediglich auf eine möglichst korrekte Ermittlung ihrer Vorzeichen. Allerdings sollte vermieden werden, dass die tat-sächliche Traglast massiv unterschätzt wird, weil dann die Verteilung der Spannungs-vorzeichen noch zu stark von der im vollplastischen Zustand abweicht. Genauso sollte ein Belastungsniveau weit oberhalb der Traglast vermieden werden, weil auch dann die Spannungsvorzeichen in zu vielen Querschnitts-Punkten von denen im Trag-last-Zustand abweichen können, denn mit zunehmendem Belastungsniveau nähert sich die Spannungsverteilung aufgrund der Verfestigung derjenigen bei fiktiv elastischer Berechnung qualitativ wieder an.

Es wird ein Belastungsniveau

$$\alpha = 2,0 \tag{8.101}$$

gewählt. Hierfür wird mit der VFZT eine Analyse für monotone Belastung mit geringer Verfestigung ($E_t/E = 10^{-5}$) nach Kap. 3 durchgeführt. Nach zwei meA's sind die Spannungen zwar noch nicht ausiteriert, denn die plastische Zone ist noch nicht zutreffend identifiziert (wie man in Abb. 8.35a sehen kann; rechts im ausiterierten

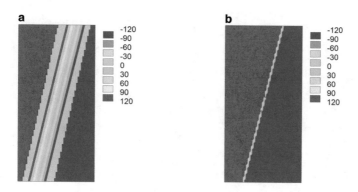

Abb. 8.35 Rechteckquerschnitt unter zweiachsiger Biegung (Belastungsniveaus $m_y = 4/15$, $m_z = 11/15$): Spannungsverteilung bei monotoner Berechnung. **a** nach 2 meA's, **b** nach 6 meA's

Zustand), aber die neutrale Faser hat sich gegenüber der fiktiv elastischen Berechnung bereits ausreichend verdreht (vgl. Abb. 8.33c). Im ausiterierten Zustand ist durch die monotone Analyse übrigens aufgrund der nur geringen Verfestigung und der Nähe zur Traglast schon fast die Spannungsverteilung im Traglastzustand gefunden.

Nach den beiden meA's für monotone Belastung wird nun wieder eine Traglastanalyse vorgenommen, für die eine weitere meA anfällt, um die Restspannungen für einen beliebigen Lastfaktor, beispielsweise $\alpha = 0$, erneut unter Annahme eines durchplastizierten Querschnittes ($V_p = V$), zu ermitteln. Dabei werden nun allerdings an Stelle der Vorzeichen aufgrund einer asymptotischen Analyse nach Abschn. 8.2, und damit denen der fiktiv elastischen Berechnung, die Vorzeichen der in Abb. 8.35a dargestellten Spannungen für $d\sigma^\infty$ in Gl. 8.35 eingesetzt.

Wie sich infolge der Berechnung für endliche monotone Belastung die Anfangsspannungen für die meA zur Traglastberechnung gegenüber dem asymptotischen Verhalten geändert haben, ist Abb. 8.36 zu entnehmen.

Die so schließlich ermittelten Traglastfaktoren sind in Abb. 8.37 dargestellt.

Ein Vergleich mit Abb. 8.34 zeigt, dass die Qualität der in Abb. 8.37 dargestellten Verteilung der Traglastfaktoren wesentlich besser geworden ist. Es lässt sich nun abschätzen, dass der Traglastfaktor etwa

$$\alpha_L \approx 1{,}86 \cdots 1{,}90 \tag{8.102}$$

beträgt. Wird etwa für $\alpha = 1{,}88$ nun eine neue Berechnung für monotone Belastungssteigerung durchgeführt, und auf dieser Basis eine erneute Traglastberechnung vorgenommen, so können wir Abb. 8.38 entnehmen, dass die Abschätzung des Traglastfaktors weiter verbessert werden konnte. Dieser wird nun

$$\alpha_L \approx 1{,}874 \cdots 1{,}876 \tag{8.103}$$

betragen.

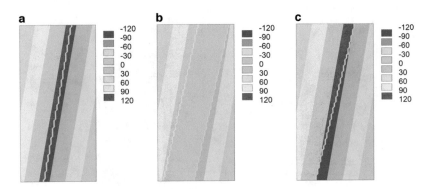

Abb. 8.36 Rechteckquerschnitt unter zweiachsiger Biegung (Belastungsniveaus $m_y = 4/15$, $m_z = 11/15$): Anfangsspannungen. **a** aufgrund asymptotischen Verhaltens, **b** aufgrund Berechnung für endliche monotone Belastungssteigerung mit 2 meA's, **c** aufgrund Berechnung für endliche monotone Belastungssteigerung mit 6 meA's

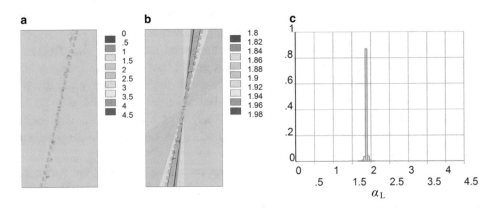

Abb. 8.37 Rechteckquerschnitt unter zweiachsiger Biegung (Belastungsniveaus $m_y = 4/15$, $m_z = 11/15$). **a, b** Verteilung der verbesserten (2.) Abschätzung des Traglastfaktors in unterschiedlichen Maßstäben, **c** Flächenanteile der Abstufungen des Traglastfaktors

Zum Vergleich wird die exakte Traglast angegeben. Wird für beide Momente derselbe Traglastfaktor gefordert, ergibt sich die Traglast aus der Bedingung

$$\alpha_L m_y = \sqrt{3 - 2\alpha_L m_z} \ \text{fÃ¼r} \ m_y \leq m_z, \tag{8.104}$$

sodass der tatsächliche Traglastfaktor

$$\alpha_{L,\text{tatsÃ¤chlich}} = 1{,}875 \tag{8.105}$$

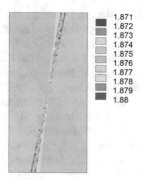

	1.871
	1.872
	1.873
	1.874
	1.875
	1.876
	1.877
	1.878
	1.879
	1.88

Abb. 8.38 Rechteckquerschnitt unter zweiachsiger Biegung (Belastungsniveaus $m_y = 4/15$, $m_z = 11/15$): Verteilung der 3. Abschätzung des Traglastfaktors

beträgt. Während die Drehachse bei der fiktiv elastischen Berechnung eine Steigung von 1: 5,5 aufweist, hat sie sich im Traglastzustand auf 1: 4 verdreht.

Die VFZT ist der tatsächlichen Traglast also sehr nahe gekommen, jedoch ist dafür auch eine Reihe linearer Analysen notwendig gewesen. Außer der obligatorischen fiktiv elastischen Analyse fiel eine meA als Grundlage für die erste Abschätzung der Traglast an, mehrere (2 bis 6) meA's für die monotone Analyse des Lastfaktors 2,0, eine weitere meA für die zweite Abschätzung der Traglast, mehrere (2 bis 6) meA's für die monotone Analyse des Lastfaktors 1,88, und eine weitere meA für die dritte Abschätzung der Traglast.

Insgesamt ist festzustellen, dass die Traglast für Strukturen, die im Traglast-Zustand vollständig durchplastiziert sind, beispielsweise ein dickwandiges Rohr unter Innendruck, mit der VFZT mit geringem Aufwand, nämlich maximal 3 linearen Analysen, korrekt gefunden werden kann, sofern die Spannungen an jeder Stelle des Tragwerks im Traglast-Zustand die selben Vorzeichen aufweisen wie fiktiv elastisch berechnet. Ansonsten handelt es sich zunächst nur um eine erste Abschätzung der Traglast, die anschließend iterativ verbessert werden kann, wodurch sich der Berechnungsaufwand rasch erhöht. Möglicherweise ist die VFZT hierfür dann nicht mehr in demselben Maße prädestiniert, wie sie das zur Ermittlung der Dehnschwingbreite und der akkumulierten Dehnungen im elastischen oder plastischen Einspielzustand ist (Kap. 4 bis 7).

Literatur

1. Seshadri, R., Fernando, C.P.D.: Limit loads of mechanical components and structures using the GLOSS R-Node method. Trans ASME J. Press. Vessel Technol. **114**, 201–208 (1992)
2. Jospin, R.J.: Displacement estimates of pipe elbows prior to plastic collapse loads. Nucl. Eng. Des. **178**, 165–178 (1997)
3. Zarka, J., Frelat, J., Inglebert, G., Kasmai Navidi, P.: A New Approach to Inelastic Analyses of Structures. Martinus Nijhoff, Dordrecht (1988) (stark erweitert 1990)

4. Maier, G., Comi, C., Corigliani, A., Perego, U., Hübel, H.: Bounds and Estimates on Inelastic Deformations, Commission of the European Communities, Contract RA1-0162-I and RA1-0168-D, Report EUR 16555 EN. European Commission, Brüssel (1992)

5. Borhani Alamdari, B.: Nouvelles methodes de calcul de la charge de ruine et des deformations associees. Thèse de doctorat en Physique, Universite de Technologie de Compiegne (1990)

6. ANSYS Release 14.5, ANSYS Inc., Canonsburg, USA (2012)

7. Schimmöller, H.: Analytische Bestimmung von Eigenspannungszuständen auf der Grundlage der Elastizitätstheorie. Schriftenreihe Schiffbau der TU Hamburg-Harburg, Nr. 524 (1992). https://tore.tuhh.de/bitstream/11420/957/1/Bericht_Nr.524_H.Schimmoeller_Analytische_ Behandlung_von_Eigenspannungszustnden_auf_der_Grundlage_der_Elastizittstheorie.pdf

8. Reckling, K.-A.: Plastizitätstheorie und ihre Anwendung auf Festigkeitsprobleme. Springer, Berlin (1967)

9. Rahimi, G.H., Alashti, R.A.: Limit load analyses of plates with a hole under in-plane loads. Scientia Iranica **12**(4), 442–454 (2005)

Weiterer Ausbau der VFZT für zyklische Belastung

In den vorigen Kapiteln, in denen die VFZT bei zyklischer Belastung beschrieben und angewendet wurde (Kap. 4, 5 und 7), wurde eine getrennte Ermittlung der elastisch-plastischen Schwingbreite (für Ermüdungsbetrachtungen) und des akkumulierten Zustandes (für Ratcheting-Betrachtungen) vorgenommen. Mit dieser Trennung sind folgende Vorteile verbunden:

- Es lässt sich vorteilhaft ausnutzen, dass die Berechnung der Schwingbreite in der Regel schneller konvergiert als die Berechnung des akkumulierten Zustandes.
- Wenn im Falle plastischen Einspielens Ratcheting nicht analysiert werden soll, kann man sich auf die Bestimmung der Dehnschwingbreite und somit des Faktors K_e beschränken.
- Wenn im Falle elastischen Einspielens die Restspannungen während der veränderlichen Belastung zeitunabhängig sind, kann auf die Bestimmung der Dehnschwingbreite verzichtet werden, sodass nur der akkumulierte Zustand betrachtet zu werden braucht.

Diese Vorgehensweise setzt jedoch gewisse Grenzen hinsichtlich ihrer Erweiterbarkeit. Dies betrifft etwa die

- Erfassung von Effekten aus Theorie II.Ordnung (Gleichgewicht am verformten System, siehe [1]),
- Berücksichtigung der Temperaturabhängigkeit des Verfestigungsmoduls sowie der elastischen Materialparameter,
- verbesserte Erfassung direktionaler Umlagerung (wenn die Twice-Yield Methode keine sinnvolle Näherung mehr bietet, siehe Abschn. 2.9.3),
- Erfassung sukzessiver Laststeigerung.

© Springer Fachmedien Wiesbaden GmbH, ein Teil von Springer Nature 2023
H. Hübel, *Vereinfachte Fließzonentheorie*, https://doi.org/10.1007/978-3-658-41833-5_9

Statt die TIV für die Schwingbreite und den mittleren Zustand abzuschätzen, ist es in solchen Situationen besser, die TIV direkt für den minimalen und den maximalen Belastungszustand abzuschätzen. Dies wird im Folgenden beschrieben. Die Schwingbreite ergibt sich dann durch einfaches Postprocessing der beiden extremalen Belastungszustände.

9.1   Vereinheitlichte Abschätzung der TIV bei ES und PS

Die Restspannungen sind bei elastischem Einspielen zwar häufig, aber nicht immer zeitunabhängig (wohl aber definitionsgemäß die Rückspannungen). Sondern sie können sich im Verlauf eines Belastungszyklus ändern, wenn die Belastungsänderung auch mit einer Strukturänderung verbunden ist. Dies trifft etwa bei einer zeitlich veränderlichen Spannungsversteifung zu, die die Erfüllung von Gleichgewichtsbedingungen am verformten System notwendig macht (Theorie II.Ordnung), oder bei Kontaktproblemen. Im Folgenden wird daher auch bei elastischem Einspielen eine Schwingbreite der Restspannungen zugelassen.

In diesem Fall ist die Natur des Einspielzustandes (also ob elastisches (=ES) oder plastisches (=PS) Einspielen auftritt) nicht mehr von vornherein bekannt, d. h. nicht mehr allein auf Basis der fiktiv elastischen Analysen feststellbar. Sondern sie ergibt sich bei der VFZT erst am Ende aller meA's im ausiterierten Zustand.

In solchen Fällen kann eine Betrachtung im invertierten deviatorischen Spannungsraum (Abb. 9.1) helfen, eine direkte Abschätzung der TIV beim minimalen und beim maximalen Belastungszustand vorzunehmen, statt für Schwingbreite und mittleren Zustand.

Während im deviatorischen Spannungsraum die Mises-Fließfläche gegeben ist durch einen Kreis mit Mittelpunkt ξ_i (und Radius f_y), auf dessen Rand bei aktivem Plastizieren alle zulässigen deviatorischen Spannungen σ_i' liegen, besitzt die Mises-Fließfläche im invertierten deviatorischen Spannungsraum den Mittelpunkt σ_i', und alle zulässigen Rückspannungszustände ξ_i liegen bei aktivem Plastizieren auf dem Kreisrand.

Es wird vorerst unverändert angenommen, dass der deviatorische Spannungsvektor σ_i' und die Rückspannung ξ_i bei monotoner Belastung kollinear sind, sodass die TIV Y_i im TIV-Raum durch Projektion von $-\rho_i'$ auf den Mises-Kreis abgeschätzt werden kann. Damit ist gleichbedeutend, dass im (gegenüber dem TIV-Raum ja nur um $-\rho_i'$ verschobenen) invertierten deviatorischen Spannungsraum der Vektor $Y_i + \rho_i'$ durch Projektion des Koordinatenursprungs auf den Mises-Kreis abgeschätzt werden kann.

In Abb. 9.2 und 9.3 werden die TIV's nun für den minimalen und den maximalen Belastungszustand gesucht. Dabei stellt sich heraus, dass zwischen elastischem und plastischem Einspielen kaum noch unterschieden werden muss, außer dass bei plastischem Einspielen der Bereich $V_{p\Delta}$ auftritt, den es bei elastischem Einspielen definitionsgemäß nicht geben kann. Bei plastischem Einspielen im Bereich $V_{e\Delta}$ und bei elastischem Einspielen treten Restspannungen auf, die sich während eines Zyklus ändern können, die also nicht zeitinvariant sein müssen. Allerdings haben sie unterschiedliche

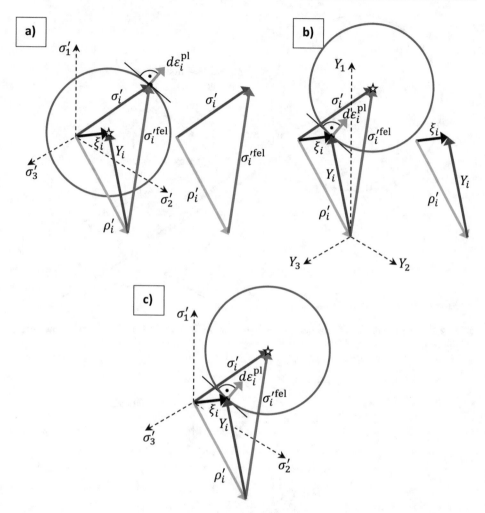

Abb. 9.1 a Deviatorischer Spannungsraum, **b** TIV-Raum, **c** Invertierter deviatorischer Spannungsraum

Ursachen, was für die Bestimmung der TIV aber unerheblich ist. Somit unterscheidet sich die TIV-Abschätzung bei elastischem Einspielen nicht von der im Bereich $V_{e\Delta}$ bei plastischem Einspielen, sodass eine vereinheitlichte Abschätzung der TIV vorgenommen werden kann, falls auch bei elastischem Einspielen eine Restspannungsschwingbreite zugelassen werden soll [2, 3]. Während die Änderung der Restspannungen bei elastischem Einspielen nur auf Umlagerungen infolge von Strukturänderungen zurück zu führen ist, haben die Rückspannungen bei plastischem Einspielen im Bereich $V_{e\Delta}$ zwei unterschiedliche Ursachen, nämlich neben den Umlagerungen infolge der Strukturänderung auch Umlagerungen infolge des Rückwirkens von zyklischem Plastizieren an anderen Stellen des Tragwerks.

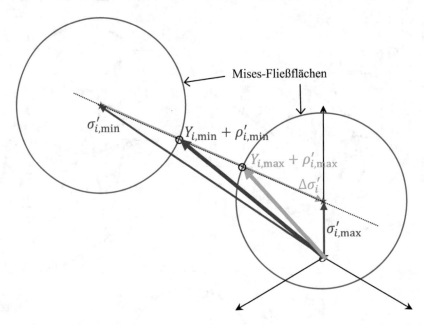

Abb. 9.2 Invertierter deviatorischer Spannungsraum in $V_{p\Delta}$ (hier bei temperaturunabhängiger Fließgrenze)

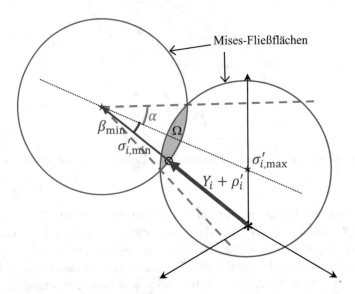

Abb. 9.3 Invertierter deviatorischer Spannungsraum in $V_{e\Delta}$ (hier bei temperaturunabhängiger Fließgrenze)

Aus Abb. 9.2 ist ersichtlich, dass für $\Delta\sigma_i'$ und $\Delta\xi_i (= (Y_{i,\max} + \rho_{i,\max}') - (Y_{i,\min} + \rho_{i,\min}'))$ bzw. für die beiden reduzierten Spannungen $(\sigma_i' - \xi_i)_{\max}$ und $(\sigma_i' - \xi_i)_{\min}$ weiterhin Kollinearität angenommen wird, was bei plastischem Einspielen gleichbedeutend ist mit der Nutzung der Twice- Yield Methode.

9.1.1 TIV in $V_{p\Delta}$

Gemäß Gl. 5.34 ist $V_{p\Delta}$ definiert durch

$$\Delta\sigma_v > f_{y,\min} + f_{y,\max}. \tag{9.1}$$

In $V_{p\Delta}$ ist $\xi_i = Y_i + \rho_i'$ nicht zeit-invariant. Es gilt also

$$Y_{i,\max} + \rho_{i,\max}' \neq Y_{i,\min} + \rho_{i,\min}'. \tag{9.2}$$

Für den minimalen Belastungszustand gilt (Abb. 9.2):

$$\xi_{i,\min} = Y_{i,\min} + \rho_{i,\min}' = \sigma_{i,\min}' + \Delta\sigma_i' \frac{f_{y,\min}}{\Delta\sigma_v}, \tag{9.3}$$

$$Y_{i,\min} = \sigma_{i,\min}'^{\text{fel}} + \Delta\sigma_i' \frac{f_{y,\min}}{\Delta\sigma_v}. \tag{9.4}$$

Für den maximalen Belastungszustand gilt:

$$\xi_{i,\max} = Y_{i,\max} + \rho_{i,\max}' = \sigma_{i,\max}' - \Delta\sigma_i' \frac{f_{y,\max}}{\Delta\sigma_v}, \tag{9.5}$$

$$Y_{i,\max} = \sigma_{i,\max}'^{\text{fel}} - \Delta\sigma_i' \frac{f_{y,\max}}{\Delta\sigma_v}. \tag{9.6}$$

Gl. 9.4 und 9.6 ergeben sich genauso durch Einsetzen von Gl. 5.33 und Gl. 5.139 in

$$Y_{i,\max/\min} = Y_{i,m} \pm \frac{1}{2}\Delta Y_i. \tag{9.7}$$

9.1.2 TIV in $V_{e\Delta}$

Das Teilvolumen $V_{e\Delta}$ ist definiert durch

$$\Delta\sigma_v \leq f_{y,\min} + f_{y,\max} \text{ und } (\sigma_{v,\min} > f_{y,\min} \text{ oder } \sigma_{v,\max} > f_{y,\max}). \tag{9.8}$$

Weil die Schwingbreite in $V_{e\Delta}$ rein elastisch ist, sind ξ_i und somit $Y_i + \rho_i'$ zeitinvariant. Da aber ρ_i' nicht unbedingt konstant sein muss, muss auch Y_i nicht konstant sein. Es gilt also

$$Y_{i,\max} + \rho_{i,\max}' = Y_{i,\min} + \rho_{i,\min}', \tag{9.9}$$

woraus sich die Schwingbreite

$$\Delta Y_i = -\Delta\rho_i' \tag{9.10}$$

ergibt, die uns für elastisches Verhalten aus Gl. 4.9 bekannt ist, und die wir schon benutzt haben, wenn wir V_e-Stellen als aus V_p-Material bestehend behandeln wollten. Dabei haben wir schon die Erfahrung gemacht, dass dies zwar gelingt, also korrekte Ergebnisse erzielt werden können, dass dafür aber relativ viele meA's aufgewendet werden müssen. Damit ist hier nun also ebenfalls zu rechnen.

Im Folgenden benötigte Winkel (siehe Gl. 5.73 bis 5.76):

$$\cos \alpha_{min} = \frac{\Delta\sigma_v^2 + f_{y,min}^2 - f_{y,max}^2}{2 \cdot \Delta\sigma_v \cdot f_{y,min}}, \tag{9.11}$$

$$\cos \alpha_{max} = \frac{\Delta\sigma_v^2 + f_{y,max}^2 - f_{y,min}^2}{2 \cdot \Delta\sigma_v \cdot f_{y,max}}, \tag{9.12}$$

$$\cos \beta_{min} = \frac{\Delta\sigma_v^2 + \sigma_{v,min}^2 - \sigma_{v,max}^2}{2 \cdot \Delta\sigma_v \cdot \sigma_{v,min}}, \tag{9.13}$$

$$\cos \beta_{max} = \frac{\Delta\sigma_v^2 + \sigma_{v,max}^2 - \sigma_{v,min}^2}{2 \cdot \Delta\sigma_v \cdot \sigma_{v,max}}. \tag{9.14}$$

9.1.2.1 Projektion auf den minimalen Belastungszustand

Es erfolgt eine Projektion auf den minimalen Belastungszustand analog zu Gl. 5.79 und 5.80, wenn

$$\Delta\sigma_v < f_{y,min} + f_{y,max} \text{ und } \sigma_{v,min} \geq f_{y,min} \text{ und } \beta_{min} \leq \alpha_{min} \tag{9.15}$$

oder wenn

$$\Delta\sigma_v < f_{y,min} + f_{y,max} \text{ und } \Delta\sigma_v + f_{y,min} \leq f_{y,max} \text{ und } \sigma_{v,min} \geq f_{y,min}. \tag{9.16}$$

Dann gilt (sowohl bei der Berechnung des minimalen wie auch des maximalen Belastungszustandes, Abb. 9.3):

$$Y_i + \rho_i' = \sigma_{i,min}' \left(1 - \frac{f_{y,min}}{\sigma_{v,min}}\right). \tag{9.17}$$

Für den maximalen Belastungszustand gilt dann:

$$Y_{i,max} = \sigma_{i,min}'^{fel} - \sigma_{i,min}' \frac{f_{y,min}}{\sigma_{v,min}} + \rho_{i,min}' - \rho_{i,max}' \tag{9.18}$$

und für den minimalen Belastungszustand:

$$Y_{i,min} = \sigma_{i,min}'^{fel} - \sigma_{i,min}' \frac{f_{y,min}}{\sigma_{v,min}}. \tag{9.19}$$

9.1.2.2 Projektion auf den maximalen Belastungszustand

Es erfolgt eine Projektion auf den maximalen Belastungszustand analog zu Gl. 5.82) und 5.83, wenn

$$\Delta \sigma_v < f_{y,min} + f_{y,max} \text{ und } \sigma_{v,max} \geq f_{y,max} \text{ und } \beta_{max} \leq \alpha_{max}, \tag{9.20}$$

oder wenn

$$\Delta \sigma_v < f_{y,min} + f_{y,max} \text{ und } \Delta \sigma_v + f_{y,max} \leq f_{y,min} \text{ und } \sigma_{v,max} \geq f_{y,max}. \tag{9.21}$$

Dann gilt (sowohl bei der Berechnung des minimalen wie auch des maximalen Belastungszustandes):

$$Y_i + \rho_i' = \sigma_{i,max}' \left(1 - \frac{f_{y,max}}{\sigma_{v,max}} \right). \tag{9.22}$$

Für den maximalen Belastungszustand gilt dann:

$$Y_{i,max} = \sigma_{i,max}'^{fel} - \sigma_{i,max}' \frac{f_{y,max}}{\sigma_{v,max}} \tag{9.23}$$

und für den minimalen Belastungszustand:

$$Y_{i,min} = \sigma_{i,max}'^{fel} - \sigma_{i,max}' \frac{f_{y,max}}{\sigma_{v,max}} - \rho_{i,min}' + \rho_{i,max}'. \tag{9.24}$$

9.1.2.3 Projektion auf die Ecke von Ω

Es erfolgt eine Projektion auf die Ecke von Ω analog zu Gl. 5.85, 5.86, 5.87, wenn

$$\Delta \sigma_v < f_{y,min} + f_{y,max} \text{ und } \beta_{min} > \alpha_{min} \text{ und } \beta_{max} > \alpha_{max} \; \Delta \sigma_v \geq |f_{y,min} - f_{y,max}|. \tag{9.25}$$

Für den gewählten Ansatz

$$Y_i + \rho_i' = (1 - a) \cdot \sigma_{i,min}' + b \cdot \Delta \sigma_i' \tag{9.26}$$

erhalten wir für den minimalen Belastungszustand

$$Y_{i,min} = (1 - a) \cdot \sigma_{i,min}' + b \cdot \Delta \sigma_i' - \rho_{i,min}' \tag{9.27}$$

und für den maximalen Belastungszustand

$$Y_{i,max} = (1 - a) \cdot \sigma_{i,min}' + b \cdot \Delta \sigma_i' - \rho_{i,max}' \tag{9.28}$$

mit (siehe Gl. 5.89 und 5.90)

$$a = \frac{f_{y,min}}{\sigma_{v,min}} \frac{\sin \alpha_{min}}{\sin \beta_{min}} \tag{9.29}$$

$$b = \frac{f_{y,min}}{\Delta \sigma_v} \left(\cos \alpha_{min} - \cos \beta_{min} \frac{\sin \alpha_{min}}{\sin \beta_{min}} \right). \tag{9.30}$$

Es ist leicht überprüfbar, dass bei allen Projektionen des Abschn. 9.1.2 gilt:

$$Y_{i,\max} = Y_{i,\min} \text{ wenn } \rho'_{i,\max} = \rho'_{i,\min}. \tag{9.31}$$

Abb. 9.4 zeigt das Ablaufschema zur direkten Berechnung des minimalen und des maximalen Belastungszustandes. Man erhält nahezu dieselben Ergebnisse wie bei einer Berechnung über die Schwingbreite und den mittleren Zustand. Kleine Unterschiede ergeben sich aus dem unterschiedlichen Konvergenzverhalten. Die Berechnung monotoner Belastungssteigerung kann dadurch erfolgen, dass minimaler und maximaler Belastungszustand gleich gesetzt werden.

Durch die hier vorgenommene direkte Berechnung des minimalen und des maximalen Belastungszustandes wäre es auch einfacher realisierbar, die VFZT als Extrapolationsmethode für eine herkömmliche inkrementelle Berechnung einzusetzen, bei der diese nur für wenige Belastungszyklen vorgenommen wird und die VFZT dann für die direkte Extrapolation bis zum Einspielzustand genutzt wird. Hierdurch wird eine Verbesserung des Startwerts der iterativen Vorgehensweise an Stelle der fiktiv elastischen Analysen erreicht. Zwar ließe sich eine inkrementelle Analyse bis in die Nähe des Ein-

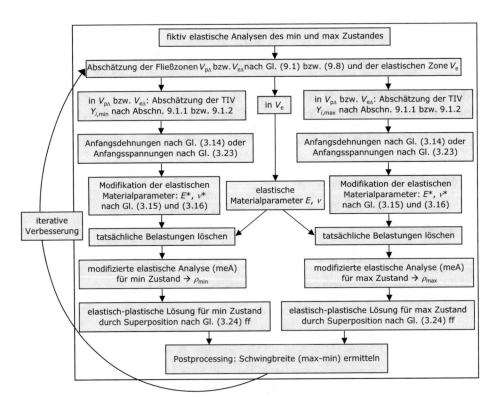

Abb. 9.4 Ablaufschema zur Anwendung der VFZT bei zyklischer Belastung durch direkte Berechnung des minimalen und des maximalen Belastungszustandes

spielzustandes hierdurch erheblich verkürzen, aber andererseits ist nicht unbedingt zu erwarten, dass durch die vorgeschalteten inkrementell berechneten Belastungszyklen die VFZT wesentlich schneller oder genauer würde als wenn vollständig auf inkrementelle Analysen verzichtet würde. Diese Option wird daher hier nicht näher behandelt.

9.2 Temperaturabhängigkeit des Verfestigungsmoduls E_t und der elastischen Materialparameter E und v

In Abschn. 5.1 wurde bereits gezeigt, dass die Temperaturabhängigkeit der Material-parameter bei linearer kinematischer Verfestigung komplexe Auswirkungen bei anisothermen Prozessen haben kann. Daher wurde die VFZT in Kap. 5 zwar für temperaturabhängige Fließgrenzen f_y, aber nicht für temperaturabhängige elastische (E, v) und modifiziert elastische Materialparameter (E^*, v^*) dargestellt. Dadurch wurde etwa bei plastischem Einspielen eine Entkopplung der Ermittlung der Schwingbreite von der Ermittlung des akkumulierten Zustandes erreicht. Hierdurch wurde es möglich, die Dehnungsschwingbreite und somit den plastischen Dehnungserhöhungsfaktors K_e (siehe Abschn. 2.9.1) allein aus der Belastungsschwingbreite ermitteln zu können, ohne auto-matisch auch die akkumulierten Dehnungen im Einspielzustand bestimmen zu müssen.

Die oben in Abschn. 9.1 vorgestellte alternative Formulierung der VFZT bietet nun aber die Möglichkeit, manche Einschränkungen fallen lassen zu können und so die Anwendbarkeit der VFZT zu erweitern. Hierzu zählt beispielsweise, eine Temperatur-abhängigkeit der elastischen Materialparameter und insbesondere des Verfestigungs-moduls E_t berücksichtigen zu können. Dazu wird wieder Gebrauch gemacht von dem in Abschn. 5.1.1 eingeführten, auf dem sog. Rice hardening beruhenden finiten Ver-festigungsgesetz Gl. 5.4, wonach nur der momentane Wert des temperaturabhängigen Verfestigungsmoduls von Bedeutung ist, nicht jedoch seine Geschichte.

Zudem wird weiterhin davon ausgegangen, dass die Zeitpunkte extremaler Spannung mit den Zeitpunkten extremaler Dehnung und extremaler Belastung zusammenfallen. Diese Forderung kann jedoch bei temperaturabhängigem Verfestigungsmodul und temperaturabhängigen elastischen Materialparametern schnell verletzt werden. In diesem Fall sind bei Anwendung der VFZT sukzessive Belastungsschritte erforderlich, die später behandelt werden (siehe Abschn. 9.3).

9.2.1 Inkrementelle Analyse – Basisbeispiel

Zur Erläuterung der mit einem veränderlichen Verfestigungsmodul einher gehenden Problematik wird ein Zugstab unter schwellender zyklischer spannungsgesteuerter Belastung (so dass stets $\sigma = \sigma^{fel}$) und synchron veränderlicher Temperatur betrachtet, Abb. 9.5. Die Temperatur stellt hier keine Belastung dar, sondern steuert nur die Ver-änderung des Verfestigungsmoduls E_t. Fließgrenze f_y und Elastizitätsmodul E sind konstant.

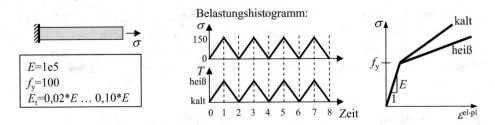

Abb. 9.5   Zugstab unter schwellender zyklischer Belastung

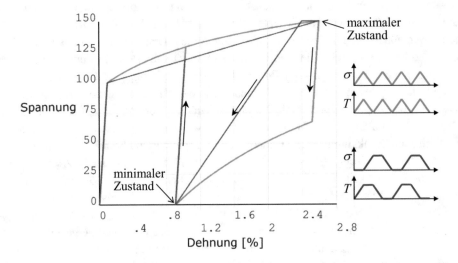

Abb. 9.6   Spannungs-Dehnungs-Hysterese: *blau* in-phase, *violett* out-of-phase

Der minimale Belastungszustand ist gekennzeichnet durch

$$\sigma_{min} = 0$$

$$E_{t,min} = 0{,}10\,E,$$

der maximale durch

$$\sigma_{max} = 150$$

$$E_{t,max} = 0{,}02\,E.$$

Die Antwort des Systems ist in Abb. 9.6 in Form der Spannungs-Dehnungs-Hysterese dargestellt. Erwartungsgemäß genügt ein Zyklus, bis der Einspielzustand mit dem Zeitpunkt 2 erreicht ist. Zum Vergleich ist auch das Ergebnis bei einer Phasenverschiebung zwischen Belastung und Temperatur dargestellt. Die beiden extremalen

Beanspruchungen (minimaler und maximaler Zustand) sind identisch mit denen ohne Phasenverschiebung.

Zumindest zwei Eigenschaften der Spannungs-Dehnungs-Hysterese erscheinen bemerkenswert:

- Es handelt sich offenbar um plastisches Einspielen (PS), obwohl die Vergleichsspannungsschwingbreite kleiner ist als die doppelte Streckgrenze ($\Delta\sigma_v < 2f_y$).
- Trotz der linearen Verfestigung verläuft die Hysterese im plastischen Bereich nichtlinear.

Die maximale Dehnung wird schon durch die monotone Belastung zum Zeitpunkt 1 erreicht und beträgt

$$\varepsilon_{max} = \varepsilon_{max}^{el} + \varepsilon_{max}^{pl} = \frac{\sigma_{max}}{E} + \frac{\sigma_{max} - f_y}{E_{t,max}} = 0{,}15\% + 2{,}45\% = 2{,}6\%. \tag{9.32}$$

Damit verbunden ist die Rückspannung

$$\xi_{max} = C_{max}\varepsilon_{max}^{pl} = 50 \tag{9.33}$$

mit

$$C_{max} = \frac{E\,E_{t,max}}{E - E_{t,max}} = 2040{,}82. \tag{9.34}$$

Aufgrund des finiten Verfestigungsgesetzes Gl. 5.4 würde sich jetzt ohne Änderung der plastischen Dehnung die Rückspannung beim minimalen Belastungszustand ergeben aus

$$\xi_{min} = C_{min}\varepsilon_{max}^{pl} = 272{,}22 \tag{9.35}$$

mit

$$C_{min} = \frac{E\,E_{t,min}}{E - E_{t,min}} = 11.111{,}11, \tag{9.36}$$

was aber nur zur Spannung

$$\sigma = \xi_{min} - f_y = 172{,}22 \tag{9.37}$$

statt zur Vorgabe von $\sigma_{min} = 0$ führen würde. Zur Korrektur muss die Rückspannung also um den entsprechenden Betrag zurück geführt werden, was eine Änderung der plastischen Dehnung um

$$\delta\varepsilon^{pl} = \frac{172{,}22}{C_{min}} = 1{,}55\% \tag{9.38}$$

erfordert und die Ursache für das plastische Einspielen ist. Die Dehnung beim minimalen Belastungszustand beträgt demnach

$$\varepsilon_{min} = \varepsilon_{min}^{el} + \varepsilon_{max}^{pl} - \delta\varepsilon^{pl} = 0{,}9\%. \tag{9.39}$$

Eine interessante Erkenntnis aus diesem Zahlenbeispiel ist übrigens auch, dass selbst durch Anheben der vorgegebenen minimalen Spannung von $\sigma_{min} = 0$ auf irgendeinen Wert unterhalb von σ_{max}, also bei einer Reduzierung der Spannungsschwingbreite, elastisches Einspielen prinzipiell nicht möglich ist, weil σ nach Gl. 9.37 größer ist als die maximale Spannung σ_{max}.

9.2.2   VFZT – Theorie

Da die in Abschn. 9.1 aufgeführten Gleichungen (insbesondere diejenigen für $V_{e\Delta}$ in Abschn. 9.1.2) unabhängig von der Klassifizierung als elastischer oder plastischer Einspielzustand sind, braucht auch bei Berücksichtigung temperaturabhängiger elastischer Materialparameter und des Verfestigungsmoduls keine Abgrenzung zwischen ES und PS formuliert zu werden.

Zur Abschätzung der TIV ist jedoch gegebenenfalls die Identifizierung von $V_{p\Delta}$ erforderlich, die bei temperaturabhängigem Verfestigungsmodul nun nicht mehr einfach gemäß Gl. 9.1 durch Gegenüberstellung der Vergleichsspannungsschwingbreite und der Fließgrenzen $f_{y,min}$ und $f_{y,max}$ vorgenommen werden kann. Mithilfe von Abb. 5.2 ist Gl. 9.1 entsprechend zu erweitern. Beim minimalen Belastungszustand verschiebt sich infolge Rice-hardening (also auch ohne Belastungsänderung und somit unverändertem ε^{pl}) der Mittelpunkt des Mises-Kreises im deviatorischen Spannungsraum um

$$\xi_{i,min} = \frac{2}{3}\varepsilon^{pl}_{i,min}C_{min} \tag{9.40}$$

und beim maximalen Belastungszustand um

$$\xi_{i,max} = \frac{2}{3}\varepsilon^{pl}_{i,max}C_{max} \tag{9.41}$$

mit (statt Gl. 1.31)

$$C_{min} = \frac{E_{min}\,E_{t,min}}{E_{min} - E_{t,min}} \tag{9.42}$$

$$C_{max} = \frac{E_{max}\,E_{t,max}}{E_{max} - E_{t,max}}. \tag{9.43}$$

Damit steht für die elastische Schwingbreite (in $V_{e\Delta}$) nicht mehr die Vergleichsspannungsschwingbreite bis zur Höhe von $f_{y,min} + f_{y,max}$ zur Verfügung, sondern nur der um $\xi_{max} - \xi_{min}$ modifizierte Betrag, durch den der Bereich der elastischen Schwingbreite kleiner oder größer werden kann. Somit lässt sich für die Definition von $V_{e\Delta}$ an Stelle von $\Delta\sigma_v \leq f_{y,min} + f_{y,max}$ (erste Bedingung in Gl. 9.8) formulieren:

$$\left\| \Delta\sigma'_i - \xi_{i,max} + \xi_{i,min} \right\| \leq f_{y,min} + f_{y,max}, \tag{9.44}$$

was sich im Bereich $V_{e\Delta}$ wegen $\varepsilon^{pl}_{i,\min} = \varepsilon^{pl}_{i,\max} = \varepsilon^{pl}_i$ auch schreiben lässt als

$$\Delta\sigma'_{i,\mathrm{mod}} = \Delta\sigma'_i + \frac{2}{3}\varepsilon^{pl}_i(C_{\min} - C_{\max}) \tag{9.45}$$

$$\Delta\sigma_{v,\mathrm{mod}} = \left\|\Delta\sigma'_{i,\mathrm{mod}}\right\| \leq f_{y,\min} + f_{y,\max} \rightarrow V_{e\Delta}. \tag{9.46}$$

Die Betragsstriche stehen hier wieder für die Bildung der L2-Norm des Vektors. In $V_{p\Delta}$ sind die plastischen Dehnungen bei den beiden extremalen Belastungszuständen unterschiedlich. Zur Identifikation von $V_{p\Delta}$ wird vorgeschlagen, ε^{pl}_i in Gl. 9.46 durch deren arithmetisches Mittel zu ersetzen. Demnach wird eine Stelle $\underline{x}$ des Tragwerks der Zone $V_{p\Delta}$ zugewiesen, wenn an Stelle von Gl. 9.1 folgende Bedingung erfüllt ist:

$$\left\|\Delta\sigma'_i + \frac{1}{2}\left(\frac{2}{3}\varepsilon^{pl}_{i,\max} + \frac{2}{3}\varepsilon^{pl}_{i,\min}\right)(C_{\min} - C_{\max})\right\| > f_{y,\min} + f_{y,\max} \rightarrow V_{p\Delta}. \tag{9.47}$$

Ferner sind auch die in Abschn. 9.1 angegebenen Gleichungen für $\sigma_{v,\min}$ und $\sigma_{v,\max}$ entsprechend zu ersetzen, sodass etwa aus den Bedingungen $\sigma_{v,\min} \geq f_{y,\min}$ und $\sigma_{v,\max} \geq f_{y,\max}$ in Gl. 9.8, 9.15 und 9.20 nun wird:

Es erfolgt eine Projektion auf den minimalen Belastungszustand in $V_{e\Delta}$, wenn

$$\sigma_{v,\min,\mathrm{mod}} = \left\|\sigma'_{i,\min} - \frac{2}{3}\varepsilon^{pl}_i(C_{\min} - C_{\max})\right\| \geq f_{y,\min} \tag{9.48}$$

bzw. eine Projektion auf den maximalen Belastungszustand in $V_{e\Delta}$, wenn

$$\sigma_{v,\max,\mathrm{mod}} = \left\|\sigma'_{i,\max} - \frac{2}{3}\varepsilon^{pl}_i(C_{\max} - C_{\min})\right\| \geq f_{y,\max}. \tag{9.49}$$

Entsprechend Abschn. 9.1 sind getrennte meA's für den minimalen und den maximalen Zustand durchzuführen. Die jeweils zugehörigen Anfangsdehnungen $\varepsilon_{i,0,\min}$ und $\varepsilon_{i,0,\max}$ bzw. Anfangsspannungen $\sigma_{i,0,\min}$ und $\sigma_{i,0,\max}$ müssen nun aber mit unterschiedlichen Verfestigungsparametern ermittelt werden, statt Gl. 3.14 bzw. 3.23 nun also durch:

$$\varepsilon_{i,0,\min} = \frac{3}{2C_{\min}} Y_{i,\min} \tag{9.50}$$

$$\varepsilon_{i,0,\max} = \frac{3}{2C_{\max}} Y_{i,\max} \tag{9.51}$$

bzw.

$$\sigma_{i,0,\min} = -\frac{3}{2} \frac{1 - \frac{E_{t,\min}}{E_{\min}}}{1 + v^*_{\min}} Y_{i,\min} \tag{9.52}$$

$$\sigma_{i,0,\max} = -\frac{3}{2} \frac{1 - \frac{E_{t,\max}}{E_{\max}}}{1 + v^*_{\max}} Y_{i,\max}. \tag{9.53}$$

Das modifizierte Werkstoffgesetz lautet statt Gl. 3.20 nun

$$\varepsilon_{i,\min}^* = \begin{cases} \left(E_{ij,\min}^*\right)^{-1} \rho_{j,\min} + \varepsilon_{i,0,\min} & \forall \underline{x} \in V_{\mathrm{p}} \\ E_{ij,\min}^{-1} \rho_{j,\min} & \forall \underline{x} \in V_{\mathrm{e}} \end{cases} \tag{9.54}$$

$$\varepsilon_{i,\max}^* = \begin{cases} \left(E_{ij,\max}^*\right)^{-1} \rho_{j,\max} + \varepsilon_{i,0,\max} & \forall \underline{x} \in V_{\mathrm{p}} \\ E_{ij,\max}^{-1} \rho_{j,\max} & \forall \underline{x} \in V_{\mathrm{e}} \end{cases}, \tag{9.55}$$

wobei die modifizierten Elastizitätsmatrizen $E_{ij,\min}^*$ und $E_{ij,\max}^*$ mit den modifizierten Materialparametern $E_{\min}^*$ und $v_{\min}^*$ bzw. $E_{\max}^*$ und $v_{\max}^*$ besetzt sind (statt Gl. 3.15 und 3.16):

$$E_{\min}^* = E_{\mathrm{t,min}} \tag{9.56}$$

$$E_{\max}^* = E_{\mathrm{t,max}} \tag{9.57}$$

$$v_{\min}^* = \frac{1}{2} - \frac{E_{\mathrm{t,min}}}{E_{\min}} \left(\frac{1}{2} - v_{\min} \right) \tag{9.58}$$

$$v_{\max}^* = \frac{1}{2} - \frac{E_{\mathrm{t,max}}}{E_{\max}} \left(\frac{1}{2} - v_{\max} \right). \tag{9.59}$$

Die in Gl. 9.50 und 9.51 einzusetzenden Abschätzungen von $Y_{\min}$ und $Y_{\max}$ in $V_{\mathrm{p\Delta}}$ erfolgen unverändert nach Gl. 9.4 und 9.6. Auch Gl. 9.19, 9.23 und 9.27 für $Y_{\min}$ und $Y_{\max}$ in $V_{\mathrm{e\Delta}}$ behalten unverändert ihre Gültigkeit. Dagegen müssen Gl. 9.18, 9.24 und 9.28 umgeschrieben werden, da nun infolge der Temperaturabhängigkeit des Verfestigungsmoduls E_{t} bzw. C die Rückspannungen ξ_i beim minimalen und maximalen Belastungszustand nicht mehr gleich sind, sondern statt dessen nur

$$\varepsilon_{i,\min}^{\mathrm{pl}} = \varepsilon_{i,\max}^{\mathrm{pl}} \tag{9.60}$$

gilt, also

$$\xi_{i,\min} = \frac{C_{\min}}{C_{\max}} \xi_{i,\max}. \tag{9.61}$$

$Y_i + \rho_i'$ ist in Abb. 9.3 also nicht mehr zeitinvariant, sondern an Stelle von Gl. 9.9 tritt nun

$$Y_{i,\min} + \rho_{i,\min}' = \frac{C_{\min}}{C_{\max}} \left(Y_{i,\max} + \rho_{i,\max}' \right). \tag{9.62}$$

Für den maximalen Zustand ergibt sich so, wenn die Projektion auf den Mises-Kreis des minimalen Zustandes erfolgt (statt Gl. 9.18):

$$Y_{i,\max} = \sigma'_{i,\min}\left(1 - \frac{f_{y,\min}}{\sigma_{v,\min}}\right)\frac{C_{\max}}{C_{\min}} - \rho'_{i,\max}, \tag{9.63}$$

und für den minimalen Zustand, wenn die Projektion auf den Mises-Kreis des maximalen Zustandes erfolgt (statt Gl. 9.24):

$$Y_{i,\min} = \sigma'_{i,\max}\left(1 - \frac{f_{y,\max}}{\sigma_{v,\max}}\right)\frac{C_{\min}}{C_{\max}} - \rho'_{i,\min}. \tag{9.64}$$

Zur Identifikation der Ecke des Bereiches Ω ist zunächst in Gln. (9.11), (9.12), (9.13), (9.14) und (9.30) $\Delta\sigma_v$ durch $\Delta\sigma_{v,\mathrm{mod}}$ gemäß Gl. 9.46 sowie $\sigma_{v,\max}$ durch $\sigma_{v,\max,\mathrm{mod}}$ gemäß Gl. 9.49 zu ersetzen (nicht aber $\sigma_{v,\min}$ durch $\sigma_{v,\min,\mathrm{mod}}$). Mit $\Delta\sigma'_{i,\mathrm{mod}}$ gemäß Gl. 9.45 wird zudem aus Gl. 9.27 bzw. 9.28 für den minimalen Zustand

$$Y_{i,\min} = (1 - a) \cdot \sigma'_{i,\min} + b \cdot \Delta\sigma'_{i,\mathrm{mod}} - \rho'_{i,\min} \tag{9.65}$$

bzw. für den maximalen Zustand

$$Y_{i,\max} = \frac{C_{\max}}{C_{\min}}\left((1 - a) \cdot \sigma'_{i,\min} + b \cdot \Delta\sigma'_{i,\mathrm{mod}}\right) - \rho'_{i,\max}. \tag{9.66}$$

Im Verlauf des Iterationsprozesses führen die getrennt voneinander durchzuführenden meA's in der Regel selbst bei elastischem Einspielen vorübergehend zu unterschiedlichen plastischen Dehnungen, was zu numerischen Schwierigkeiten und langsamer Konvergenz führen kann. Dem lässt sich durch ihre arithmetische Mittelung begegnen.

Es wird jedoch ausdrücklich erneut darauf hingewiesen (siehe Abschn. 5.1), dass bei temperaturabhängigen Materialparametern generell komplexe Strukturantworten auftreten können, die auch schnell den bisher formulierten Gültigkeitsbereich der VFZT verletzen können, etwa weil die extremalen Beanspruchungen bzw. die extremalen Restspannungen oder Restdehnungen gar nicht in den Lastumkehrpunkten auftreten, sondern zwischen diesen. Für die Behandlung solcher Situationen wird auf die IFUP-Methode in Abschn. 9.3 verwiesen.

9.2.3 VFZT – Basisbeispiel

Die in Abschn. 9.2.2 eingeführten Anpassungen der VFZT werden nun auf den in Abschn. 9.2.1 behandelten Zugstab angewandt.

Zur Vorbereitung der 1. meA liegen noch keine plastischen Dehnungen vor, sodass das Kriterium von Gl. 9.47 durch $\Delta\sigma_v = \Delta\sigma_v^{\mathrm{fel}} = 150$ bei $f_{y,\min} = f_{y,\max} = f_y = 100$ nicht erfüllt ist. Wegen $\sigma_{v,\max} = \sigma_{v,\max}^{\mathrm{fel}} > f_{y,\max}$ befindet sich der Stab in $V_{e\Delta}$, und die TIV ist aufgrund Gl. 9.49 durch Projektion auf den maximalen Belastungszustand zu finden. Aus Gl. 9.23 und (9.64) ergibt sich für den einachsigen Spannungszustand

$$Y_{\min} = \left(\sigma_{\max}^{\mathrm{fel}} - f_y \operatorname{sgn}(\sigma_{\max})\right)\frac{C_{\min}}{C_{\max}} = 272{,}22 Y_{\max} = \sigma_{\max}^{\mathrm{fel}} - f_y \operatorname{sgn}(\sigma_{\max}) = 50. \tag{9.67}$$

Die Anfangsdehnungen bestimmen sich durch Gl. 9.50 und 9.51 aufgrund des einachsigen Spannungszustandes zu

$$\varepsilon_{0,\text{min}} = \left(1 - \frac{E_{\text{t,min}}}{E}\right)\frac{Y_{\text{min}}}{E_{\text{t,min}}} = 2{,}45\% \tag{9.68}$$

$$\varepsilon_{0,\text{max}} = \left(1 - \frac{E_{\text{t,max}}}{E}\right)\frac{Y_{\text{max}}}{E_{\text{t,max}}} = 2{,}45\%. \tag{9.69}$$

Das Ergebnis der 1.meA für den minimalen Belastungszustand beträgt

$$\rho_{\text{min}} = 0 \tag{9.70}$$

$$\varepsilon^{*}_{\text{min}} = 2{,}45\% \tag{9.71}$$

und das Ergebnis der 1.meA für den maximalen Belastungszustand

$$\rho_{\text{max}} = 0 \tag{9.72}$$

$$\varepsilon^{*}_{\text{max}} = 2{,}45\%. \tag{9.73}$$

Zur Vorbereitung der 2.meA werden die plastischen Dehnungen aus Gl. 3.30 bestimmt:

$$\varepsilon^{\text{pl}}_{\text{min}} = 2{,}45\% \tag{9.74}$$

$$\varepsilon^{\text{pl}}_{\text{max}} = 2{,}45\%. \tag{9.75}$$

Gl. 9.47 lautet für den einachsigen Spannungszustand

$$\left|\Delta\sigma + \frac{1}{2}\left(\varepsilon^{\text{pl}}_{\text{max}} + \varepsilon^{\text{pl}}_{\text{min}}\right)(C_{\text{min}} - C_{\text{max}})\right| > 2f_y \tag{9.76}$$

und ist mit $\Delta\sigma = 150$ erfüllt , sodass der Stab nun $V_{\text{p}\Delta}$ zugewiesen wird. Hierfür liefern Gl. 9.4 und 9.6:

$$Y_{\text{min}} = \sigma^{\text{fel}}_{\text{min}} + f_y\,\text{sgn}(\Delta\sigma) = 100 \tag{9.77}$$

$$Y_{\text{max}} = \sigma^{\text{fel}}_{\text{max}} - f_y\,\text{sgn}(\Delta\sigma) = 50. \tag{9.78}$$

Die Anfangsdehnungen lauten demnach

$$\varepsilon_{0,\text{min}} = 0{,}90\% \tag{9.79}$$

$$\varepsilon_{0,\text{max}} = 2{,}45\%. \tag{9.80}$$

Das Ergebnis der meA für den minimalen Belastungszustand beträgt nun

$$\rho_{\text{min}} = 0 \tag{9.81}$$

$$\varepsilon^{*}_{\text{min}} = 0{,}90\% \tag{9.82}$$

und das Ergebnis der meA für den maximalen Belastungszustand unverändert

$$\rho_{max} = 0 \tag{9.83}$$

$$\varepsilon^{*}_{max} = 2{,}45\%. \tag{9.84}$$

Zwar haben sich die plastischen Dehnungen im minimalen Belastungszustand gegenüber der 1.meA geändert, aber davon bleibt die Zuordnung zu $V_{p\Delta}$ unberührt. Somit ist keine weitere iterative Verbesserung möglich.

Durch Superposition mit der fiktiv elastischen Lösung ergibt sich

$$\sigma_{min} = 0 \tag{9.85}$$

$$\varepsilon^{el-pl}_{min} = 0{,}90\% \tag{9.86}$$

$$\sigma_{max} = 150 \tag{9.87}$$

$$\varepsilon^{el-pl}_{max} = 2{,}60\%. \tag{9.88}$$

Dies stimmt mit der exakten Lösung aus Abschn. 9.2.1 genau überein. Aufgrund der Temperaturabhängigkeit des Verfestigungsmoduls ergab sich aus Gl. 9.76 eine iterativ veränderliche Zuordnung zu $V_{e\Delta}$ bzw. $V_{p\Delta}$, sodass zwei meA's erforderlich wurden, um die TIV's korrekt zu bestimmen.

9.2.4 Zweistab-Modell

Um die in Abschn. 9.2.2 beschriebene Erweiterung der VFZT zur Berücksichtigung der Temperaturabhängigkeit auch der elastischen Materialparameter und des Verfestigungsmoduls zu testen wird das in diesem Buch schon oft behandelte Zweistab-Modell betrachtet (Abb. 9.7).

Jeder Stab besitzt die Querschnittsfläche $A = 1$. Die konstant anstehende Kraft beträgt $F = 120$. Im linken Stab wird eine zyklische Temperaturänderung aufgebracht, während

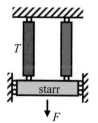

Belastungshistogramm:

		$T_{kalt}=0$	$T_{heiss}=700$
	E	1,4e5	1e5
	f_y	80	100
	E_t	8000	4000
	α_T	1e-5	

Abb. 9.7 Zweistab-Modell mit temperaturabhängigen Materialdaten

im rechten Stab die Temperatur konstant bleibt. Hinsichtlich der jeweils wirksamen Materialparameter ergibt sich die Zuweisung:

	Belastungszustand	
	Min	Max
Linker Stab	T_{kalt}	T_{heiss}
Rechter Stab	T_{kalt}	T_{kalt}

Der inkrementellen Analyse zufolge werden drei Zyklen benötigt, bis der Einspiel-zustand erreicht ist. Jeder Halbzyklus erfordert mindestens 25 Zwischenbelastungs-schritte, da sonst keine Konvergenz erreicht werden kann. Abb. 9.8 zeigt die Spannungs-Dehnungs-Hysteresen beider Stäbe.

Der Einspielzustand ist durch plastisches Einspielen gekennzeichnet, wobei nur der rechte Stab zyklisch plastiziert (also zu $V_{p\Delta}$ gehört), während der linke Stab nur rein elastische Änderungen erfährt (also $V_{e\Delta}$ darstellt). Im linken Stab erkennt man auch die Wirkung des temperaturabhängigen E-Moduls, wodurch die elastischen Änderungen krummlinig verlaufen und eine elastische Hysterese entsteht.

Während im Basisbeispiel von Abschn. 9.2.3 eine plastische Schwingbreite auf-trat, obwohl die Spannungsschwingbreite kleiner war als $\left(f_{y,min} + f_{y,max}\right)$, so ist hier nun die Schwingbreite im linken Stab rein elastisch, obwohl die Spannungsschwingbreite $(\Delta\sigma = 194{,}4)$ größer ist als $\left(f_{y,min} + f_{y,max}\right) = 180$.

Aus Abb. 9.8 ist ersichtlich, dass im linken Stab der minimale Belastungszustand für das Plastizieren verantwortlich ist. Bei Anwendung der VFZT ist die TIV also durch Projektion auf den minimalen Belastungszustand zu bestimmen, also bei der meA für

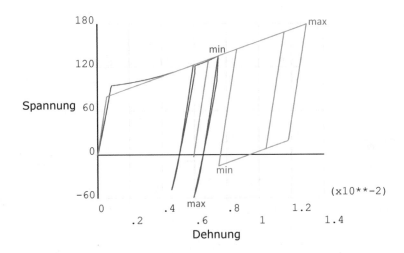

Abb. 9.8 Spannungs-Dehnungs-Hysteresen: *rot* linker Stab, *blau* rechter Stab

Tab. 9.1 Entwicklung der Dehnungen und Spannungen im linken Stab über die meA's der VFZT im Vergleich mit der inkrementellen Analyse beim maximalen Belastungszustand im Einspiel-zustand

VFZT, meA	$\varepsilon_{max}[\%]$	σ_{max}
1	0,7048	−67,81
2	0,6650	−64,63
3	0,6395	−62,59
5	0,6128	−60,45
10	0,5963	−59,13
15	0,5945	−58,99
20	0,5943	−58,97
Inkrementell mit 25 Belastungsinkrementen pro Halbzyklus	0,5943	−58,97

den minimalen Belastungszustand nach Gl. 9.19, bei der meA für den maximalen Belastungszustand nach Gl. 9.63. Obwohl also der minimale Belastungszustand maßgebend ist, werden trotzdem auch die Restspannungen des maximalen Belastungs-zustandes benötigt. Diese müssen iterativ gefunden werden. Tab. 9.1 zeigt, dass hierfür relativ viele meA's benötigt werden, bis das Ergebnis der inkrementellen Analyse genau erreicht ist.

9.3 IFUP-Methode

9.3.1 Theorie

In [2–4] und [5] hat Vollrath eine Methode entwickelt (IFUP = iterative fiktiv elastische update-Berechnungen), mit der die VFZT sukzessive angewendet werden kann, um Zwischenzustände eines Belastungsvorgangs oder Statusänderungen (bei unver-änderter Belastung) eines Tragwerks verfolgen zu können. Damit lässt sich etwa die vom elastisch-plastischen Verhalten des Tragwerks abhängige Spannungsversteifung erfassen (Theorie II.Ordnung), aber auch die Auswirkungen direktionaler Umlagerung, wodurch ein Verzicht auf die Twice-Yield Methode zur Ermittlung der Schwingbreite bei plastischem Einspielen möglich wird.

Hierzu werden, aufbauend auf der in Abschn. 9.1 eingeführten Abschätzung der TIV direkt für den minimalen und den maximalen Belastungszustand, sog. „update"-Berechnungen durchgeführt. Dabei handelt es sich um fiktiv elastische Analysen, die aber den zuvor bereits mit einer Reihe von meA's berechneten elastisch-plastischen Zustand eines vorangegangenen Belastungszustandes bzw. den Zustand noch ohne Berücksichtigung einer Statusänderung des Tragwerks aufgreifen und als Ausgangspunkt für eine weitere Reihe von meA's nach einer Belastungs- oder Statusänderung dienen.

Die Idee dieser Methode lässt sich anschaulich im invertierten deviatorischen Spannungsraum bei monotoner Belastung beschreiben (Abb. 9.9). Während die TIV in Abschn. 9.1 durch Projektion des Koordinatenursprungs auf den Mises-Kreis bestimmt wurde, erfolgt die Projektion nun von der vor der Belastungs- oder Statusänderung vorliegenden Rückspannung aus (hier mit „alt" indiziert). Diese lässt sich durch Gl. 3.8 und Gl. 1.32 aus der zuletzt durchgeführten meA ermitteln:

$$\xi_{i,\mathrm{alt}} = \frac{2}{3}C\big(\varepsilon_i^* - E_{ij}^{-1}\rho_j\big)_{\mathrm{alt}} \qquad (9.89)$$

Die Projektion von $\xi_{i,\mathrm{alt}}$ auf die aktualisierte („neue") Mises-Fließfläche liefert die Änderung der Rückspannung $\mathrm{d}\xi_i$ gegenüber dem „alten" Zustand:

$$\mathrm{d}\xi_i = \big(\sigma'_{i,\mathrm{neu}} - \xi_{i,\mathrm{alt}}\big)\left(1 - \frac{f_{y,\mathrm{neu}}}{\big\|\sigma'_{i,\mathrm{neu}} - \xi_{i,\mathrm{alt}}\big\|}\right). \qquad (9.90)$$

Der Ausdruck $\big\|\sigma'_{i,\mathrm{neu}} - \xi_{i,\mathrm{alt}}\big\|$ steht dabei wieder für die Norm bzw. für die Mises-Vergleichsspannung von $\big(\sigma'_{i,\mathrm{neu}} - \xi_{i,\mathrm{alt}}\big)$.

Die Änderungen gegenüber dem „alten" Zustand werden nun alle mit $\mathrm{d}\rho_i$, $\mathrm{d}\rho'_i$, $\mathrm{d}Y_i$, $\mathrm{d}\sigma_i$ usw. bezeichnet.

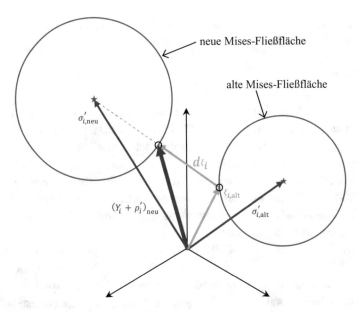

Abb. 9.9 Projektion von ξ_{alt} im invertierten deviatorischen Spannungsraum bei monotoner Belastung

Wegen

$$dY_i = d\xi_i - d\rho_i' \tag{9.91}$$

kann man Gl. 9.90 auch umformulieren zu:

$$dY_i = \left(\sigma_{i,\text{neu}}' - d\rho_i' - \xi_{i,\text{alt}}\right) - \left(\sigma_{i,\text{neu}}' - \xi_{i,\text{alt}}\right)\frac{f_{y,\text{neu}}}{\left\|\sigma_{i,\text{neu}}' - \xi_{i,\text{alt}}\right\|}. \tag{9.92}$$

Die fiktiv elastische Berechnung des neuen Tragwerks-Zustands unter gegebenenfalls aktualisierter Belastung sowie mit den als Anfangsdehnungen aufgebrachten plastischen Dehnungen aus den ausiterierten meA's für den alten Tragwerks-Zustand wird als „fup"-Analyse bezeichnet. Hierfür gilt das elastische Werkstoffgesetz

$$\varepsilon_i^{\text{fup}} = E_{ij}^{-1}\sigma_j^{\text{fup}} + \varepsilon_{i,\text{alt}}^{\text{pl}}. \tag{9.93}$$

Mit

$$\sigma_{i,\text{neu}}' = \sigma_i'^{\text{fup}} + d\rho_i' \tag{9.94}$$

wird Gl. 9.92 zu

$$dY_i = \sigma_i'^{\text{fup}} - \xi_{i,\text{alt}} - \left(\sigma_{i,\text{neu}}' - \xi_{i,\text{alt}}\right)\frac{f_{y,\text{neu}}}{\left\|\sigma_{i,\text{neu}}' - \xi_{i,\text{alt}}\right\|}. \tag{9.95}$$

Für eine Berechnung ohne fup-Analyse (Gl. 3.118) ist $\sigma_i'^{\text{fup}}$ durch $\sigma_i'^{\text{fel}}$ zu ersetzen, und $\xi_{i,\text{alt}}$ verschwindet. Bzw. anders formuliert: Für die Bestimmung des TIV-Inkrements dY_i muss im Vergleich zur Bestimmung der TIV Y_i entsprechend Gl. 3.118 nur der Koordinatenursprung im TIV-Raum um $\xi_{i,\text{alt}}$ verschoben (und $\sigma_i'^{\text{fup}}$ durch $\sigma_i'^{\text{fel}}$ ersetzt) zu werden.

Gl. 9.95 stellt also das TIV-Inkrement gegenüber der letzten fup-Analyse dar und kann durch eine Reihe von meA's iterativ verbessert werden. Dabei ändern sich gegenüber der letzten fup-Analyse immer nur die Inkremente der Anfangsdehnungen $d\varepsilon_{0,i}$ bzw. der Anfangsspannungen $d\sigma_{0,i}$ sowie die Inkremente der Restdehnungen $d\varepsilon_i^*$ und der Restspannungen $d\rho_i$ und somit letztlich $\sigma_{i,\text{neu}}'$.

Dagegen ändern sich $\sigma_i'^{\text{fup}}$ und $\xi_{i,\text{alt}}$ nur, wenn eine neue fup-Analyse durchgeführt wird. Wird eine fup-Analyse durchgeführt, ohne dass eine Belastungs- oder Statusänderung des Tragwerks vorliegt, dann wird einfach nur das mit der fiktiv elastischen Analyse superponierte Ergebnis der letzten meA reproduziert, sodass kein Unterschied zum Formelapparat in Abschn. 9.1 existiert.

Da die IFUP-Methode dazu beitragen soll, Problemstellungen mit ausgeprägter direktionaler Umlagerung besser zu erfassen, ist zu erwarten, dass damit eine erhöhte Anzahl von meA's einher geht, bis sich Konvergenz bzw. zumindest eine hohe

Näherungsqualität einstellt. Aus diesem Grund wird in Abschn. 9.3.2 eine Möglichkeit beschrieben, wie die Konvergenz beschleunigt werden kann.

Im Folgenden werden dann einige Beispiele zur Erfassung von Zwischenzuständen bzw. von Statusänderungen betrachtet:

- sukzessive Laststeigerung mit direktionaler Spannungsumlagerung (Abschn. 9.3.3)
- Reihenfolge-Effekte bzw. Lastketten (Abschn. 9.3.4)
- Verfolgung der Hysterese im Einspielzustand (Abschn. 9.3.5)
- Theorie II.Ordnung (Gleichgewicht am verformten System) (Abschn. 9.3.7)
- Kontakt (Abschn. 9.3.8)

9.3.2 Konvergenzbeschleunigung

Ohne Berücksichtigung von Zwischenbelastungsschritten und somit ohne Anwendung der IFUP-Methode sind meist nur wenige meA's erforderlich, bis Konvergenz oder zumindest eine gute Näherung an das konvergierte Ergebnis bzw. an das Ergebnis einer herkömmlichen, ebenfalls ohne Zwischenbelastungsschritte durchgeführten inkrementellen Berechnung erreicht ist.

Bei ausgeprägter direktionaler Spannungsumlagerung hängt das Ergebnis einer inkrementellen Berechnung und damit der Qualitätsmaßstab für die VFZT aber stark von der Anzahl der gewählten Zwischenbelastungsschritte ab. Mit der Anzahl solcher Zwischenbelastungsschritte steigt der erforderliche numerische Aufwand einer inkrementellen Berechnung. Die IFUP-Methode kann nun dazu dienen, ebenfalls solche Zwischenbelastungsschritte zu berücksichtigen. Entsprechend ist aber zu erwarten, dass hierfür ebenfalls ein höherer numerischer Aufwand durch eine größere Anzahl von meA's erforderlich ist.

Das bisher verwendete Iterationsverfahren basiert bei monotoner Belastung auf radialen Projektionen auf die Mises-Fließfläche, was dem radial return Verfahren in [6] entspricht. Vollrath hat in seiner Dissertation [5] darauf hingewiesen, dass andere der in [6] erwähnten Projektionsverfahren jedoch vorteilhafter sein könnten. Daher wird in diesem Abschnitt beschrieben, wie das tangential stiffness-radial return (oder kurz tangent-radial return) Verfahren an die IFUP-Methode angepasst werden kann. In einigen der in den folgenden Abschnitten dargestellten Beispiele für die IFUP-Methode wird das Verfahren dann auch angewendet.

Wird der invertierte deviatorische Spannungsraum von Abb. 9.9 in den TIV-Raum übertragen, so entstehen die in Abb. 9.10 dargestellten Zusammenhänge. Der im n-ten Iterationsschritt durch den Vektor $\left(\xi_{i,\text{alt}} + \mathrm{d}Y_i^{(n)}\right)$ dargestellte Berührpunkt ergibt sich durch radiale Projektion des Vektors $\left(\xi_{i,\text{alt}} - \mathrm{d}\rho_i'^{(n-1)}\right)$ auf die Mises-Fließfläche mit der fiktiv elastischen update-Spannung $\sigma_i'^{\text{fup}}$ als Mittelpunkt. Daraus wird $\mathrm{d}Y_i^{(n)}$ ermittelt, das

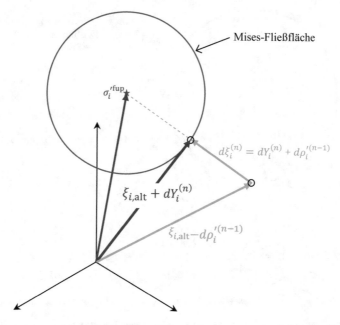

Abb. 9.10   Radiale Projektion im TIV-Raum bei monotoner Belastung für die n-te meA

zu Anfangsdehnungen bzw. Anfangsspannungen führt, für die eine meA schließlich die Restspannungen $d\rho_i^{(n)}$ liefert.

Erfolgt die Projektion nicht-radial, so befindet sich der Berührpunkt an anderer Stelle auf dem Mises-Kreis. In einem ersten Schritt wird nun die Tangente $t_i^{(n)}$ an diesen Berührpunkt gebildet, Abb. 9.11.

Für die nächste, also die (n + 1)-te, meA-Iteration wird $\left(\xi_{i,\text{alt}} - d\rho_i^{(n)}\right)$ auf die Tangente projiziert, um den Ortsvektor $P_i^{(n)}$ zu erhalten, Abb. 9.12.

Dieser wird nun auf die Fließfläche projiziert, um $\left(\xi_{i,\text{alt}} + dY_i^{(n+1)}\right)$ zu erhalten, Abb. 9.13. Mit $dY_i^{(n+1)}$ führt die nächste meA dann zu $d\rho_i^{(n+1)}$.

Für

$$P_i^{(n)} = \xi_{i,\text{alt}} - d\rho_i'^{(n)} \tag{9.96}$$

erhält man die radiale Projektion (radial return). Bei der ersten meA nach einer fup-Analyse (also bei $n = 1$) erfolgt die Projektion stets radial.

Die beschriebene Vorgehensweise ist nicht unbedingt an die IFUP-Methode gebunden, sondern kann generell bei der VFZT angewendet werden, wozu ohne die IFUP-Methode $\xi_{i,\text{alt}} = 0_i$ zu setzen ist.

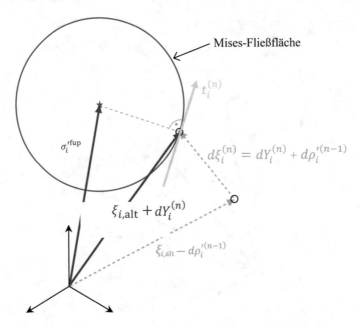

Abb. 9.11 Tangentenbildung im TIV-Raum bei monotoner Belastung

Abb. 9.12 Projektion auf die
Tangente

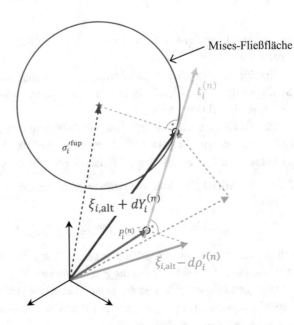

Abb. 9.13 Projektion auf die Fließfläche bei einer tangential-radial return Projektion

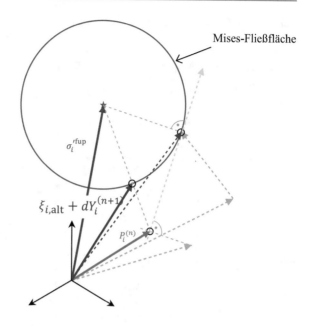

Mises-Fließfläche

$\sigma_i'^{\text{fup}}$

$\xi_{i,\text{alt}} + dY_i^{(n+1)}$

$P_i^{(n)}$

9.3.3 IFUP bei sukzessiver Steigerung einer monotonen Belastung

Es wird eine kontinuierlich monoton veränderliche Belastung untersucht. Die IFUP-Methode soll dazu dienen, den Einfluss von Zwischenbelastungszuständen zu erfassen. Diese spielen im Falle direktionaler Spannungsumlagerung eine Rolle (Abschn. 1.3.2). Im Folgenden wird auf das Beispiel in Abschn. 3.6.2 zurück gegriffen, wo die VFZT bei Betrachtung nur des maximalen Belastungszustandes (also ohne Zwischenbelastungen) nach 20 meA's zwar das Ergebnis einer ebenfalls ohne Zwischenbelastungen durchgeführten inkrementellen Analyse duplizierte, aber beide nur eine relativ grobe Näherung an die inkrementelle Lösung mit vielen Zwischenbelastungen darstellten.

Zwei gleich lange, aber unterschiedlich dicke Elemente, die in z-Richtung einem generalisierten ebenen Dehnungszustand unterworfen sind, werden durch eine monoton aufgebrachte Verschiebung $u = 0{,}006$ belastet (Abb. 9.14). Plastizieren ist auf das

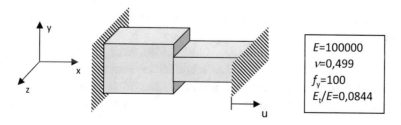

$E = 100000$
$\nu = 0{,}499$
$f_y = 100$
$E_t/E = 0{,}0844$

Abb. 9.14 Beispiel für sukzessive Laststeigerung bei direktionaler Spannungsumlagerung

Tab. 9.2 Spannungskomponenten im rechten Element beim maximalen Belastungs-niveau in Abhängigkeit von der Anzahl der Zwischenbelastungsschritte bei der VFZT und der inkrementellen elastisch-plastischen Analyse; Auswirkung der Anzahl von meA's und Vergleich zwischen radialer und tangential-radialer Projektion bei der VFZT

Anzahl Belast.–schritte		VFZT (IFUP-Methode)						Inkremel-pl Analyse
		10 meA's		20 meA's		50 meA's		
		Radial	Tang.-radial	Radial	Tang.-radial	Radial sowie tang.-radial		
1	σ_x	157,79	157,82	157,82	157,82	157,82		157,82
	σ_z	60,93	61,23	61,26	61,26	61,26		61,26
2	σ_x	157,92	157,96	157,99	157,99	157,99		157,99
	σ_z	62,52	63,09	63,58	63,61	63,63		63,63
4	σ_x	157,92	157,97	158,05	158,06	158,06		158,06
	σ_z	62,59	63,29	64,74	64,83	64,91		64,91
10	σ_x	157,85	157,89	158,08	158,09	158,11		158,11
	σ_z	61,66	62,10	65,54	65,67	66,23		66,23
20	σ_x	157,78	157,81	158,08	158,09	158,12		158,12
	σ_z	60,87	61,12	65,42	65,64	66,65		66,66
50	σ_x	157,72	157,73	158,08	158,08	158,09		158,09
	σ_z	60,23	60,33	65,42	65,42	66,80		66,81

rechte Element beschränkt. Wird im linken Element Plastizieren nicht formell direkt aus-geschlossen, so kann es bei Anwendung der VFZT in den ersten meA's vorübergehend zu scheinbar plastischem Verhalten kommen, was einen eher positiven Einfluss auf das Konvergenzverhalten hat.

Tab. 9.2 zeigt den Einfluss der Anzahl von Lastschritten auf das Ergebnis der inkrementellen elastisch-plastischen Analyse, insbesondere auf die Querspannung σ_z. Ferner wird das Ergebnis der VFZT mit der IFUP-Methode ausgewiesen, und zwar nach 10, 20 und 50 meA's pro Lastschritt. Zudem wird die radiale Projektion der tangential-radialen Projektion von Abschn. 9.3.2 gegenüber gestellt. Nach 50 meA's ist das Ergebnis beider Projektionsmethoden gleich und stimmt für jede gewählte Anzahl von Lastschritten mit dem der inkrementellen Analyse praktisch überein. Die noch nicht kon-vergierten Ergebnisse nach 10 und vor allem nach 20 meA's stellen mitunter bereits eine brauchbare Näherung dar, mit leichten Vorteilen für die tangential-radiale gegenüber der radialen Projektion.

Die fup-Iterationen entsprechen den Lastschritten einer inkrementellen Analyse. In jeder fup-Iteration und in jedem Lastschritt einer inkrementellen Analyse (siehe Abschn. 2.9.2) wird von dem finiten Fließgesetz Gl. 1.25 Gebrauch gemacht. Beiden wird also die Annahme von Kollinearität zwischen den Inkrementen der deviatorischen

Spannung σ_i' und der Rückspannung ξ_i bzw. der plastischen Dehnung $\varepsilon_i^{\mathrm{pl}}$ zugrunde gelegt. Dagegen übernehmen die meA's der VFZT die Rolle der Newton-Gleichgewichts-Iterationen einer inkrementellen Analyse.

Mit der IFUP-Methode lässt sich also durch Einführung von Zwischenbelastungsschritten die zunächst in Kap. 3 bis 7 sowie in Abschn. 9.1 durch Nutzung des finiten Fließgesetzes für den gesamten Belastungsvorgang bedingte Kollinearität zwischen deviatorischer Spannung und Rückspannung bzw. plastischer Dehnung aufheben und statt dessen eine Näherung an das differentielle Fließgesetz erreichen.

9.3.4 IFUP zur Erfassung von Reihenfolge-Effekten bzw. zur Verfolgung einer Lastkette

Es wird ein ähnliches Beispiel betrachtet wie in Abschn. 1.3.2.3. (Abb. 9.15). Eine weggesteuerte Belastung (ε_x) und eine kraftgesteuerte Belastung (τ_{yz}) werden nacheinander auf zwei unterschiedlichen Wegen aufgebracht, in Abb. 9.15 grün und blau dargestellt. Hierdurch entsteht eine Lastkette, die sukzessiv verfolgt werden muss. Am Ende führen die beiden Lastwege zu demselben Belastungs-, aber unterschiedlichem Beanspruchungs-Niveau (Abb. 9.16).

Neben der radialen Projektion soll hier auch wieder die in Abschn. 9.3.2 beschriebene tangential-radiale Projektion untersucht werden. Die Fließfläche kann in diesem Beispiel als Kreis im kartesischen Koordinatensystem mit den Achsen σ_x und $\sqrt{3}\tau_{yz}$ statt im deviatorischen Spannungsraum dargestellt werden. Der Richtungsvektor der Tangente

$$t_i^{(n)} = \begin{pmatrix} t_x^{(n)} \\ \sqrt{3}t_{yz}^{(n)} \end{pmatrix} \tag{9.97}$$

besteht aus den Komponenten

$$t_x^{(n)} = \sqrt{3}\sigma_{yz}^{\mathrm{fup}} - \left(\sqrt{3}\xi_{yz,\mathrm{alt}} + \sqrt{3}\mathrm{d}Y_{yz}^{(n)} \right) \tag{9.98}$$

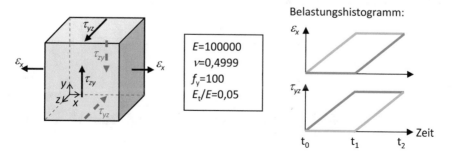

$E=100000$
$v=0{,}4999$
$f_y=100$
$E_t/E=0{,}05$

Belastungshistogramm:

Abb. 9.15 Ein-Element-Modell, monotone nicht-proportionale Laststeigerung

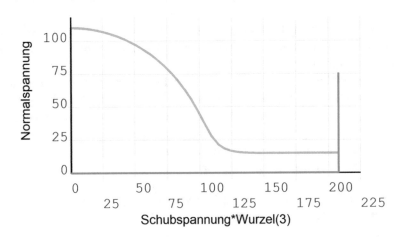

Abb. 9.16 Entwicklung der Spannungen im Spannungsraum (aufgrund inkrementeller Analyse bzw. der VFZT mit der IFUP-Methode) bei zahlreichen Lastschritten

$$\sqrt{3}t_{yz}^{(n)} = -\sigma_x^{fup} + \left(\xi_{x,alt} + dY_x^{(n)}\right). \tag{9.99}$$

Die Komponenten des Ortsvektors $P_i^{(n)}$ sind gegeben durch

$$P_x^{(n)} = \xi_{x,alt} + dY_x^{(n)} + \lambda \cdot t_x^{(n)} \tag{9.100}$$

$$\sqrt{3}P_{yz}^{(n)} = \sqrt{3}\xi_{yz,alt} + \sqrt{3}dY_{yz}^{(n)} + \lambda \cdot \sqrt{3}t_{yz}^{(n)} \tag{9.101}$$

und der skalare Parameter λ durch

$$\lambda = \frac{\left(-dY_x^{(n)} - d\rho_x^{(n)}\right) \cdot t_x^{(n)} + \left(-\sqrt{3}dY_{yz}^{(n)} - \sqrt{3}d\rho_{yz}^{(n)}\right) \cdot \sqrt{3}t_{yz}^{(n)}}{\left(t_x^{(n)}\right)^2 + 3\left(t_{yz}^{(n)}\right)^2}. \tag{9.102}$$

Das TIV-Inkrement ergibt sich dann aus

$$dY_i^{(n+1)} = \left(\sigma_i^{fup} - \xi_{i,alt}\right) - \left(\sigma_i^{fup} - P_i^{(n)}\right)\frac{f_y}{\left\|\sigma_i^{fup} - P_i^{(n)}\right\|} \tag{9.103}$$

mit der Norm

$$\left\|\sigma_i^{fup} - P_i^{(n)}\right\| = \sqrt{\left(\sigma_x^{fup} - P_x^{(n)}\right)^2 + \left(\sqrt{3}\sigma_{yz}^{fup} - \sqrt{3}P_{yz}^{(n)}\right)^2}. \tag{9.104}$$

Tab. 9.3 Spannung σ_x bei einer monotonen nicht-proportionalen Belastung mit der inkrementellen Methode bzw. mit der VFZT und der IFUP-Methode für das auf dem grün dargestellten Belastungsweg erreichte Belastungsniveau $\varepsilon_x = 0,3$ %, $\tau_{yz} = 120$; Vergleich zwischen radialer und tangential-radialer Projektion

Anzahl Belast.-schritte	Belastungsweg grün						
	VFZT, 5 meA's		VFZT, 10 meA's		VFZT, 20 meA's		Inkrem.
	Radial	Tang.-radial	Radial	Tang.-radial	Radial	Tang.-radial	
1	20,74	19,21	19,23	19,20	19,20	19,20	19,20
2	17,96	16,85	16,64	16,59	16,53	16,52	16,52
4	16,36	15,52	15,33	15,27	15,25	15,25	15,25
10	15,66	15,36	15,05	15,03	15,01	15,01	15,01
40	15,40	15,34	15,01	15,01	15,00	15,00	15,00

Tab. 9.4 Spannung σ_x bei einer monotonen nicht-proportionalen Belastung mit der inkrementellen Methode bzw. mit der VFZT und der IFUP-Methode für das auf dem blau dargestellten Belastungsweg erreichte Belastungsniveau $\varepsilon_x = 0,3$ %, $\tau_{yz} = 120$; Vergleich zwischen radialer und tangential-radialer Projektion

Anzahl Belast.-schritte	Belastungsweg blau						
	VFZT, 5 meA's		VFZT, 10 meA's		VFZT, 20 meA's		Inkrem.
	Radial	Tang.-radial	Radial	Tang.-radial	Radial	Tang.-radial	
1	70,76	69,36	68,98	68,91	68,90	68,90	68,90
2	75,71	73,86	72,01	71,75	71,57	71,57	71,56
4	79,73	78,22	74,49	74,14	73,41	73,39	73,34
10	83,08	82,24	76,69	76,43	74,91	74,87	74,67
40	85,28	85,03	78,24	78,15	75,89	75,87	75,47

Tab. 9.3 und 9.4 weisen die inkrementell und die mit der VFZT erzielten Ergebnisse für die beiden Belastungspfade auf. Man erkennt, dass die beiden Belastungspfade zu stark unterschiedlichen Ergebnissen führen. Bei einer hinreichenden Anzahl von meA's führt die VFZT zu identischen Ergebnissen wie eine inkrementelle Analyse. Hierfür genügt im ersten Belastungsabschnitt von t_0 nach t_1 ein einziger Belastungsschritt mit einer einzigen meA, da dort noch keine direktionale Umlagerung auftritt. Da aber der Belastungsweg von t_1 zu t_2 durch starke direktionale Umlagerung geprägt ist, sind hier relativ viele meA's pro Lastschritt erforderlich, um dieselbe Genauigkeit zu erreichen wie eine inkrementelle Analyse.

Die tangential-radiale Projektion führt in diesem Beispiel durchweg schneller zu einer guten Näherung des Ergebnisses an die inkrementelle Lösung als die radiale Projektion. Beim grün dargestellten Belastungsweg wird bereits mit 5 meA's eine recht gute Näherung erzielt, während beim blau dargestellten Belastungsweg je nach Anzahl der Belastungsschritte bis zu 20 meA's erforderlich sind.

9.3.5   IFUP zur Verfolgung der Hysterese bei zyklischer Belastung

Das bereits in Abschn. 9.3.4 untersuchte Ein-Element-Modell wird nun einer zyklischen Belastung durch ε_x und τ_{yz} unterworfen. Beide Belastungen verhalten sich stets proportional zueinander (Abb. 9.17), sodass eine zyklische Einparameter-Belastung vorliegt. Der minimale Belastungszustand ist gegeben durch

$$\varepsilon_{x,\min} = 0 \tag{9.105}$$

und der maximale durch

$$\tau_{yz,\min} = 0 \tag{9.106}$$

$$\varepsilon_{x,\max} = 0{,}3\% \tag{9.107}$$

$$\tau_{yz,\max} = 120. \tag{9.108}$$

Nach einer gewissen Anzahl von Zyklen wird hierdurch ein plastischer Einspielzustand erreicht. Es soll die Auswirkung der direktionalen Umlagerung auf das zyklische Verhalten im Einspielzustand untersucht werden, und ob die VFZT in der Lage ist, diese zu erfassen.

Je nach Anzahl der gewählten Belastungsschritte ergeben sich im Einspiel-Zustand die in Abb. 9.18 dargestellten Spannungspfade.

Man sieht die starke direktionale Spannungsumlagerung bei der zyklischen Belastung im Einspielzustand, wenn mehr als 1 Belastungsschritt gewählt wird. In das Bild für 100 Belastungsschritte ist der zum minimalen Belastungszustand gehörende Mises-Kreis grün eingezeichnet. Man erkannt daran, dass für den kommenden Belastungs-Halbzyklus nicht der Durchmesser des Kreises (also $2f_y$) zur Verfügung steht, sondern nur eine Sekante. Dies ist der Grund dafür, dass die Twice-Yield Methode für dieses Beispiel keine guten Ergebnisse liefern kann.

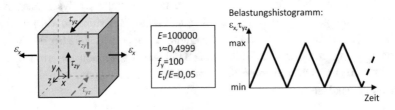

Abb. 9.17 Ein-Element-Modell, zyklische proportionale Belastung

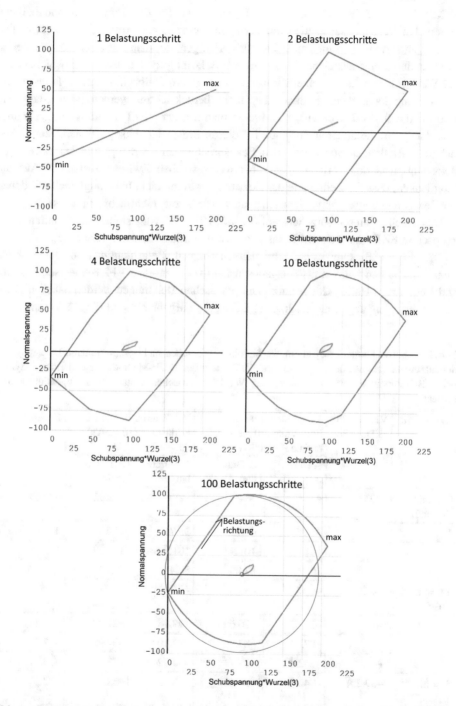

Abb. 9.18 Entwicklung der Spannungen (*blau*) und der Rückspannungen (*orange*) im Einspiel-zustand gemäß inkrementeller zyklischer Analyse

Mit der VFZT lassen sich die Beanspruchungen für den Einspielzustand bei den extremalen Belastungszuständen mit geringem numerischen Aufwand abschätzen. Die Lösung entspricht allerdings zunächst nur derjenigen, die man mit einer inkrementellen Analyse durch eine ausreichende Anzahl von Belastungszyklen bis zum Einspielzustand bei Wahl von jeweils nur einem Belastungsschritt pro Halbzyklus erhält. Direktionale Umlagerung kann dadurch dann aber nicht berücksichtigt werden (siehe das erste Bild in Abb. 9.18). Davon ausgehend kann man mit der VFZT allerdings durch monotone Analysen alle anderen Zustände für diesen Einspiel-Zyklus gewinnen. Somit lässt sich festzustellen, ob die extremalen Beanspruchungen überhaupt bei den extremalen Belastungszuständen vorliegen, oder bei irgendwelchen Zwischenzuständen. Auf die Möglichkeit, dass die Zeitpunkte der Belastungsextrema nicht unbedingt auch mit denen der Beanspruchungsextrema identisch sind, wurde bereits mehrfach hingewiesen.

Das Ergebnis dieser Vorgehensweise wird in Tab. 9.5 vorgestellt. Für die anfängliche zyklische VFZT-Analyse mit 1 Belastungsschritt wurden 10 meA's verwendet.

Die so im Einspielzustand für den minimalen Belastungszustand gewonnenen Beanspruchungen wurden als Ausgangszustand für monotone VFZT-Analysen des Be- und Entlastungs-Halbzyklus genutzt. Die plastischen Dehnungen werden dabei in Form von Anfangsdehnungen als zusätzliche Belastung aufgebracht und die Rückspannungs-

Tab. 9.5 Entwicklung der Spannung σ_x bei einer zyklischen nicht-proportionalen Belastung mit der inkrementellen Methode bzw. mit der VFZT und der IFUP-Methode für den Einspielzyklus bei 4 Belastungsschritten pro Halbzyklus; Vergleich zwischen radialer und tangential-radialer Projektion

Last-schritt	VFZT zykl (10 meA's)	VFZT mon. Be- und Entlastung (10 meA's), radiale Projektion		VFZT mon. Be- und Entlastung (10 meA's), tangential-rad. Proj.		Inkrementell
		1. Durch-lauf	2. Durch-lauf	1. Durch-lauf	2. Durch-lauf	
0 (=min Zustand)	−39.25	−	−34.25	−	−33.82	−32.69
1	−	35.75	40.75	35.75	41.18	42.32
2	−	101.72	101.97	101.72	101.99	102.03
3	−	86.46	87.89	86.46	87.99	88.27
4 (=max Zustand)	(54.25)	46.53	48.35	45.73	47.78	47.69
5	−	−28.47	−26.65	−29.28	−27.22	−27.32
6	−	−87.07	−87.00	−87.10	−87.02	−87.03
7	−	−73.54	−73.11	−73.72	−73.25	−73.27
8 (=min Zustand)	(−39.25)	−34.25	−33.66	−33.82	−33.14	−32.69

komponenten für die TIV-Abschätzung nach Gl. 9.95 verwendet. Für einen Be- und Entlastungs-Halbzyklus wurden jeweils 4 Belastungsschritte gewählt und in jedem Belastungsschritt 10 meA's.

Wird die monotone Analyse für Be- und Entlastung mit der VFZT mehrmals hintereinander ausgeführt, so wird mit jedem Durchfahren des Einspielzyklus eine Ergebnisverbesserung herbei geführt, bis Konvergenz erreicht ist. Wird in jedem Belastungsschritt eine ausreichende Anzahl von meA's durchgeführt (mehr als die 10 meA's, die der Tab. 9.5 zugrunde liegen), dann konvergiert das Ergebnis nach ca. 5 Durchläufen gegen das der inkrementellen Analyse. In Tab. 9.5 sieht man, dass bereits mit 10 meA's pro Lastschritt nach dem 2. Durchlauf das Ergebnis recht nahe an dem der zyklischen inkrementellen Analyse mit 4 Belastungsschritten in jedem Halbzyklus liegt. Die tangential-radiale Projektion liefert etwas bessere Ergebnisse als die rein radiale Projektion. Die Lastschritte von 0 (bzw. 8) auf 1 bzw. von 4 auf 5 rufen nur rein elastische Beanspruchungsänderungen hervor.

Die zunächst unter Verzicht auf die Berücksichtigung direktionaler Umlagerungen mit der VFZT durchgeführte zyklische Analyse konnte also durch die aufgesetzten monotonen Analysen um den Effekt der direktionalen Umlagerung ergänzt werden, sodass sich prinzipiell jede Information über das Strukturverhalten nun nicht mehr nur bei den extremalen Belastungszuständen, sondern auch im Verlauf des Einspielzyklus gewinnen lässt.

9.3.6 IFUP bei sukzessiver Folge unterschiedlicher zyklischer Belastungskonfigurationen

Ähnlich wie sich monoton veränderliche Belastungen verfolgen lassen, können auch bei einer Abfolge unterschiedlicher zyklisch veränderlicher Belastungskonfigurationen die jeweiligen Einspielzustände sukzessive mit der IFUP-Methode verfolgt werden. Wird etwa nach Erreichen des Einspielzustandes für eine zyklische Belastungskonfiguration noch eine andere Belastungskonfiguration aufgebracht (Abb. 9.19), so kann der zugehörige neue Einspielzustand ermittelt werden, indem in den Gleichungen der Abschn. 9.1.1 und 9.1.2 $\sigma_i'^{\text{fel}}$ durch $\left(\sigma_i'^{\text{fup}} - \xi_{i,\text{alt}}\right)$, σ_i' durch $\left(\sigma_i' - \xi_{i,\text{alt}}\right)$, Y_i durch dY_i und ρ_i' durch $d\rho_i'$ ersetzt werden, jeweils (außer $\xi_{i,\text{alt}}$) für den min und den max Belastungszustand. Dagegen gehört $\xi_{i,\text{alt}}$ zum letzten Belastungszustand vor Beginn der nächsten zyklischen Belastungskonfiguration (in Abb. 9.19 orangefarben markiert).

Soll dagegen der Einspielzustand für eine beliebig häufig auftretende Wiederholung mehrerer Belastungskonfigurationen bestimmt werden (Abb. 9.20), so ist eine andere Vorgehensweise vorzuziehen, wie etwa für den Fall elastischen Einspielens die direkte Abschätzung der TIV durch Minimierung des Abstandes von $-\rho_i'$ zur aus allen Lastzuständen gebildeten Schnitthyperfläche Ω (siehe Abschn. 4.4 und 4.8).

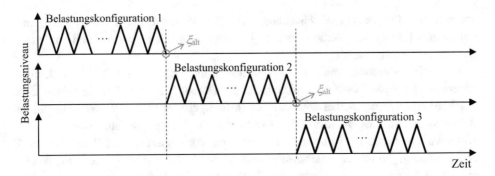

Abb. 9.19 Sukzessive Folge unterschiedlicher zyklischer Belastungskonfigurationen

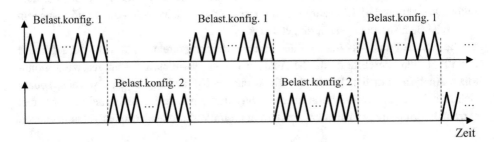

Abb. 9.20 Wiederholte Folge von zwei unterschiedlichen zyklischen Belastungskonfigurationen bis zum Einspielzustand der gesamten Folge

9.3.7   Theorie II.Ordnung

In Abschn. 9.3.5 wurde die IFUP-Methode zur Verfolgung von Zwischenzuständen einer zyklischen Belastung benutzt, um extremale Beanspruchungen erfassen zu können, falls diese nicht zu den Zeitpunkten der Belastungsextrema auftreten.

Nun soll mit der IFUP-Methode die Statusänderung eines Tragwerks unter zyklischer Belastung behandelt werden, das Einflüssen aus Theorie II.Ordnung infolge nichtlinearer Verschiebungsgeometrie unterworfen ist, sodass die Gleichgewichtbedingungen am verformten System aufgestellt werden müssen. Sofern die Beanspruchungsextrema zu denselben Zeitpunkten vorliegen wie die Belastungsextrema, müssen die Belastungsänderungen nicht sukzessive verfolgt werden, sodass bei den fup-Analysen die jeweiligen Belastungsniveaus des minimalen und maximalen Belastungszustandes stets gleich bleiben. Die IFUP-Methode dient dann dazu, die zugehörige Spannungssteifigkeit iterativ zu ermitteln.

In Hinblick auf das Einspielverhalten sind mit Theorie II.Ordnung einige bemerkenswerte Änderungen gegenüber linearisierter Verschiebungsgeometrie (Theorie I.Ordnung) verbunden:

- die Dehnungsschwingbreite kann auch durch konstante Belastungsanteile beeinflusst werden,
- die Entscheidung, ob elastisches oder plastisches Einspielen auftritt, kann nicht mehr allein auf Basis fiktiv elastischer Analysen getroffen werden,
- auch bei elastischem Einspielen ist die Restspannung nicht mehr unbedingt zeit-invariant, sondern kann auch eine Schwingbreite aufweisen.

Eine umfangreichere Diskussion hierzu kann [1] entnommen werden.

Speziell für die Anwendung der VFZT ist zu beachten, dass für die Gültigkeit des Superpositionsgesetzes wie z. B. in Gl. 3.24 ff., 4.14, 4.179 usw. die fiktiv elastische bzw. die fup-Analyse und die darauf aufbauenden meA's mit denselben Struktur-steifigkeiten durchgeführt werden müssen. Bei beiden Analysen muss deshalb trotz unterschiedlicher Spannungen dieselbe Spannungssteifigkeit zugrunde gelegt werden. Dagegen dürfen die minimalen und maximalen Belastungszustände durchaus an unter-schiedlichen Tragwerkszuständen und somit bei unterschiedlicher Spannungssteifigkeit berechnet werden.

Die fiktiv elastische bzw. fup-Analyse erfolgt also nach Theorie II.Ordnung, und die so iterativ ermittelte Spannungssteifigkeitsmatrix wird bei den folgenden meA's unverändert zu der nach Theorie I.Ordnung ermittelten modifiziert elastischen Steifigkeitsmatrix addiert, sodass eine meA keine iterative Bestimmung der Spannungssteifigkeitsmatrix benötigt. Nach Superposition der fiktiv elastischen und modifiziert elastischen Beanspruchungen wird eine neue fup-Analyse durchgeführt, die zu einer neuen Spannungssteifigkeitsmatrix führt, usw. So ergibt sich also über die meA-Iterationen hinaus noch ein zweiter Iterationsprozess. Der zugehörige Workflow ist in Abb. 9.21 dargestellt. Näheres kann den Veröffentlichungen [2–5] entnommen werden.

Der in Abb. 9.21 dargestellte Workflow wird nun angewandt zur Berechnung eines Balkens, der einer zyklischen Längenänderung infolge der Stützenverschiebung u und einer zyklischen Biegung infolge der Kraft F unterworfen wird (Abb. 9.22). Die Längen-änderung ruft eine zyklisch veränderliche Normalkraft hervor (hier eine Zugkraft), die nach Theorie II.Ordnung für eine Spannungsversteifung sorgt, deren Ausmaß jedoch nicht von vornherein bekannt ist, da sie vom plastischen Verhalten des Balkens abhängt und überdies bei den beiden extremalen Belastungszuständen unterschiedlich ist. Die Berechnungen werden mit dem Elementtyp BEAM189 von ANSYS durchgeführt. Dabei werden über die Querschnittshöhe 25 Zellen verwendet.

Die Entwicklung der extremalen Dehnungen mit der Anzahl der fup-Iterationen ist in Tab. 9.6 dargestellt. Bei jeder fup-Iteration wurden jeweils 5 meA's für den minimalen sowie für den maximalen Belastungszustand ausgeführt. Laut Vergleich mit der inkrementellen Analyse ist nach wenigen fup-Iterationen eine gute Näherung erreicht. Nach Theorie I.Ordnung ergäben sich Dehnungen von über 5 %, sodass der Einfluss von Theorie II.Ordnung hier sehr stark ist.

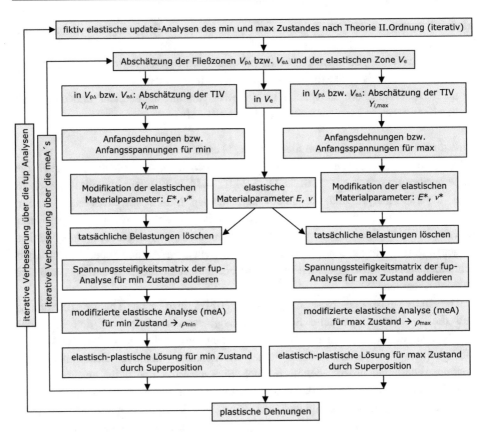

Abb. 9.21 Workflow für die Anwendung der VFZT bei zyklischer Belastung nach Theorie II.Ordnung mit der IFUP-Methode

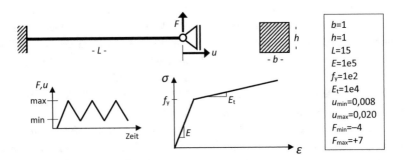

Abb. 9.22 Balken nach Theorie II.Ordnung mit vom elastisch-plastischen Zustand abhängiger Spannungssteifigkeit

Tab. 9.6 Extremale Dehnungen im plastischen Einspielzustand an der Unter- und Oberseite der Einspannstelle

VFZT II.O., Anzahl fup-Iterationen	ε [%]			
	Min Belastung		Max Belastung	
	Unterseite	Oberseite	Unterseite	Oberseite
1	−0,680	1,028	1,376	−0,544
2	−1,312	1,600	1,721	−1,030
4	−1,322	1,573	1,917	−1,254
6	−1,337	1,582	1,958	−1,302
8	−1,343	1,584	1,972	−1,320
Inkrementell el-pl II.Ordnung	−1,353	1,619	2,003	−1,327

9.3.8 Kontakt

Die IFUP-Methode kann auch zur Erfassung einer Statusänderung eines Tragwerks unter zyklischer Belastung benutzt werden, wenn diese aus einem Kontaktproblem herrührt. Ähnlich wie in Abschn. 9.3.7 ist auch hier zu beachten, dass für die Gültigkeit des Superpositionsgesetzes die fup-Analysen und die darauf aufbauenden meA's an derselben Struktur durchgeführt werden müssen, also die meA's für den maximalen Belastungszustand mit der Kontaktbedingung der fup-Analyse für den maximalen Belastungszustand und die meA's für minimalen Zustand mit der Kontaktbedingung der fup-Analyse für den minimalen Belastungszustand durchgeführt werden müssen. Die Kontaktbedingungen für den minimalen und den maximalen Belastungszustand dürfen aber unterschiedlich sein.

Auch bei Kontakt-Problemen gilt, wie schon bei Theorie II.Ordnung, dass

- die Entscheidung, ob elastisches oder plastisches Einspielen auftritt, nicht mehr allein auf Basis fiktiv elastischer Analysen getroffen werden kann,
- auch bei elastischem Einspielen die Restspannung nicht mehr unbedingt zeitinvariant ist, sondern auch eine Schwingbreite aufweisen kann.

Es wird beispielhaft das in Abb. 9.23 dargestellte System betrachtet. Ein Kragarm mit quadratischem Querschnitt $h = b = 1$ und der Länge $L = 15$ wird einer zyklischen Linienlast p unterworfen. Am freien Ende wird bei einer vertikalen Verschiebung nach Überwindung eines Spalts der Größe 0,3 ein Lager wirksam.

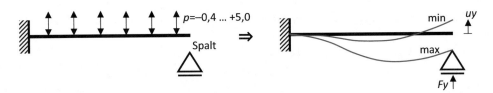

Abb. 9.23 Balken mit Kontaktbedingung (System und Verformung)

9.3.8.1 Inkrementelle Analyse

Schematisch ergibt sich im Einspielzustand sozusagen das Belastungshistogramm von Abb. 9.24.

Es gibt also vier unterschiedliche Belastungskonstellationen (1) bis (4) und somit eine Mehrparameterbelastung. Wird aber die inkrementelle Analyse in jedem Halbzyklus ohne Zwischenbelastungsschritte ausgeführt, dann verschwinden alle Informationen zu uy bzw. Fy zwischen den Extremwerten von p (also etwa der Zeitpunkt, zu dem der Kontakt aktiviert bzw. wieder verloren wird), und es gibt nur noch eine Einparameterbelastung mit den Belastungskonstellationen (1) und (3), Abb. 9.25.

Die Betrachtung als Einparameterbelastung soll uns hier in Hinblick auf einen Vergleich mit der VFZT genügen, obwohl sich Betrag und Ort der extremalen Beanspruchungen im Einspielzustand von der Mehrparameterbelastung unterscheidet. In Abschn. 9.3.5 wurde bereits beispielhaft gezeigt, wie auch die Mehrparameterbelastung bei der VFZT durch sukzessive Verfolgung der Zwischenbelastungsschritte erfasst werden könnte.

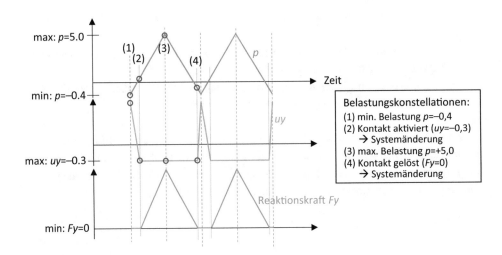

Abb. 9.24 Belastungshistogramm infolge Kontaktbedingung (Mehrparameterbelastung)

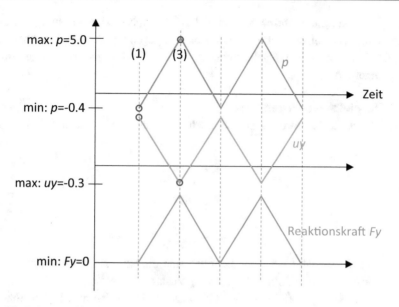

Abb. 9.25 Belastungshistogramm bei Vereinfachung als Einparameterbelastung

9.3.8.2 VFZT

Bei der Betrachtung als Einparameterbelastung wird die IFUP-Methode nicht unbedingt benötigt, da eine iterative Verbesserung der fup-Ergebnisse nicht notwendig ist. Statt der fup-Iterationen wird hier also nur eine fiktiv elastische Analyse (für jeden der beiden extremalen Belastungszustände) benötigt.

Bei minimaler und bei maximaler Belastung liegen unterschiedliche statische Systeme vor. Elementar für die Anwendung der VFZT ist aber, dass bei den fiktiv elastischen Analysen und den jeweils zugehörigen meA's dieselben statischen Systeme zugrunde gelegt werden müssen (Abb. 9.26). Demnach ist bei den fiktiv elastischen Analysen und den meA's für den maximalen Belastungszustand ein Lager am freien Ende vorzusehen und bei den fiktiv elastischen Analysen als Belastung die Linienlast p und

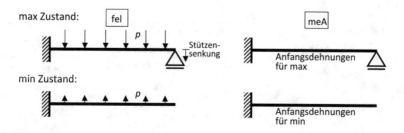

Abb. 9.26 Statische Systeme bei Anwendung der VFZT: unterschiedlich bei min und max, aber identisch bei fel und meA

eine Stützensenkung aufzubringen, während bei den meA's die Belastung nur aus den Anfangsdehnungen entsprechend der TIV-Abschätzungen besteht. Die fup-Analysen und die meA's für den minimalen Belastungszustand werden dagegen ohne Lager am freien Ende durchgeführt.

9.3.8.3 Vergleich der Ergebnisse

Abb. 9.27 zeigt die Konturplots der elastisch-plastischen Dehnungen für die Material-parameter

$$E = 1\mathrm{e}5$$

$$f_\mathrm{y} = 200$$

$$E_\mathrm{t} = 0{,}1\,E.$$

Beim maximalen Belastungszustand befinden sich die extremalen Beanspruchungen an der Einspannstelle, beim minimalen Belastungszustand im Feld.

Bereits nach 4 meA's stimmen die VFZT-Ergebnisse für den maximalen Belastungs-zustand praktisch genau mit denen der inkrementellen Analyse überein, während für den

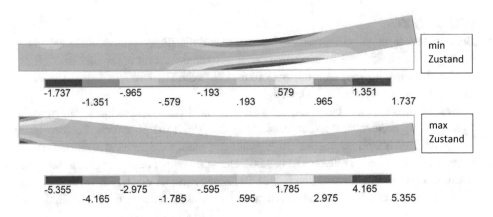

Abb. 9.27 Konturplot der elastisch-plastischen Dehnungen [%]

Tab. 9.7 Entwicklung der Dehnungen über die meA's der VFZT im Vergleich mit der inkrementellen Analyse im Einspielzustand

VFZT, meA	ε [%]	
	Min Zustand	Max Zustand
1	±0,543	±4,607
2	±1,915	±5,314
4	±1,738	±5,329
8	±1,733	±5,328
20	±1,730	±5,328
Inkrementell	±1,729	±5,329

minimalen Belastungszustand dann erst eine gute Näherung erreicht ist, die sich mit ein paar weiteren meA's aber noch verbessern lässt (Tab. 9.7).

Somit liefert die VFZT hinsichtlich Verteilung und Betrag der Dehnungen bereits nach wenigen meA's eine gute Näherung an das Ergebnis einer inkrementellen zyklischen Analyse.

Literatur

1. Hübel, H., Vollrath, B.: Effect of stress stiffness on elastic-plastic strain range. Int. J. Press. Vessels Pip. **192**, 104421 (2021). https://doi.org/10.1016/j.ijpvp.2021.104421
2. Hübel, H., Vollrath, B.: Simplified theory of plastic zones in the state of elastic shakedown with stress stiffening. Eur. J. Mech. A Solids **95**, 104613 (2022). https://doi.org/10.1016/j.euromechsol.2022.104613
3. Hübel, H., Vollrath, B.: Ratcheting and strain ranges in the shakedown state with stress stiffening using the simplified theory of plastic zones. Int. J. Press. Vessels Pip. **199**, 104727 (2022). https://doi.org/10.1016/j.ijpvp.2022.104727
4. Vollrath, B., Hübel, H.: Direct analysis of elastic-plastic strain ranges and accumulated strains considering stress stiffness. In: Proceedings of the ASME 2022 Pressure Vessels & Piping Conference. Volume 1: Codes and Standards. Las Vegas, Nevada, USA. July 17–22 (2022). V001T01A020. https://doi.org/10.1115/PVP2022-84241
5. Vollrath, B.: Erweiterungen der Vereinfachten Fließzonentheorie hinsichtlich der Anwendung von Mehr-Parameterbelastungen und der Berücksichtigung von Theorie II. Ordnung. Dissertation an der Fakultät für Architektur, Bauingenieurwesen und Stadtplanung der Brandenburgischen Technischen Universität Cottbus–Senftenberg (2023)
6. Krieg, R.D., Krieg, D.B.: Accuracies of numerical solution methods for the elastic-perfectly plastic model. J. Press. Vessel Technol. **99**(4), 510–515 (1977). https://doi.org/10.1115/1.3454568

Stichwortverzeichnis

Printed in the United States
by Baker & Taylor Publisher Services